北大社普通高等教育"十三五"数字化建设规划教材

高 等 数 学

宁夏大学《高等数学》课程组　主　编

本书资源使用说明

内 容 简 介

本书所涉及内容的深度和广度符合教育部关于高等学校理工科（少学时）、农学、医学及经管类本专科高等数学课程的教学基本要求，在充分考虑本科少课时和专科高等数学课程的教学实际的基础上，恰当把握理论深度，深入浅出，突出应用与实用，同时保证了知识的科学性、系统性和严密性．此外，本书还引入了科学与工程计算软件 MATLAB，并设计了相应的数学实验．

本书共分为 12 章，内容包括：函数、极限与连续、导数与微分、微分中值定理与导数的应用、不定积分、定积分、微分方程、向量代数与空间解析几何、多元函数微分学及其应用、二重积分、无穷级数及数学实验．本书配有相应的数字化资源，包括动画视频、数学家简介、习题精解等，能充分满足学生移动学习的需求．

本书可作为应用型高等学校理工科（少学时）、农学、医学及经管类本专科高等数学课程的教材或参考书．

图书在版编目(CIP)数据

高等数学 / 宁夏大学《高等数学》课程组主编.
北京：北京大学出版社，2024.7. -- ISBN 978-7-301-35301-1

Ⅰ. O13

中国国家版本馆 CIP 数据核字第 2024RT6969 号

书　　名	高等数学
	GAODENG SHUXUE
著作责任者	宁夏大学《高等数学》课程组　主编
责任编辑	尹照原
标准书号	ISBN 978-7-301-35301-1
出版发行	北京大学出版社
地　　址	北京市海淀区成府路 205 号　100871
网　　址	http://www.pup.cn
电子邮箱	zpup@pup.cn
新浪微博	@北京大学出版社
电　　话	邮购部 010-62752015　发行部 010-62750672　编辑部 010-62752021
印 刷 者	长沙超峰印刷有限公司
经 销 者	新华书店

787 毫米×1092 毫米　16 开本　24.25 印张　620 千字
2024 年 7 月第 1 版　2024 年 7 月第 1 次印刷

定　　价　68.00 元

未经许可，不得以任何方式复制或抄袭本书之部分或全部内容．
版权所有，侵权必究
举报电话：010-62752024　电子邮箱：fd@pup.cn
图书如有印装质量问题，请与出版部联系，电话：010-62756370

序

在当今社会,数学发挥着举足轻重的作用,作为学习和研究现代科学技术的基础工具,其重要性无可替代.数学不仅是自然科学的基础,更是推动重大技术创新发展的核心力量.一个国家的数学实力对其总体竞争力具有直接影响,大学数学系列课程作为高等教育体系的基础,对培育高素质人才具有决定性作用.

党的二十大报告强调了教育、科技、人才在全面建设社会主义现代化国家中的基础性和战略性地位.这不仅令广大教育工作者倍受鼓舞,更明确了他们肩负的"为党育人、为国育才"的重大责任,同时也预示着一个充满机遇的新时代已经到来.

在高等教育领域,大学数学教材版本众多,其中不乏优秀精品教材.这些教材为师生提供了全面的教学和学习资源,有力地支撑了高校数学教育的发展.然而,由于各地高校在教学环境、师资力量和学生基础等方面存在差异,对教材的需求也呈现出多样化特点,因此,如何满足这些差异化需求,成为一个亟待解决的问题.为提升教学效果,充分挖掘和利用教学资源,加强地区间的交流与合作,培育更符合地区特点的优秀教材,各地高校应高度重视并积极推进相关工作的开展.在此背景下,各地高校应结合自身实际情况,制定针对性的教学方案和教材选用标准,确保教材内容与教学需求相符合.

由宁夏大学教师编写的这套教材,不仅是适应教学改革要求的积极探索,更是对大学数学教材开发的一次创新尝试.这套教材有以下三大创新点.

1. 内容安排新颖.

尊重教学规律,按照课堂的自然顺序编排教学内容,把易教和易学统一起来,又具有创新意识,更新教材编写理念,注重课程的衔接,结构框架清晰,内容科学具体,体现了当今教育交叉融合、开放性、多元化特点.

2. 融入新的教学要求.

在国家课程思政的要求下,这套教材也进行了创新尝试.将课程思政元素融入教材内容中,强化了教材对学生的思想引领作用,突出了"为党育人、为国育才"的教育目标.

3. 融入教研成果.

结合专业特点和教学经验,融入教研成果,反映新的视角,应用新的研究方法,促进课程发展,改进教学实践.

期望广大教师能够将教材研究和编写作为落实立德树人根本任务的重要载体.在此背景下,我们必须勇于破除旧有模式,积极探索创新,致力于打造高品质的大学数学基础教材.这不仅是为我国大学数学教学和教材建设提供有力支持,更是为培养德智体美劳全面发展的优秀人才做出积极贡献.

特此为序!

前 言

党的二十大报告明确指出:教育、科技、人才是全面建设社会主义现代化国家的基础性、战略性支撑.数学是研究客观世界数量关系和空间形式的科学,不仅是各类科学技术的基础,并且它的应用几乎涉及所有的学科领域.因此,认识数学、学习数学、应用数学是21世纪对所有人才的要求.

高等数学是高等学校非数学专业学生一门必修的数学基础课程.高等数学内容丰富,要使学生在有限的时间内深刻地掌握其数学思想和方法,首先必须要有适合的教材.本书按照高等学校理工科(少学时)、农学、医学及经管类本专科高等数学课程的教学基本要求,结合编者多年的教学实践成果编写而成.

本书在具体内容的编排上具有如下特点.

1. 本书对标教育部关于高等学校理工科、经管类本专科高等数学课程的教学基本要求,定位于本科少课时和专科高等数学课程的教学实际,适度把握内容的深度和广度,全书结构严谨,内容循序渐进,通俗易学.本书突出高等数学中的基本概念、基本思想和基本方法,强调数学基本能力的培养,注重由客观世界中的模型和原理导出高等数学的基本概念,同时遵循数学知识的认知规律,深入浅出,淡化一些复杂的概念与理论证明,改为直观的几何说明,引导学生理解概念的内涵和背景,以帮助学生理解高等数学的基本思想和方法,并以此解决实际问题.

2. 本书配有数字化资源,读者通过扫描书中的二维码即可实现移动学习,有助于落实"人人皆学、处处能学、时时可学"的"三学育人"理念.本书的数字化资源包括动画视频、数学家简介、习题精解等.

3. 本书引入了科学与工程计算软件MATLAB,并根据高等数学的教学内容,设计了相应的数学实验,让学生了解数学软件在高等数学中的基础应用,帮助学生学会使用数学软件进行高等数学的计算,提高学生借助数学软件解决实际问题的能力.

本书由田芳、张现强、刘琼、魏剑英、李海蓉、李雨青、邹宇晰、崔倩倩、王惠方联合编写,具体分工如下:第一、第二章由张现强编写,第三、第四章由魏剑英、邹宇晰编写,第五章由李海蓉编写,第六、第十、第十二章由田芳编写,第七章由崔倩倩编写,第八章由李雨青编写,第九章由王惠方编写,第十一章由刘琼编写,全书由田芳统稿和定稿.本书在编写过程中,得到了宁夏大学数学统计学院李风军教授与其他领导的大力支持与帮助,得到了宁夏大学许新忠教授、路新玲副教授和赵丽萍副教授的指导与建议.本书的出版还得到了北京大学出版社的大力支持与协助,付小军、周承芳、吴浪、邹杰提供了版式和装帧设计方案,在此一并表示由衷的感谢!

限于客观条件与自身学识和能力的不足,书中难免有错误或疏漏之处,恳请专家、同行和读者批评指正.

编 者
2024年1月

目　　录

第一章　函数 ·· 1
　§1.1　函数的基本概念 ·· 1
　　　一、预备知识 / 1　　二、函数的概念 / 3　　习题 1.1 / 4
　§1.2　函数的性质 ·· 4
　　　一、函数的有界性 / 4　　二、函数的单调性 / 4　　三、函数的奇偶性 / 5
　　　四、函数的周期性 / 5　　习题 1.2 / 5
　§1.3　基本初等函数 ··· 6
　　　习题 1.3 / 6
　§1.4　反函数与复合函数 ··· 7
　　　一、反函数 / 7　　二、复合函数 / 7　　习题 1.4 / 8
　§1.5　初等函数与分段函数 ··· 8
　　　一、初等函数 / 9　　二、分段函数 / 9　　习题 1.5 / 10
　§1.6　常用的经济函数及其应用 ·· 10
　　　一、单利与复利 / 10　　二、需求函数、供给函数与均衡价格 / 11
　　　三、成本函数、收益函数与利润函数 / 12　　习题 1.6 / 12
　自测题一 ·· 13

第二章　极限与连续 ·· 15
　§2.1　数列的极限 ·· 15
　　　一、数列的概念 / 15　　二、数列极限的定义 / 16
　　　三、收敛数列的性质 / 20　　习题 2.1 / 20
　§2.2　函数的极限 ·· 21
　　　一、函数极限的定义 / 21　　二、函数极限的几何意义 / 25
　　　三、函数极限的性质 / 25　　习题 2.2 / 26
　§2.3　极限的运算法则 ··· 27
　　　一、极限的四则运算法则 / 27　　二、复合函数的极限运算法则 / 31　　习题 2.3 / 31
　§2.4　极限存在准则　两个重要极限 ·· 32
　　　一、夹逼准则 / 32　　二、单调有界收敛准则 / 35　　习题 2.4 / 37
　§2.5　无穷小与无穷大 ··· 37
　　　一、无穷小 / 38　　二、无穷大 / 39　　三、无穷小的比较 / 41　　习题 2.5 / 43
　§2.6　函数的连续性与间断点 ·· 44
　　　一、函数的连续性 / 44　　二、函数的间断点 / 46

三、初等函数的连续性 / 48　习题 2.6 / 49

§ 2.7　闭区间上连续函数的性质 …………………………………………………………… 50

一、最大值和最小值定理 / 50　二、零点定理与介值定理 / 51　习题 2.7 / 52

自测题二 ……………………………………………………………………………………… 53

第三章　导数与微分 …………………………………………………………………… 55

§ 3.1　导数的概念 …………………………………………………………………………… 55

一、两个实例 / 55　二、导数的概念 / 56　三、单侧导数 / 59

四、导数的几何意义 / 60　五、函数的可导性与连续性的关系 / 61　习题 3.1 / 62

§ 3.2　函数的四则运算求导法则 …………………………………………………………… 63

习题 3.2 / 64

§ 3.3　反函数和复合函数的求导法则 ……………………………………………………… 65

一、反函数的求导法则 / 65　二、复合函数的求导法则 / 66

三、导数的基本公式和求导法则 / 67　习题 3.3 / 68

§ 3.4　高阶导数 ……………………………………………………………………………… 69

习题 3.4 / 71

§ 3.5　隐函数的导数 ………………………………………………………………………… 71

习题 3.5 / 74

§ 3.6　由参数方程所确定的函数的导数 …………………………………………………… 74

习题 3.6 / 76

§ 3.7　函数的微分 …………………………………………………………………………… 76

一、微分的概念 / 77　二、微分的几何意义 / 78

三、微分基本公式和微分法则 / 79　习题 3.7 / 80

§ 3.8　微分在近似计算中的应用 …………………………………………………………… 80

习题 3.8 / 81

自测题三 ……………………………………………………………………………………… 82

第四章　微分中值定理与导数的应用 ………………………………………………… 84

§ 4.1　微分中值定理 ………………………………………………………………………… 84

一、罗尔中值定理 / 84　二、拉格朗日中值定理 / 86

三、柯西中值定理 / 88　习题 4.1 / 89

§ 4.2　洛必达法则 …………………………………………………………………………… 89

一、$\dfrac{0}{0}$ 与 $\dfrac{\infty}{\infty}$ 型未定式 / 89　二、$0 \cdot \infty$ 和 $\infty - \infty$ 型未定式 / 92

三、$0^0, 1^\infty$ 和 ∞^0 型未定式 / 93　习题 4.2 / 94

§ 4.3　函数的单调性和曲线的凹凸性 ……………………………………………………… 94

一、函数的单调性 / 94　二、曲线的凹凸性 / 97　习题 4.3 / 100

§ 4.4　函数的极值与最值 …………………………………………………………………… 101

一、函数的极值及其求法 / 101　二、最值问题 / 104　习题 4.4 / 105

§4.5 渐近线及函数图形的描绘 ··· 106
　　一、曲线的渐近线 / 106　二、函数图形的描绘 / 107　习题 4.5 / 108
§4.6 泰勒中值定理 ··· 108
　　习题 4.6 / 112

自测题四 ··· 113

第五章　不定积分 ··· 115
§5.1 不定积分的概念与性质 ··· 115
　　一、原函数的概念 / 115　二、不定积分的概念 / 116
　　三、不定积分的几何意义 / 117　四、基本积分表 / 117
　　五、不定积分的性质 / 119　习题 5.1 / 121
§5.2 换元积分法 ··· 121
　　一、第一类换元积分法 / 122　二、第二类换元积分法 / 126　习题 5.2 / 129
§5.3 分部积分法 ··· 130
　　习题 5.3 / 133
§5.4 有理函数的积分 ··· 133
　　习题 5.4 / 135

自测题五 ··· 135

第六章　定积分 ··· 137
§6.1 定积分的概念与性质 ··· 137
　　一、引例 / 137　二、定积分的定义 / 139　三、定积分的几何意义 / 140
　　四、定积分的性质 / 142　习题 6.1 / 145
§6.2 微积分基本公式 ··· 146
　　一、积分上限函数 / 146　二、牛顿-莱布尼茨公式 / 149　习题 6.2 / 150
§6.3 定积分的换元积分法 ··· 151
　　习题 6.3 / 154
§6.4 定积分的分部积分法 ··· 155
　　习题 6.4 / 157
§6.5 定积分的应用 ··· 157
　　一、微元法 / 157　二、平面图形的面积 / 158　三、体积 / 160　习题 6.5 / 163
§6.6 反常积分 ··· 163
　　一、无限区间上的反常积分 / 163　二、瑕积分 / 165　习题 6.6 / 167

自测题六 ··· 168

第七章　微分方程 ··· 170
§7.1 微分方程的基本概念 ··· 170
　　习题 7.1 / 174
§7.2 一阶微分方程 ··· 174

一、可分离变量的微分方程 / 174　二、齐次微分方程 / 176

　　三、一阶线性微分方程 / 178　习题 7.2 / 181

§ 7.3　二阶常系数齐次线性微分方程 ·· 181

　　习题 7.3 / 185

§ 7.4　二阶常系数非齐次线性微分方程 ·· 185

　　习题 7.4 / 189

自测题七 ·· 190

第八章　向量代数与空间解析几何 ·· 192

§ 8.1　向量及其线性运算 ·· 192

　　一、向量的基本概念 / 192　二、向量的加法与减法运算 / 193

　　三、向量与数的乘法 / 195　习题 8.1 / 197

§ 8.2　向量的坐标表示及运算 ·· 197

　　一、空间直角坐标系 / 198　二、向量的坐标 / 199

　　三、向量线性运算的坐标表示 / 200

　　四、向量模的坐标表示及两点间的距离公式 / 202

　　五、向量的方向角和方向余弦 / 203　六、向量在数轴上的投影 / 204

　　习题 8.2 / 206

§ 8.3　向量的数量积与向量积 ·· 206

　　一、向量的数量积 / 206　二、向量的向量积 / 209　习题 8.3 / 213

§ 8.4　平面及其方程 ·· 213

　　一、曲面方程与空间曲线方程的定义 / 213　二、平面方程 / 214

　　三、两平面的夹角 / 217　四、点到平面的距离 / 219　习题 8.4 / 219

§ 8.5　空间直线的方程 ·· 220

　　一、空间直线的方程 / 220　二、两直线的夹角 / 222

　　三、直线与平面的夹角 / 223　习题 8.5 / 225

§ 8.6　曲面及其方程 ·· 226

　　一、球面 / 226　二、柱面 / 227　三、旋转曲面 / 227　四、圆锥面 / 229

　　五、椭球面 / 230　六、抛物面 / 230　七、双曲面 / 231　八、椭圆锥面 / 232

　　习题 8.6 / 232

§ 8.7　空间曲线及其方程 ·· 233

　　一、空间曲线的一般方程 / 233　二、空间曲线的参数方程 / 234

　　三、空间曲线在坐标面上的投影 / 235　习题 8.7 / 236

自测题八 ·· 236

第九章　多元函数微分学及其应用 ·· 239

§ 9.1　多元函数的基本概念 ·· 239

　　一、平面点集 / 239　二、多元函数的概念 / 240　三、二元函数的极限 / 241

　　四、二元函数的连续性 / 242　习题 9.1 / 243

§9.2 偏导数 ··· 243
　　一、偏导数的定义 / 244　　二、偏导数的几何意义 / 246
　　三、高阶偏导数 / 246　　习题 9.2 / 248
§9.3 全微分及其应用 ·· 248
　　一、全微分的定义 / 248　　二、全微分在近似计算中的应用 / 251　　习题 9.3 / 252
§9.4 多元复合函数的求导法则 ··· 252
　　习题 9.4 / 256
§9.5 隐函数的求导公式 ·· 256
　　一、一元隐函数的求导公式 / 257　　二、二元隐函数的求导公式 / 257
　　习题 9.5 / 259
§9.6 多元函数微分学的几何应用 ·· 259
　　一、空间曲线的切线与法平面 / 259　　二、空间曲面的切平面与法线 / 262
　　习题 9.6 / 264
§9.7 多元函数的极值与最值 ·· 264
　　一、多元函数的极值及其求法 / 264　　二、多元函数的最值及其求法 / 267
　　三、条件极值 / 269　　习题 9.7 / 270
自测题九 ·· 270

第十章　二重积分 ·· 273

§10.1 二重积分的概念与性质 ··· 273
　　一、引例 / 273　　二、二重积分的定义 / 274　　三、二重积分的几何意义 / 275
　　四、二重积分的基本性质 / 276　　习题 10.1 / 277
§10.2 利用直角坐标计算二重积分 ·· 278
　　一、积分区域的类型 / 278　　二、二重积分的累次积分公式 / 279　　习题 10.2 / 284
§10.3 利用极坐标计算二重积分 ·· 285
　　习题 10.3 / 289
§10.4 二重积分的应用 ·· 290
　　一、面积 / 290　　二、体积 / 291　　三、经济方面的应用 / 292　　习题 10.4 / 293
自测题十 ·· 293

第十一章　无穷级数 ·· 295

§11.1 常数项级数的概念与性质 ·· 295
　　一、常数项级数的概念 / 295　　二、收敛级数的基本性质 / 297　　习题 11.1 / 299
§11.2 常数项级数的审敛法 ·· 300
　　一、正项级数及其审敛法 / 300　　二、交错级数及其审敛法 / 305
　　三、绝对收敛与条件收敛 / 307　　习题 11.2 / 308
§11.3 幂级数 ·· 309
　　一、函数项级数的概念 / 309　　二、幂级数及其敛散性 / 309
　　三、幂级数的运算 / 312　　习题 11.3 / 314

§11.4 函数展开成幂级数 ……………………………………………………………… 315
　　一、泰勒级数 / 315　二、函数展开成幂级数 / 316　习题 11.4 / 319
自测题十一 ……………………………………………………………………………… 319

第十二章　数学实验 …………………………………………………………………… 321

§12.1　MATLAB 操作入门 ……………………………………………………………… 321
　　一、MATLAB 软件简介 / 321　二、MATLAB 软件的操作方法 / 321
　　习题 12.1 / 322
§12.2　利用 MATLAB 进行函数运算 …………………………………………………… 323
　　一、实验目标 / 323　二、实验内容 / 323　三、实验举例 / 325　习题 12.2 / 329
§12.3　利用 MATLAB 绘制平面曲线的图形 …………………………………………… 329
　　一、实验目标 / 329　二、实验内容 / 329　三、实验举例 / 330　习题 12.3 / 332
§12.4　利用 MATLAB 求函数的极限 …………………………………………………… 332
　　一、实验目标 / 332　二、实验内容 / 332　三、实验举例 / 333　习题 12.4 / 335
§12.5　利用 MATLAB 求函数的导数 …………………………………………………… 335
　　一、实验目标 / 335　二、实验内容 / 335　三、实验举例 / 335　习题 12.5 / 337
§12.6　利用 MATLAB 求可导函数的极值 ……………………………………………… 338
　　一、实验目标 / 338　二、实验内容 / 338　三、实验举例 / 338　习题 12.6 / 340
§12.7　利用 MATLAB 求一元函数的积分 ……………………………………………… 340
　　一、实验目标 / 340　二、实验内容 / 340　三、实验举例 / 340　习题 12.7 / 342
§12.8　利用 MATLAB 解常微分方程 …………………………………………………… 342
　　一、实验目标 / 342　二、实验内容 / 342　三、实验举例 / 343　习题 12.8 / 344
§12.9　利用 MATLAB 计算二重积分 …………………………………………………… 344
　　一、实验目标 / 344　二、实验内容 / 344　三、实验举例 / 344　习题 12.9 / 346
§12.10　利用 MATLAB 绘制曲面图形 ………………………………………………… 346
　　一、实验目标 / 346　二、实验内容 / 346　三、实验举例 / 347　习题 12.10 / 347
§12.11　利用 MATLAB 求多元函数的最值 …………………………………………… 348
　　一、实验目标 / 348　二、实验内容 / 348　三、实验举例 / 348　习题 12.11 / 349
§12.12　利用 MATLAB 求收敛级数的和 ……………………………………………… 349
　　一、实验目标 / 349　二、实验内容 / 349　三、实验举例 / 349　习题 12.12 / 350

附录一　部分基本初等函数的图形及其主要性质 …………………………………… 351

附录二　行列式 ………………………………………………………………………… 353

习题参考答案 …………………………………………………………………………… 355

参考文献 ………………………………………………………………………………… 376

第一章

函 数

初等数学的研究对象是常量,是用静止的观点研究问题;高等数学的研究对象则是变量,也就是函数,是用运动和辩证的观点研究问题.本章将介绍函数的基本概念、性质及一些常用函数.

§1.1 函数的基本概念

"函数"一词最早由我国数学家李善兰翻译而来,出于其著作《代数学》.书中记载有"凡此变数中含彼变数,则此为彼之函数",意思是说函数是一个随着另一个量的变化而变化的量,或者说其中包含了另一个量.本节主要介绍集合、函数及有关概念.

一、预备知识

1. 集合

定义 1.1 由指定的有限多个或无限多个事物或对象所构成的总体称为一个**集合**,构成集合的事物或对象称为集合的**元素**.

通常用大写英文字母 $A, B, C, \cdots$ 表示集合,用小写英文字母 $a, b, c, \cdots$ 表示集合的元素. 若 a 是集合 M 的元素,则记为 $a \in M$,读作"a 属于 M";若 a 不是集合 M 的元素,则记为 $a \notin M$,读作"a 不属于 M".

对于一个集合,如果它含有限多个元素,则称为**有限集**;如果它含有无限多个元素,则称为**无限集**;如果它不含有任何元素,则称为**空集**,记为 $\varnothing$.

元素均为数的集合称为**数集**.高等数学中的常用数集及其记号如下:

(1) 全体非负整数构成的集合称为**非负整数集**或**自然数集**,记为 $\mathbf{N}$;

(2) 全体整数构成的集合称为**整数集**,记为 $\mathbf{Z}$;

(3) 全体正整数构成的集合称为**正整数集**,记为 $\mathbf{Z}_+$ 或 $\mathbf{N}_+$;

(4) 全体有理数构成的集合称为**有理数集**,记为 $\mathbf{Q}$;

(5) 全体实数构成的集合称为**实数集**,记为 $\mathbf{R}$.

2. 区间

定义 1.2 设 a, b 为实数,且 $a < b$.

区间

(1) 满足不等式 $a<x<b$ 的所有实数 x 构成的集合[见图 1.1(a)]，称为以 a,b 为端点的**开区间**，记为 (a,b)，即
$$(a,b)=\{x\mid a<x<b\}.$$

(2) 满足不等式 $a\leqslant x\leqslant b$ 的所有实数 x 构成的集合[见图 1.1(b)]，称为以 a,b 为端点的**闭区间**，记为 $[a,b]$，即
$$[a,b]=\{x\mid a\leqslant x\leqslant b\}.$$

(3) 满足不等式 $a<x\leqslant b$ 或 $a\leqslant x<b$ 的所有实数 x 构成的集合[见图 1.1(c),(d)]，称为以 a,b 为端点的**半开半闭区间**，分别记为 $(a,b]$ 和 $[a,b)$，即
$$(a,b]=\{x\mid a<x\leqslant b\},\quad [a,b)=\{x\mid a\leqslant x<b\}.$$

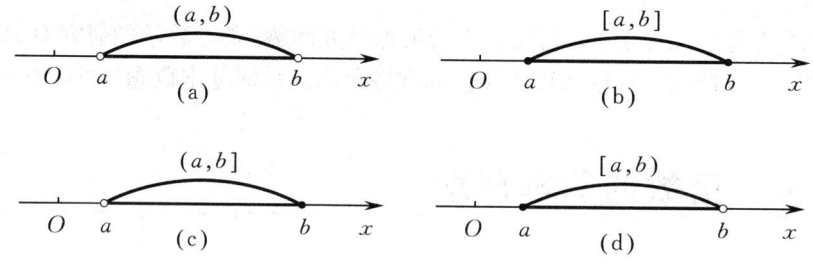

图 1.1

以上三类区间都称为**有限区间**，数 $b-a$ 称为这些**区间的长度**.

此外，还有三类无限区间. 引进记号 $+\infty$（读作"正无穷大"）及 $-\infty$（读作"负无穷大"），则无限的半开区间或开区间的表示如下：

(1) $(a,+\infty)=\{x\mid x>a\},[a,+\infty)=\{x\mid x\geqslant a\}$；

(2) $(-\infty,b)=\{x\mid x<b\},(-\infty,b]=\{x\mid x\leqslant b\}$；

(3) $(-\infty,+\infty)=\{x\mid -\infty<x<+\infty\}$，即实数集 **R**.

注　记号 $+\infty,-\infty$ 都只是表示无限性的一种记号，并不表示某个确定的数，因此不能像数一样进行运算.

3. 邻域

邻域是一个与区间有关且经常用到的概念，其定义如下.

定义 1.3　设 a 与 δ 是两个实数，且 $\delta>0$，则称开区间 $(a-\delta,a+\delta)$ 为点 a 的 δ **邻域**，记为 $U(a,\delta)$，即
$$U(a,\delta)=(a-\delta,a+\delta)=\{x\mid |x-a|<\delta\},$$
其中点 a 称为 $U(a,\delta)$ 的**中心**，δ 称为 $U(a,\delta)$ 的**半径**（见图 1.2）.

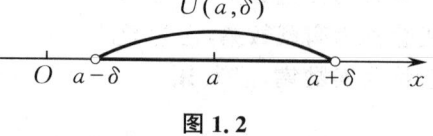

图 1.2

例如，$U(0,1)$ 表示以点 0 为中心、1 为半径的邻域，也就是开区间 $(-1,1)$.

点 a 的 δ 邻域去掉中心 a 后，称为点 a 的**去心 δ 邻域**，记为 $\overset{\circ}{U}(a,\delta)$，即

$$\mathring{U}(a,\delta) = (a-\delta, a) \bigcup (a, a+\delta) = \{x \mid 0 < |x-a| < \delta\},$$

其中开区间$(a-\delta, a)$称为点a的**左邻域**,开区间$(a, a+\delta)$称为点a的**右邻域**(见图1.3).

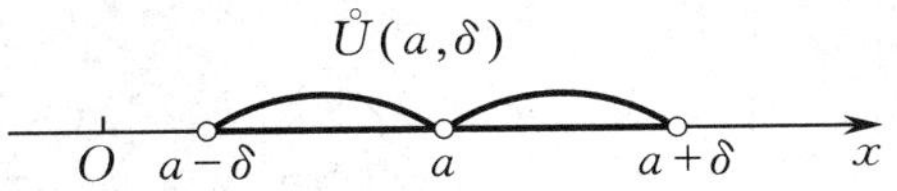

图 1.3

例如,$\mathring{U}(1,2)$表示以点1为中心、2为半径的去心邻域,也就是集合$(-1,1) \bigcup (1,3)$.

二、函数的概念

定义 1.4 设D是一个给定的非空数集.若对任意的$x \in D$,按照一定的法则f,总有唯一确定的数y与之对应,则称y是x的**函数**,记为

$$y = f(x), \quad x \in D,$$

其中x称为**自变量**,y称为**因变量**,D称为**定义域**,$f(D) = \{y \mid y = f(x), x \in D\}$称为**值域**.

从函数的定义中可以看到,函数的概念有两个要素:定义域和对应法则.如果两个函数的定义域相同,对应法则也相同,那么这两个函数就是相同的,否则就是不同的.

例如,$f_1(x) = \dfrac{x^2-1}{x-1}$与$f_2(x) = x+1$不是同一个函数,因为两者的定义域不同;$g_1(x) = x$与$g_2(x) = \sqrt{x^2}$不是同一个函数,因为两者的对应法则不同;$h_1(x) = x^3$与$h_2(t) = t^3$是同一个函数,因为两者的定义域和对应法则都相同,这也可以看出函数与其自变量的记号无关.

在高等数学中,有时不考虑函数的实际意义,只抽象地研究用算式表达的函数.我们约定:函数的定义域就是使算式有意义的一切实数所构成的集合.这样约定的定义域称为函数的**自然定义域**.在这种约定之下,我们常常只给出对应法则,而不指明其定义域.

例如,函数$y = \sqrt{1-x^2}$的(自然)定义域是$[-1,1]$,函数$y = \dfrac{1}{\sqrt{1-x^2}}$的(自然)定义域是$(-1,1)$.

例 1 求下列函数的定义域:

(1) $y = \dfrac{1}{9-x^2} + \sqrt{x+3}$;   (2) $y = \dfrac{1}{x} + \lg(1-x)$.

解 (1) 由 $\begin{cases} 9-x^2 \neq 0, \\ x+3 \geqslant 0 \end{cases}$ 可得 $\begin{cases} x \neq \pm 3, \\ x \geqslant -3, \end{cases}$ 所以

$$D = (-3, 3) \bigcup (3, +\infty).$$

(2) 由 $\begin{cases} x \neq 0, \\ 1-x > 0 \end{cases}$ 可得 $\begin{cases} x \neq 0, \\ x < 1, \end{cases}$ 所以

$$D = (-\infty, 0) \bigcup (0, 1).$$

习题 1.1

1. 求下列函数的定义域:

(1) $y = \dfrac{1}{x} - \sqrt{1-x^2}$;

(2) $y = \dfrac{2x}{x^2 - 3x + 2}$;

(3) $y = \arcsin(x-5)$;

(4) $y = \sqrt{1-x} + \arctan\dfrac{1}{x}$;

(5) $y = \ln(4+x)$;

(6) $y = e^{\frac{1}{x}}$.

2. 判断下列各组中的函数 $f(x)$ 和 $g(x)$ 是否相同:

(1) $f(x) = \ln x^2, g(x) = 2\ln x$;

(2) $f(x) = \dfrac{x^3 - x}{x^2 - 1}, g(x) = x$;

(3) $f(x) = \sqrt[3]{x^4 - x^3}, g(x) = x\sqrt[3]{x-1}$;

(4) $f(x) = \sqrt{1 - \sin^2 x}, g(x) = \cos x$.

3. 设函数 $f(t) = t^2 + \dfrac{1}{t^2} + \dfrac{3}{t} + 3t$. 证明: $f(t) = f\left(\dfrac{1}{t}\right)$.

§1.2 函数的性质

对于函数,常根据函数值的不同性态对其进行分类.本节主要介绍函数的几种基本性质.

一、函数的有界性

定义 1.5 设函数 $f(x)$ 的定义域为 D,区间 $I \subset D$. 若存在正数 M,使得对任意的 $x \in I$,恒有

$$|f(x)| \leqslant M,$$

则称函数 $f(x)$ 在 I 内**有界**;若这样的正数 M 不存在,则称函数 $f(x)$ 在 I 内**无界**.

例如,函数 $f(x) = \sin x$ 在 $(-\infty, +\infty)$ 内是有界的,因为对任意的实数 x,都有 $|\sin x| \leqslant 1$. 函数有界的定义也可以表述如下.

定义 1.6 设函数 $f(x)$ 的定义域为 D,区间 $I \subset D$. 若存在常数 M_1 和 M_2,使得对任意的 $x \in I$,恒有

$$M_1 \leqslant f(x) \leqslant M_2,$$

则称函数 $f(x)$ 在 I 内有界,并分别称 M_1 和 M_2 为 $f(x)$ 在 I 内的一个**下界**和一个**上界**.

例如,函数 $f(x) = x^2$ 在 $(-\infty, +\infty)$ 内无界,因为它只有下界,而没有上界.

二、函数的单调性

定义 1.7 设函数 $f(x)$ 的定义域为 D,区间 $I \subset D$. 若对于 I 内的任意两点 x_1 及 x_2,当 $x_1 < x_2$ 时,

(1) 恒有 $f(x_1) < f(x_2)$，则称函数 $f(x)$ 在 I 内**单调增加**；
(2) 恒有 $f(x_1) > f(x_2)$，则称函数 $f(x)$ 在 I 内**单调减少**.

例如，函数 $f(x) = x^2$ 在区间 $[0, +\infty)$ 内单调增加，在区间 $(-\infty, 0]$ 内单调减少，而在区间 $(-\infty, +\infty)$ 内不单调.

若函数在其定义域内单调增加或单调减少，则称为**单调函数**.

三、函数的奇偶性

定义 1.8 设函数 $f(x)$ 的定义域 D 关于原点对称(即若 $x \in D$，则必有 $-x \in D$). 若对于任意的 $x \in D$，

(1) 恒有 $f(-x) = -f(x)$，则称 $f(x)$ 为**奇函数**；
(2) 恒有 $f(-x) = f(x)$，则称 $f(x)$ 为**偶函数**.

例如，$f_1(x) = x$ 是 $(-\infty, +\infty)$ 内的奇函数，$f_2(x) = x^2$ 是 $(-\infty, +\infty)$ 内的偶函数，而 $f_3(x) = x + x^2$ 在 $(-\infty, +\infty)$ 内既非奇函数，又非偶函数.

注 奇函数的图形关于原点对称，偶函数的图形关于 y 轴对称.

四、函数的周期性

定义 1.9 设函数 $f(x)$ 的定义域为 D. 若存在正数 T，使得对于任意的 $x \in D$，恒有 $(x \pm T) \in D$，且

$$f(x + T) = f(x), \qquad (1-1)$$

则称 $f(x)$ 为**周期函数**，其中 T 称为 $f(x)$ 的**周期**.

通常情况下，我们说的周期函数的周期是指**最小正周期**，即满足式 (1-1) 的最小正数 T. 例如，函数 $\sin x, \cos x$ 都是以 2π 为周期的周期函数，函数 $\tan x$ 是以 π 为周期的周期函数.

并非每个周期函数都有最小正周期，例如，狄利克雷函数就没有最小正周期.

例 1 对于狄利克雷函数

$$D(x) = \begin{cases} 1, & x \in \mathbf{Q}, \\ 0, & \text{其他}, \end{cases}$$

容易验证它是一个周期函数，且任何正有理数都是它的周期. 因为不存在最小的正有理数，所以狄利克雷函数没有最小正周期.

习 题 1.2

1. 判断下列函数的奇偶性：

(1) $y = x^2(1 - x^2)$；

(2) $y = 3x^3 - x^2$；

(3) $y = x(x-1)(x+1)$；

(4) $y = \dfrac{e^x - e^{-x}}{2}$；

(5) $y = \dfrac{e^x + e^{-x}}{2}$；

(6) $y = 1 + \sin x - \cos x$.

2.设下面所考虑的函数都是定义在区间$(-a,a)$内的.证明:

(1) 两个偶函数的和是偶函数,两个奇函数的和是奇函数;

(2) 两个偶函数的乘积是偶函数,两个奇函数的乘积是偶函数,偶函数与奇函数的乘积是奇函数.

3.设$f(x)$为定义在区间$(-a,a)$内的奇函数.若函数$f(x)$在$(0,a)$内单调增加,证明:$f(x)$在$(-a,0)$内也单调增加.

4.下列函数中哪些是周期函数?对于周期函数,指出其周期.

(1) $y=\cos(x-1)$; (2) $y=1+\sin\pi x$;

(3) $y=x\cos x$; (4) $y=\sin^2 x$.

§1.3 基本初等函数

为了方便,本书中除了较特殊的常数函数$y=C$(C是常数)外,把高等数学中最常见的函数分为五类,统称为**基本初等函数**,包括幂函数、指数函数、对数函数、三角函数与反三角函数.这些函数的性质、图形在中学都已学过,现把部分函数的图形及其主要性质归纳在一起(见附录一),以供参考和记忆.

(1) 幂函数:$y=x^\mu$(μ是常数).

(2) 指数函数:$y=a^x$(a是常数,$a>0$,$a\neq 1$).以无理数$e=2.718\cdots$为底的指数函数$y=e^x$是常用的指数函数.

(3) 对数函数:$y=\log_a x$(a是常数,$a>0$,$a\neq 1$).当$a=e$时,把$y=\log_a x$记为$y=\ln x$,称为自然对数函数.

(4) 三角函数:正弦函数$y=\sin x$,余弦函数$y=\cos x$,正切函数$y=\tan x$,余切函数$y=\cot x$,正割函数$y=\sec x$,余割函数$y=\csc x$,其中

$$\tan x=\frac{\sin x}{\cos x},\quad \cot x=\frac{\cos x}{\sin x},\quad \sec x=\frac{1}{\cos x},\quad \csc x=\frac{1}{\sin x}.$$

(5) 反三角函数:反正弦函数$y=\arcsin x$,反余弦函数$y=\arccos x$,反正切函数$y=\arctan x$,反余切函数$y=\text{arccot}\, x$.

习 题 1.3

1.设函数$\varphi(x)=e^x$.证明:

(1) $\varphi(x)\cdot\varphi(y)=\varphi(x+y)$; (2) $\dfrac{\varphi(x)}{\varphi(y)}=\varphi(x-y)$.

2.设函数$\varphi(x)=\ln x$.当$x>0,y>0$时,证明:

(1) $\varphi(x)+\varphi(y)=\varphi(xy)$; (2) $\varphi(x)-\varphi(y)=\varphi\left(\dfrac{x}{y}\right)$.

3.设函数$f(x)=\arccos x$.求$f(0),f\left(-\dfrac{\sqrt{2}}{2}\right),f\left(\dfrac{\sqrt{3}}{2}\right),f(-1),f(1)$的值.

§1.4 反函数与复合函数

函数 $y=f(x)$ 的自变量 x 与因变量 y 的关系往往是相对的. 有时我们不仅要研究 y 随 x 变化的状况,还要研究 x 随 y 变化的状况,由此引出反函数的概念. 有时两个变量不是直接联系的,而是通过另一个变量间接联系起来的,由此引出复合函数的概念.

一、反函数

定义 1.10 设函数 $y=f(x)$ 的定义域为 D,值域为 W. 若对于任意的 $y\in W$,在 D 内都有唯一确定的数 x,使得 $f(x)=y$,则由此得到一个定义在 W 上的新函数. 这个新函数称为函数 $y=f(x)$ 的**反函数**,记为

$$x=f^{-1}(y),$$

其定义域为 W,值域为 D. 相对于反函数 $x=f^{-1}(y)$,原来的函数 $y=f(x)$ 称为**直接函数**.

在函数式 $x=f^{-1}(y)$ 中,字母 y 表示自变量,字母 x 表示因变量. 但习惯上一般用 x 表示自变量,而用 y 表示因变量,因此常常对调函数式 $x=f^{-1}(y)$ 中的字母 x,y,把它改写成 $y=f^{-1}(x)$. 今后提到的反函数,一般就是指这种经过改写后的反函数.

在同一直角坐标系下,函数 $y=f(x)$ 的图形与它的反函数 $y=f^{-1}(x)$ 的图形关于直线 $y=x$ 对称.

定理 1.1 单调函数必有反函数,且单调增加(或单调减少)函数的反函数也单调增加(或单调减少).

例 1 求函数 $y=\dfrac{1}{3}x+5$ 的反函数.

解 由 $y=\dfrac{1}{3}x+5$ 解得 $x=3y-15$,所以反函数为 $y=3x-15$.

二、复合函数

定义 1.11 设有函数 $y=f(u),u\in D_1,u=\varphi(x),x\in D_2$. 若 $\varphi(D_2)\subset D_1$,则称函数 $y=f[\varphi(x)],x\in D_2$ 为由 $y=f(u)$ 和 $u=\varphi(x)$ 复合而成的**复合函数**,其中 $u=\varphi(x)$ 称为**内层函数**,$y=f(u)$ 称为**外层函数**,u 称为**中间变量**.

例 2 设函数 $f(x)=e^x,g(x)=\sin x$. 求 $f[g(x)]$ 和 $g[f(x)]$.

解 $f[g(x)]=e^{g(x)}=e^{\sin x},g[f(x)]=\sin f(x)=\sin e^x$.

复合函数不仅可以由两个函数复合而成,还可以由多个函数复合而成,即中间变量可以不止一个.

本书后面还将用到复合函数的分解. 复合函数的分解原则为:由外向内,层层分解,直至最内层函数是基本初等函数或基本初等函数的四则运算为止.

例 3 分解下列复合函数:

(1) $y=\sin x^3$; (2) $y=\ln(1+x^2)$;

(3) $y=\tan^2(2x+1)$; (4) $y=\mathrm{e}^{\cos\frac{1}{x}}$.

解 (1) $y=\sin u, u=x^3$.

(2) $y=\ln u, u=1+x^2$.

(3) $y=u^2, u=\tan v, v=2x+1$.

(4) $y=\mathrm{e}^u, u=\cos v, v=\dfrac{1}{x}$.

习 题 1.4

1. 求下列函数的反函数:

(1) $y=\dfrac{1-x}{1+x}$; (2) $y=1+\ln(x+2)$;

(3) $y=\dfrac{2^x}{1+2^x}$; (4) $y=3\sin 2x, x\in\left[-\dfrac{\pi}{4},\dfrac{\pi}{4}\right]$.

2. 分别求由下列各组函数复合而成的函数,并求复合函数在所给自变量处的函数值:

(1) $y=u^2, u=\sin x, x_1=\dfrac{\pi}{6}, x_2=\dfrac{\pi}{3}$; (2) $y=\sqrt{u}, u=1+x^2, x_1=1, x_2=2$;

(3) $y=\mathrm{e}^u, u=x^2, x=\tan t, t_1=0, t_2=\dfrac{\pi}{4}$; (4) $y=u^2, u=\mathrm{e}^x, x=\tan t, t_1=0, t_2=\dfrac{\pi}{4}$.

3. 分解下列复合函数:

复合函数的运算

(1) $y=\sqrt{4x-3}$; (2) $y=(1+\cos x)^5$;

(3) $y=2^{\arcsin(1+\mathrm{e}^x)}$; (4) $y=\sqrt{\ln\sqrt{x+2}}$.

4. 求下列函数的表达式:

(1) 设 $\varphi(\sin x)=\cos^2 x+\sin x+5$,求 $\varphi(x)$;

(2) 设 $g(x-1)=x^2+x+1$,求 $g(x)$.

§1.5 初等函数与分段函数

本节将介绍初等函数的概念,并给出以后常用的几种分段函数.

一、初等函数

定义 1.12　由常数和基本初等函数经过有限次的四则运算和有限次的复合运算所构成的可用一个式子表示的函数,称为**初等函数**.

例如,$y=\sqrt{1+x^2}$,$y=\tan^2 x$,$y=\ln(1+e^x)-x^2+5$ 都是初等函数.

初等函数的表达形式直接明了,研究方便,应用广泛,本书中讨论的函数绝大多数都是初等函数.

二、分段函数

在自变量的不同变化范围内对应法则用不同的数学式子来表示的函数,称为**分段函数**. 常见的分段函数有以下三种.

(1) **绝对值函数**. 函数 $y=|x|=\begin{cases}-x, & x<0,\\ x, & x\geqslant 0\end{cases}$ 称为绝对值函数,其图形如图 1.4 所示.

分段函数大多不是初等函数,但绝对值函数 $y=|x|$ 可以表示为 $y=\sqrt{x^2}$,因此也是初等函数.

(2) **符号函数**. 函数 $y=\operatorname{sgn} x=\begin{cases}-1, & x<0,\\ 0, & x=0,\\ 1, & x>0\end{cases}$ 称为符号函数,其图形如图 1.5 所示.

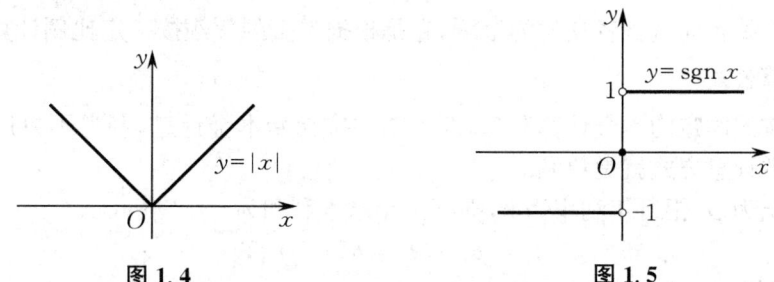

图 1.4　　　　　　　图 1.5

(3) **取整函数**. 对任意的实数 x,记 $[x]$ 为不超过 x 的最大整数,称 $y=[x]$ 为取整函数,其图形如图 1.6 所示.

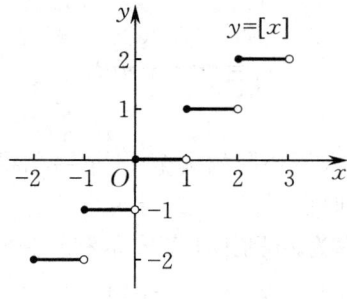

图 1.6

例如,$[-3.6]=-4$,$[\sqrt{2}]=1$,$[2]=2$,$[3.6]=3$.

注　显然,对于取整函数,有

$$x - 1 < [x] \leqslant x.$$

习 题 1.5

1. 下列函数中不是初等函数的是（　　）.

A. $y = e^{2x+1}$　　　　　　　　　B. $y = \begin{cases} 1-2x, & 0 < x < 1, \\ x^2, & 1 \leqslant x < 3 \end{cases}$

C. $y = \sin x + \sqrt{1-x^2}$　　　　　D. $y = \ln(x + \sqrt{1+x^2})$

2. 设函数 $\varphi(x) = \begin{cases} |\sin x|, & |x| < \dfrac{\pi}{3}, \\ 0, & |x| \geqslant \dfrac{\pi}{3}. \end{cases}$ 求 $\varphi(-2), \varphi\left(-\dfrac{\pi}{6}\right), \varphi\left(\dfrac{\pi}{6}\right), \varphi\left(\dfrac{\pi}{4}\right)$ 的值.

§1.6　常用的经济函数及其应用

在经济学的实际问题中，变量之间的相互关系往往十分复杂，为了能够对这些变量进行分析，通常需要建立数学模型对其进行简化. 本节将介绍几种常用的经济函数及其应用.

一、单利与复利

利息是指借款者向贷款者支付的报酬，它是根据本金的数额按一定比例计算出来的.

1. 单利计算公式

单利是指按照固定的本金计算利息，即每期均按初始本金计息，利息不再产生新的利息. 一般银行存款的计息方式就是单利.

设初始本金为 p，银行年利率为 r，则第 1 年末本利和为
$$s_1 = p + rp = p(1+r),$$
第 2 年末本利和为
$$s_2 = p(1+r) + rp = p(1+2r),$$
……

第 n 年末本利和为
$$s_n = p(1+nr).$$

2. 复利计算公式

复利是指将上一期的利息计入下一期的本金中，下一期将按本利和的总额计息，即每期除初始本金计息外，利息还将再计利息.

设初始本金为 p，银行年利率为 r，则第 1 年末本利和为
$$s_1 = p + rp = p(1+r),$$
第 2 年末本利和为
$$s_2 = p(1+r) + rp(1+r) = p(1+r)^2,$$
……

第 n 年末本利和为
$$s_n = p(1+r)^n.$$

例 1 现有初始本金 10 000 元,若银行年利率为 7%,问:
(1) 按单利计算,第 3 年末本利和为多少?
(2) 按复利计算,第 3 年末本利和为多少?
(3) 按复利计算,至少要多少年才能使本利和超过初始本金的一倍?

解 (1) 已知 $p=10\,000$(元), $r=0.07$,由单利计算公式得
$$s_3 = p(1+3r) = 10\,000 \times (1+3\times 0.07) = 12\,100(元),$$
即第 3 年末本利和为 12 100 元.

(2) 由复利计算公式得
$$s_3 = p(1+r)^3 = 10\,000 \times (1+0.07)^3 = 12\,250.43(元),$$
即第 3 年末本利和为 12 250.43 元.

(3) 若要使第 n 年末本利和超过初始本金的一倍,则要使
$$s_n = p(1+r)^n > 2p,$$
即
$$n\ln 1.07 > \ln 2,$$
解得
$$n > \frac{\ln 2}{\ln 1.07} \approx 10.2.$$
因此,至少要 11 年才能使本利和超过初始本金的一倍.

二、需求函数、供给函数与均衡价格

在经济学的简单定量分析中,通常假定某种商品的需求量 Q_d 是价格 P 的函数,记为 $Q_d = f_d(P)$,称为**需求函数**.一般来说,需求量是价格的单调减少函数,即价格越高,需求量越少.需求函数的反函数 $P = f_d^{-1}(Q_d)$ 称为**价格函数**,表示消费者购买数量为 Q_d 的商品时所愿意支付的价格为 P.习惯上将价格函数也称为需求函数.

类似地,也通常假定某种商品的供给量 Q_s 是价格 P 的函数,记为 $Q_s = f_s(P)$,称为**供给函数**.一般来说,供给量是价格的单调增加函数.供给函数也表示生产者提供数量为 Q_s 的产品时所愿意接受的价格为 P,用 $P = f_s^{-1}(Q_s)$ 表示.

对一种商品而言,如果 $Q_d = Q_s$,那么市场刚好达到供求平衡.满足 $f_d(P_0) = f_s(P_0)$ 的价格 P_0 称为**均衡价格**.在实际应用中,通常选取一些比较简单的初等函数,如线性函数、幂函数或指数函数来近似表示需求函数和供给函数,但要满足单调性的要求.

例 2 假设某种商品的需求函数和供给函数分别为
$$Q_d = -10P + 1\,900, \quad Q_s = 50P + 100,$$
求该商品的均衡价格.

解 令 $Q_d = Q_s$,即
$$-10P + 1\,900 = 50P + 100,$$
解得 $P = 30$,即为均衡价格.

三、成本函数、收益函数与利润函数

生产和经营任何商品都需要资金、设备和原料等投入,这些投入称为**成本**,销售商品后获得的收入称为**收益**,扣除全部成本后的收益称为**利润**.例如,某种商品共生产了 1 000 件并全部售出,生产和经营这种产品共投入 100 万元,销售所得共 130 万元,则总成本是 100 万元,总收益是 130 万元,而总利润是 30 万元.

设某种商品的产量为 x.在一定条件下可以认为成本、收益和利润都是 x 的函数,习惯上分别用 $C(x)$,$R(x)$ 和 $L(x)$ 表示,分别称为**成本函数**、**收益函数**与**利润函数**.当产量 $x=0$ 时,对应的成本函数值 $C(0)$ 就是商品的固定成本.

成本函数是单调增加函数,其图形称为成本曲线.

在讨论总成本的基础上,还要进一步讨论均摊在单位产量上的成本,即**平均单位成本**.设 $C(x)$ 为成本函数,称
$$\overline{C}(x) = \frac{C(x)}{x} \quad (x > 0)$$
为**平均单位成本函数**或**平均成本函数**.

例3 已知某厂每年生产 x 台某种商品的平均单位成本为
$$\overline{C}(x) = \left(x + 8 + \frac{15}{x}\right)(单位:万元 / 台),$$
商品销售价格为 $P = 50$ 万元 / 台,试将每年销售全部商品后所获得的总利润 L(单位:万元)表示为年产量 x 的函数.

解 每年生产 x 台商品,以价格 $P = 50$ 万元 / 台销售,获得的总收益为
$$R(x) = Px = 50x(单位:万元).$$
又因为生产 x 台商品的总成本为
$$C(x) = x\overline{C}(x) = x\left(x + 8 + \frac{15}{x}\right) = x^2 + 8x + 15(单位:万元),$$
所以总利润为
$$L(x) = R(x) - C(x) = 50x - (x^2 + 8x + 15) = -x^2 + 42x - 15 \quad (x > 0).$$

习 题 1.6

1.现有初始本金 1 000 元,若银行年利率为 5%,问:
(1) 按单利计算,第 3 年末本利和为多少?

(2) 按复利计算,第 3 年末本利和为多少?

(3) 按复利计算,至少要多少年才能使本利和超过初始本金的一倍?

2. 某批发商每次以 150 元/件的价格将 500 件衣服批发给零售商,在此基础上,零售商每次多进 100 件衣服,则批发价相应降低 2 元/件,批发商最大批发量为每次 1 000 件.试将衣服的批发价格表示为批发量的函数,并求零售商每次进 900 件衣服时的批发价格.

3. 某种产品的总成本 C(单位:万元) 为年产量 x(单位:t) 的函数
$$C = C(x) = a + bx^2,$$
其中 a, b 为待定常数.已知该产品的固定成本为 200 万元,且当年产量 $x = 100$ t 时,总成本 $C = 600$ 万元,试将平均单位成本 $\overline{C}$(单位:万元/t) 表示为年产量 x 的函数.

4. 某种产品的总成本 C(单位:元) 为日产量 x(单位:kg) 的函数
$$C = C(x) = \frac{1}{4}x^2 + 6x + 100,$$
产品的销售价格为 P(单位:元/kg),它与日产量 x 的关系为
$$P = P(x) = 36 - \frac{1}{2}x.$$

(1) 试将平均单位成本 $\overline{C}$(单位:元/kg) 表示为日产量 x 的函数.

(2) 试将每日销售全部产品后所获得的总利润 L(单位:元) 表示为日产量 x 的函数.

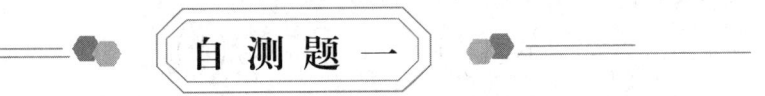

自 测 题 一

1. 选择题:

(1) 函数 $y = \dfrac{x+1}{x^2 - 4x + 3}$ 的定义域是(　　);

A. $(-\infty, 1) \cup (1, +\infty)$ 　　　　B. $(-\infty, 1) \cup (3, +\infty)$

C. $(-\infty, 1) \cup (1, 3) \cup (3, +\infty)$ 　　　　D. $(-\infty, +\infty)$

(2) 函数 $y = \begin{cases} \sqrt{1-x^2}, & |x| < 1, \\ \sin x, & 1 < |x| \leqslant 3 \end{cases}$ 的定义域是(　　);

A. $[-3, -1) \cup (-1, 1) \cup (1, 3]$ 　　　　B. $[-3, 3]$

C. $[-3, -1) \cup (-1, 3]$ 　　　　D. $[-3, -1) \cup (1, 3]$

(3) 下列各组函数中相同的是(　　);

A. $f(x) = x, g(x) = (\sqrt{x})^2$ 　　　　B. $f(x) = \sqrt{x^2}, g(x) = |x|$

C. $f(x) = x + 1, g(x) = \dfrac{x^2 - 1}{x - 1}$ 　　　　D. $f(x) = \ln x^2, g(x) = 2\ln x$

(4) 设函数 $f(x) = \begin{cases} |x+1| + \dfrac{|x-1|}{x+1}, & x \neq -1, \\ 0, & x = -1, \end{cases}$ 则 $f(-2) = ($ 　　$)$;

A. 0 　　　　B. -1 　　　　C. 2 　　　　D. -2

(5) 设函数 $f(x) = e^x$,则 $f(x+3) - f(x-1) = ($ 　　$)$;

A. e^4 B. e^2 C. 0   D. $e^{\frac{x+3}{x-1}}$

(6) 下列函数中为偶函数的是( );

A. $y = xe^{x^2}$ B. $y = x\arcsin x$ C. $y = x^3 + \sec x$ D. $y = \ln(1+x)$

(7) 下列函数中为奇函数的是( );

A. $y = x|x|$ B. $y = x^3 \sin x$ C. $y = 1 + \tan x$ D. $y = \dfrac{x(e^x - 1)}{e^x + 1}$

(8) 下列函数中在 $(0, +\infty)$ 内有界的是( );

A. $y = \ln(4+x)$ B. $y = x^3$ C. $y = \dfrac{1}{x}$ D. $y = \arctan x$

(9) 下列函数中在定义域内无界的是( );

A. $y = \sin x$ B. $y = \cos x$ C. $y = \csc x$ D. $y = \arcsin x$

(10) 函数 $y = 1 + x^3 (-\infty < x < +\infty)$ 是( );

A. 有界函数   B. 单调函数   C. 周期函数   D. 奇函数

(11) 函数 $y = -\sqrt{x-1}$ 的反函数是( );

A. $y = x^2 + 1(-\infty < x < +\infty)$ B. $y = x^2 + 1(x \geqslant 0)$

C. $y = x^2 + 1(x \leqslant 0)$ D. $y = x^2 + 1(x \neq 0)$

(12) 设函数 $y = \dfrac{1-3x}{x-2}$ 与 $y = g(x)$ 的图形关于直线 $y = x$ 对称,则 $g(x) = ($);

A. $\dfrac{1+2x}{x+3}$ B. $\dfrac{1-3x}{x-2}$ C. $\dfrac{x+3}{1+2x}$ D. $\dfrac{x-2}{1-3x}$

(13) 设函数 $f(x) = \ln x$,则 $f(x) + f(y) = ($);

A. $f(x+y)$ B. $f\left(\dfrac{x}{y}\right)$ C. $f\left(\dfrac{y}{x}\right)$ D. $f(xy)$

2. 设函数 $f\left(x + \dfrac{1}{x}\right) = x^2 + \dfrac{1}{x^2}$. 求 $f(x)$ 与 $f\left(x - \dfrac{1}{x}\right)$.

3. 求下列函数的定义域:

(1) $y = \arcsin(x+2)$;   (2) $y = \sqrt{1-x} + \arctan\dfrac{1}{x}$;

(3) $y = \dfrac{\ln(5-x)}{\sqrt{|x|-1}}$;   (4) $y = \sqrt{\lg\dfrac{5x - x^2}{6}}$.

4. 证明: $y = \ln(x + \sqrt{1+x^2})$ 为奇函数.

5. 设函数 $f(x) = 2x^2 + 3x, \varphi(x) = \ln(1+x)$. 求 $f[\varphi(x)], \varphi[f(x)]$ 及其定义域.

6. 分解下列复合函数:

(1) $y = \tan\sqrt{x}$;   (2) $y = e^{\arccos x}$;

(3) $y = \ln\sin\dfrac{x}{3}$;   (4) $y = \sqrt{\ln x^2}$;

(5) $y = (\arcsin 3x)^4$;   (6) $y = 2^{\csc x^2}$.

第二章

极限与连续

极限是研究函数的一种基本方法,而连续是应用非常广泛的一类函数所具有的重要特性.本章将介绍极限和函数的连续性等基本概念,以及它们的一些性质.

§2.1 数列的极限

有很多实际问题的精确解,仅仅通过有限次的算术运算是求不出来的,而必须通过分析一个无限变化过程的变化趋势才能求得,由此产生了极限的概念和极限方法.高等数学中的一系列基本概念,如连续、导数、定积分、重积分、级数的收敛与发散等,都是建立在极限理论的基础之上的.本节将讨论数列极限的定义与性质.

一、数列的概念

定义 2.1 按照一定次序排列的一列数

$$x_1, \quad x_2, \quad \cdots, \quad x_n, \quad \cdots$$

称为**无穷数列**,简称**数列**,记为 $\{x_n\}$. 数列中的每一个数称为数列的**项**,第一项 x_1 称为**首项**,第 n 项 x_n 则称为**一般项**或**通项**.

例如:

(1) $\dfrac{1}{2}, \dfrac{1}{4}, \dfrac{1}{8}, \cdots, \dfrac{1}{2^n}, \cdots,$

(2) $\dfrac{1+1}{1}, \dfrac{2+1}{2}, \dfrac{3+1}{3}, \cdots, \dfrac{n+1}{n}, \cdots,$

(3) $1, -\dfrac{1}{2}, \dfrac{1}{3}, \cdots, (-1)^{n-1}\dfrac{1}{n}, \cdots,$

(4) $1, -1, 1, \cdots, (-1)^{n+1}, \cdots,$

(5) $1, 4, 9, \cdots, n^2, \cdots$

都是数列,它们的通项分别为

$$\dfrac{1}{2^n}, \quad \dfrac{n+1}{n}, \quad (-1)^{n-1}\dfrac{1}{n}, \quad (-1)^{n+1}, \quad n^2.$$

从几何的角度来看,数列$\{x_n\}$可看作数轴上的一个动点,它依次取数轴上的点x_1, $x_2,\cdots,x_n,\cdots$(见图 2.1).

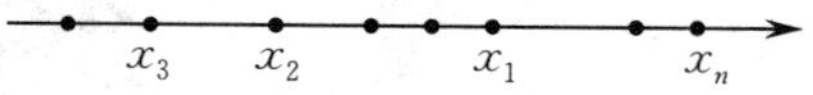

图 2.1

按照函数的定义,数列$\{x_n\}$可看作定义在正整数集$\mathbf{N}_+$上的一个函数,记为
$$x_n = f(n), \quad n \in \mathbf{N}_+.$$
因为数列可看作函数,所以也可以考虑它的有界性和单调性.

定义 2.2 对于数列$\{x_n\}$,如果存在正数M,使得不等式
$$|x_n| \leqslant M$$
对一切$n \in \mathbf{N}_+$均成立,则称$\{x_n\}$**有界**,否则称$\{x_n\}$**无界**.

例如,数列(1),(2),(3),(4)都有界,而数列(5)无界.

定义 2.3 若数列$\{x_n\}$的项x_n随着项数n的增大而增大,即满足
$$x_1 \leqslant x_2 \leqslant \cdots \leqslant x_n \leqslant x_{n+1} \leqslant \cdots,$$
则称$\{x_n\}$**单调增加**.反之,若满足
$$x_1 \geqslant x_2 \geqslant \cdots \geqslant x_n \geqslant x_{n+1} \geqslant \cdots,$$
则称$\{x_n\}$**单调减少**.

例如,数列(1)是单调减少的,而数列(5)是单调增加的.

单调增加或单调减少的数列统称为单调数列.数轴上对应于单调数列的点做定向移动.当数列单调增加时,对应的点就向右移动;当数列单调减少时,对应的点就向左移动.

二、数列极限的定义

数列$\{x_n\}$的变化过程包含两个相关的无限过程:自变量n的主动变化过程和因变量x_n的被动变化过程.n的主动变化过程是$n=1,2,\cdots$,即n从1开始不断增大.将n的这种变化过程称为"n趋于无穷大",记为$n \to \infty$.

刘徽——中国古代数学学者

当$n \to \infty$时,数列$\{x_n\}$的变化趋势就是数列的极限问题.早在我国古代就有了极限思想的萌芽.魏晋时期的数学家刘徽在《九章算术注》中首创了"割圆术",他用圆的内接正多边形的面积去逼近圆的面积,随着内接正多边形边数的增加,这两者的面积将无限接近,最终将完全一致.

设有一圆(见图 2.2),首先作圆的内接正六边形,其面积记为S_1;再作圆的内接正十二边形,其面积记为S_2;再作圆的内接正二十四边形,其面积记为S_3.依次进行下去,一般地,把圆的内接正$6 \times 2^{n-1}$边形的面积记为S_n,可得数列
$$S_1, \quad S_2, \quad \cdots, \quad S_n, \quad \cdots.$$
可以发现,当$n \to \infty$时,S_n无限接近于某个确定的数值(圆的面积),这个确定的数值在数学上被称为数列$\{S_n\}$当$n \to \infty$时的极限.

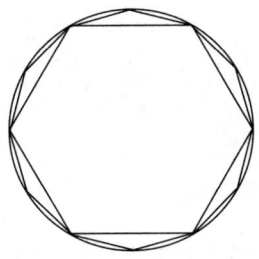

图 2.2

类似地,观察数列(1)~(5)的变化趋势. 通过观察可以看出,当 $n \to \infty$ 时,各数列的变化趋势可以分成两类情形. 第一类情形是:当 $n \to \infty$ 时,数列会无限接近于某个确定的常数,如数列(1)和(3)无限接近于 0,数列(2)无限接近于 1. 第二类情形是:当 $n \to \infty$ 时,数列不接近于任何确定的常数,如数列(4)总是在 -1 和 1 这两个数上跳动,数列(5)当 n 逐渐增大时,n^2 也越来越大,变化趋势是无限增大.

通过以上观察,可以给出数列极限的直观定义.

定义 2.4 （**直观定义**） 设 $\{x_n\}$ 为一数列. 若当 $n \to \infty$ 时,x_n 无限接近于某个确定的常数 a,则称 a 为数列 $\{x_n\}$ 的**极限**,或者称数列 $\{x_n\}$ **收敛**于 a,记为

$$\lim_{n \to \infty} x_n = a \quad \text{或} \quad x_n \to a \quad (n \to \infty).$$

若不存在这样的常数 a,则称数列 $\{x_n\}$ **没有极限**,或者称数列 $\{x_n\}$ **发散**,习惯上也说 $\lim_{n \to \infty} x_n$ 不存在.

当 $n \to \infty$ 时,如果 x_n 也无限增大,则数列 $\{x_n\}$ 没有极限. 此时,习惯上也称数列 $\{x_n\}$ 的极限为无穷大,记为 $\lim_{n \to \infty} x_n = \infty$.

例如,数列(1)~(5)的极限可分别表示为:

(1) $\lim\limits_{n \to \infty} \dfrac{1}{2^n} = 0$;

(2) $\lim\limits_{n \to \infty} \dfrac{n+1}{n} = 1$;

(3) $\lim\limits_{n \to \infty} (-1)^{n-1} \dfrac{1}{n} = 0$;

(4) $\lim\limits_{n \to \infty} (-1)^{n+1}$ 不存在;

(5) $\lim\limits_{n \to \infty} n^2 = \infty$.

于是,数列(1),(2)和(3)收敛,数列(4)和(5)发散.

定义 2.4 是直观的,它使得我们能够通过观察数列的变化趋势判断其极限是否存在,但仅凭观察来判断数列的变化趋势很难做到总是准确,特别是在进行涉及极限的论证时,更不能以观察结果作为推理的依据. 因此,我们有必要寻求精确的、定量化的数学语言来对数列的极限加以定义.

对于数列 $\{x_n\}$,设其极限为 a,即当 $n \to \infty$ 时,x_n 无限接近于 a,那么如何量度 x_n 与 a 无限接近呢?

我们知道,两个数 a 与 b 之间的接近程度可以用它们差的绝对值 $|b - a|$ 来量度(在数轴上,$|b - a|$ 表示点 a 与点 b 之间的距离),$|b - a|$ 越小,a 与 b 就越接近.

就数列(2)来说,其通项为

$$x_n = \frac{n+1}{n},$$

则

$$|x_n - 1| = \frac{1}{n}.$$

由此可见,随着 n 的不断增大,$|x_n - 1|$ 可以无限地变小,从而 x_n 可以无限地接近于 1. 例如,给定 $\frac{1}{100}$,欲使 $|x_n - 1| = \frac{1}{n} < \frac{1}{100}$,只要 $n > 100$,即从第 101 项起,恒有

$$|x_n - 1| < \frac{1}{100}.$$

同样,如果给定 $\frac{1}{10\,000}$,那么从第 10 001 项起,恒有

$$|x_n - 1| < \frac{1}{10\,000}.$$

一般地,不论给定的正数 ε 多么小,总存在一个正整数 N(如取 $N = \left[\frac{1}{\varepsilon}\right]$),使得当 $n > N$ 时,恒有

$$|x_n - 1| < \varepsilon.$$

这就是数列(2)的极限是 1 的实质.

根据上述讨论,可以给出如下数列极限的精确定义.

定义 2.5 (**精确定义**) 设 $\{x_n\}$ 为一数列. 如果存在常数 a,使得对于任意给定的正数 ε(不论它多么小),总存在正整数 N,当 $n > N$ 时,恒有

$$|x_n - a| < \varepsilon,$$

则称 a 为数列 $\{x_n\}$ 的**极限**,或者称数列 $\{x_n\}$ **收敛**于 a,记为

$$\lim_{n \to \infty} x_n = a.$$

定义 2.5 中的正数 ε 可以任意给定是很重要的. 所谓任意给定,是指 ε 可以任意小,其小的程度没有限制. 只有这样,不等式 $|x_n - a| < \varepsilon$ 才能表达出 x_n 与 a 无限接近的意思. 此外还应注意到,定义 2.5 中的正整数 N 是随着 ε 的给定而确定的,它可以看作 ε 的函数. 显然,N 并不是唯一确定的,假定对某个给定的正数 ε,N_1 满足要求,那么大于 N_1 的任何正整数 N 均满足要求.

为了表达方便,引入记号"$\forall$"表示"对于任意给定的"或"对于每一个",记号"$\exists$"表示"存在". 于是,数列的极限 $\lim\limits_{n \to \infty} x_n = a$ 可简捷地表述如下:

$$\forall \varepsilon > 0, \exists N \in \mathbf{N}_+, 当 n > N 时,恒有 |x_n - a| < \varepsilon.$$

数列 $\{x_n\}$ 的极限为 a 的几何解释如下.

将常数 a 及数列 $\{x_n\}$ 在数轴上用它们的对应点表示出来,再在数轴上作点 a 的 ε 邻域,即开区间 $(a - \varepsilon, a + \varepsilon)$,如图 2.3 所示.

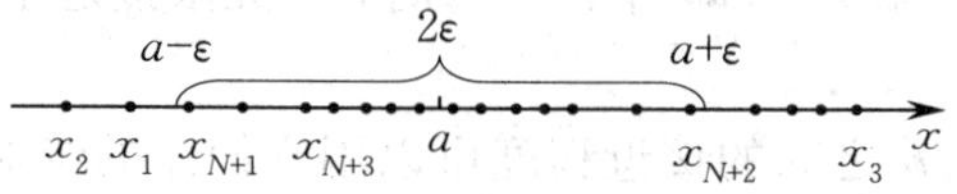

图 2.3

因为不等式
$$|x_n - a| < \varepsilon$$
与不等式
$$a - \varepsilon < x_n < a + \varepsilon$$
等价,所以对于点 a 的任一 ε 邻域 $U(a,\varepsilon)$,存在某一正整数 N,当 $n > N$ 时,所有的点 x_n 都落在邻域 $U(a,\varepsilon)$ 内,而只有有限多个(至多有 N 个)点在此邻域之外(见图 2.3).

注 研究一个数列的极限,关注的是数列后面无限项的问题,去掉、加上或改变数列前面任意有限多项,都不会改变数列的极限.

根据数列极限的定义,并不能直接去求数列的极限,但可用来验证某个常数是否为给定数列的极限.以后将会讨论数列极限的求法.现在先举例说明极限定义的简单应用.

例 1 设某个数列的通项为 $x_n = \dfrac{n}{n+1}$,证明:$\lim\limits_{n\to\infty} x_n = 1$.

证 对任意给定的 $\varepsilon > 0$,要使
$$|x_n - 1| = \left|\dfrac{n}{n+1} - 1\right| < \dfrac{1}{n} < \varepsilon,$$
只要
$$n > \dfrac{1}{\varepsilon}.$$
于是,取 $N = \left[\dfrac{1}{\varepsilon}\right]$,则当 $n > N$ 时,恒有
$$|x_n - 1| < \varepsilon,$$
从而有
$$\lim_{n\to\infty} x_n = 1.$$

例 2 设 $|q| < 1$,证明:$\lim\limits_{n\to\infty} q^n = 0$.

证 当 $q = 0$ 时,结论显然成立.当 $0 < |q| < 1$ 时,对任意给定的 $\varepsilon > 0$(不妨设 $\varepsilon < 1$),要使
$$|q^n - 0| = |q^n| < \varepsilon,$$
只要
$$n\ln|q| < \ln\varepsilon.$$
因 $\ln|q| < 0$,故只要
$$n > \dfrac{\ln\varepsilon}{\ln|q|}.$$
于是,取 $N = \left[\dfrac{\ln\varepsilon}{\ln|q|}\right]$,则当 $n > N$ 时,恒有
$$|q^n - 0| < \varepsilon,$$
从而有
$$\lim_{n\to\infty} q^n = 0.$$

三、收敛数列的性质

定理 2.1（极限的唯一性） 若数列 $\{x_n\}$ 收敛，则其极限唯一，即若数列 $\{x_n\}$ 收敛，且有 $\lim\limits_{n\to\infty} x_n = a$ 及 $\lim\limits_{n\to\infty} x_n = b$，则 $a = b$.

定理 2.2（收敛数列的有界性） 若数列 $\{x_n\}$ 收敛，则它一定有界.

证 因为数列 $\{x_n\}$ 收敛，所以可设 $\lim\limits_{n\to\infty} x_n = a$（$a$ 为常数）. 根据数列极限的定义，对于 $\varepsilon = 1$，存在正整数 N，当 $n > N$ 时，恒有
$$|x_n - a| < 1,$$
从而有
$$|x_n| = |(x_n - a) + a| \leqslant |x_n - a| + |a| < 1 + |a|.$$
取 $M = \{|x_1|, |x_2|, \cdots, |x_N|, 1 + |a|\}$，则数列 $\{x_n\}$ 中的任意项都满足
$$|x_n| \leqslant M,$$
即 $\{x_n\}$ 有界.

根据定理 2.2 可知，如果数列 $\{x_n\}$ 无界，那么它一定发散. 但是，如果数列 $\{x_n\}$ 有界，却不能断定它一定收敛，如数列 $\{(-1)^{n+1}\}$ 有界，但它却是发散的. 因此，数列有界是数列收敛的必要条件，但不是充分条件.

习 题 2.1

1. 根据下列通项公式，写出数列的前四项：

   (1) $x_n = (-1)^n \dfrac{n}{2^n}$;   (2) $x_n = \sin \dfrac{n\pi}{2}$;

   (3) $x_n = \dfrac{\alpha(\alpha-1)(\alpha-2)\cdots(\alpha-n+1)}{n!}$.

2. 根据前几项写出下列数列的通项：

   (1) $\dfrac{1}{2}, \dfrac{1}{2}, \dfrac{3}{8}, \dfrac{1}{4}, \dfrac{5}{32}, \dfrac{3}{32}, \cdots$;   (2) $0, 1, 0, \dfrac{1}{2}, 0, \dfrac{1}{3}, \cdots$;

   (3) $\dfrac{1}{2}, \dfrac{2}{3}, \dfrac{1}{4}, \dfrac{4}{5}, \dfrac{1}{6}, \dfrac{6}{7}, \cdots$.

3. 判断下列数列的敛散性，对于收敛数列，通过观察其变化趋势写出它们的极限：

   (1) $\left\{\dfrac{1}{2^n}\right\}$;   (2) $\left\{(-1)^n \dfrac{1}{n}\right\}$;

   (3) $\left\{2 + \dfrac{1}{n^2}\right\}$;   (4) $\left\{\dfrac{n-1}{n+1}\right\}$;

   (5) $\{(-1)^n n\}$;   (6) $\left\{\dfrac{2^n - 1}{3^n}\right\}$;

   (7) $\left\{n - \dfrac{1}{n}\right\}$;   (8) $\left\{[1 + (-1)^n] \dfrac{n+1}{n}\right\}$.

4. (1) 数列有界是数列收敛的什么条件？
   (2) 无界数列是否一定发散？
   (3) 有界数列是否一定收敛？

§2.2 函数的极限

一、函数极限的定义

因为数列 $\{x_n\}$ 可看作自变量为 n 的函数：
$$x_n = f(n), \quad n \in \mathbf{N}_+,$$
所以数列的极限其实是一种特殊的函数极限. 把数列极限概念中的函数为 $f(n)$ 而自变量的变化过程为 $n \to \infty$ 等特殊性撇开，就可以引出函数极限的一般概念：在自变量的某个变化过程中，如果对应的函数值无限接近于某个确定的常数，那么这个确定的常数就叫作在这一变化过程中**函数的极限**. 函数的极限是与自变量的变化过程密切相关的，自变量的变化过程不同，函数的极限就表现为不同的形式. 就一般函数 $y = f(x)$ 而言，定义域可以是整个或部分实数轴，因此自变量就有了无数多种变化情况，并可以归纳为以下两种变化过程.

(1) 自变量 x 无限接近于有限值 x_0，或者说 x 趋于 x_0（记为 $x \to x_0$）. 这里，规定当 $x \to x_0$ 时，$x \neq x_0$，这是因为我们考察的是函数 $f(x)$ 当自变量 x 无限接近于 x_0 时的变化趋势，这种变化趋势与 $f(x)$ 在点 x_0 处是否有定义、取什么值并无关系.

(2) 自变量 x 的绝对值 $|x|$ 无限增大，或者说 x 趋于无穷大（记为 $x \to \infty$）.

下面，我们分别来讨论在自变量 x 的这两种不同的变化过程中，相应函数值 $f(x)$ 的变化趋势.

1. 自变量趋于有限值时函数的极限

引例 1 观察函数 $f(x) = x + 1$ 和 $g(x) = \dfrac{x^2 - 1}{x - 1}$ 当 $x \to 1$ 时的变化趋势，两者的图形分别如图 2.4(a)，(b) 所示.

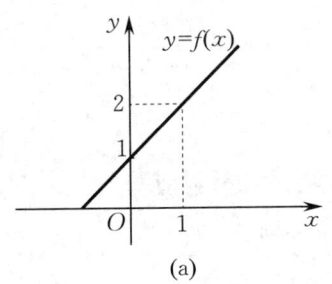
(a)

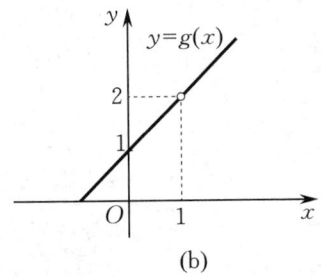
(b)

图 2.4

当自变量趋于
有限值时
函数的极限

从图 2.4 中不难看出，当 x 沿横轴的任何一方趋于 1 时，函数 $f(x)$ 和 $g(x)$ 的对应值都无限接近于 2，则 2 是 $f(x)$ 和 $g(x)$ 当 $x \to 1$ 时的极限.

由此，我们给出当 $x \to x_0$ 时函数极限的直观定义如下.

定义 2.6（**直观定义**） 设函数 $f(x)$ 在点 x_0 的某个去心邻域内有定义. 若当 $x \to x_0$ 时，$f(x)$ 无限接近于某个确定的常数 A，则称 A 为函数 $f(x)$ 当 $x \to x_0$ 时的**极限**，记为
$$\lim_{x \to x_0} f(x) = A \quad \text{或} \quad f(x) \to A \quad (x \to x_0).$$

这时也称**极限** $\lim\limits_{x \to x_0} f(x)$ **存在**,否则称**极限** $\lim\limits_{x \to x_0} f(x)$ **不存在**.

在定义 2.6 中,$f(x)$ 无限接近于某个确定的常数 A 可以表示为 $|f(x)-A|<\varepsilon$,其中 ε 是任意给定的正数,体现了 $f(x)$ 与 A 的接近程度.而 $x \to x_0$ 可以表示为 $0<|x-x_0|<\delta$,其中 δ 为正常数,体现了 x 与 x_0 的接近程度.由此得到函数 $f(x)$ 当 $x \to x_0$ 时极限的精确定义.

定义 2.7（**精确定义**） 设函数 $f(x)$ 在点 x_0 的某个去心邻域内有定义.如果存在常数 A,使得对于任意给定的正数 ε（不论它多么小）,总存在正数 δ,当 $0<|x-x_0|<\delta$ 时,恒有

$$|f(x)-A|<\varepsilon,$$

则称 A 为函数 $f(x)$ 当 $x \to x_0$ 时的**极限**,记为

$$\lim_{x \to x_0} f(x) = A \quad \text{或} \quad f(x) \to A \quad (x \to x_0).$$

定义 2.7 可以简捷地表述如下：

$$\lim_{x \to x_0} f(x) = A \Leftrightarrow \forall \varepsilon > 0, \exists \delta > 0, \text{当} \ 0<|x-x_0|<\delta \ \text{时,恒有} \ |f(x)-A|<\varepsilon.$$

由定义 2.7 易得下列函数的极限：

(1) $\lim\limits_{x \to x_0} x = x_0$；

(2) $\lim\limits_{x \to x_0} C = C$（$C$ 为常数）.

注 研究函数 $f(x)$ 的极限时,必须指明自变量 x 的变化过程.例如,不能笼统地说函数 $f(x) = \dfrac{1}{x}$ 的极限为 1,而应指明当 $x \to 1$ 时,$f(x) = \dfrac{1}{x}$ 的极限为 1,因为当 $x \to 2$ 时,$f(x) = \dfrac{1}{x}$ 的极限为 $\dfrac{1}{2}$.

例 1 证明：$\lim\limits_{x \to 1} \dfrac{x^2-1}{x-1} = 2$.

证 对于任意给定的正数 ε,不等式

$$\left| \frac{x^2-1}{x-1} - 2 \right| < \varepsilon$$

中约去非零因子 $x-1$ 后（当 $x \to 1$ 时,$x \neq 1$,故 $x-1 \neq 0$）,就成为

$$|x+1-2| = |x-1| < \varepsilon.$$

因此,只要取 $\delta = \varepsilon$,则当 $0<|x-1|<\delta$ 时,恒有

$$\left| \frac{x^2-1}{x-1} - 2 \right| < \varepsilon,$$

从而有

$$\lim_{x \to 1} \frac{x^2-1}{x-1} = 2.$$

当 $x \to x_0$ 时,x 是既从 x_0 的左侧也从 x_0 的右侧趋于 x_0 的.但有时只需考虑 x 仅从 x_0 的左侧趋于 x_0（记为 $x \to x_0^-$）的情形,或 x 仅从 x_0 的右侧趋于 x_0（记为 $x \to x_0^+$）的情形,这

就需要引进左、右极限的概念.

定义 2.8 设函数 $f(x)$ 在点 x_0 的左邻域 $(x_0-\delta_1,x_0)$ 内有定义. 如果存在常数 A, 使得对于任意给定的正数 ε（不论它多么小），总存在正数 $\delta(\delta<\delta_1)$，当 $x_0-\delta<x<x_0$ 时，恒有
$$|f(x)-A|<\varepsilon,$$
则称 A 为函数 $f(x)$ 当 $x\to x_0$ 时的**左极限**，记为
$$\lim_{x\to x_0^-}f(x)=A \quad \text{或} \quad f(x_0^-)=A.$$

定义 2.9 设函数 $f(x)$ 在点 x_0 的右邻域 $(x_0,x_0+\delta_1)$ 内有定义. 如果存在常数 A, 使得对于任意给定的正数 ε（不论它多么小），总存在正数 $\delta(\delta<\delta_1)$，当 $x_0<x<x_0+\delta$ 时，恒有
$$|f(x)-A|<\varepsilon,$$
则称 A 为函数 $f(x)$ 当 $x\to x_0$ 时的**右极限**，记为
$$\lim_{x\to x_0^+}f(x)=A \quad \text{或} \quad f(x_0^+)=A.$$

注 不要把左、右极限的记号 $f(x_0^-),f(x_0^+)$ 与函数值的记号 $f(x_0)$ 相混淆，两者的含义完全不一样.

根据上述各定义不难得到以下定理.

定理 2.3 极限 $\lim\limits_{x\to x_0}f(x)$ 存在的充要条件是左极限 $f(x_0^-)$ 与右极限 $f(x_0^+)$ 都存在且相等，即
$$\lim_{x\to x_0}f(x)=A\Leftrightarrow f(x_0^-)=f(x_0^+)=A.$$

注 若 $f(x_0^-)$ 和 $f(x_0^+)$ 中有一个不存在，或虽然两者均存在但不相等，则 $\lim\limits_{x\to x_0}f(x)$ 不存在.

例 2 设函数
$$f(x)=\begin{cases}x-1, & x<0,\\ 0, & x=0,\\ x+1, & x>0.\end{cases}$$

证明：$\lim\limits_{x\to 0}f(x)$ 不存在.

证 因为
$$f(0^-)=\lim_{x\to 0^-}(x-1)=-1, \quad f(0^+)=\lim_{x\to 0^+}(x+1)=1,$$
左极限和右极限均存在但不相等，所以 $\lim\limits_{x\to 0}f(x)$ 不存在.

2. 自变量趋于无穷大时函数的极限

引例 2 观察函数 $f(x)=\dfrac{\sin x}{x}$ 当 $x\to\infty$ 时的变化趋势，其图形如图 2.5 所示.

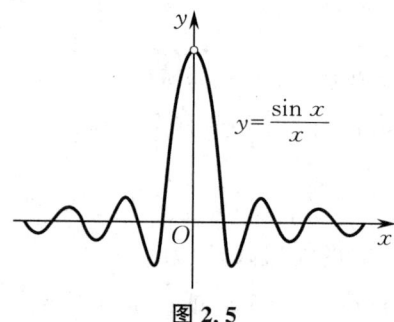

图 2.5

从图 2.5 中可以看出,当 x 趋于无穷大时,函数 $f(x)=\dfrac{\sin x}{x}$ 无限接近于 0,则 0 是 $f(x)$ 当 $x \to \infty$ 时的极限.

由此,我们给出函数 $f(x)$ 当 $x \to \infty$ 时极限的直观定义.

定义 2.10（**直观定义**） 设函数 $f(x)$ 当 $|x|$ 大于某一正数时有定义. 如果当 $x \to \infty$ 时,$f(x)$ 无限接近于某个确定的常数 A,则称 A 为函数 $f(x)$ 当 $x \to \infty$ 时的**极限**,记为
$$\lim_{x\to\infty} f(x) = A \quad 或 \quad f(x) \to A \quad (x \to \infty).$$

在定义 2.10 中,$f(x)$ 无限接近于某个确定的常数 A 可以表示为 $|f(x)-A|<\varepsilon$,其中 ε 是任意给定的正数,体现了 $f(x)$ 与 A 的接近程度. 而 $x \to \infty$ 可以表示为 $|x|>X$,其中 X 为正常数,体现了 x 的增大程度. 由此得到函数 $f(x)$ 当 $x \to \infty$ 时极限的精确定义.

定义 2.11（**精确定义**） 设函数 $f(x)$ 当 $|x|$ 大于某一正数时有定义. 如果存在常数 A,使得对于任意给定的正数 ε(不论它多么小),总存在正数 X,当 $|x|>X$ 时,恒有
$$|f(x)-A|<\varepsilon,$$
则称 A 为函数 $f(x)$ 当 $x \to \infty$ 时的**极限**,记为
$$\lim_{x\to\infty} f(x) = A \quad 或 \quad f(x) \to A \quad (x \to \infty).$$

定义 2.11 可以简捷地表述如下:
$$\lim_{x\to\infty} f(x) = A \Leftrightarrow \forall \varepsilon > 0, \exists X > 0, 当 |x|>X 时, 恒有 |f(x)-A|<\varepsilon.$$

由定义 2.11 易得下列函数的极限:

(1) $\lim\limits_{x\to\infty} \dfrac{\sin x}{x} = 0$;

(2) $\lim\limits_{x\to\infty} C = C$($C$ 为常数).

如果 x 取正值且无限增大(记为 $x \to +\infty$),那么只要把定义 2.11 中的 $|x|>X$ 改为 $x>X$,就可得到 $\lim\limits_{x\to+\infty} f(x) = A$ 的定义. 同样,如果 x 取负值且绝对值无限增大(记为 $x \to -\infty$),那么只要把定义 2.11 中的 $|x|>X$ 改为 $x<-X$,就可得到 $\lim\limits_{x\to-\infty} f(x) = A$ 的定义.

定理 2.4 极限 $\lim\limits_{x\to\infty} f(x)$ **存在的充要条件是** $\lim\limits_{x\to-\infty} f(x)$ **与** $\lim\limits_{x\to+\infty} f(x)$ **都存在且相等**,即
$$\lim_{x\to\infty} f(x) = A \Leftrightarrow \lim_{x\to-\infty} f(x) = \lim_{x\to+\infty} f(x) = A.$$

一般地,我们把 $\lim\limits_{x\to x_0^+} f(x)$, $\lim\limits_{x\to x_0^-} f(x)$, $\lim\limits_{x\to+\infty} f(x)$, $\lim\limits_{x\to-\infty} f(x)$ 称为**单侧极限**,而把 $\lim\limits_{x\to x_0} f(x)$, $\lim\limits_{x\to\infty} f(x)$ 称为**双侧极限**. 单侧极限与双侧极限的关系由定理 2.3 和定理 2.4 给出.

例 3 证明：$\lim\limits_{x\to\infty}\arctan x$ 不存在.

证 因为

$$\lim_{x\to-\infty}\arctan x = -\frac{\pi}{2}, \quad \lim_{x\to+\infty}\arctan x = \frac{\pi}{2},$$

则

$$\lim_{x\to-\infty}\arctan x \neq \lim_{x\to+\infty}\arctan x,$$

所以 $\lim\limits_{x\to\infty}\arctan x$ 不存在.

二、函数极限的几何意义

极限 $\lim\limits_{x\to x_0}f(x)=A$ 的几何解释如图 2.6 所示. 对任意给定的正数 ε，作直线 $y=A+\varepsilon$ 与 $y=A-\varepsilon$，则总能找到点 x_0 的一个去心 δ 邻域 $\mathring{U}(x_0,\delta)$，使得当 $x\in\mathring{U}(x_0,\delta)$ 时，函数 $y=f(x)$ 的图形全部落在这两条直线之间.

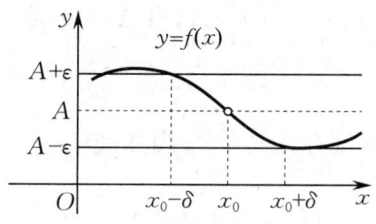

函数极限的
几何意义

图 2.6

极限 $\lim\limits_{x\to\infty}f(x)=A$ 的几何解释如图 2.7 所示. 对任意给定的正数 ε，作直线 $y=A+\varepsilon$ 与 $y=A-\varepsilon$，则总能找到一个正数 X，使得当 $|x|>X$ 时，函数 $y=f(x)$ 的图形全部落在这两条直线之间.

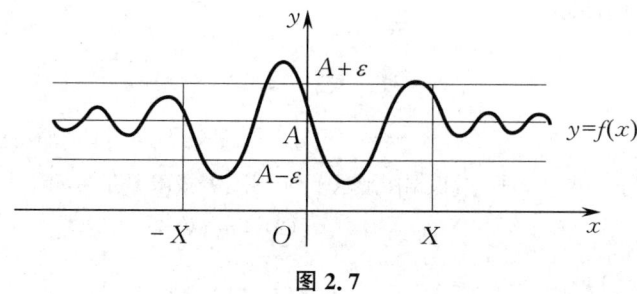

图 2.7

三、函数极限的性质

在前面我们介绍了下列六种类型的函数极限：

(1) $\lim\limits_{x\to x_0}f(x)$； (2) $\lim\limits_{x\to x_0^+}f(x)$； (3) $\lim\limits_{x\to x_0^-}f(x)$；

(4) $\lim\limits_{x\to\infty}f(x)$； (5) $\lim\limits_{x\to+\infty}f(x)$； (6) $\lim\limits_{x\to-\infty}f(x)$.

根据函数极限的定义,可得函数极限的一些基本性质,这些性质在以后讨论函数极限的有关问题时会经常用到. 下面仅以第(1)种类型的函数极限为代表介绍函数极限的性质,至于其他类型的函数极限的性质及其证明,只要相应地做一些修改即可得出.

定理 2.5 （唯一性） 若 $\lim\limits_{x \to x_0} f(x)$ 存在,则其极限唯一.

定理 2.6 （局部有界性） 若 $\lim\limits_{x \to x_0} f(x)$ 存在,则函数 $f(x)$ 在点 x_0 的某个去心邻域内有界.

证 由题意可设 $\lim\limits_{x \to x_0} f(x) = A$（$A$ 为常数）. 根据函数极限的定义,对于 $\varepsilon = 1$,存在 $\delta > 0$,当 $0 < |x - x_0| < \delta$ 时,恒有

$$|f(x) - A| < 1,$$

从而有

$$A - 1 < f(x) < A + 1,$$

即函数 $f(x)$ 在 $\mathring{U}(x_0, \delta)$ 内有界.

定理 2.7 （局部保号性） 若 $\lim\limits_{x \to x_0} f(x) = A$,且 $A > 0$（或 $A < 0$）,则在点 x_0 的某个去心邻域内,有 $f(x) > 0$［或 $f(x) < 0$］.

证 若 $A > 0$,取 $\varepsilon = \dfrac{A}{2} > 0$,则存在 $\delta > 0$,当 $0 < |x - x_0| < \delta$ 时,恒有

$$|f(x) - A| < \frac{A}{2},$$

从而有

$$f(x) > A - \frac{A}{2} = \frac{A}{2} > 0.$$

类似可证明 $A < 0$ 的情形.

习 题 2.2

1. 函数 $f(x)$ 的图形如图 2.8 所示,根据图形求下列极限,若极限不存在,请说明理由:

   (1) $\lim\limits_{x \to -2} f(x)$; (2) $\lim\limits_{x \to -1} f(x)$;

   (3) $\lim\limits_{x \to 0} f(x)$.

2. 函数 $f(x)$ 的图形如图 2.9 所示,根据图形判断下列说法的对错:

   (1) $\lim\limits_{x \to 0} f(x)$ 不存在; (2) $\lim\limits_{x \to 0} f(x) = 0$;

   (3) $\lim\limits_{x \to 0} f(x) = 1$; (4) $\lim\limits_{x \to 1} f(x) = 0$;

   (5) $\lim\limits_{x \to 1} f(x)$ 不存在; (6) 对任意的 $x_0 \in (-1, 1)$,$\lim\limits_{x \to x_0} f(x)$ 存在.

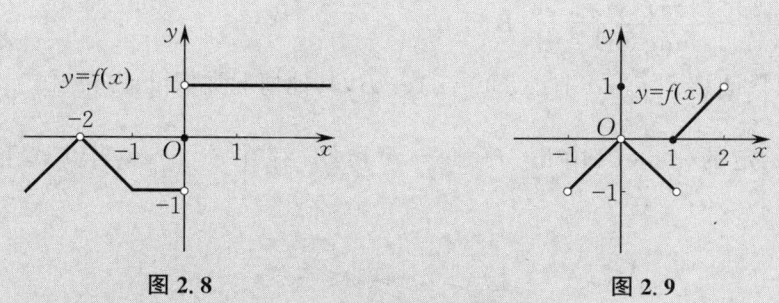

图 2.8　　　　　　　　　　　　　　图 2.9

3. 函数 $f(x)$ 的图形如图 2.10 所示，根据图形判断下列说法的对错：

(1) $\lim\limits_{x\to -1^+} f(x)=1$;　　　　　(2) $\lim\limits_{x\to 0} f(x)=0$;

(3) $\lim\limits_{x\to 0} f(x)=1$;　　　　　(4) $\lim\limits_{x\to 1^-} f(x)=1$;

(5) $\lim\limits_{x\to 1^+} f(x)=0$;　　　　　(6) $\lim\limits_{x\to 2^-} f(x)=0$.

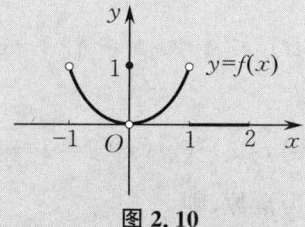

图 2.10

4. 求函数 $f(x)=\dfrac{x}{x}$, $g(x)=\dfrac{|x|}{x}$ 当 $x\to 0$ 时的左、右极限，并说明它们当 $x\to 0$ 时的极限是否存在.

5. 设函数 $f(x)=\begin{cases} e^{\frac{1}{x}}, & x<0 \\ x^2+a, & x\geqslant 0 \end{cases}$，问：常数 a 为何值时，$\lim\limits_{x\to 0} f(x)$ 存在？

函数极限存在的充要条件

§2.3　极限的运算法则

利用极限的定义求极限有时是非常困难的. 本节讨论极限的运算法则，利用这些法则可以很方便地求出某些函数的极限. 在后面的章节中我们还将介绍其他求极限的方法.

一、极限的四则运算法则

自变量的变化趋势有多种，为方便讨论，本节不指明自变量的具体变化过程，其变化过程可以是离散的（数列情形），也可以是连续的（函数情形），可以是双侧的（$x\to x_0$ 或 $x\to\infty$），也可以是单侧的（$x\to x_0^-$，$x\to x_0^+$，$x\to -\infty$ 或 $x\to +\infty$）. 只要是自变量的同一个变化过程，统一用 lim 来表示.

定理 2.8　若 $\lim f(x)=A$, $\lim g(x)=B$, 则

(1) $\lim[f(x)\pm g(x)]=\lim f(x)\pm\lim g(x)=A\pm B$;

(2) $\lim[f(x)\cdot g(x)]=\lim f(x)\cdot\lim g(x)=AB$;

(3) $\lim \dfrac{f(x)}{g(x)} = \dfrac{\lim f(x)}{\lim g(x)} = \dfrac{A}{B} (B \neq 0)$.

证 下面只证 $\lim\limits_{x \to x_0}[f(x) + g(x)] = A + B$，其他情况类似可证.

对于任意给定的 $\dfrac{\varepsilon}{2} > 0$，由 $\lim\limits_{x \to x_0} f(x) = A$ 可知，存在 $\delta_1 > 0$，当 $0 < |x - x_0| < \delta_1$ 时，恒有

$$|f(x) - A| < \dfrac{\varepsilon}{2}.$$

同样，由 $\lim\limits_{x \to x_0} g(x) = B$ 可知，对于 $\dfrac{\varepsilon}{2} > 0$，存在 $\delta_2 > 0$，当 $0 < |x - x_0| < \delta_2$ 时，恒有

$$|g(x) - B| < \dfrac{\varepsilon}{2}.$$

取 $\delta = \min\{\delta_1, \delta_2\}$，则当 $0 < |x - x_0| < \delta$ 时，恒有

$$|[f(x) + g(x)] - (A + B)| \leqslant |f(x) - A| + |g(x) - B| < \dfrac{\varepsilon}{2} + \dfrac{\varepsilon}{2} = \varepsilon.$$

所以

$$\lim_{x \to x_0}[f(x) + g(x)] = A + B.$$

推论 1 若 $\lim f(x)$ 存在，c 为常数，则

$$\lim[cf(x)] = c \lim f(x).$$

推论 1 说明，在求极限时，常数因子可以提到极限记号的外面（因为 $\lim c = c$）.

推论 2 若 $\lim f(x)$ 存在，n 是正整数，则

$$\lim[f(x)]^n = [\lim f(x)]^n.$$

注 定理 2.8 及其推论说明，在极限存在的前提之下，极限运算与四则运算可以交换运算次序. 定理 2.8 中的 (1) 和 (2) 可推广到有限多个函数的情形.

例 1 求 $\lim\limits_{x \to 2}(3x + 2)$.

解 $\lim\limits_{x \to 2}(3x + 2) = \lim\limits_{x \to 2} 3x + \lim\limits_{x \to 2} 2 = 3\lim\limits_{x \to 2} x + 2 = 3 \times 2 + 2 = 8.$

例 2 求 $\lim\limits_{x \to 1} \dfrac{x^2 + 1}{x^3 + 2x - 1}$.

解 $\lim\limits_{x \to 1} \dfrac{x^2 + 1}{x^3 + 2x - 1} = \dfrac{\lim\limits_{x \to 1}(x^2 + 1)}{\lim\limits_{x \to 1}(x^3 + 2x - 1)} = \dfrac{\lim\limits_{x \to 1} x^2 + \lim\limits_{x \to 1} 1}{\lim\limits_{x \to 1} x^3 + 2\lim\limits_{x \to 1} x - \lim\limits_{x \to 1} 1}$

$= \dfrac{(\lim\limits_{x \to 1} x)^2 + 1}{(\lim\limits_{x \to 1} x)^3 + 2 \times 1 - 1} = \dfrac{1^2 + 1}{1^3 + 2 - 1} = 1.$

从上面两个例题可以看出，求多项式函数或有理分式函数（即两个多项式函数之商）当 $x \to x_0$ 的极限时，只要用 x_0 代替函数中的 x 就行了（对于有理分式函数，须假定这样代入后的分母不为零）.

事实上,设一多项式函数
$$f(x)=a_0x^n+a_1x^{n-1}+\cdots+a_n,$$
则
$$\lim_{x\to x_0}f(x)=\lim_{x\to x_0}(a_0x^n+a_1x^{n-1}+\cdots+a_n)$$
$$=a_0(\lim_{x\to x_0}x)^n+a_1(\lim_{x\to x_0}x)^{n-1}+\cdots+\lim_{x\to x_0}a_n$$
$$=a_0x_0^n+a_1x_0^{n-1}+\cdots+a_n=f(x_0).$$

又设一有理分式函数
$$F(x)=\frac{P(x)}{Q(x)},$$
其中 $P(x),Q(x)$ 都是多项式函数,于是
$$\lim_{x\to x_0}P(x)=P(x_0),\quad \lim_{x\to x_0}Q(x)=Q(x_0).$$
如果 $Q(x_0)\neq 0$,那么
$$\lim_{x\to x_0}F(x)=\lim_{x\to x_0}\frac{P(x)}{Q(x)}=\frac{\lim_{x\to x_0}P(x)}{\lim_{x\to x_0}Q(x)}=\frac{P(x_0)}{Q(x_0)}=F(x_0).$$

注 若 $Q(x_0)=0$,则不能应用商的极限的运算法则,应另外考虑.

例 3 求 $\lim\limits_{x\to 1}\dfrac{x^2-1}{x^2+2x-3}$.

解 当 $x\to 1$ 时,分子和分母的极限均为零,不能应用商的极限的运算法则. 但我们注意到,分子、分母有公因式 $x-1$,而当 $x\to 1$ 时,$x\neq 1$,即 $x-1\neq 0$,可约去这个不为零的公因式. 所以
$$\lim_{x\to 1}\frac{x^2-1}{x^2+2x-3}=\lim_{x\to 1}\frac{(x+1)(x-1)}{(x+3)(x-1)}=\lim_{x\to 1}\frac{x+1}{x+3}=\frac{1}{2}.$$

例 4 求 $\lim\limits_{h\to 0}\dfrac{\sqrt{x+h}-\sqrt{x}}{h}$.

解 这里的极限自变量是 h 而不是 x,所以 x 可以看作常量. 当 $h\to 0$ 时,分子和分母的极限均为零,不能应用商的极限的运算法则. 但是,利用分子有理化可得
$$\frac{\sqrt{x+h}-\sqrt{x}}{h}=\frac{x+h-x}{h(\sqrt{x+h}+\sqrt{x})}=\frac{1}{\sqrt{x+h}+\sqrt{x}}.$$
所以
$$\lim_{h\to 0}\frac{\sqrt{x+h}-\sqrt{x}}{h}=\lim_{h\to 0}\frac{1}{\sqrt{x+h}+\sqrt{x}}=\frac{1}{2\sqrt{x}}.$$

注 分子和分母的极限均为零的这类极限,可能存在,也可能不存在,称为 $\dfrac{0}{0}$ 型未定式. 未定式的类型还有许多,如 $\dfrac{\infty}{\infty}$ 型、$\infty-\infty$ 型、$0\cdot\infty$ 型、1^{∞} 型、0^0 型等. 实际上,求极限的难点就

是未定式的计算问题,这类极限在计算时不能直接运用极限的四则运算法则,但可先通过通分、有理化等方法化简,再运用极限的四则运算法则求解.

例 5 求 $\lim\limits_{x \to 1}\left(\dfrac{1}{1-x} - \dfrac{3}{1-x^3}\right)$.

解 当 $x \to 1$ 时,$\dfrac{1}{1-x}$ 和 $\dfrac{3}{1-x^3}$ 的绝对值都趋于无穷大,故极限都不存在,不能应用差的极限的运算法则. 这种极限称为 $\infty - \infty$ 型未定式,可先通分再求极限,即

$$\lim_{x \to 1}\left(\frac{1}{1-x} - \frac{3}{1-x^3}\right) = \lim_{x \to 1}\frac{1+x+x^2-3}{1-x^3} = \lim_{x \to 1}\frac{(x+2)(x-1)}{(1-x)(1+x+x^2)}$$

$$= -\lim_{x \to 1}\frac{x+2}{1+x+x^2} = -1.$$

前面我们计算了当 $x \to x_0$ 时多项式函数和有理分式函数的极限. 现在考虑极限自变量趋于无穷大时的情形.

例 6 求 $\lim\limits_{x \to \infty}\dfrac{6x^3 + 3x^2 + 5}{3x^3 + 4x^2 - 1}$.

解 当 $x \to \infty$ 时,分子与分母的绝对值都趋于无穷大,故极限都不存在,也就不能应用商的极限的运算法则. 这种极限称为 $\dfrac{\infty}{\infty}$ 型未定式. 注意到 $\lim\limits_{x \to \infty}\dfrac{1}{x} = 0$,因此对 $\dfrac{\infty}{\infty}$ 型未定式的计算,可先用分子、分母的最高次幂去除分子、分母的各项,再进行求解,即

$$\lim_{x \to \infty}\frac{6x^3 + 3x^2 + 5}{3x^3 + 4x^2 - 1} = \lim_{x \to \infty}\frac{6 + \dfrac{3}{x} + \dfrac{5}{x^3}}{3 + \dfrac{4}{x} - \dfrac{1}{x^3}} = \frac{6}{3} = 2.$$

例 7 求 $\lim\limits_{n \to \infty}\dfrac{4^n - 3^{n+1}}{2^{2n+1} + 3^n}$.

解 先用 4^n 去除分母及分子,然后求极限,得

$$\lim_{n \to \infty}\frac{4^n - 3^{n+1}}{2^{2n+1} + 3^n} = \lim_{n \to \infty}\frac{1 - 3\left(\dfrac{3}{4}\right)^n}{2 + \left(\dfrac{3}{4}\right)^n} = \frac{1}{2}.$$

例 8 求 $\lim\limits_{x \to +\infty}(\sqrt{x^2 + x} - \sqrt{x^2 + 1})$.

解 这是 $\infty - \infty$ 型未定式,可以先进行根式有理化再求极限,得

$$\lim_{x \to +\infty}(\sqrt{x^2 + x} - \sqrt{x^2 + 1}) = \lim_{x \to +\infty}\frac{(x^2 + x) - (x^2 + 1)}{\sqrt{x^2 + x} + \sqrt{x^2 + 1}} = \lim_{x \to +\infty}\frac{x - 1}{\sqrt{x^2 + x} + \sqrt{x^2 + 1}}$$

$$= \lim_{x \to +\infty}\frac{1 - \dfrac{1}{x}}{\sqrt{1 + \dfrac{1}{x}} + \sqrt{1 + \dfrac{1}{x^2}}} = \frac{1}{2}.$$

二、复合函数的极限运算法则

前面已经看到,对于有理函数(多项式函数或有理分式函数)$f(x)$,只要 $f(x)$ 在点 x_0 处有定义,当 $x \to x_0$ 时 $f(x)$ 的极限就必定存在且等于 $f(x)$ 在点 x_0 处的函数值.

我们不加证明地指出:一切基本初等函数在其定义域内的每点处都具有这样的性质. 也就是说,若 $f(x)$ 是基本初等函数,其定义域为 D,则对于任意的 $x_0 \in D$,都有
$$\lim_{x \to x_0} f(x) = f(x_0).$$

例如,$f(x) = \sqrt{x} = x^{\frac{1}{2}}$ 是基本初等函数,它在点 $x = \frac{1}{3}$ 处有定义,所以
$$\lim_{x \to \frac{1}{3}} \sqrt{x} = \sqrt{\frac{1}{3}} = \frac{\sqrt{3}}{3}.$$

在直接求复合函数的极限 $\lim_{x \to x_0} f[\varphi(x)]$ 有难度时,可以考虑做变量代换 $u = \varphi(x)$,将难以计算的极限 $\lim_{x \to x_0} f[\varphi(x)]$ 转化为容易计算的极限 $\lim_{u \to u_0} f(u)$,其中 $\lim_{x \to x_0} \varphi(x) = u_0$. 对此,有下面的定理(证明略).

定理 2.9 (复合函数的极限运算法则) 设 $\lim_{x \to x_0} \varphi(x) = u_0$,$\lim_{u \to u_0} f(u) = A$. 若在点 x_0 的某个去心邻域内有 $\varphi(x) \neq u_0$,则复合函数 $y = f[\varphi(x)]$ 当 $x \to x_0$ 时的极限存在,且
$$\lim_{x \to x_0} f[\varphi(x)] = \lim_{u \to u_0} f(u) = A. \tag{2-1}$$

若有 $\lim_{u \to u_0} f(u) = f(u_0)$,则式(2-1)也可写成
$$\lim_{x \to x_0} f[\varphi(x)] = f[\lim_{x \to x_0} \varphi(x)]. \tag{2-2}$$

式(2-2)表明,在满足一定的条件下,求复合函数的极限时,函数符号与极限记号可以交换次序.利用这个结论可以方便地求某些函数的极限.

例 9 求 $\lim_{x \to 2} \sqrt{\dfrac{x-2}{x^2-4}}$.

解 由式(2-2)有
$$\lim_{x \to 2} \sqrt{\frac{x-2}{x^2-4}} = \sqrt{\lim_{x \to 2} \frac{x-2}{x^2-4}} = \sqrt{\lim_{x \to 2} \frac{1}{x+2}} = \sqrt{\frac{1}{4}} = \frac{1}{2}.$$

习 题 2.3

1.求下列极限:

(1) $\lim\limits_{x \to 2} \dfrac{x^2+1}{x-3}$;

(2) $\lim\limits_{x \to \sqrt{3}} \dfrac{x^2-3}{x^2+5}$;

(3) $\lim\limits_{x \to 1} \dfrac{x^2+2x-3}{x^2-1}$;

(4) $\lim\limits_{x \to 0} \dfrac{4x^3+2x^2+x}{3x^2+2x}$;

(5) $\lim\limits_{h \to 0} \dfrac{(x+h)^2-x^2}{h}$;

(6) $\lim\limits_{x \to \infty} \left(1 + \dfrac{1}{x} + \dfrac{1}{x^2}\right)$;

(7) $\lim\limits_{x\to\infty}\dfrac{x^2-1}{3x^2+2x+1}$;

(8) $\lim\limits_{x\to\infty}\dfrac{x^2-x}{x^4-3x^2+1}$;

(9) $\lim\limits_{x\to 4}\dfrac{x^2-6x+8}{x^2-5x+4}$;

(10) $\lim\limits_{x\to\infty}\left(1-\dfrac{1}{x}\right)\left(2-\dfrac{1}{x^2}\right)$;

(11) $\lim\limits_{n\to\infty}\dfrac{(n+1)(n+2)(n+3)}{4n^3}$;

(12) $\lim\limits_{x\to 1}\left(\dfrac{1}{x-1}-\dfrac{2}{x^2-1}\right)$;

(13) $\lim\limits_{n\to\infty}\left(1+\dfrac{1}{2}+\cdots+\dfrac{1}{2^{n-1}}\right)$;

(14) $\lim\limits_{n\to\infty}\dfrac{1+2+\cdots+n}{n^2}$.

2. 已知 $\lim\limits_{x\to 1}f(x)$ 存在，且 $f(x)=x^2+3x+2\lim\limits_{x\to 1}f(x)$，求 $f(x)$.

3. 下列说法中，哪些是对的，哪些是错的？如果是对的，请说明理由；如果是错的，试给出一个反例.

(1) 如果 $\lim\limits_{x\to x_0}f(x)$ 存在，但 $\lim\limits_{x\to x_0}g(x)$ 不存在，那么 $\lim\limits_{x\to x_0}[f(x)+g(x)]$ 不存在.

(2) 如果 $\lim\limits_{x\to x_0}f(x)$ 和 $\lim\limits_{x\to x_0}g(x)$ 都不存在，那么 $\lim\limits_{x\to x_0}[f(x)+g(x)]$ 不存在.

(3) 如果 $\lim\limits_{x\to x_0}f(x)$ 存在，但 $\lim\limits_{x\to x_0}g(x)$ 不存在，那么 $\lim\limits_{x\to x_0}[f(x)\cdot g(x)]$ 不存在.

§2.4 极限存在准则　两个重要极限

极限的运算法则为我们提供了求极限的有力工具，但不难发现上述讨论的函数都是有理函数，如果碰到了其他的初等函数又该如何处理呢？本节将介绍判断极限存在的两个准则，借助这两个准则，就能导出两个重要极限. 利用这两个重要极限可以在一定程度上解决上述问题.

一、夹逼准则

首先介绍夹逼准则. 与上一节极限的四则运算法则类似，夹逼准则适用于数列极限及各种类型的函数极限，这里以 $x\to x_0$ 时的函数极限为例给出结论.

定理 2.10　（夹逼准则）　设函数 $f(x),g(x),h(x)$ 满足：

(1) 当 $x\in\mathring{U}(x_0,\delta_0)$ 时，有 $g(x)\leqslant f(x)\leqslant h(x)$；

(2) $\lim\limits_{x\to x_0}g(x)=\lim\limits_{x\to x_0}h(x)=A$，

则 $\lim\limits_{x\to x_0}f(x)$ 存在且等于 A.

证　对任意给定的 $\varepsilon>0$，由 $\lim\limits_{x\to x_0}g(x)=A$ 可知，存在 $\delta_1>0$，当 $0<|x-x_0|<\delta_1$ 时，恒有 $|g(x)-A|<\varepsilon$，故

$$g(x)-A>-\varepsilon.$$

由 $\lim\limits_{x\to x_0}h(x)=A$ 可知，存在 $\delta_2>0$，当 $0<|x-x_0|<\delta_2$ 时，恒有 $|h(x)-A|<\varepsilon$，故

$$h(x)-A<\varepsilon.$$

取 $\delta=\min\{\delta_0,\delta_1,\delta_2\}$，则当 $0<|x-x_0|<\delta$ 时，有

$$g(x)-A>-\varepsilon, \quad h(x)-A<\varepsilon$$

同时成立. 又因为 $f(x)$ 夹在 $g(x)$ 和 $h(x)$ 之间, 所以当 $0<|x-x_0|<\delta$ 时, 有

$$-\varepsilon<g(x)-A\leqslant f(x)-A\leqslant h(x)-A<\varepsilon,$$

即

$$|f(x)-A|<\varepsilon.$$

于是 $\lim\limits_{x\to x_0}f(x)=A$.

夹逼准则的几何意义是很明显的. 当 $x\to x_0$ 时, 函数 $g(x)$ 和 $h(x)$ 都趋于常数 A, 可知夹在中间的函数 $f(x)$ 也必定趋于 A, 如图 2.11 所示.

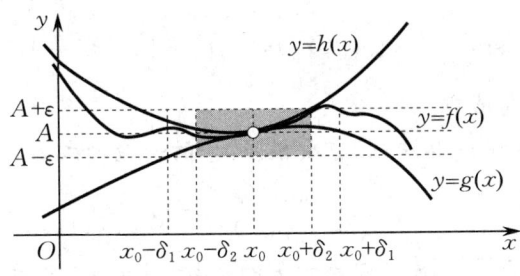

图 2.11

利用夹逼准则可以得到如下重要极限.

重要极限 I $\lim\limits_{x\to 0}\dfrac{\sin x}{x}=1$.

证 因为自变量的变化过程是 $x\to 0$, 所以不妨设 $|x|<\dfrac{\pi}{2}$. 注意到函数 $\dfrac{\sin x}{x}$ 对一切 $x\neq 0$ 都有定义且为偶函数, 故先考虑 $x>0$ 的情形.

在如图 2.12 所示的单位圆中, 设圆心角 $\angle AOB=x\left(0<x<\dfrac{\pi}{2}\right)$, 点 A 处的切线与 OB 的延长线相交于点 D, 又 $BC\perp OA$, 则

$$CB=\sin x, \quad \overset{\frown}{AB}=x, \quad AD=\tan x.$$

因为

$$\triangle AOB \text{ 的面积} < \text{扇形 } AOB \text{ 的面积} < \triangle AOD \text{ 的面积},$$

所以

$$\frac{1}{2}\sin x<\frac{1}{2}x<\frac{1}{2}\tan x,$$

即

$$\sin x<x<\tan x.$$

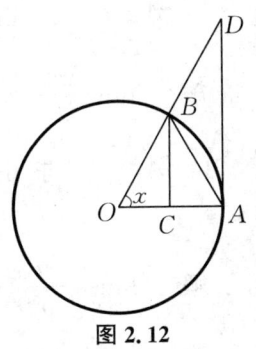

图 2.12

上述不等号各边都除以 $\sin x$, 有

$$1<\frac{x}{\sin x}<\frac{1}{\cos x},$$

从而有

$$\cos x<\frac{\sin x}{x}<1. \tag{2-3}$$

注意到 $\cos x$ 与 $\dfrac{\sin x}{x}$ 均为偶函数, 所以式 (2-3) 对开区间 $\left(-\dfrac{\pi}{2},0\right)$ 内的一切 x 也是成立的.

由基本初等函数在其定义域内任意一点处的极限值等于函数在该点处的值,可知
$$\lim_{x \to 0} \cos x = 1.$$
又
$$\lim_{x \to 0} 1 = 1,$$
所以由式(2-3)及夹逼准则可得
$$\lim_{x \to 0} \frac{\sin x}{x} = 1.$$

在上述证明过程中,我们还得到了一个简单但很有用的不等式
$$|\sin x| \leqslant |x| \leqslant |\tan x| \quad \left(|x| < \frac{\pi}{2}\right),$$
其中等号当且仅当 $x = 0$ 时成立.

注 由复合函数的极限运算法则,重要极限 Ⅰ 的一般形式为
$$\lim_{u(x) \to 0} \frac{\sin u(x)}{u(x)} = 1,$$
其中 $u(x)$ 既可以表示自变量 x,又可以表示 x 的函数.当 $u(x)$ 表示 x 的函数时,$u(x) \to 0$ 表示当 $x \to x_0$(或其他的变化过程)时,必有 $u(x) \to 0$.

当极限类型为 $\frac{0}{0}$ 型未定式且极限式中含有三角函数或反三角函数时,应优先考虑使用重要极限 Ⅰ 求极限.

例 1 求 $\lim\limits_{x \to 0} \dfrac{\sin 5x}{x}$.

解 $\lim\limits_{x \to 0} \dfrac{\sin 5x}{x} = 5 \lim\limits_{x \to 0} \dfrac{\sin 5x}{5x} = 5.$

例 2 求 $\lim\limits_{x \to 0} \dfrac{\tan x}{x}$.

解 $\lim\limits_{x \to 0} \dfrac{\tan x}{x} = \lim\limits_{x \to 0} \left(\dfrac{\sin x}{x} \cdot \dfrac{1}{\cos x} \right) = \lim\limits_{x \to 0} \dfrac{\sin x}{x} \cdot \lim\limits_{x \to 0} \dfrac{1}{\cos x} = 1.$

例 3 求 $\lim\limits_{x \to 0} \dfrac{1 - \cos x}{x^2}$.

解 $\lim\limits_{x \to 0} \dfrac{1 - \cos x}{x^2} = \lim\limits_{x \to 0} \dfrac{2 \sin^2 \frac{x}{2}}{x^2} = \dfrac{1}{2} \lim\limits_{x \to 0} \dfrac{\sin^2 \frac{x}{2}}{\left(\frac{x}{2}\right)^2} = \dfrac{1}{2} \lim\limits_{x \to 0} \left(\dfrac{\sin \frac{x}{2}}{\frac{x}{2}} \right)^2 = \dfrac{1}{2} \cdot 1^2 = \dfrac{1}{2}.$

例 4 求 $\lim\limits_{x \to 0} \dfrac{\arcsin x}{x}$.

解 令 $t = \arcsin x$,则 $x = \sin t$,且当 $x \to 0$ 时,有 $t \to 0$.于是,由复合函数的极限运算法则得
$$\lim_{x \to 0} \frac{\arcsin x}{x} = \lim_{t \to 0} \frac{t}{\sin t} = 1.$$

二、单调有界收敛准则

定理 2.11（单调有界收敛准则） 单调有界数列必有极限.

在 §2.2 中曾提到,有极限的数列一定有界.但反过来,有界的数列不一定有极限.现在由单调有界收敛准则可知,有界的数列加上单调性就一定有极限.

极限存在
准则的应用

对单调有界收敛准则不做证明,只给出如下的几何解释.

从数轴上看,对应于单调数列的点 x_n 只能向一个方向移动,所以只有两种可能的情形:一是点 x_n 沿数轴移向无穷远处($x_n \to +\infty$ 或 $x_n \to -\infty$),二是点 x_n 无限趋近于某一个定点 A(见图 2.13),也就是数列 $\{x_n\}$ 收敛.但现在假定数列是有界的,而有界数列的点 x_n 都落在数轴上某个闭区间 $[-M, M]$ 内,那么上述第一种情形就不可能发生了.这就表示数列 $\{x_n\}$ 收敛,并且它的极限的绝对值不会超过 M.

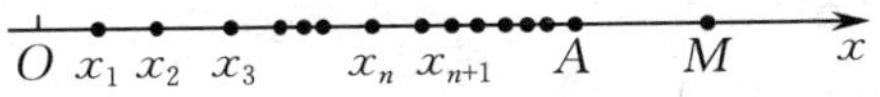

图 2.13

定义 2.12 形如 $y = u(x)^{v(x)} [u(x) > 0, u(x) \neq 1]$ 的函数称为**幂指函数**.

例如,$y = x^x$,$y = (\sin x)^x$,$y = (3 + x^2)^{\ln x}$,$y = \left(1 + \dfrac{1}{x}\right)^x$ 都是幂指函数.

对于极限 $\lim\limits_{x \to \infty} \left(1 + \dfrac{1}{x}\right)^x$,底数的极限为 $\lim\limits_{x \to \infty} \left(1 + \dfrac{1}{x}\right) = 1$,指数的极限为 $\lim\limits_{x \to \infty} x = \infty$,这种类型的极限称为 1^∞ 型未定式.利用单调有界收敛准则可以得到如下又一重要极限.

重要极限 Ⅱ $\lim\limits_{x \to \infty} \left(1 + \dfrac{1}{x}\right)^x = \mathrm{e}$.

证 先考虑相应的数列极限 $\lim\limits_{n \to \infty} \left(1 + \dfrac{1}{n}\right)^n$.

设 $x_n = \left(1 + \dfrac{1}{n}\right)^n$,为证明数列 $\{x_n\}$ 的极限存在,由单调有界收敛准则,我们只需证明数列 $\{x_n\}$ 单调增加且有上界.

根据二项式定理,有

$$\begin{aligned}
x_n &= \left(1 + \frac{1}{n}\right)^n \\
&= 1 + \frac{n}{1!} \cdot \frac{1}{n} + \frac{n(n-1)}{2!} \cdot \frac{1}{n^2} + \frac{n(n-1)(n-2)}{3!} \cdot \frac{1}{n^3} + \cdots \\
&\quad + \frac{n(n-1)(n-2)\cdots(n-n+1)}{n!} \cdot \frac{1}{n^n} \\
&= 1 + 1 + \frac{1}{2!}\left(1 - \frac{1}{n}\right) + \frac{1}{3!}\left(1 - \frac{1}{n}\right)\left(1 - \frac{2}{n}\right) + \cdots \\
&\quad \frac{1}{n!}\left(1 - \frac{1}{n}\right)\left(1 - \frac{2}{n}\right)\cdots\left(1 - \frac{n-1}{n}\right),
\end{aligned}$$

类似可得

$$x_{n+1}=1+1+\frac{1}{2!}\left(1-\frac{1}{n+1}\right)+\frac{1}{3!}\left(1-\frac{1}{n+1}\right)\left(1-\frac{2}{n+1}\right)+\cdots$$
$$+\frac{1}{n!}\left(1-\frac{1}{n+1}\right)\left(1-\frac{2}{n+1}\right)\cdots\left(1-\frac{n-1}{n+1}\right)$$
$$+\frac{1}{(n+1)!}\left(1-\frac{1}{n+1}\right)\left(1-\frac{2}{n+1}\right)\cdots\left(1-\frac{n}{n+1}\right).$$

比较 x_n，x_{n+1} 的展开式，可见除前两项对应相等外，x_n 的每一项都小于 x_{n+1} 的对应项，并且 x_{n+1} 还多了最后的一个正项，因此

$$x_n < x_{n+1},$$

这就说明数列 $\{x_n\}$ 是单调增加的. 将 x_n 的展开式中各项括号内的数用较大的数 1 代替，得

$$x_n \leqslant 1+\left(1+\frac{1}{2!}+\frac{1}{3!}+\cdots+\frac{1}{n!}\right) \leqslant 1+\left(1+\frac{1}{2}+\frac{1}{2^2}+\cdots+\frac{1}{2^{n-1}}\right)$$
$$=1+\frac{1-\frac{1}{2^n}}{1-\frac{1}{2}}=3-\frac{1}{2^{n-1}}<3,$$

这就说明数列 $\{x_n\}$ 是有界的. 根据单调有界收敛准则，数列 $\{x_n\}$ 的极限存在，事实上有

$$\lim_{n\to\infty}\left(1+\frac{1}{n}\right)^n=e.$$

上述结果可推广到函数极限上. 可以证明，当 x 趋于 $+\infty$ 或 $-\infty$ 时，函数 $\left(1+\frac{1}{x}\right)^x$ 的极限都存在且都等于 e. 因此

$$\lim_{x\to\infty}\left(1+\frac{1}{x}\right)^x=e. \tag{2-4}$$

做变量代换 $t=\frac{1}{x}$，则当 $x\to\infty$ 时，$t\to 0$，于是式(2-4)又可写成

重要极限应用举例

$$\lim_{t\to 0}(1+t)^{\frac{1}{t}}=e.$$

注 由复合函数的极限运算法则，重要极限 Ⅱ 的一般形式为

$$\lim_{u(x)\to\infty}\left[1+\frac{1}{u(x)}\right]^{u(x)}=e \quad \text{或} \quad \lim_{u(x)\to 0}[1+u(x)]^{\frac{1}{u(x)}}=e.$$

例 5 求 $\lim\limits_{x\to 0}(1+2x)^{\frac{1}{x}}$.

解 $\lim\limits_{x\to 0}(1+2x)^{\frac{1}{x}}=\lim\limits_{x\to 0}(1+2x)^{\frac{1}{2x}\cdot 2}=\lim\limits_{x\to 0}[(1+2x)^{\frac{1}{2x}}]^2=[\lim\limits_{x\to 0}(1+2x)^{\frac{1}{2x}}]^2=e^2.$

例 6 求 $\lim\limits_{x\to\infty}\left(1-\frac{2}{x}\right)^{x+1}$.

解 $\lim\limits_{x\to\infty}\left(1-\dfrac{2}{x}\right)^{x+1} = \lim\limits_{x\to\infty}\left(1-\dfrac{2}{x}\right)^{-\frac{x}{2}\cdot(-2)+1} = \lim\limits_{x\to\infty}\left(1-\dfrac{2}{x}\right)\cdot\left[\left(1-\dfrac{2}{x}\right)^{-\frac{x}{2}}\right]^{-2}$

$= \lim\limits_{x\to\infty}\left(1-\dfrac{2}{x}\right)\cdot\left[\lim\limits_{x\to\infty}\left(1-\dfrac{2}{x}\right)^{-\frac{x}{2}}\right]^{-2} = 1\cdot e^{-2} = e^{-2}.$

例 7 求 $\lim\limits_{x\to 0}\dfrac{\ln(1+x)}{x}$.

解 因为 $\dfrac{\ln(1+x)}{x} = \ln(1+x)^{\frac{1}{x}}$，所以

$$\lim\limits_{x\to 0}\dfrac{\ln(1+x)}{x} = \lim\limits_{x\to 0}\ln(1+x)^{\frac{1}{x}} = \ln\left[\lim\limits_{x\to 0}(1+x)^{\frac{1}{x}}\right] = \ln e = 1.$$

例 8 求 $\lim\limits_{x\to 0}\dfrac{e^x-1}{x}$.

解 令 $t = e^x - 1$，则 $x = \ln(1+t)$，且当 $x\to 0$ 时，$t\to 0$. 于是，利用例 7 的结果，可得

$$\lim\limits_{x\to 0}\dfrac{e^x-1}{x} = \lim\limits_{t\to 0}\dfrac{t}{\ln(1+t)} = 1.$$

习 题 2.4

1. 求下列极限：

(1) $\lim\limits_{x\to 0}\dfrac{\sin\omega x}{x}$ (ω 为常数)；

(2) $\lim\limits_{x\to 0}\dfrac{\tan 2x}{x}$；

(3) $\lim\limits_{x\to 0}\dfrac{\sin 5x}{\sin 7x}$；

(4) $\lim\limits_{x\to 0}x\cot x$；

(5) $\lim\limits_{x\to 0}\dfrac{1-\cos 2x}{x\sin x}$；

(6) $\lim\limits_{x\to 0}\dfrac{\arctan x}{x}$；

(7) $\lim\limits_{n\to\infty}3^n\sin\dfrac{x}{3^n}$ (x 为不等于零的常数).

2. 求下列极限：

(1) $\lim\limits_{x\to 0}(1-x)^{\frac{1}{x}}$；

(2) $\lim\limits_{x\to 0}(1+3x)^{\frac{1}{x}}$；

(3) $\lim\limits_{x\to\infty}\left(\dfrac{1+x}{x}\right)^{-3x}$；

(4) $\lim\limits_{x\to\infty}\left(1-\dfrac{1}{x}\right)^{4x}$.

§2.5 无穷小与无穷大

无穷小与无穷大是微积分中的重要概念，在极限理论中扮演着十分重要的角色. 本节将给出无穷小与无穷大的定义及性质，并介绍无穷小的比较及在极限运算中的应用.

一、无穷小

定义 2.13 在自变量的某个变化过程中,以零为极限的变量称为自变量在这一变化过程中的**无穷小**.

例如,因为 $\lim\limits_{x\to 1}(x-1)=0$,所以函数 $x-1$ 是当 $x\to 1$ 时的无穷小;因为 $\lim\limits_{x\to\infty}\dfrac{1}{x}=0$,所以函数 $\dfrac{1}{x}$ 是当 $x\to\infty$ 时的无穷小;因为 $\lim\limits_{n\to\infty}\dfrac{1}{2^n}=0$,所以数列 $\left\{\dfrac{1}{2^n}\right\}$ 是当 $n\to\infty$ 时的无穷小.

注 (1) 无穷小是一个以零为极限的变量,不要把它与很小的数(如一亿分之一) 弄混淆. 除了常数零可作为无穷小外,其他任何常数,即使其绝对值很小,都不是无穷小.

(2) 一个变量是否为无穷小,除了与变量本身有关,还与自变量的变化过程有关. 例如,因为 $\lim\limits_{x\to 2}(x-1)=1$,所以当 $x\to 2$ 时,函数 $x-1$ 不是无穷小.

下面的定理说明了无穷小与函数极限的关系.

定理 2.12 在自变量的同一变化过程中,函数 $f(x)$ 以 A 为极限的充要条件是 $f(x)=A+\alpha$,其中 α 为无穷小.

证 仅就 $x\to x_0$ 的情形加以证明.

必要性. 设 $\lim\limits_{x\to x_0}f(x)=A$,则
$$\lim_{x\to x_0}[f(x)-A]=0.$$
令 $\alpha=f(x)-A$,则 α 是当 $x\to x_0$ 时的无穷小,且
$$f(x)=A+\alpha.$$
充分性. 设 $f(x)=A+\alpha$,其中 A 是常数,α 是当 $x\to x_0$ 时的无穷小,则
$$\lim_{x\to x_0}f(x)=\lim_{x\to x_0}(A+\alpha)=A.$$

利用极限的四则运算法则和夹逼准则可以得到下列性质.

性质 1 有限多个无穷小的代数和是无穷小.

性质 2 有限多个无穷小的乘积是无穷小.

性质 3 常数与无穷小的乘积是无穷小.

性质 4 有界函数与无穷小的乘积是无穷小.

注 无限多个无穷小的代数和不一定是无穷小. 例如,和式 $\dfrac{1}{n^2}+\dfrac{2}{n^2}+\cdots+\dfrac{n}{n^2}$ 中的每一项均为无穷小,但它不是无穷小,有
$$\lim_{n\to\infty}\left(\dfrac{1}{n^2}+\dfrac{2}{n^2}+\cdots+\dfrac{n}{n^2}\right)=\lim_{n\to\infty}\dfrac{\dfrac{n(n+1)}{2}}{n^2}=\dfrac{1}{2}\lim_{n\to\infty}\dfrac{n+1}{n}=\dfrac{1}{2}.$$

例1 求 $\lim\limits_{x\to 0} x\sin\dfrac{1}{x}$.

解 因为当 $x\neq 0$ 时，$\left|\sin\dfrac{1}{x}\right|\leqslant 1$，又 $\lim\limits_{x\to 0} x=0$，所以由性质 4 得
$$\lim_{x\to 0} x\sin\dfrac{1}{x}=0.$$

二、无穷大

定义 2.14 在自变量的某个变化过程中，绝对值无限增大的变量称为自变量在这一变化过程中的**无穷大**.

例如，因为 $\lim\limits_{x\to\frac{\pi}{2}}\tan x=\infty$，所以函数 $\tan x$ 是当 $x\to\dfrac{\pi}{2}$ 时的无穷大；因为 $\lim\limits_{x\to 0}\dfrac{1}{x}=\infty$，所以函数 $\dfrac{1}{x}$ 是当 $x\to 0$ 时的无穷大.

注 (1) 无穷大是一个绝对值可以无限增大的变量，切不可把它与一个很大的数(如一亿)弄混淆. 任何常数，不论其绝对值多么大，都不是无穷大.

(2) 无穷大必须指明自变量的变化过程. 例如，当 $x\to 0$ 时，函数 $\dfrac{1}{x}$ 是无穷大，而当 $x\to\infty$ 时，$\dfrac{1}{x}$ 就不是无穷大而是无穷小.

(3) 按函数极限的定义来说，当 $x\to x_0$(或 $x\to\infty$)时，无穷大的函数 $f(x)$ 的极限是不存在的. 但为了便于叙述函数的这一性态，习惯上也说"函数的极限是无穷大"，并记为
$$\lim_{x\to x_0} f(x)=\infty \quad [\text{或}\lim_{x\to\infty} f(x)=\infty].$$

(4) 无穷大分为正无穷大与负无穷大，分别记为 $+\infty$ 和 $-\infty$. 例如，$\lim\limits_{x\to\infty} x^2=+\infty$，$\lim\limits_{x\to\frac{\pi}{2}^+}\tan x=-\infty$.

(5) 无穷大一定无界，但无界函数不一定是无穷大. 例如，数列 $1,0,2,0,\cdots,n,0,\cdots$ 是无界的，但它不是 $n\to\infty$ 时的无穷大.

无穷小与无穷大之间有着密切的联系，即有如下定理.

定理 2.13 在自变量的同一变化过程中，若 $f(x)$ 为无穷大，则 $\dfrac{1}{f(x)}$ 为无穷小；反之，若 $f(x)$ 为无穷小，且 $f(x)\neq 0$，则 $\dfrac{1}{f(x)}$ 为无穷大.

证 仍仅就 $x\to x_0$ 的情形加以证明.

设 $\lim\limits_{x\to x_0} f(x)=\infty$. 任意给定 $\varepsilon>0$，根据无穷大的定义，对于 $M=\dfrac{1}{\varepsilon}$，存在 $\delta_1>0$，当 $0<|x-x_0|<\delta_1$ 时，恒有

$$|f(x)| > M = \frac{1}{\varepsilon},$$

即

$$\left|\frac{1}{f(x)}\right| < \varepsilon,$$

这就证得 $\frac{1}{f(x)}$ 为当 $x \to x_0$ 时的无穷小.

反之,设 $\lim\limits_{x \to x_0} f(x) = 0$,且 $f(x) \neq 0$. 任意给定 $M > 0$,根据无穷小的定义,对于 $\varepsilon = \frac{1}{M}$,存在 $\delta_2 > 0$,当 $0 < |x - x_0| < \delta_2$ 时,恒有

$$|f(x)| < \varepsilon = \frac{1}{M}.$$

因为 $f(x) \neq 0$,所以

$$\left|\frac{1}{f(x)}\right| > M,$$

这就证得 $\frac{1}{f(x)}$ 为当 $x \to x_0$ 时的无穷大.

例 2 求 $\lim\limits_{x \to 1} \dfrac{1}{x-1}$.

解 当 $x \to 1$ 时,分母的极限为 0,分子的极限为 1,故不能应用商的极限的运算法则求解,而必须借用定理 2.13 的结论来求本题的极限.

因为

$$\lim_{x \to 1}(x - 1) = 0,$$

所以由定理 2.13 得

$$\lim_{x \to 1} \frac{1}{x - 1} = \infty.$$

例 3 求 $\lim\limits_{x \to \infty} \dfrac{4x^3 + 2x - 1}{x^2 + 3x + 1}$.

解 若分子、分母同时除以 x^2,则分子的极限还是不存在;若分子、分母同时除以 x^3,则分母的极限为零,故不能应用商的极限的运算法则求解,而必须借用定理 2.13 的结论来求本题的极限.

因为

$$\lim_{x \to \infty} \frac{x^2 + 3x + 1}{4x^3 + 2x - 1} = \lim_{x \to \infty} \frac{\dfrac{1}{x} + \dfrac{3}{x^2} + \dfrac{1}{x^3}}{4 + \dfrac{2}{x^2} - \dfrac{1}{x^3}} = \frac{0}{4} = 0,$$

所以由定理 2.13 得

$$\lim_{x \to \infty} \frac{4x^3 + 2x - 1}{x^2 + 3x + 1} = \infty.$$

三、无穷小的比较

当 $x \to 0$ 时，$x, x^2, \sin x$ 都是无穷小，而
$$\lim_{x \to 0} \frac{x^2}{x} = 0, \quad \lim_{x \to 0} \frac{x}{x^2} = \infty, \quad \lim_{x \to 0} \frac{\sin x}{x} = 1.$$

两个无穷小之比的极限的各种不同情况，反映了不同的无穷小趋于零的"快慢"程度不同. 就上面几个例子来说，在 $x \to 0$ 的过程中，$x^2 \to 0$ 比 $x \to 0$ "快些"，反过来，$x \to 0$ 比 $x^2 \to 0$ "慢些"，而 $\sin x \to 0$ 与 $x \to 0$ "快慢相仿".

下面，我们就无穷小之比的极限存在或为无穷大的情况，来说明两个无穷小之间的比较.

定义 2.15　设 α 与 β 是自变量在同一变化过程中的两个无穷小，且 $\alpha \neq 0$，而 $\lim \frac{\beta}{\alpha}$ 也是在这个变化过程中的极限.

(1) 如果 $\lim \frac{\beta}{\alpha} = 0$，则称 β 是比 α **高阶的无穷小**，记为 $\beta = o(\alpha)$；

(2) 如果 $\lim \frac{\beta}{\alpha} = \infty$，则称 β 是比 α **低阶的无穷小**；

(3) 如果 $\lim \frac{\beta}{\alpha} = c$（$c \neq 0$ 为常数），则称 β 与 α 是**同阶无穷小**；

(4) 如果 $\lim \frac{\beta}{\alpha} = 1$，则称 β 与 α 是**等价无穷小**，记为 $\alpha \sim \beta$.

显然，等价无穷小是同阶无穷小的特殊情形，即 $c = 1$ 的情形.

例 4　(1) 因为 $\lim_{x \to 0} \frac{x^2}{x} = 0$，所以当 $x \to 0$ 时，x^2 是比 x 高阶的无穷小，即
$$x^2 = o(x) \quad (x \to 0).$$

(2) 因为 $\lim_{n \to \infty} \frac{\frac{1}{n}}{\frac{1}{n^2}} = \infty$，所以当 $n \to \infty$ 时，$\frac{1}{n}$ 是比 $\frac{1}{n^2}$ 低阶的无穷小.

(3) 因为 $\lim_{x \to 1} \frac{x^2 - 1}{x - 1} = 2$，所以当 $x \to 1$ 时，$x^2 - 1$ 与 $x - 1$ 是同阶无穷小.

(4) 因为 $\lim_{x \to 0} \frac{\sin x}{x} = 1$，所以当 $x \to 0$ 时，$\sin x$ 与 x 是等价无穷小，即
$$\sin x \sim x \quad (x \to 0).$$

关于等价无穷小，有下面两个定理.

定理 2.14　β 与 α 是等价无穷小的充要条件为
$$\beta = \alpha + o(\alpha).$$

证　必要性. 设 $\alpha \sim \beta$，则
$$\lim \frac{\beta - \alpha}{\alpha} = \lim \left(\frac{\beta}{\alpha} - 1 \right) = \lim \frac{\beta}{\alpha} - 1 = 0,$$

因此 $\beta - \alpha = o(\alpha)$，即 $\beta = \alpha + o(\alpha)$.

充分性. 设 $\beta = \alpha + o(\alpha)$，则
$$\lim \frac{\beta}{\alpha} = \lim \frac{\alpha + o(\alpha)}{\alpha} = \lim \left[1 + \frac{o(\alpha)}{\alpha}\right] = 1,$$
因此 $\alpha \sim \beta$.

注 两个等价无穷小不一定相等，定理 2.14 告诉我们，它们的差为其中一个的高阶无穷小.

例 5 因为当 $x \to 0$ 时，有 $\sin x \sim x$，$\tan x \sim x$，所以当 $x \to 0$ 时，有
$$\sin x = x + o(x), \quad \tan x = x + o(x).$$

定理 2.15 设 $\alpha \sim \alpha'$，$\beta \sim \beta'$，且 $\lim \dfrac{\beta'}{\alpha'}$ 存在，则
$$\lim \frac{\beta}{\alpha} = \lim \frac{\beta'}{\alpha'}.$$

证 $\lim \dfrac{\beta}{\alpha} = \lim \left(\dfrac{\beta}{\beta'} \cdot \dfrac{\beta'}{\alpha'} \cdot \dfrac{\alpha'}{\alpha}\right) = \lim \dfrac{\beta}{\beta'} \cdot \lim \dfrac{\beta'}{\alpha'} \cdot \lim \dfrac{\alpha'}{\alpha} = \lim \dfrac{\beta'}{\alpha'}.$

注 (1) 定理 2.15 表明，在求极限的过程中，可以把积或商中的无穷小用其等价无穷小代换，从而达到简化运算的目的.

(2) 当 $x \to 0$ 时，常用的等价无穷小有
$$x \sim \sin x \sim \tan x \sim \arcsin x \sim \arctan x \sim \ln(1+x) \sim e^x - 1, \quad 1 - \cos x \sim \frac{x^2}{2}.$$

上述常用的等价无穷小中，将变量 x 换成无穷小函数 $u(x)$ 或无穷小数列 $\{x_n\}$，结论仍然成立.

例 6 求 $\lim\limits_{x \to 0} \dfrac{\tan 2x}{\sin 5x}$.

解 因为当 $x \to 0$ 时，有 $\tan 2x \sim 2x$，$\sin 5x \sim 5x$，所以
$$\lim_{x \to 0} \frac{\tan 2x}{\sin 5x} = \lim_{x \to 0} \frac{2x}{5x} = \frac{2}{5}.$$

例 7 求 $\lim\limits_{x \to 0} \dfrac{(x^2 + 2)\sin x}{\arcsin x}$.

解 因为当 $x \to 0$ 时，有 $\sin x \sim x$，$\arcsin x \sim x$，所以
$$\lim_{x \to 0} \frac{(x^2+2)\sin x}{\arcsin x} = \lim_{x \to 0}(x^2+2) \cdot \lim_{x \to 0} \frac{\sin x}{\arcsin x} = 2\lim_{x \to 0}\frac{x}{x} = 2.$$

例 8 求 $\lim\limits_{x \to 0} \dfrac{\tan x - \sin x}{\sin x^3}$.

解 因为当 $x \to 0$ 时，有 $\sin x^3 \sim x^3$，$\tan x \sim x$，$1 - \cos x \sim \dfrac{x^2}{2}$，所以

$$\lim_{x\to 0}\frac{\tan x-\sin x}{\sin x^3}=\lim_{x\to 0}\frac{\tan x(1-\cos x)}{\sin x^3}=\lim_{x\to 0}\frac{x\cdot\dfrac{x^2}{2}}{x^3}=\frac{1}{2}.$$

注 代数和中的无穷小不能随意用其等价无穷小代换,否则可能出错. 例如,当 $x\to 0$ 时,将 $\tan x\sim x\sim\sin x$ 直接代换到例 8,则有 $\lim_{x\to 0}\dfrac{\tan x-\sin x}{\sin x^3}=\lim_{x\to 0}\dfrac{x-x}{\sin x^3}=0$,这显然是错误的.

习 题 2.5

1. 分别指出在下列自变量的不同变化过程中,函数 $f(x)$ 是无穷小还是无穷大:

(1) $f(x)=\dfrac{3}{x^2-4}$,$x\to 2$ 时;

(2) $f(x)=\ln x$,$x\to 0^+$ 时,$x\to 1$ 时和 $x\to +\infty$ 时;

(3) $f(x)=\mathrm{e}^{\frac{1}{x}}$,$x\to 0^+$ 时和 $x\to 0^-$ 时;

(4) $f(x)=\dfrac{\pi}{2}-\arctan x$,$x\to +\infty$ 时;

(5) $f(x)=\dfrac{1}{x}\sin x$,$x\to\infty$ 时;

(6) $f(x)=\dfrac{1}{x^2}\sqrt{1+\dfrac{1}{x^2}}$,$x\to\infty$ 时.

无穷小与无穷大

2. 求下列极限:

(1) $\lim\limits_{x\to 1}\dfrac{x^3+2x^2}{(x-1)^2}$; (2) $\lim\limits_{x\to\infty}\dfrac{x^2}{x+3}$;

(3) $\lim\limits_{x\to\infty}(x^2-3x+2)$.

3. 求下列极限:

(1) $\lim\limits_{x\to 0}x^2\cos\dfrac{1}{x}$; (2) $\lim\limits_{x\to\infty}\dfrac{\arctan x}{x}$.

4. 函数 $y=x\sin x$ 在 $(-\infty,+\infty)$ 内是否有界?当 $x\to +\infty$ 时,这个函数是不是无穷大?

5. 当 $x\to 0$ 时,函数 $x-x^2$ 与 x^2-x^3 相比,哪一个是高阶无穷小?

6. 当 $x\to 0$ 时,函数 $(1-\cos x)^2$ 与 $\sin^2 x$ 相比,哪一个是高阶无穷小?

7. 当 $x\to 1$ 时,判断下列函数与函数 $1-x$ 是否为同阶无穷小,是否为等价无穷小:

(1) $1-x^3$; (2) $\dfrac{1}{2}(1-x^2)$.

8. 利用等价无穷小代换,求下列极限:

(1) $\lim\limits_{x\to 0}\dfrac{\tan 2x}{3x}$; (2) $\lim\limits_{x\to 0}\dfrac{\sin x^n}{(\sin x)^m}$ (m,n 为正整数);

(3) $\lim\limits_{x\to 0}\dfrac{\tan x-\sin x}{x^2\sin x}$; (4) $\lim\limits_{x\to 0}\dfrac{\mathrm{e}^{6x^2}-1}{x\sin x}$.

(5) $\lim\limits_{x\to 0}\dfrac{(x-1)\ln(1+x)}{x^2+3x}$; (6) $\lim\limits_{x\to 1}\dfrac{\arctan(x-1)^2}{(x-1)\ln x}$.

9. 证明等价无穷小具有下列性质：
(1) 自反性　　$\alpha\sim\alpha$；
(2) 对称性　　若 $\alpha\sim\beta$，则 $\beta\sim\alpha$；
(3) 传递性　　若 $\alpha\sim\beta,\beta\sim\gamma$，则 $\alpha\sim\gamma$．

§2.6　函数的连续性与间断点

在微积分中，与函数的极限概念密切联系的另一个基本概念是函数的连续性．连续性是函数的重要性态之一．本节将根据函数极限的概念来给出函数连续性的定义，并讨论函数的间断点．

一、函数的连续性

1. 函数在一点处连续的定义

函数在一点处连续的定义

自然界中有许多现象，如气温的变化、河水的流动、植物的生长等，都是连续地变化着的．就气温的变化来看，当时间变动很微小时，气温的变化也很微小，这种特点在函数关系上的反映，就是函数的连续性．为了便于给出函数连续性的定义，我们先引入增量的概念．

定义 2.16　设变量 u 从初值 u_1 变到终值 u_2，终值与初值的差 u_2-u_1，就叫作变量 u 的**增量**，记为 Δu，即 $\Delta u=u_2-u_1$．

注　(1) Δu 是一个不可分割的整体记号，不能看作某个量 Δ 与变量 u 的乘积．

(2) 习惯上也称 Δu 为变量 u 的改变量．Δu 可正可负，当 $\Delta u>0$ 时，变量 u 是增加的；当 $\Delta u<0$ 时，变量 u 是减少的．

定义 2.17　设函数 $y=f(x)$ 在点 x_0 的某个邻域内有定义．当自变量在该邻域内从 x_0 变到 x 时，函数值相应地从 $f(x_0)$ 变到 $f(x)$，则称 $x-x_0$ 为**自变量的增量**，记为 Δx，即
$$\Delta x=x-x_0,$$
并称 $f(x)-f(x_0)$ 为**函数的增量**，记为 Δy，即
$$\Delta y=f(x)-f(x_0) \quad \text{或} \quad \Delta y=f(x_0+\Delta x)-f(x_0).$$

函数增量的几何解释如图 2.14 所示．

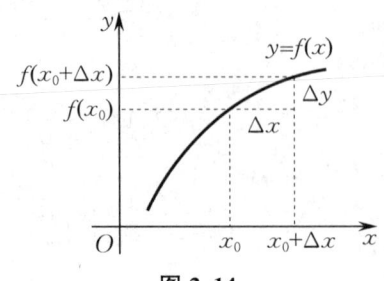

图 2.14

假如保持 x_0 不变,而让自变量的增量 Δx 变动,那么一般说来,函数的增量 Δy 也要随之变动. 如果当 Δx 趋于零时,函数的对应增量 Δy 也趋于零,则称函数在点 x_0 处连续,即有下述定义.

定义 2.18 设函数 $y=f(x)$ 在点 x_0 的某个邻域内有定义. 若
$$\lim_{\Delta x \to 0} \Delta y = \lim_{\Delta x \to 0} [f(x_0 + \Delta x) - f(x_0)] = 0, \qquad (2-5)$$
则称函数 $y=f(x)$ 在点 x_0 处**连续**,x_0 称为 $y=f(x)$ 的**连续点**.

设 $x = x_0 + \Delta x$,则 $\Delta x \to 0$ 等价于 $x \to x_0$. 又由于
$$\Delta y = f(x_0 + \Delta x) - f(x_0) = f(x) - f(x_0),$$
即
$$f(x) = f(x_0) + \Delta y,$$
可见 $\Delta y \to 0$ 等价于 $f(x) \to f(x_0)$,因此式(2-5)可改写为
$$\lim_{x \to x_0} f(x) = f(x_0).$$
由此得到函数连续的等价定义.

定义 2.19 设函数 $y=f(x)$ 在点 x_0 的某个邻域内有定义. 若
$$\lim_{x \to x_0} f(x) = f(x_0),$$
则称函数 $y=f(x)$ 在点 x_0 处**连续**,x_0 称为 $y=f(x)$ 的**连续点**.

注 定义 2.18 从数量上精确地刻画了函数在一点处连续的性态,即当自变量只有微小变动时,对应的函数值也只有微小变动,而定义 2.19 更便于实际应用. 事实上,我们通常采用定义 2.19 来判断函数在一点处是否连续. 由定义 2.19,函数 $y=f(x)$ 在点 x_0 处连续必须满足以下三个条件:

(1) 函数 $y=f(x)$ 在点 x_0 处有定义;

(2) 函数 $y=f(x)$ 在点 x_0 处的极限 $\lim\limits_{x \to x_0} f(x)$ 存在;

(3) 函数 $y=f(x)$ 在点 x_0 处的极限值等于函数值,即 $\lim\limits_{x \to x_0} f(x) = f(x_0)$.

例 1 证明:函数 $f(x) = \begin{cases} x\sin\dfrac{1}{x}, & x \neq 0 \\ 0, & x = 0 \end{cases}$ 在点 $x=0$ 处连续.

证 根据有界函数与无穷小的乘积仍为无穷小,得
$$\lim_{x \to 0} f(x) = \lim_{x \to 0} x \sin\frac{1}{x} = 0 = f(0),$$
所以函数 $f(x)$ 在点 $x=0$ 处连续.

极限有左极限与右极限的概念,类似地,连续也有左连续与右连续的概念.

定义 2.20 设函数 $y=f(x)$ 在点 x_0 的某个邻域内有定义. 若
$$\lim_{x \to x_0^-} f(x) = f(x_0),$$
则称函数 $y=f(x)$ 在点 x_0 处**左连续**;若

$$\lim_{x \to x_0^+} f(x) = f(x_0),$$

则称函数 $y = f(x)$ 在点 x_0 处**右连续**.

由 $\lim_{x \to x_0} f(x)$ 存在的充要条件是 $\lim_{x \to x_0^-} f(x) = \lim_{x \to x_0^+} f(x)$,再根据函数连续的定义易得下述定理.

定理 2.16 函数 $y = f(x)$ 在点 x_0 处连续的充要条件是它在点 x_0 处既左连续又右连续.

注 定理 2.16 常用于判断分段函数在分段点处的连续性.

例 2 当常数 a, b 取何值时,函数 $f(x) = \begin{cases} bx^2, & 0 \leqslant x < 1, \\ 1, & x = 1, \\ a - x, & 1 < x \leqslant 2 \end{cases}$ 在点 $x = 1$ 处连续?

解 因为

$$f(1) = 1, \quad \lim_{x \to 1^-} f(x) = \lim_{x \to 1^-} bx^2 = b, \quad \lim_{x \to 1^+} f(x) = \lim_{x \to 1^+} (a - x) = a - 1,$$

函数 $f(x)$ 在点 $x = 1$ 处连续当且仅当

$$\lim_{x \to 1^-} f(x) = \lim_{x \to 1^+} f(x) = f(1),$$

所以

$$a - 1 = 1, \quad b = 1,$$

解得

$$a = 2, \quad b = 1.$$

因此,当 $a = 2, b = 1$ 时,函数 $f(x)$ 在点 $x = 1$ 处连续.

2. 区间上的连续函数

定义 2.21 若函数 $f(x)$ 在开区间 (a, b) 内每一点处都连续,则称 $f(x)$ 在 (a, b) 内**连续**,并称 (a, b) 为 $f(x)$ 的**连续区间**;若函数 $f(x)$ 在开区间 (a, b) 内每一点处都连续,且在左端点 $x = a$ 处右连续,在右端点 $x = b$ 处左连续,则称 $f(x)$ 在闭区间 $[a, b]$ 上**连续**,并称 $[a, b]$ 为 $f(x)$ 的**连续区间**.

从几何上来看,在一个区间上连续的函数的图形是一条连续不间断的曲线.

我们在 §2.3 中已经指出:一切基本初等函数在其定义域内的任意点 x_0 处均满足

$$\lim_{x \to x_0} f(x) = f(x_0).$$

因此,**基本初等函数在其定义域内是连续的**.

二、函数的间断点

若函数 $f(x)$ 在点 x_0 处不连续,则称 x_0 为 $f(x)$ 的**不连续点**或**间断点**.

根据函数 $f(x)$ 在点 x_0 处连续必须满足的三个条件可知,若 $f(x)$ 有下列三种情形之一,

则 $f(x)$ 在点 x_0 处不连续:

(1) 函数 $f(x)$ 在点 x_0 处没有定义,即 $f(x_0)$ 不存在;

(2) 函数 $f(x)$ 虽在点 x_0 处有定义,但 $\lim\limits_{x \to x_0} f(x)$ 不存在;

(3) 函数 $f(x)$ 虽在点 x_0 处有定义,且 $\lim\limits_{x \to x_0} f(x)$ 存在,但 $\lim\limits_{x \to x_0} f(x) \neq f(x_0)$.

为便于讨论,我们常将间断点分为两类.

(1) 若 x_0 是函数 $f(x)$ 的间断点,但左极限 $f(x_0^-)$ 与右极限 $f(x_0^+)$ 都存在,则称 x_0 为 $f(x)$ 的**第一类间断点**. 在此情况下,

若 $f(x_0^-) = f(x_0^+)$,则称 x_0 为 $f(x)$ 的**可去间断点**;

若 $f(x_0^-) \neq f(x_0^+)$,则称 x_0 为 $f(x)$ 的**跳跃间断点**.

(2) 若 x_0 是函数 $f(x)$ 的间断点,且左极限 $f(x_0^-)$ 与右极限 $f(x_0^+)$ 中至少有一个不存在,则称 x_0 为 $f(x)$ 的**第二类间断点**. 在此情况下,

若 $f(x_0^-) = \infty$ 或 $f(x_0^+) = \infty$,则称 x_0 为 $f(x)$ 的**无穷间断点**;

若当 $x \to x_0^-$ 或 $x \to x_0^+$ 时,$f(x)$ 无限振荡,极限不存在,则称 x_0 为 $f(x)$ 的**振荡间断点**.

例 3 讨论函数
$$f(x) = \begin{cases} 2\sqrt{x}, & 0 \leqslant x < 1, \\ 1, & x = 1, \\ 1+x, & x > 1 \end{cases}$$
在点 $x = 1$ 处的连续性.

解 因为
$$\lim_{x \to 1^-} f(x) = \lim_{x \to 1^-} 2\sqrt{x} = 2, \quad \lim_{x \to 1^+} f(x) = \lim_{x \to 1^+} (1+x) = 2,$$
所以 $\lim\limits_{x \to 1} f(x) = 2$. 但 $f(1) = 1$, 故
$$\lim_{x \to 1} f(x) \neq f(1),$$
从而 $x = 1$ 为函数 $f(x)$ 的可去间断点.

注 可去间断点具有一个重要的性质——连续延拓,即可以通过补充定义或者改变函数值使函数 $f(x)$ 在间断点处连续. 例如在例 3 中,如果改变函数 $f(x)$ 在点 $x = 1$ 处的值,令 $f(1) = 2$, 则 $f(x)$ 就在点 $x = 1$ 处连续.

例 4 讨论函数
$$f(x) = \begin{cases} -x, & x \leqslant 0, \\ 1+x, & x > 0 \end{cases}$$
在点 $x = 0$ 处的连续性.

解 由于
$$\lim_{x \to 0^-} f(x) = \lim_{x \to 0^-} (-x) = 0, \quad \lim_{x \to 0^+} f(x) = \lim_{x \to 0^+} (1+x) = 1,$$
因此 $x = 0$ 为函数 $f(x)$ 的跳跃间断点.

例 5 讨论函数
$$f(x) = \begin{cases} \dfrac{1}{x}, & x > 0, \\ x, & x \leqslant 0 \end{cases}$$
在点 $x = 0$ 处的连续性.

解 由于
$$\lim_{x \to 0^-} f(x) = \lim_{x \to 0^-} x = 0, \quad \lim_{x \to 0^+} f(x) = \lim_{x \to 0^+} \frac{1}{x} = \infty,$$
因此 $x = 0$ 为函数 $f(x)$ 的无穷间断点.

例 6 讨论函数 $f(x) = \sin \dfrac{1}{x}$ 在点 $x = 0$ 处的连续性.

解 当 $x \to 0$ 时,函数值在 -1 与 1 之间变动无限多次(见图 2.15),所以 $x = 0$ 为函数 $f(x)$ 的振荡间断点.

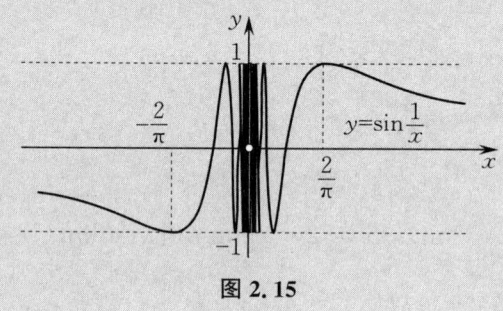

图 2.15

三、初等函数的连续性

根据函数连续的定义和极限的四则运算法则,易得出以下结论.

定理 2.17 连续函数的和、差、积、商(分母不为零)仍是连续函数.

再由复合函数的极限运算法则,可得以下关于复合函数连续性的结论.

定理 2.18 若函数 $u = \varphi(x)$ 在点 x_0 处连续,函数 $y = f(u)$ 在点 $u_0 = \varphi(x_0)$ 处连续,则复合函数 $y = f[\varphi(x)]$ 在点 x_0 处连续.

前面已经指出:基本初等函数在其定义域内都是连续的.由于初等函数由基本初等函数经过有限次的四则运算和复合运算所构成,因此由定理 2.17 和定理 2.18 知,**一切初等函数在其定义区间内都是连续的**.所谓定义区间,是指包含在定义域内的区间.

定理 2.19 若函数 $y = f(x)$ 在区间 I_x 内单调且连续,则其反函数 $x = f^{-1}(y)$ 在对应区间 I_y 内也单调且连续.

根据函数 $f(x)$ 在点 x_0 处连续的定义可知,如果已知 $f(x)$ 在点 x_0 处连续,那么求 $f(x)$ 当 $x \to x_0$ 时的极限,只要求 $f(x)$ 在点 x_0 处的函数值就行了. 因此,上述关于初等函数连续性的结论提供了求极限的一种方法,即如果 $f(x)$ 是初等函数,且 x_0 是 $f(x)$ 的定义区间内的点,则有

$$\lim_{x \to x_0} f(x) = f(x_0).$$

例 7 设函数 $f(x) = \begin{cases} a\cos 2x, & x \leqslant 0, \\ \dfrac{\ln(1+x)}{x}, & x > 0 \end{cases}$ 在 $(-\infty, +\infty)$ 内连续. 求常数 a 的值.

解 在 $(-\infty, 0)$ 内,不论 a 取何值,函数 $f(x) = a\cos 2x$ 均连续;在 $(0, +\infty)$ 内,函数 $f(x) = \dfrac{\ln(1+x)}{x}$ 也连续,故只需考察 $f(x)$ 在分段点 $x = 0$ 处的连续性. 因为

$$\lim_{x \to 0^-} f(x) = \lim_{x \to 0^-} a\cos 2x = a,$$

$$\lim_{x \to 0^+} f(x) = \lim_{x \to 0^+} \frac{\ln(1+x)}{x} = \lim_{x \to 0^+} \frac{x}{x} = 1,$$

且

$$f(0) = a\cos(2 \cdot 0) = a,$$

所以当 $\lim\limits_{x \to 0^-} f(x) = \lim\limits_{x \to 0^+} f(x) = f(0)$,即 $a = 1$ 时,函数 $f(x)$ 在点 $x = 0$ 处连续,从而在 $(-\infty, +\infty)$ 内连续.

习 题 2.6

1. 讨论下列函数在点 $x = 0$ 处的连续性:

(1) $f(x) = \begin{cases} x^2 \sin \dfrac{1}{x}, & x \neq 0, \\ 0, & x = 0; \end{cases}$

(2) $f(x) = \begin{cases} e^{-\frac{1}{x^2}}, & x \neq 0, \\ 0, & x = 0; \end{cases}$

(3) $f(x) = \begin{cases} \dfrac{\sin x}{|x|}, & x \neq 0, \\ 1, & x = 0; \end{cases}$

(4) $f(x) = \begin{cases} e^x, & x \leqslant 0, \\ \dfrac{\sin x}{x}, & x > 0. \end{cases}$

2. 下列函数在给定的点处间断,说明这些间断点属于哪一类型,如果是可去间断点,则补充函数的定义或改变函数值使它连续:

(1) $y = \dfrac{x^2 - 1}{x^2 - 4x + 3}, x = 1, x = 3;$

(2) $y = \dfrac{x}{\tan x}, x = 0, x = \dfrac{\pi}{2}, x = \pi;$

(3) $y = \sin^2 \dfrac{1}{x}, x = 0;$

(4) $y = \begin{cases} x - 2, & x \leqslant 1, \\ 2 - x, & x > 1, \end{cases} x = 1.$

3. 求函数 $f(x) = \dfrac{x^3 + 3x^2 - x - 3}{x^2 + 5x + 6}$ 的连续区间,并求极限 $\lim\limits_{x \to 0} f(x), \lim\limits_{x \to -3} f(x)$ 及 $\lim\limits_{x \to -2} f(x)$.

4. 求下列极限:

(1) $\lim\limits_{x\to 0}\sqrt{x^2+5x+7}$;

(2) $\lim\limits_{\alpha\to\frac{\pi}{4}}(\sin 2\alpha)^3$;

(3) $\lim\limits_{t\to -2}\dfrac{e^t+1}{t}$;

(4) $\lim\limits_{x\to\frac{\pi}{9}}\ln(2\cos 3x)$.

5. 设函数

$$f(x)=\begin{cases}\ln(x+3), & x>0,\\ a+x^2, & x\leqslant 0.\end{cases}$$

常数 a 应取何值,可使得函数 $f(x)$ 成为 $(-\infty,+\infty)$ 内的连续函数?

§2.7 闭区间上连续函数的性质

函数在一点处的连续性反映了函数在该点附近的变化趋势,表现出函数的局部性质. 当函数在闭区间上连续时,就会呈现一些特有的整体性质.

一、最大值和最小值定理

闭区间上连续函数的性质

定义 2.22 设函数 $f(x)$ 在区间 I 上有定义. 若存在 $x_0\in I$,使得对任意的 $x\in I$,都有
$$f(x)\leqslant f(x_0)\quad [f(x)\geqslant f(x_0)],$$
则称 $f(x_0)$ 为函数 $f(x)$ 在区间 I 上的**最大值**(**最小值**),并称 x_0 为 $f(x)$ 在 I 上的**最大值点**(**最小值点**).

例如,函数 $f(x)=\sin x$ 在区间 $(-\infty,+\infty)$ 内有最大值 1 和最小值 -1; 函数 $f(x)=x$ 在闭区间 $[0,1]$ 上有最大值 1 和最小值 0,但在开区间 $(0,1)$ 内既无最大值也无最小值. 下面的定理给出了函数有界且最大值和最小值存在的充分条件.

定理 2.20 (**最大值和最小值定理**) 在闭区间上连续的函数一定有界且有最大值和最小值.

这就是说,若函数 $f(x)$ 在闭区间 $[a,b]$ 上连续,则存在正常数 M,使得对任意的 $x\in [a,b]$,有 $|f(x)|\leqslant M$;且至少有一点 $\xi_1\in [a,b]$,使得 $f(\xi_1)$ 是 $f(x)$ 在开区间 $[a,b]$ 上的最小值;又至少有一点 $\xi_2\in [a,b]$,使得 $f(\xi_2)$ 是 $f(x)$ 在 $[a,b]$ 上的最大值(见图 2.16).

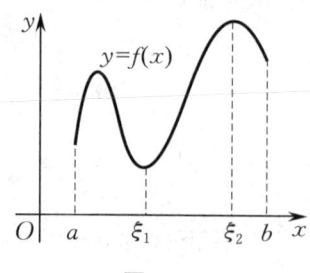

图 2.16

注 若函数在开区间内连续,或函数在闭区间上有间断点,则函数在该区间上不一定有界,也不一定有最大值或最小值. 例如,函数 $y=\tan x$ 在开区间 $\left(-\dfrac{\pi}{2},\dfrac{\pi}{2}\right)$ 内连续,但它在 $\left(-\dfrac{\pi}{2},\dfrac{\pi}{2}\right)$ 内无界,且既无最大值也无最小值;函数

$$y=f(x)=\begin{cases}1-x, & 0\leqslant x<1,\\ 1, & x=1,\\ 3-x, & 1<x\leqslant 2\end{cases}$$

在闭区间 $[0,2]$ 上有间断点 $x=1$,$f(x)$ 在 $[0,2]$ 上虽然有界,但是既无最大值也无最小值(见图 2.17).

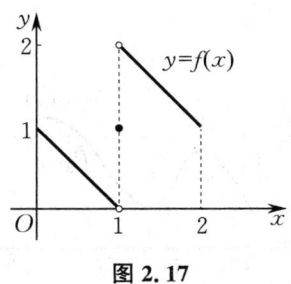

图 2.17

二、零点定理与介值定理

定义 2.23 若存在点 x_0 使得 $f(x_0)=0$,则称 x_0 为函数 $f(x)$ 的零点.

定理 2.21 (零点定理) 若函数 $f(x)$ 在闭区间 $[a,b]$ 上连续,且 $f(a)$ 与 $f(b)$ 异号[即 $f(a)\cdot f(b)<0$],则在开区间 (a,b) 内至少有一点 ξ,使得 $f(\xi)=0$.

定理 2.21 的几何意义是:如果连续曲线弧 $y=f(x)$ 的两个端点分别位于 x 轴的不同侧,那么这段曲线弧与 x 轴至少有一个交点(见图 2.18).

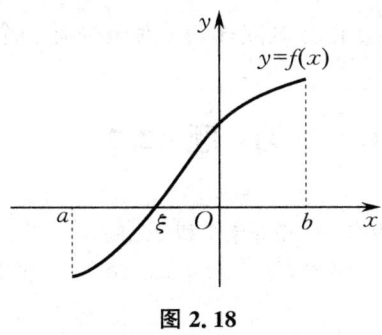

图 2.18

由定理 2.21 立即可推得下列较一般的定理.

定理 2.22 (介值定理) 设函数 $f(x)$ 在闭区间 $[a,b]$ 上连续,且在该区间的端点处取不同的函数值 $f(a)=A$ 及 $f(b)=B$,则对于 A 与 B 之间的任意一个数 C,在开区间 (a,b) 内至少有一点 ξ,使得 $f(\xi)=C$.

证 设函数 $\varphi(x)=f(x)-C$,则 $\varphi(x)$ 也在闭区间 $[a,b]$ 上连续,且
$$\varphi(a)=f(a)-C=A-C,$$
$$\varphi(b)=f(b)-C=B-C,$$
故
$$\varphi(a)\cdot\varphi(b)<0.$$
根据零点定理,在开区间 (a,b) 内至少有一点 ξ,使得 $\varphi(\xi)=0$,即
$$\varphi(\xi)=f(\xi)-C=0 \quad (a<\xi<b),$$
所以
$$f(\xi)=C \quad (a<\xi<b).$$

定理 2.22 的几何意义是:连续曲线弧 $y=f(x)$ 与水平直线 $y=C$ 至少相交于一点(见图 2.19).

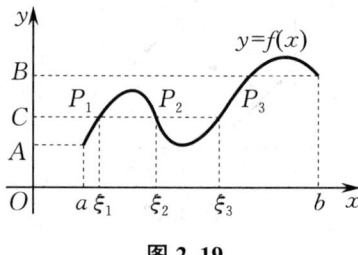

图 2.19

推论 1 在闭区间上连续的函数必取得介于最大值与最小值之间的任何值.

> **例 1** 证明:方程 $x^3-4x^2+1=0$ 在开区间 $(0,1)$ 内至少有一个根.
>
> **证** 因为函数 $f(x)=x^3-4x^2+1$ 在闭区间 $[0,1]$ 上连续,且
> $$f(0)=1>0, \quad f(1)=-2<0,$$
> 所以根据零点定理,在开区间 $(0,1)$ 内至少有一点 ξ,使得 $f(\xi)=0$,即
> $$\xi^3-4\xi^2+1=0 \quad (0<\xi<1).$$
> 上式说明方程 $x^3-4x^2+1=0$ 在开区间 $(0,1)$ 内至少有一个根 $x=\xi$.

习 题 2.7

1. 证明:方程 $x^4-5x=1$ 至少有一个根介于 1 和 2 之间.
2. 设函数 $f(x)$ 在闭区间 $[a,b]$ 上连续,且 $f(a)>a,f(b)<b$. 证明:在开区间 (a,b) 内至少存在一点 ξ,使得 $f(\xi)=\xi$.
3. 证明:方程 $x=a\sin x+b(a>0,b>0)$ 至少有一个不超过 $a+b$ 的正根.
4. 设函数 $f(x)$ 在闭区间 $[a,b]$ 上连续,且 $a<x_1<x_2<x_3<b$. 证明:在开区间 (x_1,x_3) 内至少有一点 ξ,使得
$$f(\xi)=\frac{f(x_1)+f(x_2)+f(x_3)}{3}.$$

自测题二

1. 选择题：

(1) 函数 $f(x)$ 在点 x_0 处有定义是当 $x \to x_0$ 时 $f(x)$ 有极限的（　　）；
A. 必要条件   B. 充分条件
C. 充要条件   D. 既非充分也非必要条件

(2) 若 $\lim\limits_{x \to x_0} f(x) = \lim\limits_{x \to x_0} g(x) = A$（$A$ 为有限值），则下列关系式中不一定成立的是（　　）；
A. $\lim\limits_{x \to x_0} [f(x) + g(x)] = 2A$ B. $\lim\limits_{x \to x_0} [f(x) - g(x)] = 0$
C. $\lim\limits_{x \to x_0} [f(x) \cdot g(x)] = A^2$ D. $\lim\limits_{x \to x_0} \dfrac{f(x)}{g(x)} = 1$

(3) 若 $\lim\limits_{x \to \infty} f(x) = \infty, \lim\limits_{x \to \infty} g(x) = \infty$，则必有（　　）；
A. $\lim\limits_{x \to \infty} [f(x) + g(x)] = \infty$ B. $\lim\limits_{x \to \infty} [f(x) - g(x)] = \infty$
C. $\lim\limits_{x \to \infty} \dfrac{1}{f(x) + g(x)} = \infty$ D. $\lim\limits_{x \to \infty} k f(x) = \infty$（$k$ 为非零常数）

(4) 下列极限中存在的是（　　）；
A. $\lim\limits_{x \to \infty} \dfrac{x(x+2)}{x^2 - 1}$ B. $\lim\limits_{x \to 0} \dfrac{1}{2^x - 1}$
C. $\lim\limits_{x \to +\infty} \sqrt{\dfrac{x^2 + 1}{x + 3}}$ D. $\lim\limits_{x \to 0} e^{\frac{1}{x}}$

(5) 当 $x \to 1$ 时，与 $1 - x$ 等价的无穷小是（　　）；
A. $\arcsin(x - 1)$ B. $1 - x^2$
C. $1 - x^3$ D. $\ln(2 - x)$

(6) 设函数 $f(x) = \sin(2x + 3x^2)$，则当 $x \to 0$ 时，（　　）；
A. $f(x)$ 与 x 是等价无穷小   B. $f(x)$ 与 x 是同阶但非等价无穷小
C. $f(x)$ 是比 x 高阶的无穷小   D. $f(x)$ 是比 x 低阶的无穷小

(7) 函数 $f(x)$ 在点 x_0 处有定义是 $f(x)$ 在点 x_0 处连续的（　　）；
A. 必要条件   B. 充分条件
C. 充要条件   D. 既非充分也非必要条件

(8) 函数 $f(x) = \dfrac{x^3 - x}{\sin \pi x}$ 的可去间断点的个数为（　　）．
A. 1 个   B. 2 个
C. 3 个   D. 无穷多个

2. 填空题：

(1) 数列 $\{x_n\}$ 有界是 $\{x_n\}$ 收敛的＿＿＿＿条件，数列 $\{x_n\}$ 收敛是 $\{x_n\}$ 有界的＿＿＿＿条件；

(2) 函数 $f(x)$ 在点 x_0 的某个去心邻域内有界是 $\lim\limits_{x \to x_0} f(x)$ 存在的＿＿＿＿条件，$\lim\limits_{x \to x_0} f(x)$ 存在是函数 $f(x)$ 在点 x_0 的某个去心邻域内有界的＿＿＿＿条件；

(3) 函数 $f(x)$ 在点 x_0 的某个去心邻域内无界是 $\lim\limits_{x \to x_0} f(x) = \infty$ 的＿＿＿＿条件，$\lim\limits_{x \to x_0} f(x) = \infty$ 是函数 $f(x)$ 在点 x_0 的某个去心邻域内无界的＿＿＿＿条件；

(4) 函数 $f(x)$ 当 $x \to x_0$ 时的右极限 $f(x_0^+)$ 及左极限 $f(x_0^-)$ 都存在且相等是 $\lim\limits_{x \to x_0} f(x)$ 存在的

_____条件;

(5) $\lim\limits_{x\to 0}\left(x\sin\dfrac{1}{2x}+\dfrac{1}{x}\sin 2x\right)=$ _____;

(6) 若 $\lim\limits_{x\to 0}(1-x)^{\frac{k}{x}}=e^3$,则 $k=$ _____;

(7) 设函数 $f(x)=\lim\limits_{n\to\infty}\dfrac{(n-1)x}{nx^2+1}$,则 $f(x)$ 的间断点为 _____.

3. 求下列极限:

(1) $\lim\limits_{x\to 2}\dfrac{x+3}{x^2-3}$;

(2) $\lim\limits_{x\to -2}\dfrac{x^3+8}{x+2}$;

(3) $\lim\limits_{x\to 0}\dfrac{\sqrt{1+x^2}-1}{x^2}$;

(4) $\lim\limits_{n\to\infty}\dfrac{3^n+5^n}{3^{n+1}+5^{n+1}}$;

(5) $\lim\limits_{x\to 1}\left(\dfrac{3}{x^3-1}-\dfrac{1}{x-1}\right)$;

(6) $\lim\limits_{x\to +\infty}(\sqrt{x^2+x+1}-x)$;

(7) $\lim\limits_{x\to +\infty}x(\sqrt{1+x^2}-x)$;

(8) $\lim\limits_{x\to 0}\dfrac{\tan x-\sin x}{x^2\arcsin x}$;

(9) $\lim\limits_{x\to 0}\dfrac{\sqrt{1+\sin^2 x}-1}{x\tan x}$;

(10) $\lim\limits_{x\to\pi}\dfrac{\sin x}{\pi-x}$;

(11) $\lim\limits_{x\to 0}(1+3x)^{\frac{1}{x}-1}$;

(12) $\lim\limits_{x\to\infty}\left(\dfrac{2x+3}{2x+1}\right)^{x+1}$.

4. 若 $\lim\limits_{x\to 0}\dfrac{b\sin^2 x}{a-\cos x}=1$,试求常数 a,b 的值.

5. 设函数
$$f(x)=\begin{cases}\dfrac{e^{2x}-1}{x}, & x<0,\\ \dfrac{\ln(1+ax)}{x}, & x>0.\end{cases}$$

试确定常数 a 的值,使得 $\lim\limits_{x\to 0}f(x)$ 存在,并求其极限值.

6. 设函数
$$f(x)=\begin{cases}e^2+x, & x<0,\\ b, & x=0,\\ a+2\cos x, & x>0.\end{cases}$$

问:常数 a,b 取何值时,函数 $f(x)$ 在点 $x=0$ 处连续?

7. 证明:方程 $e^x=x+2$ 至少有一个根介于 0 和 2 之间.

第三章

导数与微分

高等数学中研究导数、微分及其应用的内容称为微分学,研究不定积分、定积分及其应用的内容称为积分学,微分学与积分学统称为微积分学. 微积分学是高等数学最基本、最重要的组成部分,本章将主要讨论导数和微分的概念及其计算方法.

§3.1 导数的概念

一、两个实例

引例 1 变速直线运动的瞬时速度.

设某质点做变速直线运动,在 $[0,t]$ 这段时间内所经过的路程为 s,则 s 是时间 t 的函数 $s=s(t)$. 求质点在时刻 $t_0 \in [0,t]$ 的瞬时速度 $v(t_0)$.

考虑质点在时刻 t_0 附近很短一段时间内的运动. 设质点在 t_0 到 $t_0+\Delta t$ 这段时间内的路程从 $s(t_0)$ 变到 $s(t_0+\Delta t)$,其增量为

$$\Delta s = s(t_0+\Delta t) - s(t_0),$$

则质点在这段时间内的平均速度为

$$\bar{v} = \frac{\Delta s}{\Delta t} = \frac{s(t_0+\Delta t)-s(t_0)}{\Delta t}.$$

导数定义的引入

当时间间隔 Δt 很小时,可以认为质点在 $[t_0, t_0+\Delta t]$ 这段时间内近似做匀速运动. 因此,可以用 $\bar{v}$ 作为 $v(t_0)$ 的近似值,且 Δt 越小,其近似程度就越高. 当时间间隔 $\Delta t \to 0$ 时,$\bar{v}$ 的极限就是质点在时刻 t_0 的瞬时速度,即

$$v(t_0) = \lim_{\Delta t \to 0} \frac{\Delta s}{\Delta t} = \lim_{\Delta t \to 0} \frac{s(t_0+\Delta t)-s(t_0)}{\Delta t}.$$

引例 2 平面曲线的切线斜率.

设有曲线 AB 及其上一点 M(见图 3.1),连接点 M 和曲线 AB 上另一点 N 的直线,称为曲线 AB 的割线. 当点 N 沿曲线 AB 趋于点 M 时,割线 MN 绕点 M 旋转而趋于极限位置 MT(如果存在的话),直线 MT 就称为曲线 AB 在点 M 处的切线.

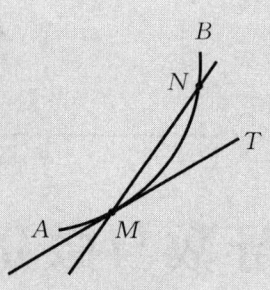

图 3.1

设曲线 AB 为函数 $y=f(x)$ 的图形(见图 3.2),$M(x_0,y_0)$ 是曲线 AB 上的一点,$N(x_0+\Delta x,y_0+\Delta y)$ 是曲线 AB 上的另一点,则 $y_0=f(x_0)$,$\Delta y=f(x_0+\Delta x)-f(x_0)$,割线 MN 的斜率为

$$\tan \varphi = \frac{\Delta y}{\Delta x} = \frac{f(x_0+\Delta x)-f(x_0)}{\Delta x},$$

其中 φ 为割线 MN 的倾角.当点 N 沿曲线 AB 趋于点 M,即 $\Delta x \to 0$ 时,若上式的极限存在,设为 k,即

$$k = \tan \alpha = \lim_{\Delta x \to 0} \tan \varphi = \lim_{\Delta x \to 0} \frac{f(x_0+\Delta x)-f(x_0)}{\Delta x},$$

则称 k 为切线 MT 的斜率,其中 α 为切线 MT 的倾角.

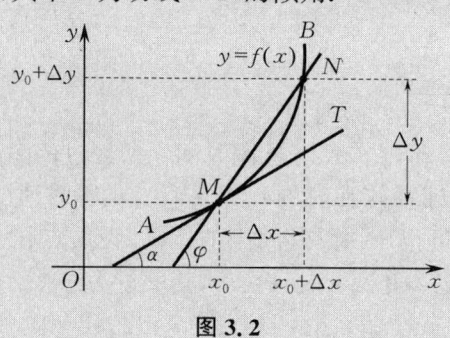

图 3.2

以上两个引例的实际意义完全不同,但从抽象的数量关系来看,其实质都是函数的增量与自变量的增量之比当自变量的增量趋于零时的极限.我们把这种特定的极限叫作函数的导数.

二、导数的概念

定义 3.1 设函数 $y=f(x)$ 在点 x_0 的某个邻域内有定义.当自变量 x 在点 x_0 处取得增量 Δx(点 $x_0+\Delta x$ 仍在该邻域内)时,相应地,函数 y 取得增量

$$\Delta y = f(x_0+\Delta x)-f(x_0).$$

如果当 $\Delta x \to 0$ 时,极限

$$\lim_{\Delta x \to 0} \frac{\Delta y}{\Delta x} = \lim_{\Delta x \to 0} \frac{f(x_0+\Delta x)-f(x_0)}{\Delta x} \qquad (3-1)$$

存在,则称函数 $y=f(x)$ 在点 x_0 处**可导**,并称此极限值为 $y=f(x)$ 在点 x_0 处的**导数**,记为

$$f'(x_0), \quad y'\bigg|_{x=x_0}, \quad \frac{\mathrm{d}y}{\mathrm{d}x}\bigg|_{x=x_0} \quad 或 \quad \frac{\mathrm{d}f(x)}{\mathrm{d}x}\bigg|_{x=x_0}.$$

函数 $f(x)$ 在点 x_0 处可导也称为 $f(x)$ 在点 x_0 处具有导数或导数存在. 另外,导数的定义也可采取不同的表达形式. 例如,在式(3-1)中,若令 $h=\Delta x$,则

$$f'(x_0)=\lim_{h\to 0}\frac{f(x_0+h)-f(x_0)}{h}; \tag{3-2}$$

若令 $x=x_0+\Delta x$,则

$$f'(x_0)=\lim_{x\to x_0}\frac{f(x)-f(x_0)}{x-x_0}. \tag{3-3}$$

如果式(3-1)中的极限不存在,则称函数 $y=f(x)$ 在点 x_0 处不可导,并称 x_0 为 $y=f(x)$ 的不可导点. 特别地,如果 $\lim\limits_{\Delta x\to 0}\frac{\Delta y}{\Delta x}=\infty$,则称函数 $y=f(x)$ 在点 x_0 处的导数为无穷大.

导数的概念是函数变化率的精确描述,它撇开了自变量和因变量所代表的物理或几何等方面的特殊意义,纯粹从数量方面来刻画函数变化率的本质:函数增量与自变量增量的比值 $\frac{\Delta y}{\Delta x}$ 是函数 y 在以 x_0 和 $x_0+\Delta x$ 为端点的区间上的平均变化率,而导数 $y'\big|_{x=x_0}$ 则是函数 y 在点 x_0 处的瞬时变化率,它反映了函数随自变量变化而变化的"快慢程度".

如果函数 $y=f(x)$ 在开区间 I 内的每一点处都可导,则称 $y=f(x)$ 在**开区间 I 内可导**. 若函数 $y=f(x)$ 在开区间 I 内可导,则对 I 内每一点 x,都有一个导数值 $f'(x)$ 与之对应,因此 $f'(x)$ 也是 x 的函数,称为 $y=f(x)$ 的**导函数**(也简称**导数**),记为 $f'(x), y', \frac{\mathrm{d}y}{\mathrm{d}x}$ 或 $\frac{\mathrm{d}f(x)}{\mathrm{d}x}$,即有

$$f'(x)=\lim_{\Delta x\to 0}\frac{\Delta y}{\Delta x}=\lim_{\Delta x\to 0}\frac{f(x+\Delta x)-f(x)}{\Delta x}.$$

显然,函数 $f(x)$ 在点 x_0 处的导数 $f'(x_0)$ 就是其导函数 $f'(x)$ 在点 x_0 处的函数值,即

$$f'(x_0)=f'(x)\big|_{x=x_0}.$$

例 1 求函数 $y=f(x)=2x^3$ 在点 $x=1$ 处的导数 $f'(1)$.

解 当自变量 x 由 1 变到 $1+\Delta x$ 时,函数 y 相应的增量为

$$\Delta y=2(1+\Delta x)^3-2\cdot 1^3=2[3\Delta x+3(\Delta x)^2+(\Delta x)^3],$$

所以

$$f'(1)=\lim_{\Delta x\to 0}\frac{\Delta y}{\Delta x}=\lim_{\Delta x\to 0}2[3+3\Delta x+(\Delta x)^2]=6.$$

例 2 设 $f'(0)$ 存在,试按导数的定义求下列极限:

(1) $\lim\limits_{x\to 0}\dfrac{f(3x)-f(0)}{x}$;

(2) $\lim\limits_{x\to 0}\dfrac{f(x)}{x}$,其中 $f(0)=0$.

解 (1) $\lim\limits_{x\to 0}\dfrac{f(3x)-f(0)}{x}=\lim\limits_{3x\to 0}\dfrac{f(0+3x)-f(0)}{\frac{1}{3}\cdot 3x}=3\lim\limits_{3x\to 0}\dfrac{f(0+3x)-f(0)}{3x}$
$=3f'(0).$

(2) 因为 $f(0)=0$,所以

$$\lim_{x\to 0}\dfrac{f(x)}{x}=\lim_{x\to 0}\dfrac{f(x)-f(0)}{x-0}=f'(0).$$

下面,我们根据导数的定义来求部分基本初等函数的导数.

例 3 求函数 $f(x)=C$(C 为常数) 的导数.

解 $f'(x)=\lim\limits_{h\to 0}\dfrac{f(x+h)-f(x)}{h}=\lim\limits_{h\to 0}\dfrac{C-C}{h}=0,$

即

$$(C)'=0.$$

例 4 设函数 $y=\sin x$,求 $(\sin x)'$ 及 $(\sin x)'\big|_{x=\frac{\pi}{4}}$.

解 $(\sin x)'=\lim\limits_{h\to 0}\dfrac{\sin(x+h)-\sin x}{h}=\lim\limits_{h\to 0}\cos\left(x+\dfrac{h}{2}\right)\cdot\dfrac{\sin\dfrac{h}{2}}{\dfrac{h}{2}}=\cos x,$

即

$$(\sin x)'=\cos x,$$

从而有

$$(\sin x)'\big|_{x=\frac{\pi}{4}}=\cos x\big|_{x=\frac{\pi}{4}}=\dfrac{\sqrt{2}}{2}.$$

同理,可得

$$(\cos x)'=-\sin x.$$

例 5 求函数 $y=x^n$(n 为正整数) 的导数.

解 $(x^n)'=\lim\limits_{h\to 0}\dfrac{(x+h)^n-x^n}{h}=\lim\limits_{h\to 0}\left[nx^{n-1}+\dfrac{n(n-1)}{2!}x^{n-2}h+\cdots+h^{n-1}\right]$
$=nx^{n-1},$

即

$$(x^n)'=nx^{n-1}.$$

更一般地,有

$$(x^\mu)'=\mu x^{\mu-1}\quad(\mu\in\mathbf{R}).$$

例如,$(\sqrt{x})'=(x^{\frac{1}{2}})'=\dfrac{1}{2}x^{\frac{1}{2}-1}=\dfrac{1}{2\sqrt{x}}$,$\left(\dfrac{1}{x}\right)'=(x^{-1})'=(-1)x^{-1-1}=-\dfrac{1}{x^2}.$

例 6 求函数 $y=a^x(a>0,a\neq 1)$ 的导数.

解 $(a^x)'=\lim\limits_{h\to 0}\dfrac{a^{x+h}-a^x}{h}=a^x\lim\limits_{h\to 0}\dfrac{a^h-1}{h}.$

令 $a^h-1=u$, 则 $h=\log_a(1+u)$, 且当 $h\to 0$ 时, $u\to 0$. 于是

$$\lim_{h\to 0}\frac{a^h-1}{h}=\lim_{u\to 0}\frac{u}{\log_a(1+u)}=\lim_{u\to 0}\frac{u}{\dfrac{\ln(1+u)}{\ln a}}=\ln a,$$

从而有

$$(a^x)'=a^x\ln a.$$

特别地, 当 $a=e$ 时, 有

$$(e^x)'=e^x.$$

例 7 求函数 $y=\log_a x(a>0,a\neq 1)$ 的导数.

解 $(\log_a x)'=\lim\limits_{h\to 0}\dfrac{\log_a(x+h)-\log_a x}{h}$

$$=\lim_{h\to 0}\frac{1}{h}\log_a\frac{x+h}{x}=\frac{1}{x}\lim_{h\to 0}\frac{\log_a\left(1+\dfrac{h}{x}\right)}{\dfrac{h}{x}}.$$

令 $u=\dfrac{h}{x}$, 则当 $h\to 0$ 时, $u\to 0$. 于是

$$\lim_{h\to 0}\frac{\log_a\left(1+\dfrac{h}{x}\right)}{\dfrac{h}{x}}=\lim_{u\to 0}\log_a(1+u)^{\frac{1}{u}}=\log_a\left[\lim_{u\to 0}(1+u)^{\frac{1}{u}}\right]=\log_a e=\frac{1}{\ln a},$$

从而有

$$(\log_a x)'=\frac{1}{x\ln a}.$$

特别地, 当 $a=e$ 时, 有

$$(\ln x)'=\frac{1}{x}.$$

三、单侧导数

求函数 $y=f(x)$ 在点 x_0 处的导数时, $x\to x_0$ 的方式是任意的. 如果当 x 仅从 x_0 的左侧趋于 x_0(记为 $\Delta x\to 0^-$ 或 $x\to x_0^-$) 时, 极限

$$\lim_{\Delta x\to 0^-}\frac{\Delta y}{\Delta x}=\lim_{\Delta x\to 0^-}\frac{f(x_0+\Delta x)-f(x_0)}{\Delta x}$$

存在, 则称该极限值为函数 $y=f(x)$ 在点 x_0 处的**左导数**, 记为 $f'_-(x_0)$, 即

$$f'_-(x_0)=\lim_{\Delta x\to 0^-}\frac{\Delta y}{\Delta x}=\lim_{\Delta x\to 0^-}\frac{f(x_0+\Delta x)-f(x_0)}{\Delta x}=\lim_{x\to x_0^-}\frac{f(x)-f(x_0)}{x-x_0}.$$

类似地,可定义函数 $y=f(x)$ 在点 x_0 处的**右导数**:
$$f'_+(x_0)=\lim_{\Delta x\to 0^+}\frac{\Delta y}{\Delta x}=\lim_{\Delta x\to 0^+}\frac{f(x_0+\Delta x)-f(x_0)}{\Delta x}=\lim_{x\to x_0^+}\frac{f(x)-f(x_0)}{x-x_0}.$$
左导数和右导数统称为**单侧导数**.

由极限存在的充要条件可得如下定理.

定理 3.1 函数 $y=f(x)$ 在点 x_0 处可导的充要条件是 $y=f(x)$ 在点 x_0 处的左、右导数均存在且相等.

例 8 求函数 $y=f(x)=\begin{cases}\sin x, & x<0,\\ x, & x\geq 0,\end{cases}$ 在点 $x=0$ 处的导数.

解 当 $\Delta x<0$ 时,
$$\Delta y=f(0+\Delta x)-f(0)=\sin\Delta x-0=\sin\Delta x,$$
故
$$f'_-(0)=\lim_{\Delta x\to 0^-}\frac{\Delta y}{\Delta x}=\lim_{\Delta x\to 0^-}\frac{\sin\Delta x}{\Delta x}=1.$$

当 $\Delta x>0$ 时,
$$\Delta y=f(0+\Delta x)-f(0)=\Delta x-0=\Delta x,$$
故
$$f'_+(0)=\lim_{\Delta x\to 0^+}\frac{\Delta y}{\Delta x}=\lim_{\Delta x\to 0^+}\frac{\Delta x}{\Delta x}=1.$$

由 $f'_-(0)=f'_+(0)=1$ 得
$$f'(0)=\lim_{\Delta x\to 0}\frac{\Delta y}{\Delta x}=1.$$

如果函数 $f(x)$ 在开区间 (a,b) 内可导,且 $f'_+(a)$ 及 $f'_-(b)$ 都存在,则称 $f(x)$ 在**闭区间** $[a,b]$ **上可导**.

四、导数的几何意义

根据引例 2 的讨论可知,如果函数 $y=f(x)$ 在点 x_0 处可导,则 $f'(x_0)$ 就是曲线 $y=f(x)$ 在点 $M(x_0,y_0)$ 处的切线的斜率,即
$$k=\tan\alpha=f'(x_0),$$
其中 α 是该切线的倾角(见图 3.3).

导数的
几何意义

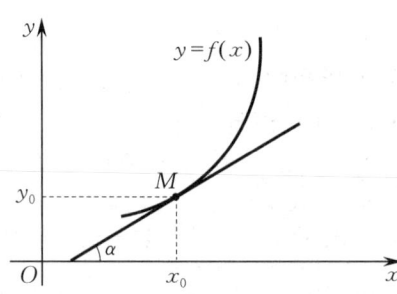

图 3.3

于是,由直线的点斜式方程,曲线 $y=f(x)$ 在点 $M(x_0,y_0)$ 处的切线方程为
$$y-y_0=f'(x_0)(x-x_0). \tag{3-4}$$
若 $f'(x_0)\neq 0$,则曲线 $y=f(x)$ 在点 $M(x_0,y_0)$ 处的法线方程为
$$y-y_0=-\frac{1}{f'(x_0)}(x-x_0). \tag{3-5}$$
若 $f'(x_0)=0$,则切线方程为 $y=y_0$,即切线平行于 x 轴.

若 $f'(x_0)$ 为无穷大,则切线方程为 $x=x_0$,即切线垂直于 x 轴.

例 9 求曲线 $y=\dfrac{1}{x}$ 在点 $\left(\dfrac{1}{2},2\right)$ 处的切线方程.

解 因为
$$y'=\left(\frac{1}{x}\right)'=-\frac{1}{x^2}, \quad y'\Big|_{x=\frac{1}{2}}=-4,$$
所以所求切线方程为
$$y-2=-4\left(x-\frac{1}{2}\right), \quad 即 \quad 4x+y-4=0.$$

五、函数的可导性与连续性的关系

定理 3.2 如果函数 $y=f(x)$ 在点 x_0 处可导,则它在点 x_0 处连续.

证 若函数 $y=f(x)$ 在点 x_0 处可导,则有
$$\lim_{\Delta x\to 0}\frac{\Delta y}{\Delta x}=f'(x_0).$$
由函数极限与无穷小的关系知,$\dfrac{\Delta y}{\Delta x}=f'(x_0)+\alpha$,其中 α 为当 $\Delta x\to 0$ 时的无穷小,进而可得
$$\Delta y=f'(x_0)\Delta x+\alpha\Delta x,$$
$$\lim_{\Delta x\to 0}\Delta y=\lim_{\Delta x\to 0}[f'(x_0)\Delta x+\alpha\Delta x]=0.$$
所以,函数 $y=f(x)$ 在点 x_0 处连续.

注 若函数在某点处连续,则它在该点处不一定可导.但若函数在某点处不连续,则它在该点处一定不可导.

例 10 讨论函数 $f(x)=|x|$ 在点 $x=0$ 处的连续性与可导性.

解 因为
$$\lim_{x\to 0^+}f(x)=\lim_{x\to 0^+}|x|=\lim_{x\to 0^+}x=0, \quad \lim_{x\to 0^-}f(x)=\lim_{x\to 0^-}|x|=\lim_{x\to 0^-}(-x)=0,$$
进而有
$$\lim_{x\to 0^+}f(x)=\lim_{x\to 0^-}f(x)=0=f(0),$$
所以函数 $f(x)=|x|$ 在点 $x=0$ 处连续.

又因为

$$f'_+(0) = \lim_{\Delta x \to 0^+} \frac{f(0+\Delta x)-f(0)}{\Delta x} = \lim_{\Delta x \to 0^+} \frac{|\Delta x|}{\Delta x} = \lim_{\Delta x \to 0^+} \frac{\Delta x}{\Delta x} = 1,$$

$$f'_-(0) = \lim_{\Delta x \to 0^-} \frac{f(0+\Delta x)-f(0)}{\Delta x} = \lim_{\Delta x \to 0^-} \frac{|\Delta x|}{\Delta x} = \lim_{\Delta x \to 0^-} \frac{-\Delta x}{\Delta x} = -1,$$

进而有 $f'_+(0) \ne f'_-(0)$，所以函数 $f(x) = |x|$ 在点 $x=0$ 处不可导.

习　题　3.1

1. 用定义求函数 $y=(x+1)^2$ 在点 $x=2$ 处的导数.

2. 设 $f'(x_0)$ 存在，试利用导数的定义求下列极限：

(1) $\lim\limits_{h \to 0} \dfrac{f(x_0-h)-f(x_0)}{h}$；　　　　(2) $\lim\limits_{\Delta x \to 0} \dfrac{f(x_0+2\Delta x)-f(x_0-\Delta x)}{\Delta x}$；

(3) $\lim\limits_{h \to 0} \dfrac{f(x_0+h)-f(x_0-2h)}{2h}$.

3. 设函数 $f(x)$ 在点 $x=3$ 处连续，且 $\lim\limits_{x \to 3} \dfrac{f(x)}{x-3} = 2$. 求 $f'(3)$.

4. 求曲线 $y = e^x$ 在点 $(0,1)$ 处的切线方程和法线方程.

5. 求曲线 $y = \cos x$ 在点 $\left(\dfrac{\pi}{3}, \dfrac{1}{2}\right)$ 处的切线方程和法线方程.

6. 求下列函数的导数：

(1) $y = x^5$；　　　　(2) $y = \sqrt[3]{x^2}$；　　　　(3) $y = x^{2.8}$；

(4) $y = \dfrac{1}{x^2}$；　　　　(5) $y = x^3 \sqrt[5]{x}$；　　　　(6) $y = \dfrac{x^2 \sqrt[3]{x^2}}{\sqrt{x^5}}$.

7. 函数 $f(x) = \begin{cases} x^2+1, & 0 \le x < 1, \\ 3x-1, & x \ge 1 \end{cases}$ 在点 $x=1$ 处是否可导？为什么？

8. 用定义求函数 $f(x) = \begin{cases} x, & x < 0, \\ \ln(1+x), & x \ge 0 \end{cases}$ 在点 $x=0$ 处的导数.

9. 设函数 $f(x) = \begin{cases} \sin x, & x < 0, \\ x, & x \ge 0. \end{cases}$ 求 $f'(x)$.

10. 讨论函数 $y = \begin{cases} x^2 \sin \dfrac{1}{x}, & x \ne 0, \\ 0, & x = 0 \end{cases}$ 在点 $x=0$ 处的连续性与可导性.

11. 设函数 $\varphi(x)$ 在点 $x=a$ 处连续，且 $f(x) = (x^3-a^3)\varphi(x)$. 求 $f'(a)$.

12. 设函数 $f(x) = \begin{cases} x^2, & x \le 1, \\ ax+b, & x > 1, \end{cases}$ 为了使 $f(x)$ 在点 $x=1$ 处连续可导，a, b 应取什么值？

函数连续及可导的充要条件

§3.2　函数的四则运算求导法则

用定义求导数比较麻烦,下面我们将介绍函数的四则运算求导法则.利用这些法则,可以方便地计算一些初等函数的导数.

定理 3.3　若函数 $u(x), v(x)$ 在点 x 处可导,则它们的和、差、积、商(分母不为零)在点 x 处也可导,且

(1) $[u(x) \pm v(x)]' = u'(x) \pm v'(x)$;

(2) $[u(x) \cdot v(x)]' = u'(x)v(x) + u(x)v'(x)$;

(3) $\left[\dfrac{u(x)}{v(x)}\right]' = \dfrac{u'(x)v(x) - u(x)v'(x)}{v^2(x)} \quad [v(x) \neq 0]$.

证　在此只证明(3),(1) 与 (2) 留给读者自己证明.

$$\left[\frac{u(x)}{v(x)}\right]' = \lim_{\Delta x \to 0} \frac{\dfrac{u(x+\Delta x)}{v(x+\Delta x)} - \dfrac{u(x)}{v(x)}}{\Delta x}$$

$$= \lim_{\Delta x \to 0} \frac{u(x+\Delta x)v(x) - u(x)v(x+\Delta x)}{v(x+\Delta x)v(x)\Delta x}$$

$$= \lim_{\Delta x \to 0} \frac{[u(x+\Delta x) - u(x)]v(x) - u(x)[v(x+\Delta x) - v(x)]}{v(x+\Delta x)v(x)\Delta x}$$

$$= \lim_{\Delta x \to 0} \frac{\dfrac{u(x+\Delta x) - u(x)}{\Delta x} v(x) - u(x) \dfrac{v(x+\Delta x) - v(x)}{\Delta x}}{v(x+\Delta x)v(x)}$$

$$= \frac{u'(x)v(x) - u(x)v'(x)}{v^2(x)}.$$

注　(1) 定理3.3中的(1)和(2)还可以推广到多个函数的情形.例如,设函数 $u = u(x)$, $v = v(x)$ 和 $w = w(x)$ 均可导,则有

$$(u + v + w)' = u' + v' + w',$$
$$(uvw)' = u'vw + uv'w + uvw'.$$

(2) 若在定理3.3的(2)中令 $v(x) = C$(C 为常数),则有

$$[Cu(x)]' = Cu'(x).$$

例 1　设函数 $f(x) = 2x^2 - 5x - \sin\dfrac{\pi}{11} + \ln 3$. 求 $f'(x)$.

解　注意到 $\sin\dfrac{\pi}{11}, \ln 3$ 都是常数,有

$$f'(x) = \left(2x^2 - 5x - \sin\frac{\pi}{11} + \ln 3\right)' = (2x^2)' - (5x)' - \left(\sin\frac{\pi}{11}\right)' + (\ln 3)'$$
$$= 2(x^2)' - 5x' = 4x - 5.$$

例 2 设函数 $f(x) = x\sin x + e^x \cos x$. 求 $f'(x)$.

解 $f'(x) = (x\sin x + e^x\cos x)' = (x\sin x)' + (e^x\cos x)'$
$= x'\sin x + x(\sin x)' + (e^x)'\cos x + e^x(\cos x)'$
$= \sin x + x\cos x + e^x\cos x - e^x\sin x.$

例 3 设函数 $y = \tan x$. 求 y'.

解 $y' = (\tan x)' = \left(\dfrac{\sin x}{\cos x}\right)' = \dfrac{(\sin x)'\cos x - \sin x(\cos x)'}{\cos^2 x}$
$= \dfrac{\cos^2 x + \sin^2 x}{\cos^2 x} = \dfrac{1}{\cos^2 x} = \sec^2 x,$

即
$$(\tan x)' = \sec^2 x.$$

同理,可得
$$(\cot x)' = -\csc^2 x.$$

例 4 设函数 $y = \sec x$. 求 y'.

解 $y' = (\sec x)' = \left(\dfrac{1}{\cos x}\right)' = \dfrac{1'\cos x - 1(\cos x)'}{\cos^2 x} = \dfrac{\sin x}{\cos^2 x} = \sec x\tan x,$

即
$$(\sec x)' = \sec x\tan x.$$

同理,可得
$$(\csc x)' = -\csc x\cot x.$$

习 题 3.2

1. 求下列函数的导数:

(1) $y = 5x + 6\sqrt{x}$;

(2) $y = 4x^3 - 2^x + 5e^x$;

(3) $y = 3\tan x - \sec x + 1$;

(4) $y = 5\sin x\cos x$;

(5) $y = x^3\ln x$;

(6) $y = e^x\sin x$;

(7) $y = \dfrac{\ln x}{x}$;

(8) $y = (x-3)(x-5)(x-7)$;

(9) $s = \dfrac{1 - \sin t}{1 - \cos t}$;

(10) $y = x^2\log_3 x - \ln 5.$

2. 求下列函数在指定点处的导数:

(1) $y = \dfrac{3}{3-x} + \dfrac{x^3}{3}, x = 0$;

(2) $y = e^x(x^3 + 5x - 3), x = 0.$

3. 写出曲线 $y = x - \dfrac{1}{x}$ 在与 x 轴的交点处的切线方程.

§3.3 反函数和复合函数的求导法则

反三角函数和复合函数的导数无法直接用导数的定义或函数的四则运算求导法则求得,必须寻求新的方法.本节我们将讨论反函数和复合函数的求导法则.

一、反函数的求导法则

定理 3.4 设函数 $x=f(y)$ 在区间 I_y 内单调可导,且 $f'(y)\neq 0$,则其反函数 $y=f^{-1}(x)$ 在对应区间 I_x 内也可导,且有

$$[f^{-1}(x)]'=\frac{1}{f'(y)} \quad \text{或} \quad \frac{\mathrm{d}y}{\mathrm{d}x}=\frac{1}{\frac{\mathrm{d}x}{\mathrm{d}y}}. \tag{3-6}$$

证 因函数 $x=f(y)$ 在区间 I_y 内单调可导(从而连续),故由定理 2.19 知,$x=f(y)$ 的反函数 $y=f^{-1}(x)$ 在对应区间 I_x 内也是单调连续的.

任取 $x\in I_x$,当 x 有增量 $\Delta x(\Delta x\neq 0, x+\Delta x\in I_x)$ 时,由函数 $y=f^{-1}(x)$ 的单调性可知

$$\Delta y=f^{-1}(x+\Delta x)-f^{-1}(x)\neq 0,$$

于是有

$$\frac{\Delta y}{\Delta x}=\frac{1}{\frac{\Delta x}{\Delta y}}.$$

又因为函数 $y=f^{-1}(x)$ 在点 x 处连续,所以当 $\Delta x\to 0$ 时,有 $\Delta y\to 0$,从而有

$$[f^{-1}(x)]'=\lim_{\Delta x\to 0}\frac{\Delta y}{\Delta x}=\lim_{\Delta x\to 0}\frac{1}{\frac{\Delta x}{\Delta y}}=\frac{1}{f'(y)}.$$

定理 3.4 的结论可以简单理解为:反函数的导数等于直接函数导数的倒数.

例 1 设函数 $y=\arcsin x(-1<x<1)$.求 y'.

解 因为 $y=\arcsin x(-1<x<1)$ 是函数 $x=\sin y\left(-\frac{\pi}{2}<y<\frac{\pi}{2}\right)$ 的反函数,而 $x=\sin y$ 在区间 $\left(-\frac{\pi}{2},\frac{\pi}{2}\right)$ 内单调可导,且 $(\sin y)'=\cos y>0$,所以

$$y'=(\arcsin x)'=\frac{1}{(\sin y)'}=\frac{1}{\cos y}.$$

又在 $\left(-\frac{\pi}{2},\frac{\pi}{2}\right)$ 内,有 $\cos y=\sqrt{1-\sin^2 y}=\sqrt{1-x^2}$,故

$$(\arcsin x)'=\frac{1}{\sqrt{1-x^2}}.$$

同理,可得

$$(\arccos x)' = -\frac{1}{\sqrt{1-x^2}}.$$

例 2 设函数 $y = \arctan x$，求 y'.

解 因为 $y = \arctan x$ 是函数 $x = \tan y \left(-\frac{\pi}{2} < y < \frac{\pi}{2} \right)$ 的反函数，而 $x = \tan y$ 在区间 $\left(-\frac{\pi}{2}, \frac{\pi}{2} \right)$ 内单调可导，且 $(\tan y)' = \sec^2 y \neq 0$，所以

$$y' = (\arctan x)' = \frac{1}{(\tan y)'} = \frac{1}{\sec^2 y}.$$

又在 $\left(-\frac{\pi}{2}, \frac{\pi}{2} \right)$ 内，有 $\sec^2 y = 1 + \tan^2 y = 1 + x^2$，故

$$(\arctan x)' = \frac{1}{1+x^2}.$$

同理，可得

$$(\text{arccot } x)' = -\frac{1}{1+x^2}.$$

二、复合函数的求导法则

定理 3.5 如果函数 $u = g(x)$ 在点 x 处可导，函数 $y = f(u)$ 在对应点 $u = g(x)$ 处可导，则复合函数 $y = f[g(x)]$ 在点 x 处可导，且

$$\frac{dy}{dx} = f'(u) g'(x) \quad \text{或} \quad \frac{dy}{dx} = \frac{dy}{du} \cdot \frac{du}{dx}.$$

证 由于函数 $y = f(u)$ 在点 $u = g(x)$ 处可导，因此 $\lim\limits_{\Delta u \to 0} \frac{\Delta y}{\Delta u} = f'(u)$. 由函数极限与无穷小的关系，有

$$\frac{\Delta y}{\Delta u} = f'(u) + \alpha(\Delta u), \tag{3-7}$$

其中 $\alpha(\Delta u)$ 是当 $\Delta u \to 0$ 时的无穷小. 用 Δu 乘上式两边，得

$$\Delta y = f'(u) \Delta u + \alpha(\Delta u) \Delta u.$$

设函数 $y = f[g(x)]$ 的自变量在点 x 处有增量 Δx，中间变量 $u = g(x)$ 有相应增量 Δu，进而因变量 $y = f(u)$ 又有相应增量 Δy. 中间变量 u 的增量 Δu 有可能为零，故规定 $\alpha(0) = 0$. 这样，在 $\Delta x \to 0$ 时无论 Δu 是否为零，Δy 与 Δu 总满足式 (3-7). 在式 (3-7) 两边同除以 Δx，并令 $\Delta x \to 0$，由于函数 $g(x)$ 在点 x 处可导 (从而连续)，因此 $\Delta u \to 0$，且

$$\lim_{\Delta x \to 0} \frac{\Delta y}{\Delta x} = f'(u) \lim_{\Delta x \to 0} \frac{\Delta u}{\Delta x} + \lim_{\Delta x \to 0} \alpha(\Delta u) \cdot \lim_{\Delta x \to 0} \frac{\Delta u}{\Delta x} = f'(u) g'(x) + \lim_{\Delta u \to 0} \alpha(\Delta u) \cdot g'(x)$$

$$= f'(u) g'(x) + 0 \cdot g'(x) = f'(u) g'(x),$$

即

$$\frac{\mathrm{d}y}{\mathrm{d}x}=\frac{\mathrm{d}y}{\mathrm{d}u}\cdot\frac{\mathrm{d}u}{\mathrm{d}x}.$$

复合函数的求导法则还可以推广到含有多个中间变量的情形. 例如，设函数 $y=f(u)$, $u=g(v)$, $v=\varphi(x)$ 可导，则复合函数 $y=f\{g[\varphi(x)]\}$ 可导，且有

$$\frac{\mathrm{d}y}{\mathrm{d}x}=\frac{\mathrm{d}y}{\mathrm{d}u}\cdot\frac{\mathrm{d}u}{\mathrm{d}v}\cdot\frac{\mathrm{d}v}{\mathrm{d}x}.$$

例 3 设函数 $y=\cos 2x$. 求 $\dfrac{\mathrm{d}y}{\mathrm{d}x}$.

解 函数 $y=\cos 2x$ 可看作由 $y=\cos u$, $u=2x$ 复合而成，所以

$$\frac{\mathrm{d}y}{\mathrm{d}x}=\frac{\mathrm{d}y}{\mathrm{d}u}\cdot\frac{\mathrm{d}u}{\mathrm{d}x}=(\cos u)'\cdot(2x)'=-\sin u\cdot 2=-2\sin 2x.$$

例 4 设函数 $y=\mathrm{e}^{\sin^2 x}$. 求 $\dfrac{\mathrm{d}y}{\mathrm{d}x}$.

解 函数 $y=\mathrm{e}^{\sin^2 x}$ 可看作由 $y=\mathrm{e}^u$, $u=v^2$, $v=\sin x$ 复合而成，所以

$$\frac{\mathrm{d}y}{\mathrm{d}x}=\frac{\mathrm{d}y}{\mathrm{d}u}\cdot\frac{\mathrm{d}u}{\mathrm{d}v}\cdot\frac{\mathrm{d}v}{\mathrm{d}x}=(\mathrm{e}^u)'\cdot(v^2)'\cdot(\sin x)'=\mathrm{e}^u\cdot 2v\cdot\cos x$$
$$=\mathrm{e}^{\sin^2 x}\cdot 2\sin x\cdot\cos x=\mathrm{e}^{\sin^2 x}\sin 2x.$$

由以上例子可以看出，应用复合函数的求导法则时，需要先分析所给函数的结构，即由哪些函数复合而成. 如果所给函数能分解成比较简单的函数，而我们已经会求这些简单函数的导数，那么再应用复合函数的求导法则就可以求所给函数的导数了.

对复合函数的分解比较熟悉后，就不必再写出中间变量，而可以采用类似下列例题的方式来求复合函数的导数.

例 5 设函数 $y=\tan x^2$. 求 $\dfrac{\mathrm{d}y}{\mathrm{d}x}$.

解 $\dfrac{\mathrm{d}y}{\mathrm{d}x}=\sec^2 x^2\cdot(x^2)'=2x\sec^2 x^2.$

例 6 设函数 $y=\ln(x+\sqrt{x^2+1})$. 求 $\dfrac{\mathrm{d}y}{\mathrm{d}x}$.

解 $\dfrac{\mathrm{d}y}{\mathrm{d}x}=\dfrac{1}{x+\sqrt{x^2+1}}(x+\sqrt{x^2+1})'=\dfrac{1}{x+\sqrt{x^2+1}}\left[1+\dfrac{1}{2\sqrt{x^2+1}}(x^2+1)'\right]$
$=\dfrac{1}{x+\sqrt{x^2+1}}\left(1+\dfrac{x}{\sqrt{x^2+1}}\right)=\dfrac{1}{\sqrt{x^2+1}}.$

三、导数的基本公式和求导法则

为了方便查阅和使用，我们把导数的基本公式和求导法则整理如下.

1. 基本初等函数的导数公式

(1) $(C)' = 0$ (C 为常数); 　　(2) $(x^\mu)' = \mu x^{\mu-1}$ (μ 为常数);

(3) $(\sin x)' = \cos x$; 　　(4) $(\cos x)' = -\sin x$;

(5) $(\tan x)' = \sec^2 x$; 　　(6) $(\cot x)' = -\csc^2 x$;

(7) $(\sec x)' = \sec x \tan x$; 　　(8) $(\csc x)' = -\csc x \cot x$;

(9) $(a^x)' = a^x \ln a$ ($a > 0, a \neq 1$); 　　(10) $(e^x)' = e^x$;

(11) $(\log_a x)' = \dfrac{1}{x \ln a}$ ($a > 0, a \neq 1$); 　　(12) $(\ln x)' = \dfrac{1}{x}$;

(13) $(\arcsin x)' = \dfrac{1}{\sqrt{1-x^2}}$; 　　(14) $(\arccos x)' = -\dfrac{1}{\sqrt{1-x^2}}$;

(15) $(\arctan x)' = \dfrac{1}{1+x^2}$; 　　(16) $(\text{arccot } x)' = -\dfrac{1}{1+x^2}$.

2. 函数的四则运算求导法则

设函数 $u = u(x)$, $v = v(x)$ 都可导, C 为常数, 则

(1) $(u \pm v)' = u' \pm v'$; 　　(2) $(uv)' = u'v + uv'$;

(3) $(Cu)' = Cu'$; 　　(4) $\left(\dfrac{u}{v}\right)' = \dfrac{u'v - uv'}{v^2}$ ($v \neq 0$).

3. 反函数的求导法则

设函数 $x = f(y)$ 单调可导且 $f'(y) \neq 0$, 其反函数是 $y = f^{-1}(x)$, 则

$$[f^{-1}(x)]' = \dfrac{1}{f'(y)} \quad \text{或} \quad \dfrac{dy}{dx} = \dfrac{1}{\dfrac{dx}{dy}}.$$

4. 复合函数的求导法则

设函数 $y = f(u)$, $u = g(x)$ 可导, 则复合函数 $y = f[g(x)]$ 可导, 且有

$$\dfrac{dy}{dx} = \dfrac{dy}{du} \cdot \dfrac{du}{dx}.$$

例 7　设函数 $y = \sin x^2 (\ln x)^3$. 求 y'.

解　先用函数乘法的求导法则, 再用复合函数的求导法则, 有

$$y' = (\sin x^2)'(\ln x)^3 + \sin x^2 [(\ln x)^3]'$$
$$= \cos x^2 (x^2)'(\ln x)^3 + \sin x^2 \cdot 3(\ln x)^2 (\ln x)'$$
$$= 2x \cos x^2 (\ln x)^3 + \dfrac{3}{x} \sin x^2 (\ln x)^2.$$

习　题　3.3

1. 求下列函数的导数:

(1) $y = \sqrt{1 - 2x^2}$; 　　(2) $y = e^{-x} \tan 3x$;

(3) $y = x\ln(1-x^2)$;
(4) $y = e^{x^2}(x^3 - 2x^2 + 5)$;
(5) $y = \arcsin\dfrac{2t}{1+t^2}$;
(6) $y = \sqrt{x + \sqrt{x}}$;
(7) $y = \ln\ln\ln x$.

2. 设 $y = f(x)$ 为可导函数，且 $f(x) > 0$. 求下列函数的导数：
(1) $y = \ln f(2x)$;
(2) $y = f(e^x)e^{f(x)}$.

§3.4 高阶导数

若物体做变速直线运动，其瞬时速度 $v(t)$ 就是路程 $s(t)$ 对时间 t 的导数，即
$$v(t) = s'(t).$$
根据物理学知识，瞬时速度 $v(t)$ 对时间 t 的变化率等于加速度 $a(t)$，即 $a(t)$ 是 $v(t)$ 对 t 的导数，故
$$a(t) = v'(t) = [s'(t)]'.$$
于是，加速度 $a(t)$ 就是路程 $s(t)$ 对时间 t 的导数的导数，由此引出高阶导数的概念.

定义 3.2 如果函数 $y = f(x)$ 的导数 $f'(x)$ 在点 x 处可导，即
$$[f'(x)]' = \lim_{\Delta x \to 0} \frac{f'(x + \Delta x) - f'(x)}{\Delta x}$$
存在，则称 $[f'(x)]'$ 为 $y = f(x)$ 在点 x 处的**二阶导数**，记为
$$f''(x), \quad y'', \quad \frac{d^2 y}{dx^2} \quad \text{或} \quad \frac{d^2 f(x)}{dx^2}.$$

显然，加速度 $a(t)$ 是路程 $s(t)$ 的二阶导数，即，
$$a(t) = s''(t).$$

类似地，二阶导数的导数称为**三阶导数**，记为
$$f'''(x), \quad y''', \quad \frac{d^3 y}{dx^3} \quad \text{或} \quad \frac{d^3 f(x)}{dx^3}.$$

一般地，函数 $y = f(x)$ 的 $n-1$ 阶导数的导数称为 $y = f(x)$ 的 n **阶导数**，记为
$$f^{(n)}(x), \quad y^{(n)}, \quad \frac{d^n y}{dx^n} \quad \text{或} \quad \frac{d^n f(x)}{dx^n}.$$

二阶和二阶以上的导数统称为**高阶导数**. 相应地，$f(x)$ 称为**零阶导数**，$f'(x)$ 称为**一阶导数**. 求函数的高阶导数，就是利用导数的基本公式和求导法则，对函数逐阶求导.

例1 设函数 $y = 6x - 8$. 求 y''.

解 $y' = 6, \quad y'' = 0.$

例2 求指数函数 $y = a^x (a > 0, a \neq 1)$ 的 $n (n \in \mathbf{N}_+)$ 阶导数.

解 $y' = a^x \ln a$, $y'' = a^x (\ln a)^2$, $y''' = a^x (\ln a)^3$.

一般地,可得 $y^{(n)} = a^x (\ln a)^n$,即有

$$(a^x)^{(n)} = a^x (\ln a)^n.$$

特别地,当 $a = e$ 时,有

$$(e^x)^{(n)} = e^x.$$

例 3 求幂函数 $y = x^\alpha (\alpha \in \mathbf{R})$ 的 $n(n \in \mathbf{N}_+)$ 阶导数.

解 $y' = \alpha x^{\alpha-1}$, $y'' = \alpha(\alpha-1)x^{\alpha-2}$, $y''' = \alpha(\alpha-1)(\alpha-2)x^{\alpha-3}$.

一般地,可得

$$y^{(n)} = \alpha(\alpha-1)\cdots(\alpha-n+1)x^{\alpha-n},$$

即有

$$(x^\alpha)^{(n)} = \alpha(\alpha-1)\cdots(\alpha-n+1)x^{\alpha-n}.$$

若 $\alpha = n$,则有

$$(x^n)^{(n)} = n(n-1)\cdot\cdots\cdot 1 = n!, \quad (x^n)^{(n+1)} = (n!)' = 0.$$

例 4 求对数函数 $y = \ln(1+x)$ 的 $n(n \in \mathbf{N}_+)$ 阶导数.

解 $y' = \dfrac{1}{1+x}$, $y'' = -\dfrac{1}{(1+x)^2}$, $y''' = \dfrac{2!}{(1+x)^3}$.

一般地,可得

$$y^{(n)} = (-1)^{n-1} \frac{(n-1)!}{(1+x)^n} \quad (0! = 1),$$

即有

$$[\ln(1+x)]^{(n)} = (-1)^{n-1} \frac{(n-1)!}{(1+x)^n}.$$

例 5 求函数 $y = \sin kx$(k 为常数)的 $n(n \in \mathbf{N}_+)$ 阶导数.

解 $y' = k\cos kx = k\sin\left(kx + \dfrac{\pi}{2}\right)$,

$y'' = k^2\cos\left(kx + \dfrac{\pi}{2}\right) = k^2\sin\left(kx + \dfrac{\pi}{2} + \dfrac{\pi}{2}\right) = k^2\sin\left(kx + 2\cdot\dfrac{\pi}{2}\right)$,

$y''' = k^3\cos\left(kx + 2\cdot\dfrac{\pi}{2}\right) = k^3\sin\left(kx + 3\cdot\dfrac{\pi}{2}\right)$.

一般地,可得

$$y^{(n)} = k^n\sin\left(kx + n\cdot\frac{\pi}{2}\right),$$

即有

$$(\sin kx)^{(n)} = k^n\sin\left(kx + n\cdot\frac{\pi}{2}\right).$$

同理,可得

$$(\cos kx)^{(n)} = k^n\cos\left(kx + n\cdot\frac{\pi}{2}\right).$$

如果函数 $u=u(x)$ 和 $v=v(x)$ 都在点 x 处具有 n 阶导数,则

(1) $(u \pm v)^{(n)} = u^{(n)} \pm v^{(n)}$;

(2) $(Cu)^{(n)} = Cu^{(n)}$ (C 为常数);

(3) $(uv)^{(n)} = \sum_{k=0}^{n} C_n^k u^{(n-k)} v^{(k)}$.

上面的公式(3) 称为**莱布尼茨公式**,其右边类似于二项式定理,只不过将幂指数换成了导数的阶数.

例6 设函数 $y = x^2 e^{2x}$,求 $y^{(20)}$.

解 设函数 $u = x^2$,$v = e^{2x}$,则
$$u' = 2x, \quad u'' = 2, \quad u^{(k)} = 0 \quad (k = 3, 4, \cdots, 20),$$
$$v^{(k)} = 2^k e^{2x} \quad (k = 1, 2, \cdots, 20),$$

于是
$$y^{(20)} = (x^2 e^{2x})^{(20)} = C_{20}^{18} \cdot 2 \cdot 2^{18} \cdot e^{2x} + C_{20}^{19} \cdot 2x \cdot 2^{19} \cdot e^{2x} + C_{20}^{20} \cdot x^2 \cdot 2^{20} \cdot e^{2x}$$
$$= 2^{20} e^{2x} (95 + 20x + x^2).$$

习 题 3.4

1. 求下列函数的二阶导数:

(1) $y = x^6 - 5x^3 + 4x$;

(2) $y = e^{4x+3}$;

(3) $y = x \cos x$;

(4) $s = e^{-t} \sin t$;

(5) $y = \sqrt{1+x^2}$;

(6) $y = \ln(1-x^2)$;

(7) $y = \tan 3x$;

(8) $y = x e^{x^2}$.

2. 设函数 $f(x) = (2x-1)^5$,求 $f'''(0)$.

3. 若 $f''(x)$ 存在,求下列函数的二阶导数:

(1) $y = f(x^4)$;

(2) $y = \ln[f(x)]$.

4. 求函数 $y = e^x \cos x$ 的四阶导数.

§3.5 隐函数的导数

在之前的学习中,提到函数,大家就会想到形如 $y = f(x)$ 的表达式,它明确给出了 y 随 x 变化而变化的函数关系式,我们将这种形式的函数称为**显函数**. 但事实上,函数的表达还有其他形式. 例如,方程 $x + y^3 - 1 = 0$ 就可以确定出一个函数,因为对于任意的 $x \in (-\infty, +\infty)$,总存在唯一的 y 满足此方程,即 y 关于 x 的函数关系隐藏在此方程中.

一般地,如果变量 x 和 y 满足方程 $F(x, y) = 0$,在一定条件下,当 x 取某个区间内的任意值时,相应地总有满足此方程的唯一的 y 存在,则称方程 $F(x, y) = 0$ 在该区间内确定了一个

隐函数 $y=y(x)$.

把一个隐函数化成显函数,叫作**隐函数的显化**. 例如,从方程 $x+y^3-1=0$ 中可解出 $y=\sqrt[3]{1-x}$. 但并不是所有隐函数都能够显化,例如,从方程 $e^y+xy-e=0$ 中就不能直接将 y 用 x 表达出来. 因此,我们希望有一种方法,不管隐函数能否显化,都能直接由方程求出它所确定的隐函数的导数,下面通过具体的例子来说明这种方法.

例 1 求由方程 $e^y+xy-e=0$ 所确定的隐函数的导数 $\dfrac{dy}{dx}$.

解 方程两边对 x 求导,注意到 y 是 x 的函数,由复合函数的求导法则,得

$$\frac{d}{dx}(e^y+xy-e)=0,$$

即

$$e^y\frac{dy}{dx}+y+x\frac{dy}{dx}=0,$$

$$(e^y+x)\frac{dy}{dx}=-y,$$

从而

$$\frac{dy}{dx}=\frac{-y}{e^y+x} \quad (e^y+x\neq 0).$$

例 2 求由方程 $x^5+y^7-x=xy+1$ 所确定的隐函数在点 $x=0$ 处的导数 $\dfrac{dy}{dx}\bigg|_{x=0}$.

解 方程两边对 x 求导,将 y 看作 x 的函数,得

$$5x^4+7y^6\frac{dy}{dx}-1=y+x\frac{dy}{dx},$$

从而

$$\frac{dy}{dx}=\frac{5x^4-1-y}{x-7y^6} \quad (x-7y^6\neq 0).$$

当 $x=0$ 时,由原方程解得 $y=1$,故 $\dfrac{dy}{dx}\bigg|_{x=0}=\dfrac{2}{7}$.

例 3 求曲线 $x^{\frac{2}{3}}+y^{\frac{2}{3}}=a^{\frac{2}{3}}$ 在点 $\left(\dfrac{\sqrt{2}}{4}a,\dfrac{\sqrt{2}}{4}a\right)$ 处的切线方程和法线方程.

解 由导数的几何意义知,所求切线的斜率为 $k=\dfrac{dy}{dx}\bigg|_{\left(\frac{\sqrt{2}}{4}a,\frac{\sqrt{2}}{4}a\right)}$. 曲线方程两边对 x 求导,得

$$\frac{2}{3}x^{-\frac{1}{3}}+\frac{2}{3}y^{-\frac{1}{3}}\frac{dy}{dx}=0,$$

从而 $\dfrac{dy}{dx}=-\sqrt[3]{\dfrac{y}{x}}$. 将 $x=y=\dfrac{\sqrt{2}}{4}a$ 代入上式,得 $k=\dfrac{dy}{dx}\bigg|_{\left(\frac{\sqrt{2}}{4}a,\frac{\sqrt{2}}{4}a\right)}=-1$. 于是所求切线方程为

$$y - \frac{\sqrt{2}}{4}a = -\left(x - \frac{\sqrt{2}}{4}a\right), \quad 即 \quad x + y - \frac{\sqrt{2}}{2}a = 0.$$

由法线与切线的关系知,法线的斜率为 $k' = -\frac{1}{k} = 1$,故所求法线方程为

$$y - \frac{\sqrt{2}}{4}a = x - \frac{\sqrt{2}}{4}a, \quad 即 \quad x - y = 0.$$

例 4 求由方程 $x - y + \frac{1}{2}\sin y = 0$ 所确定的隐函数的二阶导数 y''.

解 方程两边对 x 求导,得

$$1 - y' + \frac{1}{2}\cos y \cdot y' = 0,$$

从而

$$y' = \frac{2}{2 - \cos y}.$$

上式两边再次对 x 求导,得

$$y'' = \frac{-2\sin y \cdot y'}{(2 - \cos y)^2} = \frac{-4\sin y}{(2 - \cos y)^3}.$$

由以上例题,我们可以归纳出隐函数求导的一般步骤:
(1) 在方程 $F(x, y) = 0$ 的两边对 x 求导,此时将 y 看作 x 的函数;
(2) 从方程中解出 y'.

接下来我们介绍对数求导法,这种方法适用于由若干因式的乘、除、乘方、开方构成的函数,以及幂指函数 $u(x)^{v(x)} [u(x) > 0, u(x) \neq 1]$ 的求导问题.

例 5 求函数 $y = (\ln x)^{\cos x} (x > 1)$ 的导数.

解 这是一个幂指函数,先在等式两边取对数,得
$$\ln y = \cos x \ln \ln x,$$

上式两边对 x 求导,得

$$\frac{1}{y}y' = -\sin x \ln \ln x + \cos x \frac{1}{\ln x} \cdot \frac{1}{x},$$

于是

$$y' = y\left(-\sin x \ln \ln x + \cos x \frac{1}{\ln x} \cdot \frac{1}{x}\right) = (\ln x)^{\cos x}\left(-\sin x \ln \ln x + \frac{\cos x}{x \ln x}\right).$$

例 6 求函数 $y = \frac{\sqrt[5]{x-3} \cdot \sqrt[3]{3x-2}}{\sqrt{x+2}} (x > 3)$ 的导数.

解 先在等式两边取对数,得

$$\ln y = \frac{1}{5}\ln(x-3) + \frac{1}{3}\ln(3x-2) - \frac{1}{2}\ln(x+2),$$

上式两边对 x 求导,得

$$\frac{1}{y}y' = \frac{1}{5} \cdot \frac{1}{x-3} + \frac{1}{3} \cdot \frac{3}{3x-2} - \frac{1}{2} \cdot \frac{1}{x+2},$$

于是

$$y' = \frac{\sqrt[5]{x-3} \cdot \sqrt[3]{3x-2}}{\sqrt{x+2}} \left[\frac{1}{5(x-3)} + \frac{1}{3x-2} - \frac{1}{2(x+2)} \right].$$

由以上例题,我们可以归纳出用对数求导法求导的一般步骤:
(1) 在等式两边取对数;
(2) 在等式两边对 x 求导,这时将 y 看作 x 的函数;
(3) 从等式中解出 y',须注意最后要将 y 的表达式回代.

习 题 3.5

1. 求由下列方程所确定的隐函数的导数:
(1) $xy + e^y + y = 2$;
(2) $x^3 + y^3 - 3axy = 0$ (a 为常数);
(3) $\arctan \frac{y}{x} = \ln \sqrt{x^2 + y^2}$;
(4) $2^x + 2y = 2^{x+y}$;
(5) $xy^2 + e^y = \cos(x + y^2)$;
(6) $y = 1 + xe^y$.

2. 用对数求导法求下列函数的导数:

用对数求导法
求函数的导数

(1) $y = \frac{\sqrt{x+2}(3-x)^4}{(x+1)^5}$;
(2) $y = (\sin x)^{\cos x}$;
(3) $y = \frac{e^{2x}(x+3)}{\sqrt{(x+5)(x-4)}}$.

3. 求曲线 $y = x^{x^2}$ 在点 $(1,1)$ 处的法线方程.

§3.6 由参数方程所确定的函数的导数

区别于显函数与隐函数,有时 y 关于 x 的函数关系还可以借助另一个变量(称为**参数**)给出.例如,研究抛体的运动问题时,如果空气阻力忽略不计,则抛体的运动轨迹可表示为

$$\begin{cases} x = v_1 t, \\ y = v_2 t - \frac{1}{2} g t^2, \end{cases}$$

其中 v_1, v_2 分别是抛体初始速度的水平、铅直分量,g 是重力加速度,t 是飞行时间(也是参数),x 和 y 分别是飞行中的抛体在铅直平面上位置的横、纵坐标,如图 3.4 所示.

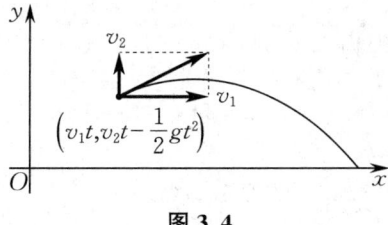

图 3.4

一般地，若参数方程

$$\begin{cases} x = \varphi(t), \\ y = \psi(t) \end{cases} \tag{3-8}$$

可以确定 y 与 x 间的函数关系，则称此函数由参数方程(3-8)所确定.

那么，如何对由参数方程所确定的函数求导呢？我们容易想到，若能消去参数，把 y 与 x 之间的函数关系显化，就能按照之前的方法求导了. 但如同隐函数一样，显化有时是很困难甚至是不可能的. 因此，我们希望有一种方法，能够直接由参数方程来求出它所确定的函数的导数.

在参数方程(3-8)中，若函数 $x = \varphi(t)$ 具有单调连续的反函数 $t = \varphi^{-1}(x)$，且此反函数能与函数 $y = \psi(t)$ 复合，则 y 与 x 之间的函数关系可用复合函数 $y = \psi[\varphi^{-1}(x)]$ 表示. 此时，若函数 $x = \varphi(t), y = \psi(t)$ 都可导，且 $\varphi'(t) \neq 0$，则由复合函数的求导法则及反函数的求导法则，有

$$\frac{\mathrm{d}y}{\mathrm{d}x} = \frac{\mathrm{d}y}{\mathrm{d}t} \cdot \frac{\mathrm{d}t}{\mathrm{d}x} = \frac{\mathrm{d}y}{\mathrm{d}t} \cdot \frac{1}{\frac{\mathrm{d}x}{\mathrm{d}t}} = \frac{\psi'(t)}{\varphi'(t)}. \tag{3-9}$$

上式就是由参数方程(3-8)所确定的函数 $y = y(x)$ 的导数公式. 这里需要注意的是，$\dfrac{\mathrm{d}y}{\mathrm{d}x}$ 作为 x 的函数，实质上也是由参数方程所确定的，即由参数方程

$$\begin{cases} x = \varphi(t), \\ \dfrac{\mathrm{d}y}{\mathrm{d}x} = \dfrac{\psi'(t)}{\varphi'(t)} = w(t) \end{cases} \tag{3-10}$$

所确定. 此时，如果函数 $x = \varphi(t), y = \psi(t)$ 是二阶可导的，那么还可以求出由参数方程(3-8)所确定的函数的二阶导数，即

$$\frac{\mathrm{d}^2 y}{\mathrm{d}x^2} = \frac{\mathrm{d}}{\mathrm{d}x}\left(\frac{\mathrm{d}y}{\mathrm{d}x}\right) = \frac{\dfrac{\mathrm{d}}{\mathrm{d}t}[w(t)]}{\dfrac{\mathrm{d}x}{\mathrm{d}t}} = \frac{w'(t)}{\varphi'(t)}.$$

例1 求曲线 $\begin{cases} x = \sin t, \\ y = \cos 2t \end{cases}$ 在 $t = \dfrac{\pi}{4}$ 对应点处的切线方程.

解 当 $t = \dfrac{\pi}{4}$ 时，曲线上相应点的坐标是 $\left(\dfrac{\sqrt{2}}{2}, 0\right)$，曲线在该点处的切线斜率是

$$\left.\frac{\mathrm{d}y}{\mathrm{d}x}\right|_{t=\frac{\pi}{4}} = \left.\frac{(\cos 2t)'}{(\sin t)'}\right|_{t=\frac{\pi}{4}} = \left.\frac{-2\sin 2t}{\cos t}\right|_{t=\frac{\pi}{4}} = -2\sqrt{2}.$$

于是，曲线在该点处的切线方程为
$$y = -2\sqrt{2}\left(x - \frac{\sqrt{2}}{2}\right).$$

例 2 求由摆线（见图 3.5）的参数方程 $\begin{cases} x = a(t - \sin t), \\ y = a(1 - \cos t) \end{cases}$（$a$ 为正常数）所确定的函数 $y = y(x)$ 的二阶导数.

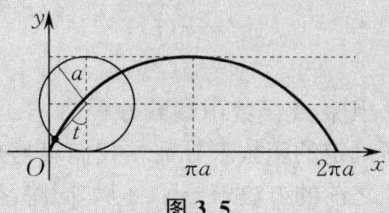

图 3.5

解 $\dfrac{dy}{dx} = \dfrac{\dfrac{dy}{dt}}{\dfrac{dx}{dt}} = \dfrac{a\sin t}{a(1-\cos t)} = \dfrac{\sin t}{1-\cos t}$ $(1-\cos t \neq 0)$,

$\dfrac{d^2 y}{dx^2} = \dfrac{d}{dt}\left(\dfrac{\sin t}{1-\cos t}\right) \cdot \dfrac{1}{\dfrac{dx}{dt}} = \dfrac{\cos t(1-\cos t) - \sin^2 t}{(1-\cos t)^2} \cdot \dfrac{1}{a(1-\cos t)}$

$= -\dfrac{1}{a(1-\cos t)^2}.$

习 题 3.6

1. 求由下列参数方程所确定的函数的导数 $\dfrac{dy}{dx}$：

(1) $\begin{cases} x = t\sin^2 t, \\ y = \cos^2 t; \end{cases}$ (2) $\begin{cases} x = \theta(1 - \sin\theta), \\ y = \theta\cos\theta. \end{cases}$

2. 求由下列参数方程所确定的函数的二阶导数 $\dfrac{d^2 y}{dx^2}$：

(1) $\begin{cases} x = t^2 + 1, \\ y = t^2 - 4t; \end{cases}$ (2) $\begin{cases} x = \cos\theta, \\ y = \sin 3\theta. \end{cases}$

§3.7 函数的微分

本节我们将分析当函数的自变量有微小的变化时，函数值是如何改变的. 一般来说，函数增量的精确值计算起来比较困难，而实际应用中我们只需讨论函数增量的一个近似值，这是微分思想的来源.

引例 1 一块正方形金属薄片(见图 3.6)由于温度的变化,其边长由 x_0 变为了 $x_0 + \Delta x$. 这一过程中,金属薄片的面积改变了多少?

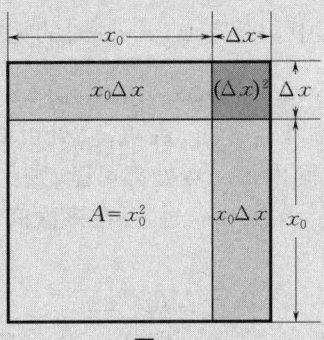

图 3.6

设金属薄片的面积为 A. 当边长为 x_0 时,有 $A = x_0^2$;当边长增加到 $x_0 + \Delta x$ 时,相应的面积增量为 ΔA,则

$$\Delta A = (x_0 + \Delta x)^2 - x_0^2 = 2x_0 \Delta x + (\Delta x)^2.$$

由上式可以看出,ΔA 由两部分组成,一部分是 $2x_0 \Delta x$,它是 Δx 的线性函数,即图 3.6 中两个浅色阴影矩形面积之和;另一部分是 $(\Delta x)^2$,即图 3.6 中深色阴影正方形的面积. 当 $\Delta x \to 0$ 时,$(\Delta x)^2$ 是 Δx 的高阶无穷小. 由此可见,当边长发生微小的变化,即 $|\Delta x|$ 很小时,面积的增量 ΔA 可以近似用第一部分来代替.

一、微分的概念

定义 3.3 设函数 $y = f(x)$ 在某个区间内有定义,x_0 及 $x_0 + \Delta x$ 都在该区间内. 如果函数的增量 $\Delta y = f(x_0 + \Delta x) - f(x_0)$ 可表示为

$$\Delta y = A \Delta x + o(\Delta x),$$

微分的定义

其中 A 是不依赖于 Δx 而只与 x_0 有关的量,$o(\Delta x)$ 是当 $\Delta x \to 0$ 时 Δx 的高阶无穷小,则称函数 $y = f(x)$ 在点 x_0 处**可微**,$A\Delta x$ 叫作 $y = f(x)$ 在点 x_0 处的**微分**,记为 $\mathrm{d}y$,即

$$\mathrm{d}y = A \Delta x.$$

定理 3.6 函数 $y = f(x)$ 在点 x_0 处可微的充要条件是 $y = f(x)$ 在点 x_0 处可导,且 $A = f'(x_0)$.

证 必要性. 设函数 $y = f(x)$ 在点 x_0 处可微,则

$$\Delta y = A \Delta x + o(\Delta x),$$

函数可微与可导的关系

其中 A 与 Δx 无关,$o(\Delta x)$ 是当 $\Delta x \to 0$ 时 Δx 的高阶无穷小. 上式两边同除以 Δx,得

$$\frac{\Delta y}{\Delta x} = A + \frac{o(\Delta x)}{\Delta x},$$

令 $\Delta x \to 0$,可得

$$A = \lim_{\Delta x \to 0} \frac{\Delta y}{\Delta x} = f'(x_0).$$

因此，函数 $y=f(x)$ 在点 x_0 处可导，且 $A=f'(x_0)$.

充分性. 设函数 $y=f(x)$ 在点 x_0 处可导，即 $\lim\limits_{\Delta x \to 0}\dfrac{\Delta y}{\Delta x}=f'(x_0)$ 存在. 根据函数极限与无穷小的关系，有 $\dfrac{\Delta y}{\Delta x}=f'(x_0)+\alpha$，其中 α 是当 $\Delta x \to 0$ 时的无穷小. 于是
$$\Delta y=f'(x_0)\Delta x+\alpha\Delta x=f'(x_0)\Delta x+o(\Delta x).$$
因为 $f'(x_0)$ 与 Δx 无关，所以函数 $y=f(x)$ 在点 x_0 处可微.

如果函数 $y=f(x)$ 在某个区间内每一点处都可微，则称 $y=f(x)$ 在该区间内**可微**，或称 $y=f(x)$ 是该区间内的**可微函数**. 函数 $y=f(x)$ 在该区间内任意一点处的微分称为**函数的微分**，记为 $\mathrm{d}y$，则
$$\mathrm{d}y=f'(x)\Delta x.$$
当函数为 $y=x$ 时，有 $\mathrm{d}y=\mathrm{d}x=1\cdot\Delta x$，即 $\mathrm{d}x=\Delta x$，所以称自变量的增量 Δx 为**自变量的微分**. 于是上式又可表示为
$$\mathrm{d}y=f'(x)\mathrm{d}x,$$
从而有
$$\dfrac{\mathrm{d}y}{\mathrm{d}x}=f'(x).$$
由上式可以看出，导数 $f'(x)$ 是函数 y 的微分与自变量 x 的微分之商，简称微商，因此导数也称为**微商**.

例 1 求函数 $y=x^2$ 当 $x_0=2,\Delta x=0.1$ 时的增量与微分.

解 $\Delta y=[f(x_0+\Delta x)-f(x_0)]\Big|_{\substack{x_0=2\\ \Delta x=0.1}}=(2+0.1)^2-2^2=0.41,$

$\mathrm{d}y=f'(x_0)\Delta x=2x_0\Delta x\Big|_{\substack{x_0=2\\ \Delta x=0.1}}=2\times 2\times 0.1=0.4.$

二、微分的几何意义

设函数 $y=f(x)$ 的图形如图 3.7 所示，点 $M(x_0,y_0)$ 及点 $N(x_0+\Delta x,y_0+\Delta y)$ 是曲线上的两点，MT 是曲线在点 M 处的切线，α 是切线的倾角. 由图 3.7 可知 $MQ=\Delta x$，$QN=\Delta y$，$QP=\tan\alpha\cdot\Delta x=f'(x_0)\Delta x=\mathrm{d}y$，即 $\mathrm{d}y$ 等于曲线 $y=f(x)$ 在点 $M(x_0,y_0)$ 处的切线 MT 上点的纵坐标相应于 Δx 的增量.

微分的几何意义

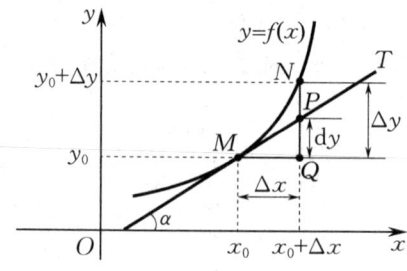

图 3.7

因为 Δy 是曲线 $y=f(x)$ 上的点的纵坐标的增量，dy 是曲线 $y=f(x)$ 的切线上的点的纵坐标的相应增量，而当 $|\Delta x|$ 很小时，有 $\Delta y \approx dy$，所以在点 M 附近的切线可以近似代替曲线. 这就是微分学中以直代曲、线性逼近的理论依据.

三、微分基本公式和微分法则

由函数微分的表达式 $dy = f'(x)dx$ 可以看出，函数的微分等于函数的导数乘以自变量的微分. 因此，由导数的基本公式和求导法则可以得到微分基本公式和微分法则.

1. 微分基本公式

(1) $d(C) = 0$（C 为常数）; (2) $d(x^\mu) = \mu x^{\mu-1} dx$（$\mu$ 为常数）;

(3) $d(\sin x) = \cos x \, dx$; (4) $d(\cos x) = -\sin x \, dx$;

(5) $d(\tan x) = \sec^2 x \, dx$; (6) $d(\cot x) = -\csc^2 x \, dx$;

(7) $d(\sec x) = \sec x \tan x \, dx$; (8) $d(\csc x) = -\csc x \cot x \, dx$;

(9) $d(\arcsin x) = \dfrac{dx}{\sqrt{1-x^2}}$; (10) $d(\arccos x) = -\dfrac{dx}{\sqrt{1-x^2}}$;

(11) $d(\arctan x) = \dfrac{dx}{1+x^2}$; (12) $d(\operatorname{arccot} x) = -\dfrac{dx}{1+x^2}$;

(13) $d(\ln x) = \dfrac{dx}{x}$; (14) $d(\log_a x) = \dfrac{dx}{x \ln a}$（$a > 0, a \neq 1$）;

(15) $d(e^x) = e^x dx$; (16) $d(a^x) = a^x \ln a \, dx$（$a > 0, a \neq 1$）.

2. 函数的四则运算微分法则

设函数 $u = u(x), v = v(x)$ 都可微，C 为常数，则

(1) $d(u \pm v) = du \pm dv$;

(2) $d(uv) = v \, du + u \, dv$;

(3) $d(Cu) = C \, du$;

(4) $d\left(\dfrac{u}{v}\right) = \dfrac{v \, du - u \, dv}{v^2}$（$v \neq 0$）.

证 仅以函数乘法的微分法则为例进行证明，其他法则可以用类似的方法证明.

根据函数微分的表达式，有
$$d(uv) = (uv)' dx,$$
再根据函数乘积的求导法则，有
$$(uv)' = u'v + uv',$$
于是
$$d(uv) = (uv)' dx = (u'v + uv') dx = u'v \, dx + uv' \, dx.$$
由于
$$u' dx = du, \quad v' dx = dv,$$
因此
$$d(uv) = v \, du + u \, dv.$$

3. 复合函数的微分法则

设函数 $u = \varphi(x), y = f(u)$ 可微，则复合函数 $y = f[\varphi(x)]$ 可微，且

$$dy = f'[\varphi(x)]\varphi'(x)dx.$$

由于 $\varphi'(x)dx = du$，代入上式得

$$dy = f'(u)du.$$

由此可见，无论 u 是自变量还是中间变量，微分形式 $dy = f'(u)du$ 都保持不变，这一性质称为**一阶微分形式不变性**. 利用这一性质可简化一些求微分的运算.

例 2 设函数 $y = \sin(2x+1)$. 求 dy.

解法一 把 $u = 2x + 1$ 看作中间变量，则
$$dy = d(\sin u) = \cos u\, du = \cos(2x+1) d(2x+1)$$
$$= \cos(2x+1) \cdot 2dx = 2\cos(2x+1)dx.$$

解法二 不写出中间变量，直接利用公式 $dy = y'dx$，对复合函数求导并代入即可：
$$dy = y'dx = [\sin(2x+1)]'dx$$
$$= \cos(2x+1) \cdot (2x+1)'dx = 2\cos(2x+1)dx.$$

例 3 设函数 $y = xe^{\cos x}$. 求 dy.

解 直接利用公式 $dy = y'dx$，对复合函数求导并代入，得
$$dy = (xe^{\cos x})'dx = [e^{\cos x} + x(e^{\cos x})']dx$$
$$= (e^{\cos x} - x\sin x\, e^{\cos x})dx = e^{\cos x}(1 - x\sin x)dx.$$

习 题 3.7

求下列函数的微分：

(1) $y = \dfrac{1}{x} + \sqrt[3]{x}$；

(2) $y = \arcsin\sqrt{1-x^2}$；

(3) $y = x\cos x^2$；

(4) $y = \ln^3(1-2x)$；

(5) $y = x^2 e^{-x}$.

§3.8 微分在近似计算中的应用

在工程应用中，经常会遇到一些复杂的计算公式，如果直接用这些公式进行计算，既费力又费时，而利用微分往往可以把一些复杂的计算公式用简单的近似计算公式来代替.

如果函数 $y = f(x)$ 在点 x_0 处可微，且 $f'(x) \neq 0$，则当 $|\Delta x|$ 很小时，有
$$\Delta y \approx dy = f'(x_0)\Delta x.$$

若记 $x = x_0 + \Delta x$，则有
$$f(x) \approx f(x_0) + f'(x_0)(x - x_0),$$

即在点 x_0 附近，可用 x 的线性函数近似表示函数 $f(x)$.

例1 计算 $\cos 60°30'$ 的近似值.

解 先把 $60°30'$ 化为弧度,得
$$60°30' = \frac{\pi}{3} + \frac{\pi}{360}.$$
由于所求的是余弦函数的值,因此设函数 $f(x) = \cos x$,此时
$$f'(x) = -\sin x.$$
取 $x_0 = \frac{\pi}{3}, \Delta x = \frac{\pi}{360}$,则
$$f\left(\frac{\pi}{3}\right) = \frac{1}{2}, \quad f'\left(\frac{\pi}{3}\right) = -\frac{\sqrt{3}}{2},$$
所以
$$\cos 60°30' = f\left(\frac{\pi}{3} + \frac{\pi}{360}\right) \approx f\left(\frac{\pi}{3}\right) + f'\left(\frac{\pi}{3}\right) \cdot \frac{\pi}{360}$$
$$= \frac{1}{2} - \frac{\sqrt{3}}{2} \cdot \frac{\pi}{360} \approx 0.492\,4.$$

工程中常用的近似公式有 [一般取 $x_0 = 0, \Delta x = x, |x|$ 很小,$f(x) \approx f(0) + f'(0)x$]:

(1) $\sqrt[n]{1+x} \approx 1 + \frac{1}{n}x$;

(2) $\sin x \approx x$ (x 为弧度);

(3) $\tan x \approx x$ (x 为弧度);

(4) $e^x \approx 1 + x$;

(5) $\ln(1+x) \approx x$.

例2 计算 $\sqrt[6]{65}$ 的近似值.

解 $\sqrt[6]{65} = \sqrt[6]{64+1} = 2\sqrt[6]{1+\frac{1}{64}} \approx 2\left(1 + \frac{1}{6} \cdot \frac{1}{64}\right) \approx 2.005\,2.$

习 题 3.8

1. 计算下列各式的近似值:

(1) $\sqrt[100]{1.002}$; (2) $\cos 29°$.

2. 假设扩音器插头为圆柱形,截面半径 r 为 $0.15\,\text{cm}$,长度 l 为 $4\,\text{cm}$. 为了提高它的导电性能,要在该插头的侧面镀上一层厚为 $0.001\,\text{cm}$ 的纯铜,问该插头约需多少克纯铜?(铜的密度为 $8.9\,\text{g/cm}^3$)

自测题三

1. 填空题：

(1) 设函数 $f(x)$ 在点 x_0 处可导，且 $f'(x_0) = k$，则 $\lim\limits_{h \to 0} \dfrac{f(x_0) - f(x_0 - h)}{2h} = $ _____；

(2) 曲线 $y = \dfrac{1}{3}x^3$ 上平行于直线 $x - 4y = 5$ 的切线方程为_____；

(3) 设函数 $f(x) = \ln(1-x)$，则 $f^{(n)}(0) = $ _____；

(4) 设函数 $f(x) = (x+10)^3$，则 $f''(2) = $ _____；

(5) 设函数 $f(x) = x e^x$，则 $f^{(n)}(0) = $ _____；

(6) 设函数 $y = \ln(1+x^2)$，则 $y''(0) = $ _____；

(7) 设函数 $y = x \cdot 2^x + \ln(x + \sqrt{1+x^2})$，则 $y'\big|_{x=0} = $ _____；

(8) 设函数 $f(x) = \ln(1-x^2)$，则 $dy = $ _____；

(9) 设函数 $y = e^{\sqrt{x}}$，则 $dy\big|_{x=1} = $ _____；

(10) 由方程 $y^5 + 2y - x - 3x^7 = 0$ 所确定的隐函数在点 $x = 0$ 处的导数 $\dfrac{dy}{dx}\big|_{x=0} = $ _____．

2. 选择题：

(1) 函数 $f(x)$ 在区间 $[a,b]$ 上连续是 $f(x)$ 在 $[a,b]$ 上可导的（　　）条件；
A. 充分　　　　　B. 必要　　　　　C. 充要　　　　　D. 无关

(2) 设函数 $f(x) = x(x-1)(x-2)\cdots(x-10)$，则 $f'(0) = $（　　）；
A. $10!$　　　　　B. $-10!$　　　　C. 10　　　　　D. -10

(3) 已知函数 $f(x)$ 有任意阶导数，且 $f'(x) = [f(x)]^2$，则 $f^{(n)}(x) = $（　　）；
A. $n[f(x)]^{n+1}$　　B. $n![f(x)]^{n+1}$　　C. $(n+1)[f(x)]^{n+1}$　　D. $(n+1)![f(x)]^2$

(4) 由方程 $y = x \ln y$ 所确定的隐函数的导数 $\dfrac{dy}{dx} = $（　　）；
A. $\dfrac{x}{y}$　　　　B. $\ln y$　　　　C. $\dfrac{y \ln y}{y - x}$　　　　D. $\ln y + \dfrac{x}{y}$

(5) 设函数 $f(x) = \ln \cos x$，则 $f''(x) = $（　　）．
A. $\sec^2 x$　　　B. $-\sec^2 x$　　　C. $\cot x$　　　D. $\tan x$

3. 设 $f'(x)$ 存在．求 $\lim\limits_{h \to 0} \dfrac{f(x+2h) - f(x-3h)}{h}$．

4. 设函数 $f(x)$ 对任何 x 满足 $f(x+1) = 2f(x)$，且 $f(0) = 1, f'(0) = C$（C 为常数）．求 $f'(1)$．

5. 讨论函数 $y = x|x|$ 在点 $x = 0$ 处的可导性．

6. 试确定常数 a 和 b 的值，使函数 $f(x) = \begin{cases} b(1 + \sin x) + a + 2, & x > 0, \\ e^{ax} - 1, & x \leqslant 0 \end{cases}$ 在点 $x = 0$ 处可导．

7. 求下列函数的导数：

(1) $y = x \arcsin \dfrac{x}{2} + \sqrt{4 - x^2}$；　　　(2) $y = \ln x + (1+x^2)^x + 3^x$；

(3) $y = e^x \sin x - \arctan \sqrt{x^2 - 1}$；　　　(4) $y = x^{\sin x}$．

8. 求下列函数的二阶导数：

(1) $y = (1+x^2)\arctan x$； (2) $y = \ln(x + \sqrt{1+x^2})$.

9. 求下列函数的微分：

(1) $y = e^{-x}\cos(3-x)$； (2) $y = \tan^2(1+2x^2)$.

10. 求由方程 $y - \sin(x+y) = 0$ 所确定的隐函数的导数.

11. 用对数求导法求下列函数的导数：

(1) $y = (1+x^2)^{\sin x}$； (2) $y = \dfrac{\sqrt{x+2}(5-x)^3}{(x+2)^5}$.

12. 设函数 $y = 2^x \cdot x^2 + x^{\sin x}$. 求 dy.

13. 设函数 $y = y(x)$ 的参数方程为 $\begin{cases} x = \ln(1+t^2), \\ y = t - \arctan t. \end{cases}$ 求 $\dfrac{dy}{dx}$ 及 $\dfrac{d^2y}{dx^2}$.

14. 求曲线 $\begin{cases} x = \sin t, \\ y = \sin(t + \sin t) \end{cases}$ 在 $t = 0$ 对应点处的切线方程和法线方程.

第四章

微分中值定理与导数的应用

上一章主要研究的是已知函数的求导问题,而本章将利用导数来研究函数的性质.

§4.1 微分中值定理

微分中值定理揭示了函数在某个区间上的整体性质与函数在该区间内某一点处的导数之间的关系,它是用微分学知识解决应用问题的理论基础.

一、罗尔中值定理

设函数 $y=f(x)$ 在区间 $[a,b]$ 上的图形是一条连续光滑的曲线(见图 4.1).若这条曲线在区间 (a,b) 内每一点处都存在不垂直于 x 轴的切线,且 $y=f(x)$ 在区间 $[a,b]$ 的两个端点处的函数值相等,即 $f(a)=f(b)$,则可以发现在曲线 $y=f(x)$ 的最高点或最低点处,曲线有水平切线,即有 $f'(\xi)=0(a<\xi<b)$.如果把这种几何现象用数学语言描述出来,就可得到下面的罗尔中值定理.在介绍罗尔中值定理之前,先不加证明地给出费马引理.

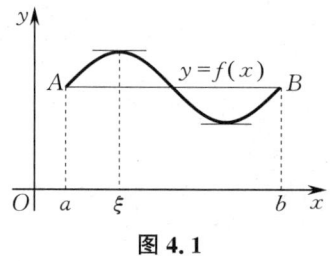

图 4.1

费马

定理 4.1(费马引理) 设函数 $f(x)$ 在点 x_0 的某个邻域 $U(x_0,\delta)$ 内有定义,且在点 x_0 处可导.如果对于任意的 $x \in U(x_0,\delta)$,有
$$f(x) \leqslant f(x_0) \quad \text{或} \quad f(x) \geqslant f(x_0),$$
那么 $f'(x_0)=0$.

罗尔

定理 4.2(罗尔中值定理) 如果函数 $y=f(x)$ 满足:
(1) 在闭区间 $[a,b]$ 上连续;
(2) 在开区间 (a,b) 内可导;
(3) 在区间端点处的函数值相等,即 $f(a)=f(b)$,

则在 (a,b) 内至少存在一点 ξ,使得 $f'(\xi)=0$.

证 由于函数 $f(x)$ 在闭区间 $[a,b]$ 上连续,因此根据闭区间上连续函数的最大值和最小值定理,$f(x)$ 在 $[a,b]$ 上必有最大值 M 和最小值 m. 现分两种情况来讨论.

若 $M=m$,则对任意的 $x\in(a,b)$,都有 $f(x)=m=M$,从而对任意的 $\xi\in(a,b)$,都有 $f'(\xi)=0$.

若 $M>m$,则由条件(3)知,M 和 m 中至少有一个不等于 $f(a)=f(b)$. 不妨设 $M\neq f(a)$,则在开区间 (a,b) 内至少有一点 ξ,使得 $f(\xi)=M$. 因此,对于任意的 $x\in[a,b]$,有 $f(x)\leqslant f(\xi)$,从而由费马引理可知 $f'(\xi)=0$.

罗尔中值定理的条件并不要求函数 $f(x)$ 在点 a 和点 b 处可导,只要满足在点 a 和点 b 处的连续性就可以. 例如,函数 $f(x)=\sqrt{1-x^2}$ 在区间 $[-1,1]$ 上满足罗尔中值定理的条件,即使 $f(x)$ 在点 $x=-1$ 和 $x=1$ 处不可导,也存在点 $\xi=0\in(-1,1)$,使得 $f'(\xi)=0$(见图 4.2).

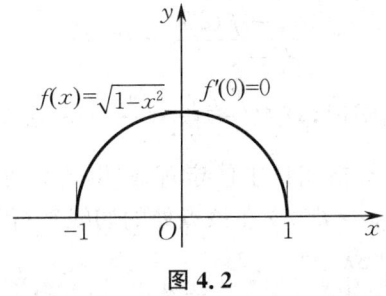

图 4.2

例 1 证明:函数 $f(x)=x^3+4x^2-7x-10$ 在区间 $[-1,2]$ 上满足罗尔中值定理的三个条件,并求出满足 $f'(\xi)=0$ 的点 ξ.

证 因为 $f(x)=x^3+4x^2-7x-10$ 是多项式函数,所以它在 $(-\infty,+\infty)$ 内可导,从而它在闭区间 $[-1,2]$ 上连续,且在开区间 $(-1,2)$ 内可导. 容易验证 $f(-1)=f(2)=0$. 因此,函数 $f(x)$ 满足罗尔中值定理的三个条件. 令 $f'(x)=3x^2+8x-7=0$,解得

$$x_1=\frac{-4+\sqrt{37}}{3},\quad x_2=\frac{-4-\sqrt{37}}{3}.$$

显然,x_2 不在 $(-1,2)$ 内,应舍去,而 $x_1\in(-1,2)$,因而取 $\xi=x_1$,就有 $f'(\xi)=0$.

例 2 证明:方程 $x^5-5x+1=0$ 有且仅有一个小于 1 的正实根.

证 设函数 $f(x)=x^5-5x+1$,则 $f(x)$ 在 $[0,1]$ 上连续,且 $f(0)=1,f(1)=-3$. 由零点定理知,存在 $x_0\in(0,1)$,使得 $f(x_0)=0$,即 x_0 是题设方程的一个小于 1 的正实根.

假设另有 $x_1\in(0,1)$,$x_1\neq x_0$,使得 $f(x_1)=0$. 易见函数 $f(x)$ 在以点 x_0,x_1 为端点的区间上满足罗尔中值定理的条件,故至少存在一点 ξ(介于 x_0,x_1 之间),使得 $f'(\xi)=0$. 但

$$f'(x)=5(x^4-1)<0,\quad x\in(0,1),$$

矛盾,所以 x_0 即为题设方程的小于 1 的唯一正实根.

二、拉格朗日中值定理

在罗尔中值定理中，$f(a)=f(b)$这个条件是相当特殊的，它使罗尔中值定理的应用受到了限制．拉格朗日在罗尔中值定理的基础上做了进一步研究，取消了罗尔中值定理中这个特殊条件的限制，但仍保留了其余两个条件，得到了在微分学中具有重要地位的拉格朗日中值定理．

定理4.3（拉格朗日中值定理） 如果函数$y=f(x)$满足：

(1) 在闭区间$[a,b]$上连续；

(2) 在开区间(a,b)内可导，

则在(a,b)内至少存在一点ξ，使得

$$f(b)-f(a)=f'(\xi)(b-a). \qquad (4-1)$$

拉格朗日

为方便证明拉格朗日中值定理，先说明一下该定理的几何意义．式(4-1)可改写为

$$\frac{f(b)-f(a)}{b-a}=f'(\xi). \qquad (4-2)$$

图4.3所示为函数$y=f(x)$的图形，其中$\dfrac{f(b)-f(a)}{b-a}$为弦AB的斜率，而$f'(\xi)$为曲线$y=f(x)$在点C处的切线的斜率．拉格朗日中值定理表明，在满足定理条件的情况下，曲线$y=f(x)$上至少有一点C，使曲线$y=f(x)$在该点处的切线平行于弦AB．

拉格朗日
中值定理

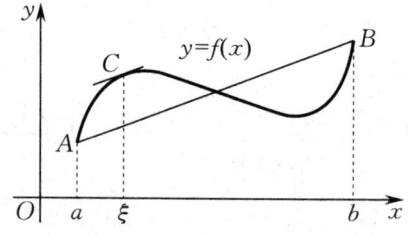

图4.3

由图4.3还可以看出，罗尔中值定理是拉格朗日中值定理在$f(a)=f(b)$时的特殊情形．我们可以利用这种特殊关系来证明拉格朗日中值定理．事实上，因为弦AB的方程为

$$y=f(a)+\frac{f(b)-f(a)}{b-a}(x-a),$$

而曲线$y=f(x)$与弦AB在区间端点a,b处相交，所以若用曲线方程$y=f(x)$与弦AB的方程的差构成一个新函数，则这个新函数在端点a,b处的函数值相等．由此即可证明拉格朗日中值定理．

证 构造辅助函数

$$F(x)=f(x)-\left[f(a)+\frac{f(b)-f(a)}{b-a}(x-a)\right].$$

容易验证函数$F(x)$在区间$[a,b]$上满足罗尔中值定理的条件，从而在(a,b)内至少存在一点ξ，使得$F'(\xi)=0$，即

$$f'(\xi)-\frac{f(b)-f(a)}{b-a}=0 \quad \text{或} \quad f(b)-f(a)=f'(\xi)(b-a).$$

设$x,x+\Delta x\in(a,b)$，在以$x,x+\Delta x$为端点的区间上应用拉格朗日中值定理，则有

$$f(x+\Delta x)-f(x)=f'(x+\theta\Delta x)\Delta x \quad (0<\theta<1),$$

即
$$\Delta y = f'(x+\theta\Delta x)\Delta x \quad (0<\theta<1). \tag{4-3}$$

式(4-3)精确地表达了函数在一个区间上的增量与函数在该区间内某点处的导数之间的关系,称为**有限增量公式**. 它与用微分 $\Delta y \approx \mathrm{d}y = f'(x)\Delta x$ 来表示函数增量的近似值是不同的.

推论 1 如果函数 $f(x)$ 在区间 I 上的导数恒为零,那么在区间 I 上恒有 $f(x)=C$(C 为常数).

证 在区间 I 上任取两点 $x_1, x_2 (x_1 < x_2)$,在区间 $[x_1, x_2]$ 上应用拉格朗日中值定理,有
$$f(x_2)-f(x_1)=f'(\xi)(x_2-x_1) \quad (x_1<\xi<x_2).$$
由题设 $f'(\xi)=0$,于是
$$f(x_1)=f(x_2),$$
再由 x_1, x_2 的任意性知,$f(x)$ 在区间 I 上任意两点处的函数值都相等,即 $f(x)=C$(C 为常数).

推论 2 如果函数 $f(x)$ 和 $g(x)$ 在区间 I 上满足 $f'(x)=g'(x)$,则在区间 I 上两者只相差一个常数,即
$$f(x)=g(x)+C \quad (C \text{ 为常数}).$$

证 设函数 $F(x)=f(x)-g(x)$,则 $F(x)$ 在区间 I 上满足 $F'(x)=0$,故由推论 1 得 $F(x)=C$,即 $f(x)=g(x)+C$,其中 C 为常数.

例 3 证明:$\arcsin x + \arccos x = \dfrac{\pi}{2} (-1 \leqslant x \leqslant 1)$.

证 设函数 $f(x)=\arcsin x + \arccos x, x \in [-1,1]$,则
$$f'(x)=\frac{1}{\sqrt{1-x^2}}+\left(-\frac{1}{\sqrt{1-x^2}}\right)=0, \quad x \in (-1,1),$$
从而 $f(x)=C$(C 为常数),$x \in (-1,1)$.

又因为
$$f(0)=\arcsin 0 + \arccos 0 = 0 + \frac{\pi}{2} = \frac{\pi}{2},$$
且
$$f(-1)=\arcsin(-1)+\arccos(-1)=-\frac{\pi}{2}+\pi=\frac{\pi}{2},$$
$$f(1)=\arcsin 1 + \arccos 1 = \frac{\pi}{2}+0=\frac{\pi}{2},$$
所以
$$f(x)=\arcsin x + \arccos x = \frac{\pi}{2}, \quad x \in [-1,1].$$

例 4 证明:当 $x>0$ 时,有 $\dfrac{x}{1+x} < \ln(1+x) < x$.

证 设函数 $f(t)=\ln(1+t)$. 显然, $f(t)$ 在区间 $[0,x]$ 上满足拉格朗日中值定理的条件, 从而有

$$f(x)-f(0)=f'(\xi)(x-0) \quad (0<\xi<x).$$

因 $f(0)=0, f'(t)=\dfrac{1}{1+t}$, 故上式可写为

$$\ln(1+x)=\dfrac{x}{1+\xi} \quad (0<\xi<x).$$

由于 $0<\xi<x$, 因此

$$\dfrac{x}{1+x}<\dfrac{x}{1+\xi}<x,$$

即

$$\dfrac{x}{1+x}<\ln(1+x)<x.$$

三、柯西中值定理

将拉格朗日中值定理进一步推广, 可得到如下定理.

定理 4.4（柯西中值定理） 如果函数 $f(x)$ 及 $g(x)$ 满足:

(1) 在闭区间 $[a,b]$ 上连续;

(2) 在开区间 (a,b) 内可导;

(3) 在 (a,b) 内每一点处 $g'(x)\neq 0$,

则在 (a,b) 内至少存在一点 ξ, 使得

$$\dfrac{f(b)-f(a)}{g(b)-g(a)}=\dfrac{f'(\xi)}{g'(\xi)}.$$

柯西

证 构造辅助函数

$$\varphi(x)=f(x)-f(a)-\dfrac{f(b)-f(a)}{g(b)-g(a)}[g(x)-g(a)].$$

易知函数 $\varphi(x)$ 在区间 $[a,b]$ 上满足罗尔中值定理的条件, 故在 (a,b) 内至少存在一点 ξ, 使得 $\varphi'(\xi)=0$, 即

$$f'(\xi)-\dfrac{f(b)-f(a)}{g(b)-g(a)}g'(\xi)=0,$$

从而

$$\dfrac{f(b)-f(a)}{g(b)-g(a)}=\dfrac{f'(\xi)}{g'(\xi)}.$$

例 5 设函数 $f(x)$ 在闭区间 $[0,1]$ 上连续, 在开区间 $(0,1)$ 内可导. 证明: 至少存在一点 $\xi\in(0,1)$, 使得

$$f'(\xi)=2\xi[f(1)-f(0)].$$

证 构造辅助函数 $g(x)=x^2$,则 $g'(x)=2x$. 易知函数 $f(x), g(x)$ 在区间 $[0,1]$ 上满足柯西中值定理的条件,所以在 $(0,1)$ 内至少存在一点 ξ,使得

$$\frac{f(1)-f(0)}{1-0}=\frac{f'(\xi)}{g'(\xi)}=\frac{f'(\xi)}{2\xi},$$

即

$$f'(\xi)=2\xi[f(1)-f(0)].$$

习　题　4.1

1. 证明:罗尔中值定理对函数 $y=\ln\sin x$ 在区间 $\left[\dfrac{\pi}{6},\dfrac{5\pi}{6}\right]$ 上成立.
2. 证明:拉格朗日中值定理对函数 $y=4x^3-5x^2+x-2$ 在区间 $[0,1]$ 上成立.
3. 已知函数 $f(x)=x^4$ 在区间 $[1,2]$ 上满足拉格朗日中值定理的条件,试求满足定理的 ξ.
4. 函数 $f(x)=x^3$ 与 $g(x)=x^2+1$ 在区间 $[1,2]$ 上是否满足柯西中值定理的条件？若满足,请求出满足定理的 ξ.
5. 设函数 $f(x)$ 在闭区间 $[0,1]$ 上连续,在开区间 $(0,1)$ 内可导,且 $f(1)=0$. 证明:存在 $\xi\in(0,1)$,使得

$$f'(\xi)=-\frac{f(\xi)}{\xi}.$$

6. 证明下列不等式:
(1) $|\arctan a-\arctan b|\leqslant|a-b|$;
(2) $e^x>ex\ (x>1)$.
7. 证明等式: $2\arctan x+\arcsin\dfrac{2x}{1+x^2}=\pi\ (x\geqslant 1)$.
8. 证明:若函数 $f(x)$ 在 $(-\infty,+\infty)$ 内满足关系式 $f'(x)=f(x)$,且 $f(0)=1$,则 $f(x)=e^x$.

§4.2　洛必达法则

本节介绍求未定式极限的方法,称为洛必达法则.

一、$\dfrac{0}{0}$ 与 $\dfrac{\infty}{\infty}$ 型未定式

下面,我们以 $x\to a$ 时的 $\dfrac{0}{0}$ 型未定式为例进行讨论.

定理 4.5　若函数 $f(x)$ 和 $g(x)$ 满足:
(1) $\lim\limits_{x\to a}f(x)=0,\ \lim\limits_{x\to a}g(x)=0$;
(2) 在点 a 的某个去心邻域内, $f'(x)$ 及 $g'(x)$ 都存在,且 $g'(x)\neq 0$;
(3) $\lim\limits_{x\to a}\dfrac{f'(x)}{g'(x)}$ 存在(或为无穷大),

洛必达

则
$$\lim_{x \to a} \frac{f(x)}{g(x)} = \lim_{x \to a} \frac{f'(x)}{g'(x)}.$$

证 因为极限 $\lim_{x \to a} \frac{f(x)}{g(x)}$ 是否存在与 $f(a)$ 和 $g(a)$ 取何值无关,所以可补充定义
$$f(a) = g(a) = 0.$$
于是,由条件(1),(2)可知,函数 $f(x)$ 及 $g(x)$ 在点 a 的某个邻域内连续.设 x 是该邻域内任意一点($x \neq a$),则 $f(x)$ 及 $g(x)$ 在以 x 及 a 为端点的区间上满足柯西中值定理的条件,从而存在一点 ξ(ξ 介于 x 与 a 之间),使得
$$\frac{f(x)}{g(x)} = \frac{f(x) - f(a)}{g(x) - g(a)} = \frac{f'(\xi)}{g'(\xi)}.$$
当 $x \to a$ 时,有 $\xi \to a$,所以
$$\lim_{x \to a} \frac{f(x)}{g(x)} = \lim_{\xi \to a} \frac{f'(\xi)}{g'(\xi)} = \lim_{x \to a} \frac{f'(x)}{g'(x)}.$$

定理 4.5 给出的这种在一定条件下通过对分子与分母分别求导,再求未定式极限的方法,称为**洛必达法则**.

例 1 求 $\lim_{x \to 0} \frac{2\sin x}{kx}$($k \neq 0$ 为常数).

解 这是 $\frac{0}{0}$ 型未定式,由洛必达法则,可得
$$\lim_{x \to 0} \frac{2\sin x}{kx} = \lim_{x \to 0} \frac{(2\sin x)'}{(kx)'} = \lim_{x \to 0} \frac{2\cos x}{k} = \frac{2}{k}.$$

例 2 求 $\lim_{x \to 1} \frac{x^3 - 3x + 2}{x^3 - x^2 - x + 1}$.

解 这是 $\frac{0}{0}$ 型未定式,连续应用洛必达法则两次,可得
$$\lim_{x \to 1} \frac{x^3 - 3x + 2}{x^3 - x^2 - x + 1} = \lim_{x \to 1} \frac{3x^2 - 3}{3x^2 - 2x - 1} = \lim_{x \to 1} \frac{6x}{6x - 2} = \frac{3}{2}.$$

注 上式中的 $\lim_{x \to 1} \frac{6x}{6x - 2}$ 已经不是未定式,不能再对它应用洛必达法则,否则会导致错误.

例 3 求 $\lim_{x \to 0} \frac{\sin x - x}{2x^3}$.

解 连续应用洛必达法则,可得
$$\lim_{x \to 0} \frac{\sin x - x}{2x^3} = \lim_{x \to 0} \frac{\cos x - 1}{6x^2} = \lim_{x \to 0} \frac{-\sin x}{12x} = -\frac{1}{12}.$$

对于 $x \to \infty$ 时的 $\frac{0}{0}$ 型未定式,以及 $x \to a$ 或 $x \to \infty$ 时的 $\frac{\infty}{\infty}$ 型未定式,也有相应的洛必达法则.例如,对于 $x \to \infty$ 时的 $\frac{0}{0}$ 型未定式,有下面的定理.

定理 4.6 若函数 $f(x)$ 和 $g(x)$ 满足：

(1) $\lim\limits_{x\to\infty} f(x)=0$，$\lim\limits_{x\to\infty} g(x)=0$；

(2) 对充分大的 $|x|$，$f'(x)$ 及 $g'(x)$ 都存在，且 $g'(x)\neq 0$；

(3) $\lim\limits_{x\to\infty} \dfrac{f'(x)}{g'(x)}$ 存在（或为无穷大），

则

$$\lim_{x\to\infty}\frac{f(x)}{g(x)}=\lim_{x\to\infty}\frac{f'(x)}{g'(x)}.$$

例 4 求 $\lim\limits_{x\to+\infty}\dfrac{\dfrac{\pi}{2}-\arctan x}{\dfrac{1}{x}}$.

解 $\lim\limits_{x\to+\infty}\dfrac{\dfrac{\pi}{2}-\arctan x}{\dfrac{1}{x}}=\lim\limits_{x\to+\infty}\dfrac{-\dfrac{1}{1+x^2}}{-\dfrac{1}{x^2}}=\lim\limits_{x\to+\infty}\dfrac{x^2}{1+x^2}=1.$

例 5 求 $\lim\limits_{x\to+\infty}\dfrac{3\ln x}{x^n}$（$n>0$ 为常数）.

解 $\lim\limits_{x\to+\infty}\dfrac{3\ln x}{x^n}=\lim\limits_{x\to+\infty}\dfrac{\dfrac{3}{x}}{nx^{n-1}}=\lim\limits_{x\to+\infty}\dfrac{3}{nx^n}=0.$

例 6 求 $\lim\limits_{x\to+\infty}\dfrac{x^n}{e^{\lambda x}}$（$n$ 为正整数，$\lambda>0$ 为常数）.

解 连续应用洛必达法则 n 次，可得

$$\lim_{x\to+\infty}\frac{x^n}{e^{\lambda x}}=\lim_{x\to+\infty}\frac{nx^{n-1}}{\lambda e^{\lambda x}}=\lim_{x\to+\infty}\frac{n(n-1)x^{n-2}}{\lambda^2 e^{\lambda x}}=\cdots=\lim_{x\to+\infty}\frac{n!}{\lambda^n e^{\lambda x}}=0.$$

对数函数 $\ln x$、幂函数 x^n（$n>0$）、指数函数 $e^{\lambda x}$（$\lambda>0$）均为 $x\to+\infty$ 时的无穷大，但从例 5 和例 6 中可以看出，它们趋于无穷大的"速度"不一样. 幂函数趋于无穷大的"速度"远大于对数函数趋于无穷大的"速度"，而指数函数趋于无穷大的"速度"又比幂函数快很多.

洛必达法则虽然是求未定式极限的一种有效方法，但是若能与其他求极限的方法结合使用，效果会更好. 例如，能化简时应尽可能先化简，能应用等价无穷小替换或应用重要极限时，应尽量应用，以简化运算.

例 7 求 $\lim\limits_{x\to 0}\dfrac{6x-\sin 6x}{5(1-\cos x)\ln(1+2x)}$.

解 当 $x \to 0$ 时,$1-\cos x \sim \dfrac{1}{2}x^2$,$\ln(1+2x) \sim 2x$,于是

$$\lim_{x \to 0} \frac{6x - \sin 6x}{5(1-\cos x)\ln(1+2x)} = \lim_{x \to 0} \frac{6x - \sin 6x}{5x^3} = \lim_{x \to 0} \frac{6 - 6\cos 6x}{15x^2}$$

$$= \lim_{x \to 0} \frac{36\sin 6x}{30x} = \frac{36}{5}.$$

注 应用洛必达法则求极限 $\lim \dfrac{f(x)}{g(x)}$ 时,如果 $\lim \dfrac{f'(x)}{g'(x)}$ 不存在且不为无穷大,则只表明洛必达法则失效,并不意味着极限 $\lim \dfrac{f(x)}{g(x)}$ 一定不存在,此时应改用其他方法求极限.

例 8 求 $\lim\limits_{x \to 0} \dfrac{x^2 \sin \dfrac{1}{x}}{\sin x}$.

解 此极限属于 $\dfrac{0}{0}$ 型未定式,但对分子和分母分别求导后,将变为

$$\lim_{x \to 0} \frac{2x\sin \dfrac{1}{x} - \cos \dfrac{1}{x}}{\cos x},$$

此时极限不存在(振荡),故洛必达法则失效. 但原极限是存在的,可用如下方法求得:

$$\lim_{x \to 0} \frac{x^2 \sin \dfrac{1}{x}}{\sin x} = \lim_{x \to 0} \left(\frac{x}{\sin x} \cdot x \sin \frac{1}{x} \right) = \lim_{x \to 0} \frac{x}{\sin x} \cdot \lim_{x \to 0} x \sin \frac{1}{x} = 1 \cdot 0 = 0.$$

二、$0 \cdot \infty$ 和 $\infty - \infty$ 型未定式

对于 $0 \cdot \infty$ 和 $\infty - \infty$ 型未定式,可以通过将其转化为 $\dfrac{0}{0}$ 或 $\dfrac{\infty}{\infty}$ 型未定式来计算,下面举例进行说明.

例 9 求 $\lim\limits_{x \to +\infty} x^2 \mathrm{e}^{-x}$.

$0 \cdot \infty$ 和 $\infty - \infty$ 型未定式的洛必达法则

解 这是 $0 \cdot \infty$ 型未定式,可将乘积转化为商的形式后,利用 $\dfrac{\infty}{\infty}$ 型未定式的洛必达法则来计算:

$$\lim_{x \to +\infty} x^2 \mathrm{e}^{-x} = \lim_{x \to +\infty} \frac{x^2}{\mathrm{e}^x} = \lim_{x \to +\infty} \frac{2x}{\mathrm{e}^x} = \lim_{x \to +\infty} \frac{2}{\mathrm{e}^x} = 0.$$

例 10 求 $\lim\limits_{x\to\frac{\pi}{2}}(\tan x - \sec x)$.

解 这是 $\infty - \infty$ 型未定式,可利用通分将其转化为 $\dfrac{0}{0}$ 型未定式来计算:

$$\lim_{x\to\frac{\pi}{2}}(\tan x - \sec x) = \lim_{x\to\frac{\pi}{2}}\left(\frac{\sin x}{\cos x} - \frac{1}{\cos x}\right) = \lim_{x\to\frac{\pi}{2}}\frac{\sin x - 1}{\cos x}$$

$$= \lim_{x\to\frac{\pi}{2}}\frac{\cos x}{-\sin x} = \frac{0}{-1} = 0.$$

三、0^0,1^∞ 和 ∞^0 型未定式

对于 0^0,1^∞ 和 ∞^0 型未定式,可以通过取对数或恒等变形将其转化为 $\dfrac{0}{0}$ 或 $\dfrac{\infty}{\infty}$ 型未定式来计算,下面举例进行说明.

例 11 求 $\lim\limits_{x\to 0^+} x^{\tan x}$.

解 这是 0^0 型未定式,可以先将其化为以 e 为底的指数函数的极限,再利用指数函数的连续性,化为直接求指数的极限,即

$$\lim_{x\to 0^+} x^{\tan x} = \lim_{x\to 0^+} e^{\tan x \ln x} = e^{\lim\limits_{x\to 0^+}\tan x \ln x}.$$

因

$$\lim_{x\to 0^+}\tan x \ln x = \lim_{x\to 0^+}\frac{\ln x}{\cot x} = \lim_{x\to 0^+}\frac{\frac{1}{x}}{-\csc^2 x} = \lim_{x\to 0^+}\frac{-\sin^2 x}{x}$$

$$= \lim_{x\to 0^+}\frac{-2\sin x \cos x}{1} = 0,$$

其他型未定式
的洛必达法则

故

$$\lim_{x\to 0^+} x^{\tan x} = e^0 = 1.$$

例 12 求 $\lim\limits_{x\to 0^+}(\cot x)^{\frac{1}{\ln x}}$.

解 这是 ∞^0 型未定式,类似例 11 的求法,有

$$\lim_{x\to 0^+}(\cot x)^{\frac{1}{\ln x}} = \lim_{x\to 0^+} e^{\frac{\ln \cot x}{\ln x}} = e^{\lim\limits_{x\to 0^+}\frac{\ln \cot x}{\ln x}} = e^{\lim\limits_{x\to 0^+}\frac{-\tan x \cdot \csc^2 x}{\frac{1}{x}}}$$

$$= e^{\lim\limits_{x\to 0^+}\left(-\frac{1}{\cos x}\cdot\frac{x}{\sin x}\right)} = e^{-1}.$$

习 题 4.2

1. 用洛必达法则求下列极限：

(1) $\lim\limits_{x \to b} \dfrac{\sin x - \sin b}{x - b}$ (b 为常数)；

(2) $\lim\limits_{x \to \frac{\pi}{2}} \dfrac{\ln \sin x}{(\pi - 2x)^2}$；

(3) $\lim\limits_{x \to 0} \dfrac{e^x - e^{-x}}{\sin x}$；

(4) $\lim\limits_{x \to +\infty} \dfrac{\ln\left(1 + \dfrac{1}{x}\right)}{\operatorname{arccot} x}$；

(5) $\lim\limits_{x \to 0^+} \dfrac{\ln \tan 7x}{\ln \tan 5x}$；

(6) $\lim\limits_{x \to 0} \dfrac{\ln(1+x)}{2x}$；

(7) $\lim\limits_{x \to 0} \dfrac{\tan x - x}{x - \sin x}$；

(8) $\lim\limits_{x \to 0} x \cot 2x$；

(9) $\lim\limits_{x \to 0} x^2 e^{\frac{1}{x^2}}$；

(10) $\lim\limits_{x \to 0} \dfrac{\ln(1+x^2)}{\sec x - \cos x}$；

(11) $\lim\limits_{x \to 0} \left(\dfrac{1}{e^x - 1} - \dfrac{1}{x}\right)$；

(12) $\lim\limits_{x \to 0^+} x^{\sin x}$；

(13) $\lim\limits_{x \to 0^+} \left(\dfrac{1}{x}\right)^{\tan x}$.

洛必达法则
的使用条件

2. 证明：极限 $\lim\limits_{x \to \infty} \dfrac{x + \sin x}{x}$ 存在，但不能用洛必达法则求出.

§4.3 函数的单调性和曲线的凹凸性

本节我们将以导数为工具，对函数的单调性和曲线的凹凸性进行研究.

一、函数的单调性

如何利用导数研究函数的单调性呢？我们先考察图 4.4，函数 $y = f(x)$ 的图形在区间 (a,b) 内沿 x 轴的正向上升，除在点 $(\xi, f(\xi))$ 处的切线平行于 x 轴外，曲线 $y = f(x)$ 上其余点处的切线与 x 轴的夹角均为锐角，即曲线 $y = f(x)$ 在区间 (a,b) 内各点处切线的斜率都非负. 再考察图 4.5，函数 $y = f(x)$ 的图形在区间 (a,b) 内沿 x 轴的正向下降，除在点 $(\xi, f(\xi))$ 处的切线平行于 x 轴外，曲线 $y = f(x)$ 上其余点处的切线与 x 轴的夹角均为钝角，即曲线 $y = f(x)$ 在区间 (a,b) 内各点处切线的斜率都非正.

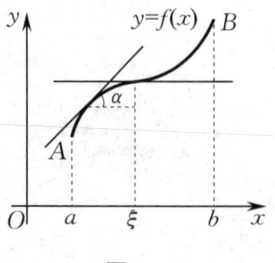

图 4.4

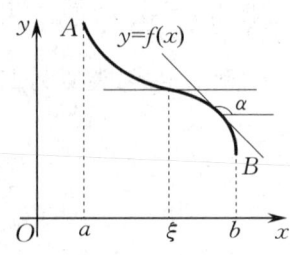

图 4.5

一般地,根据拉格朗日中值定理,可得如下定理.

定理 4.7 设函数 $y=f(x)$ 在闭区间 $[a,b]$ 上连续,在开区间 (a,b) 内可导.

(1) 若在 (a,b) 内 $f'(x)>0$,则函数 $y=f(x)$ 在 $[a,b]$ 上单调增加;

(2) 若在 (a,b) 内 $f'(x)<0$,则函数 $y=f(x)$ 在 $[a,b]$ 上单调减少.

证 任取两点 $x_1, x_2 \in (a,b)$,且 $x_1 < x_2$. 由拉格朗日中值定理可知,存在一点 $\xi(x_1 < \xi < x_2)$,使得
$$f(x_2) - f(x_1) = f'(\xi)(x_2 - x_1).$$

(1) 若在 (a,b) 内 $f'(x)>0$,则 $f'(\xi)>0$,所以 $f(x_2)>f(x_1)$,即函数 $y=f(x)$ 在 $[a,b]$ 上单调增加.

(2) 若在 (a,b) 内 $f'(x)<0$,则 $f'(\xi)<0$,所以 $f(x_2)<f(x_1)$,即函数 $y=f(x)$ 在 $[a,b]$ 上单调减少.

注 如果在 (a,b) 内一点 $x=c$ 处 $f'(c)=0$,而在其余各点处 $f'(x)$ 均为正(或负),那么函数 $y=f(x)$ 在 $[a,c]$ 和 $[c,b]$ 上都是单调增加(或减少)的,因此 $y=f(x)$ 在整个区间 $[a,b]$ 上也是单调增加(或减少)的. 例如,函数 $y=x^3$ 的导数 $y'=3x^2$ 在点 $x=0$ 处为零,但该函数在区间 $[-1,1]$ 上是单调增加的,如图 4.6 所示.

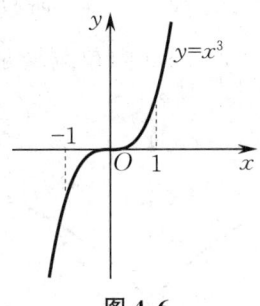

图 4.6

将定理 4.7 中的闭区间换成其他各种区间(包括无限区间),结论仍然是成立的. 如果函数在其定义域的某个区间内是单调的,则称该区间为函数的**单调区间**.

例 1 讨论函数 $y=3(e^x - x - 1)$ 的单调性.

解 函数的定义域为 $(-\infty, +\infty)$,其导数为
$$y' = 3(e^x - 1).$$

令 $y'=0$,解得 $x=0$. 因为在 $(-\infty, 0)$ 内,$y'<0$,所以函数 $y=3(e^x - x - 1)$ 在 $(-\infty, 0]$ 内单调减少;而在 $(0, +\infty)$ 内,$y'>0$,所以函数 $y=3(e^x - x - 1)$ 在 $[0, +\infty)$ 内单调增加.

例 2 求函数 $f(x) = 2x^3 - 9x^2 + 12x - 3$ 的单调区间.

解 函数 $f(x)$ 的定义域为 $(-\infty, +\infty)$,其导数为
$$f'(x) = 6x^2 - 18x + 12 = 6(x-1)(x-2).$$

令 $f'(x)=0$,解得 $x_1=1, x_2=2$. 当 $-\infty < x < 1$ 时,$f'(x)>0$;当 $1<x<2$ 时,$f'(x)<0$;当 $2<x<+\infty$ 时,$f'(x)>0$,所以函数 $f(x)$ 的单调增区间为 $(-\infty, 1]$,$[2, +\infty)$,单调减区间为 $[1,2]$. 函数 $y=f(x)$ 的图形如图 4.7 所示.

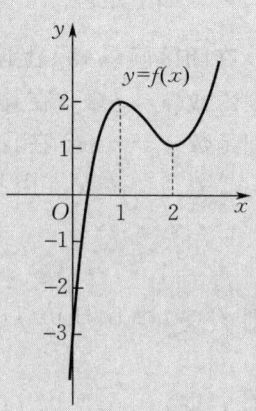

图 4.7

例 3 讨论函数 $y=\sqrt[3]{x^2}$ 的单调性.

解 函数的定义域为 $(-\infty,+\infty)$，其导数为

$$y'=\frac{2}{3\sqrt[3]{x}} \quad (x\neq 0).$$

当 $x=0$ 时，y' 不存在. 因为在 $(-\infty,0)$ 内，$y'<0$，所以函数在 $(-\infty,0]$ 内单调减少；而在 $(0,+\infty)$ 内，$y'>0$，所以函数在 $[0,+\infty)$ 内单调增加. 函数 $y=\sqrt[3]{x^2}$ 的图形如图 4.8 所示.

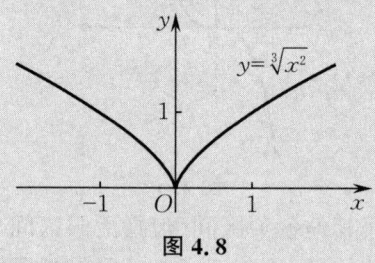

图 4.8

从上述例题可以看出，讨论函数 $y=f(x)$ 的单调性，应先求出使 $f'(x)=0$ 的点或使 $f'(x)$ 不存在的点，并用这些点将函数的定义域划分为若干个子区间，再逐个判断函数的导数 $f'(x)$ 在各子区间内的符号，从而确定出函数 $y=f(x)$ 在各子区间内的单调性. 每个使得 $f'(x)$ 的符号保持不变的子区间都是函数 $y=f(x)$ 的单调区间.

下面我们给出一个利用函数的单调性证明不等式的例子.

例 4 证明：当 $x>1$ 时，有 $2\sqrt{x}>3-\dfrac{1}{x}$.

证 令函数 $f(x)=2\sqrt{x}-\left(3-\dfrac{1}{x}\right)$，则

$$f'(x)=\frac{1}{\sqrt{x}}-\frac{1}{x^2}=\frac{1}{x^2}(x\sqrt{x}-1).$$

由于函数 $f(x)$ 在 $[1,+\infty)$ 内连续,在 $(1,+\infty)$ 内 $f'(x)>0$,因此 $f(x)$ 在 $[1,+\infty)$ 内单调增加,从而当 $x>1$ 时,有 $f(x)>f(1)=0$,即
$$2\sqrt{x}-\left(3-\frac{1}{x}\right)>0,$$
移项得
$$2\sqrt{x}>3-\frac{1}{x}.$$

二、曲线的凹凸性

函数的单调性反映在图形上,就是曲线的上升或下降,但究竟如何上升,又如何下降?图 4.9 所示的两条曲线弧虽然都是单调上升的,但弯曲方向却有明显的不同. 曲线弧 ACB 是向上凸的,曲线弧 ADB 则是向上凹的,即它们的凹凸性不同. 下面我们就来研究曲线的凹凸性及其判定方法.

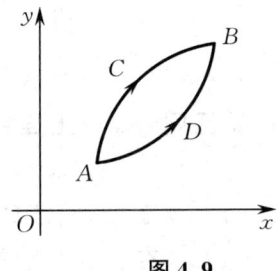

曲线的凹凸性

图 4.9

如图 4.10 所示,如果在曲线 $y=f(x)$ 上任取两点 $(x_1,f(x_1)),(x_2,f(x_2))$,则连接这两点的弦总位于这两点间的弧段的上方;而在图 4.11 所示的曲线上,情况则正好相反. 因此,曲线的凹凸性可以用连接曲线弧上任意两点的弦的中点与曲线上相应点的位置关系来描述,下面给出曲线凹凸性的定义.

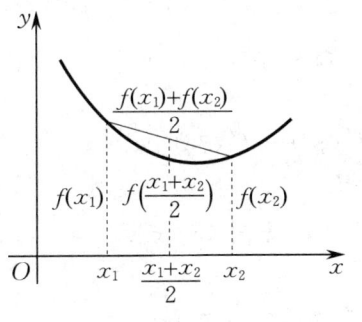
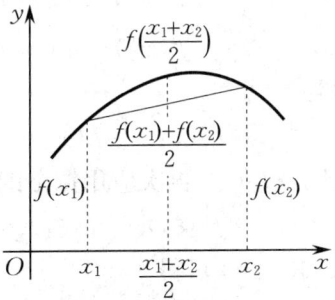

图 4.10　　　　图 4.11

定义 4.1 设函数 $y=f(x)$ 在区间 I 上连续. 如果对区间 I 上任意两点 x_1,x_2,恒有
$$f\left(\frac{x_1+x_2}{2}\right)<\frac{f(x_1)+f(x_2)}{2},$$
则称曲线 $y=f(x)$ 在 I 上的图形是(向上)**凹**的(或**凹弧**);如果恒有

$$f\left(\frac{x_1+x_2}{2}\right) > \frac{f(x_1)+f(x_2)}{2},$$

则称曲线 $y=f(x)$ 在 I 上的图形是(向上)凸的(或凸弧).

曲线的凹凸性具有明显的几何意义. 对于凹弧,当自变量 x 逐渐增加时,其上每一点切线的斜率是逐渐增大的,即导数 $f'(x)$ 是单调增加的(见图 4.12);而对于凸弧,当自变量 x 逐渐增加时,其上每一点切线的斜率是逐渐减小的,即导数 $f'(x)$ 是单调减少的(见图 4.13). 因此,如果函数 $y=f(x)$ 在区间 I 内具有二阶导数,那么可以利用二阶导数的符号来判定曲线的凹凸性,即有下述定理.

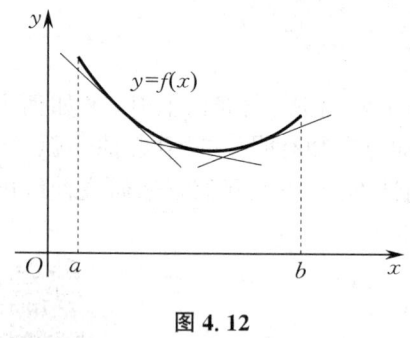

图 4.12　　　　　　　　　图 4.13

定理 4.8　设函数 $y=f(x)$ 在闭区间 $[a,b]$ 上连续,在开区间 (a,b) 内具有二阶导数.

(1) 若在 (a,b) 内 $f''(x)>0$,则 $y=f(x)$ 在 $[a,b]$ 上的图形是凹的;

(2) 若在 (a,b) 内 $f''(x)<0$,则 $y=f(x)$ 在 $[a,b]$ 上的图形是凸的.

证　在情形(1)中,设 x_1 和 x_2 为 $[a,b]$ 上任意两点,且 $x_1<x_2$,记 $\frac{x_1+x_2}{2}=x_0$,并记

$$x_2-x_0=x_0-x_1=h.$$

由拉格朗日中值定理,得

$$f(x_0)-f(x_1)=f'(\xi_1)h, \quad \xi_1 \in (x_1,x_0),$$
$$f(x_2)-f(x_0)=f'(\xi_2)h, \quad \xi_2 \in (x_0,x_2),$$

两式相减,得

$$f(x_1)+f(x_2)-2f(x_0)=[f'(\xi_2)-f'(\xi_1)]h. \tag{4-4}$$

在 $[\xi_1,\xi_2]$ 上对 $f'(x)$ 再次应用拉格朗日中值定理,得

$$f'(\xi_2)-f'(\xi_1)=f''(\xi)(\xi_2-\xi_1), \quad \xi \in (\xi_1,\xi_2).$$

将上式代入式(4-4)可得

$$f(x_1)+f(x_2)-2f(x_0)=f''(\xi)(\xi_2-\xi_1)h.$$

由题设条件知 $f''(\xi)>0$,并注意到 $\xi_2-\xi_1>0$,则有

$$f(x_1)+f(x_2)-2f(x_0)>0,$$

即

$$\frac{f(x_1)+f(x_2)}{2}>f\left(\frac{x_1+x_2}{2}\right),$$

所以函数 $y=f(x)$ 在 $[a,b]$ 上的图形是凹的.

类似地,可证明情形(2).

将定理 4.8 中的闭区间换成其他各种区间(包括无限区间),结论仍然是成立的. 如果曲线在某个区间内是凹(或凸)的,则称该区间为曲线的**凹(或凸)区间**.

例 5 判定曲线 $y=x-\ln(1+x)$ 的凹凸性.

解 因为 $y'=1-\dfrac{1}{1+x}$,$y''=\dfrac{1}{(1+x)^2}>0(x>-1)$,所以曲线 $y=x-\ln(1+x)$ 在其定义域 $(-1,+\infty)$ 内是凹的.

例 6 判定曲线 $y=x^3$ 的凹凸性.

解 $y'=3x^2$,$y''=6x$.

因为当 $x<0$ 时 $y''<0$,所以曲线 $y=x^3$ 在 $(-\infty,0]$ 内是凸的;

因为当 $x>0$ 时 $y''>0$,所以曲线 $y=x^3$ 在 $[0,+\infty)$ 内是凹的.

如果曲线 $y=f(x)$ 在点 $(x_0,f(x_0))$ 处凹凸性发生了改变,那么该点就是曲线的拐点,即有如下定义.

定义 4.2 连续曲线上凹弧与凸弧的分界点称为曲线的**拐点**.

如何来寻找曲线 $y=f(x)$ 的拐点呢?根据定理 4.8,二阶导数 $f''(x)$ 的符号是判断曲线凹凸性的依据. 因此,若 $f''(x)$ 在点 x_0 的左、右两侧异号,则点 $(x_0,f(x_0))$ 就是曲线 $y=f(x)$ 的一个拐点. 于是,要寻找拐点,只要找出使 $f''(x)$ 的符号发生变化的分界点即可. 如果函数 $f(x)$ 在区间 (a,b) 内具有二阶连续导数,则在这样的分界点处必有 $f''(x)=0$. 此外,使 $f''(x)$ 不存在的点,也可能是这样的分界点.

综上所述,求曲线 $y=f(x)$ 的凹凸区间与拐点的一般步骤为:

(1) 求函数 $f(x)$ 的二阶导数 $f''(x)$;

(2) 令 $f''(x)=0$,解出全部实根,并求出所有使 $f''(x)$ 不存在的点;

(3) 对步骤(2)中求出的每一个点,判断其左、右两侧 $f''(x)$ 的符号,从而确定曲线 $y=f(x)$ 的凹凸区间和拐点.

例 7 求曲线 $y=3x^4-4x^3+1$ 的凹凸区间及拐点.

解 函数 $y=3x^4-4x^3+1$ 的定义域为 $(-\infty,+\infty)$,其导数为
$$y'=12x^3-12x^2,\quad y''=36x\left(x-\dfrac{2}{3}\right).$$

令 $y''=0$,解得 $x_1=0$,$x_2=\dfrac{2}{3}$. 这两点将定义域分为三个区间,列表讨论,如表 4.1 所示.

表 4.1

x	$(-\infty,0)$	0	$\left(0,\dfrac{2}{3}\right)$	$\dfrac{2}{3}$	$\left(\dfrac{2}{3},+\infty\right)$
y''	$+$	0	$-$	0	$+$
$y=3x^4-4x^3+1$	凹的	拐点 $(0,1)$	凸的	拐点 $\left(\dfrac{2}{3},\dfrac{11}{27}\right)$	凹的

由表 4.1 可见,曲线 $y=3x^4-4x^3+1$ 的凹区间为 $(-\infty,0]$,$\left[\dfrac{2}{3},+\infty\right)$,凸区间为 $\left[0,\dfrac{2}{3}\right]$,拐点为 $(0,1)$ 和 $\left(\dfrac{2}{3},\dfrac{11}{27}\right)$.

例 8 求曲线 $y=\sqrt[3]{x}$ 的凹凸区间及拐点.

解 函数 $y=\sqrt[3]{x}$ 的定义域为 $(-\infty,+\infty)$. 因为
$$y'=\dfrac{1}{3\sqrt[3]{x^2}},\quad y''=-\dfrac{2}{9x\sqrt[3]{x^2}},$$
所以 y'' 在 $(-\infty,+\infty)$ 内没有零点,当 $x=0$ 时,y'' 不存在.

又因为当 $x<0$ 时 $y''>0$,当 $x>0$ 时 $y''<0$,所以曲线 $y=\sqrt[3]{x}$ 的凹区间为 $(-\infty,0]$,凸区间为 $[0,+\infty)$,拐点为 $(0,0)$.

习 题 4.3

1. 证明:函数 $y=x-\ln(1+x^2)$ 在 $(-\infty,+\infty)$ 内单调增加.
2. 讨论函数 $f(x)=x+\sin x\,(0\leqslant x\leqslant 2\pi)$ 的单调性.
3. 求下列函数的单调区间:

   (1) $y=\dfrac{1}{3}x^3-x^2-3x+1$;　　(2) $y=\dfrac{2}{3}x-\sqrt[3]{x^2}$;

   (3) $y=2x^2-\ln x$;　　(4) $y=\dfrac{x^2}{1+x}$.

4. 证明:

   (1) 当 $x>0$ 时,有 $1+\dfrac{1}{2}x>\sqrt{1+x}$;

   (2) 当 $x\geqslant 0$ 时,有 $(1+x)\ln(1+x)\geqslant \arctan x$;

   (3) 当 $0<x<\dfrac{\pi}{2}$ 时,有 $\tan x>x+\dfrac{1}{3}x^3$.

5. 讨论下列曲线的凹凸性并求其拐点:

   (1) $y=x^3-5x^2+3x+5$;　　(2) $y=x\mathrm{e}^{-x}$;

   (3) $y=(x+1)^4+\mathrm{e}^x$;　　(4) $y=\ln(x^2+1)$.

6.利用曲线的凹凸性证明下列不等式:

(1) $\dfrac{e^x+e^y}{2} > e^{\frac{x+y}{2}}$ $(x \neq y)$;

(2) $\dfrac{x^n+y^n}{2} > \left(\dfrac{x+y}{2}\right)^n$ $(x>0, y>0, x \neq y, n>1)$.

§4.4 函数的极值与最值

在上一节中,我们注意到,函数在其定义域内不一定是单调的,但用一些点将定义域划分后,就可以使得函数在各子区间内是单调的,且函数在有些点处其单调性会发生改变.本节我们就对这些单调区间的分界点做一般性的讨论.

一、函数的极值及其求法

我们先引入极值的概念,大家在学习时应注意极值与最值的联系与区别.

定义 4.3 设函数 $y=f(x)$ 在点 x_0 的某个邻域 $U(x_0)$ 内有定义.若对于该邻域内异于点 x_0 的任意点 x,恒有
$$f(x_0) > f(x) \quad [或 f(x_0) < f(x)],$$
则称 x_0 为函数 $y=f(x)$ 的一个**极大值点**(或**极小值点**),称 $f(x_0)$ 为 $y=f(x)$ 的一个**极大值**(或**极小值**).函数的极大值点与极小值点统称为**极值点**,极大值和极小值统称为**极值**.

例 1 如图 4.14 所示,x_1, x_4 为极大值点,x_2, x_5 为极小值点,x_3 不是极值点.

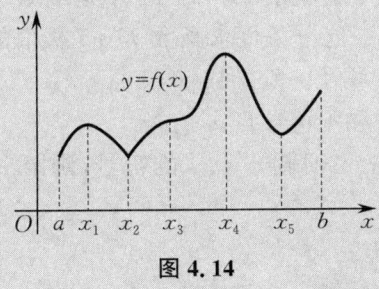

图 4.14

注 (1) 函数的极值是一个局部性质,极值 $f(x_0)$ 是函数在点 x_0 的某个邻域内的最值.而函数的最值则是函数在指定区域内的最大值或最小值,是函数的一个整体性质.

(2) 如果最值在区间内部取得,则最大值一定是极大值,最小值一定是极小值.

(3) 一个函数在给定区间内可能有若干个极大值或极小值,而且有的极小值可能比有的极大值还大.

在上一节中,我们知道通常用来划分单调区间的分界点有两类:一类是使导数为零的点(称为**驻点**),另一类是不可导点.这一现象可以用下面的定理来解释.

定理 4.9（极值点存在的必要条件） 若 x_0 是函数 $f(x)$ 的极值点,则 x_0 必是 $f(x)$ 的驻点或不可导点.

定理 4.9 表明,函数的极值点一定是它的驻点或不可导点,但反之,函数的驻点或不可导点却未必是它的极值点. 例如,如图 4.15 所示,对于函数 $f(x)=x^3$,显然 $x=0$ 是它的驻点,但不是极值点;对于函数 $f(x)=\sqrt[3]{x}$,显然 $x=0$ 是它的不可导点,但不是极值点. 总的来说,驻点与不可导点只是可疑极值点,那么该用什么样的方法来判断这些可疑极值点到底是不是极值点呢? 下面给出判定极值存在的两个充分条件.

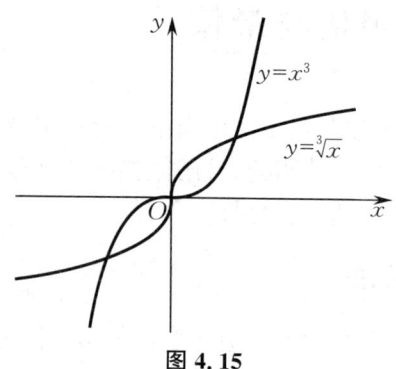

图 4.15

定理 4.10（极值存在的第一充分条件） 设函数 $f(x)$ 在点 x_0 处连续,且在点 x_0 的某个去心邻域 $\overset{\circ}{U}(x_0,\delta)$ 内可导.

(1) 若 $x \in (x_0-\delta,x_0)$ 时 $f'(x)<0$,而 $x \in (x_0,x_0+\delta)$ 时 $f'(x)>0$,则函数 $f(x)$ 在点 x_0 处取得极小值;

(2) 若 $x \in (x_0-\delta,x_0)$ 时 $f'(x)>0$,而 $x \in (x_0,x_0+\delta)$ 时 $f'(x)<0$,则函数 $f(x)$ 在点 x_0 处取得极大值;

(3) 若 $f'(x)$ 在点 x_0 的左、右两侧同号,则 x_0 不是函数 $f(x)$ 的极值点.

综上所述,用极值存在的第一充分条件求函数 $f(x)$ 极值的一般步骤如下:

(1) 求出函数 $f(x)$ 的定义域及一阶导数 $f'(x)$;

(2) 求出 $f(x)$ 的全部驻点和不可导点;

(3) 考察在上述每一个点左、右两侧 $f'(x)$ 的符号,判定它是否为极值点,是极大值点还是极小值点;

(4) 在极值点处计算出极值.

例 2 求函数 $f(x)=(x-1)x^{\frac{2}{3}}$ 的极值.

解 (1) 函数的定义域为 $(-\infty,+\infty)$,其导数为

$$f'(x)=x^{\frac{2}{3}}+(x-1) \cdot \frac{2}{3}x^{-\frac{1}{3}}=x\frac{1}{\sqrt[3]{x}}+\frac{2}{3}(x-1)\frac{1}{\sqrt[3]{x}}=\frac{5}{3} \cdot \frac{x-\frac{2}{5}}{\sqrt[3]{x}}.$$

(2) 令 $f'(x)=0$,得驻点 $x_1=\frac{2}{5}$,且 $x_2=0$ 为不可导点.

(3) 列表讨论,如表 4.2 所示.

表 4.2

x	$(-\infty,0)$	0	$\left(0,\dfrac{2}{5}\right)$	$\dfrac{2}{5}$	$\left(\dfrac{2}{5},+\infty\right)$
$f'(x)$	+	不存在	−	0	+
$f(x)$	单调增加	极大值点	单调减少	极小值点	单调增加

(4) 由表 4.2 可见,函数 $f(x)=(x-1)x^{\frac{2}{3}}$ 的极大值为 $f(0)=0$,极小值为 $f\left(\dfrac{2}{5}\right)=-\dfrac{3}{5}\left(\dfrac{2}{5}\right)^{\frac{2}{3}}$.

下面给出一个判断驻点是否为极值点的方法,此方法无须考察函数在驻点左、右两侧一阶导数的符号,适用于在驻点处二阶导数存在且不为零的情况.

定理 4.11（极值存在的第二充分条件） 设函数 $f(x)$ 在点 x_0 处具有二阶导数,且 $f'(x_0)=0, f''(x_0)\neq 0$.

(1) 当 $f''(x_0)<0$ 时,$f(x)$ 在点 x_0 处取得极大值;

(2) 当 $f''(x_0)>0$ 时,$f(x)$ 在点 x_0 处取得极小值.

证 下面仅对 $f''(x_0)<0$ 的情形给出证明[$f''(x_0)>0$ 的情形类似可证]. 由二阶导数的定义知

$$f''(x_0)=\lim_{x\to x_0}\dfrac{f'(x)-f'(x_0)}{x-x_0}=\lim_{x\to x_0}\dfrac{f'(x)}{x-x_0}<0.$$

由函数极限的局部保号性知,存在点 x_0 的某个去心邻域 $\mathring{U}(x_0,\delta)$,当 $x\in \mathring{U}(x_0,\delta)$ 时,有 $\dfrac{f'(x)}{x-x_0}<0$. 因此,当 $x\in(x_0-\delta,x_0)$ 时,$x-x_0<0$,从而 $f'(x)>0$. 而当 $x\in(x_0,x_0+\delta)$ 时,$x-x_0>0$,从而 $f'(x)<0$. 于是,由极值存在的第一充分条件知,函数 $f(x)$ 在点 x_0 处取得极大值.

注 若 $f''(x_0)=0$,则函数 $f(x)$ 在点 x_0 处可能取得极大值,也可能取得极小值,还可能取不到极值. 例如,$f_1(x)=-x^4, f_2(x)=x^4, f_3(x)=x^3$ 在点 $x=0$ 处的二阶导数均为零,但它们分别在点 $x=0$ 处取得极大值、取得极小值、取不到极值. 故当 $f''(x_0)=0$ 时,还须采用极值存在的第一充分条件判断.

例 3 求函数 $f(x)=(x^2-1)^3+2$ 的极值.

解 函数的定义域为 $(-\infty,+\infty)$,其导数为

$$f'(x)=6x(x^2-1)^2, \quad f''(x)=6(x^2-1)(5x^2-1).$$

令 $f'(x)=0$,得驻点 $x_1=-1, x_2=0, x_3=1$. 由于 $f''(0)=6>0$,因此 $x=0$ 为函数的极小值点,$f(0)=1$ 为极小值;而 $f''(-1)=f''(1)=0$,故不能用极值存在的第二充分条件判断. 又因为在点 $x=-1$ 与 $x=1$ 的左、右两侧 $f'(x)$ 同号,由极值存在的第一充分条件知,$x=-1$ 与 $x=1$ 不是极值点.

对比两个充分条件不难发现,极值存在的第二充分条件较第一充分条件,使用条件更强,适用范围更窄,但做法更简单. 故在求函数的极值时,可以按以下步骤进行:

(1) 求出所有可疑极值点;

(2) 针对驻点,当二阶导数易求且不为零时,首先尝试用极值存在的第二充分条件判断,否则用极值存在的第一充分条件判断;

(3) 针对不可导点,用极值存在的第一充分条件判断.

二、最值问题

在许多生产活动和技术实践中,常会遇到这样一类最值问题:在一定条件下,怎样才能使产量最多、用料最省、成本最低、利润最大、射程最远、承受强度最大等. 事实上,这类问题在数学上都可归结为求某个函数(称为目标函数)的最大值或最小值问题.

对于一般的函数,它不一定有最大值或最小值,但如果 $f(x)$ 是闭区间 $[a,b]$ 上的连续函数,由闭区间上连续函数的性质可知,$f(x)$ 在 $[a,b]$ 上一定存在最大值和最小值. 此时,如果最值在开区间 (a,b) 内的点 x_0 处取得,则 x_0 一定是函数 $f(x)$ 的极值点,从而由定理 4.9 知,x_0 一定是驻点或不可导点. 然而最值也有可能在区间的端点处取得,故在求函数 $f(x)$ 在闭区间 $[a,b]$ 上的最值时可利用如下方法:求出 $f(x)$ 在开区间 (a,b) 内的全部驻点和不可导点,将这些点处的函数值与区间端点处的函数值进行比较,其中最大的就是最大值,最小的就是最小值.

例 4 求函数 $f(x)=\begin{cases}-xe^x, & -2\leqslant x\leqslant 0,\\ xe^x, & 0<x\leqslant 1\end{cases}$ 的最值.

解 函数 $f(x)$ 的导数为
$$f'(x)=\begin{cases}-(1+x)e^x, & -2<x<0,\\ (1+x)e^x, & 0<x<1,\end{cases}$$
故 $f(x)$ 在 $(-2,1)$ 内有一个驻点 $x_1=-1$,一个不可导点 $x=0$. 又
$$f(-2)=2e^{-2}, \quad f(-1)=e^{-1}, \quad f(0)=0, \quad f(1)=e,$$
比较大小可得,$f(x)$ 在点 $x=0$ 处取得最小值 $f(0)=0$,在点 $x=1$ 处取得最大值 $f(1)=e$.

在求最值时,有时会遇到以下特殊情况.

设函数 $f(x)$ 在区间 I(开或闭,有限或无限)内可导,只有一个驻点 x_0,且 x_0 是极值点,则当 $f(x_0)$ 为极大值时,$f(x_0)$ 就是 $f(x)$ 在该区间内的最大值;当 $f(x_0)$ 为极小值时,$f(x_0)$ 就是 $f(x)$ 在该区间内的最小值(见图 4.16).

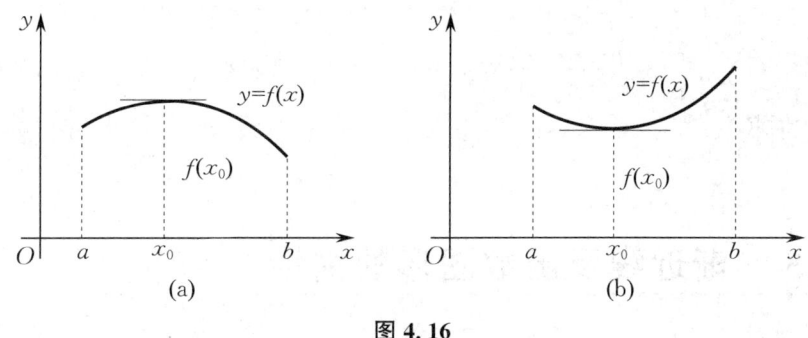

图 4.16

例 5 做一个圆柱形的有盖容器,其容积 V 一定,问:圆柱的底半径和高分别为多少时用料最省?

解 设圆柱的底半径为 r,高为 h,则 $V=\pi r^2 h$,且该容器的表面积为 $S=2\pi r^2+2\pi rh$. 由于 $\pi rh=\dfrac{V}{r}$,因此

$$S=S(r)=2\pi r^2+2\dfrac{V}{r} \quad (r>0),$$

从而

$$S'(r)=4\pi r-2\dfrac{V}{r^2}=\dfrac{2}{r^2}(2\pi r^3-V),$$

$$S''(r)=4\pi+4\dfrac{V}{r^3}=4\left(\pi+\dfrac{V}{r^3}\right).$$

令 $S'(r)=0$,得唯一驻点 $r_0=\sqrt[3]{\dfrac{V}{2\pi}}$,又 $S''(r_0)=S''\left(\sqrt[3]{\dfrac{V}{2\pi}}\right)>0$,所以 $S\left(\sqrt[3]{\dfrac{V}{2\pi}}\right)$ 为唯一的极小值,也为最小值. 故当圆柱的底半径为 $\sqrt[3]{\dfrac{V}{2\pi}}$、高为 $\sqrt[3]{\dfrac{4V}{\pi}}$ 时用料最省.

习 题 4.4

1. 求下列函数的极值:

(1) $y=2x^3-6x^2-18x-7$;

(2) $y=2x+\dfrac{8}{x}(x>0)$;

(3) $y=\ln(x+\sqrt{1+x^2})$;

(4) $y=x-e^x$.

2. 求下列函数在指定区间上的最值:

(1) $y=\sqrt[3]{2x^2(x-6)},[-2,4]$;

(2) $y=2\tan x-\tan^2 x,\left[0,\dfrac{\pi}{3}\right]$.

3. 已知轮船的耗油费用与速度的立方成正比,当速度为 10 km/h 时,耗油费用为 80 元/h. 若轮船行驶时,其他费用为 160 元/h,问:轮船应以多大的速度行驶,才能使 20 km 航程的总费用最少? 最少费用为多少?

4. 已知函数 $f(x)=\dfrac{ax^2+bx+a+1}{x^2+1}$ 在点 $x=-\sqrt{3}$ 处取得极小值 $f(-\sqrt{3})=0$，求常数 a,b 的值及 $f(x)$ 的极大值点.

§4.5　渐近线及函数图形的描绘

一、曲线的渐近线

在平面上，当曲线伸向无穷远处时，一般很难把它画准确. 但如果曲线伸向无穷远处时，能无限靠近一条直线，那么就可以相对准确地画出伸向无穷远处时这条曲线的走向趋势.

例如，曲线 $y=\dfrac{1}{x-1}$ 当 $x\to\infty$ 时就无限靠近直线 $y=0$（见图 4.17）.

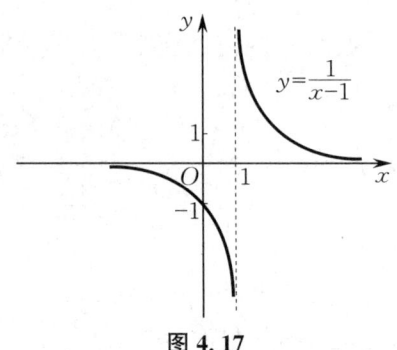

图 4.17

定义 4.4　若函数 $y=f(x)$ 满足 $\lim\limits_{x\to\infty}f(x)=C$ [或 $\lim\limits_{x\to+\infty}f(x)=C$，亦或 $\lim\limits_{x\to-\infty}f(x)=C$]，则称直线 $y=C$ 为曲线 $y=f(x)$ 的**水平渐近线**.

例如，因为 $\lim\limits_{x\to-\infty}e^x=0$，所以直线 $y=0$ 是曲线 $y=e^x$ 的水平渐近线.

定义 4.5　若函数 $y=f(x)$ 满足 $\lim\limits_{x\to x_0}f(x)=\infty$ [或 $\lim\limits_{x\to x_0^+}f(x)=\infty$，亦或 $\lim\limits_{x\to x_0^-}f(x)=\infty$]，则称直线 $x=x_0$ 为曲线 $y=f(x)$ 的**铅直渐近线**.

例如，因为 $\lim\limits_{x\to 0^+}\ln x=-\infty$，所以直线 $x=0$ 是曲线 $y=\ln x$ 的铅直渐近线.

定义 4.6　若函数 $y=f(x)$ 满足 $\lim\limits_{x\to\infty}[f(x)-(ax+b)]=0$ [或 $\lim\limits_{x\to+\infty}[f(x)-(ax+b)]=0$，亦或 $\lim\limits_{x\to-\infty}[f(x)-(ax+b)]=0$]，其中 $a\neq 0$，则称直线 $y=ax+b$ 为曲线 $y=f(x)$ 的**斜渐近线**.

例如，因为

$$\lim_{x\to\infty}\left[\dfrac{x^2}{x+1}-(x-1)\right]=\lim_{x\to\infty}\dfrac{x^2-(x+1)(x-1)}{x+1}=\lim_{x\to\infty}\dfrac{1}{x+1}=0,$$

所以直线 $y=x-1$ 是曲线 $y=\dfrac{x^2}{x+1}$ 的斜渐近线.

二、函数图形的描绘

对于一个函数,若能画出其图形,就能从直观上了解该函数的性态特征,并且能清楚地看出因变量与自变量之间的关系. 如果我们能把单调性、凹凸性等一些重要性态准确显示出来,就可以把函数图形画得更加准确. 下面我们要利用导数描绘函数 $y=f(x)$ 的图形,其一般步骤如下:

(1) 确定函数 $f(x)$ 的定义域及函数所具有的特性,如奇偶性、周期性、有界性等,求出函数的一阶导数 $f'(x)$ 和二阶导数 $f''(x)$;

(2) 求出一阶导数 $f'(x)$ 和二阶导数 $f''(x)$ 在函数定义域内的全部零点及不存在的点,用这些点把函数的定义域划分成若干个子区间;

(3) 在各子区间内确定 $f'(x)$ 和 $f''(x)$ 的符号,并由此确定函数的单调性和凹凸性,以及极值点、极值和拐点;

(4) 确定函数图形的水平、铅直和斜渐近线,以及其他变化趋势;

(5) 有时还须适当补充一些辅助作图点(如与坐标轴的交点和曲线的端点等),并根据步骤(3)和步骤(4)中得到的结果,用平滑曲线连接这些点而画出函数 $y=f(x)$ 的图形.

例 1 画出函数 $f(x)=\dfrac{4(x+1)}{x^2}-2$ 的图形.

解 (1) 函数在定义域 $D=(-\infty,0)\cup(0,+\infty)$ 上既非奇函数,也非偶函数,且无对称性.

(2) $f'(x)=-\dfrac{4(x+2)}{x^3}$, $f''(x)=\dfrac{8(x+3)}{x^4}$,

令 $f'(x)=0$,得 $x=-2$;令 $f''(x)=0$,得 $x=-3$.

(3) 用这些点将定义域分为若干个子区间,在各子区间内 $f'(x)$ 和 $f''(x)$ 的符号、函数的单调性、凹凸性和极值点、极值、拐点等如表 4.3 所示.

表 4.3

x	$(-\infty,-3)$	-3	$(-3,-2)$	-2	$(-2,0)$	0	$(0,+\infty)$
$f'(x)$	$-$	$-\dfrac{4}{27}$	$-$	0	$+$	不存在	$-$
$f''(x)$	$-$	0	$+$	$\dfrac{1}{2}$	$+$	不存在	$+$
$y=f(x)$	单调减少,凸曲线	拐点 $\left(-3,-\dfrac{26}{9}\right)$	单调减少,凹曲线	极小值 -3	单调增加,凹曲线	间断点	单调减少,凹曲线

(4) 由 $\lim\limits_{x\to\infty}f(x)=\lim\limits_{x\to\infty}\left[\dfrac{4(x+1)}{x^2}-2\right]=-2$,得水平渐近线 $y=-2$.

由 $\lim\limits_{x\to 0}f(x)=\lim\limits_{x\to 0}\left[\dfrac{4(x+1)}{x^2}-2\right]=+\infty$,得铅直渐近线 $x=0$.

（5）适当补充一些点，如点$(1-\sqrt{3},0)$,$(1+\sqrt{3},0)$,$A(-1,-2)$,$B(1,6)$,$C(2,1)$等，就可以画出函数$y=f(x)$的图形，如图 4.18 所示.

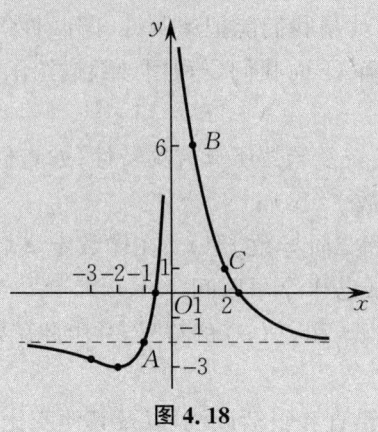

图 4.18

习　题　4.5

1. 求下列曲线的渐近线：

(1) $y = e^{-\frac{1}{x}}$；

(2) $y = \dfrac{e^x}{1+x}$.

2. 画出函数 $y = \dfrac{1}{5}(x^4 - 6x^2 + 8x + 7)$ 的图形.

§4.6　泰勒中值定理

对于一些较复杂的函数，为了便于研究，我们往往希望用一些简单的函数来近似表示. 而多项式函数是最简单的一类函数，它只利用加、减、乘三种运算，便能求出函数值. 因此，对于任意给定的函数$f(x)$，我们希望用多项式函数来近似表示.

假设函数$f(x)$在含有点x_0的某个开区间内具有直到$n+1$阶的导数，取一个关于$x-x_0$的n次多项式函数

$$P_n(x) = a_0 + a_1(x-x_0) + a_2(x-x_0)^2 + \cdots + a_n(x-x_0)^n$$

来近似表示函数$f(x)$，要求当$x \to x_0$时，有$f(x) - P_n(x) = o[(x-x_0)^n]$.

若$P_n(x_0) = f(x_0)$,$P'_n(x_0) = f'(x_0)$,$P''_n(x_0) = f''(x_0)$,$\cdots$,$P_n^{(n)}(x_0) = f^{(n)}(x_0)$，则可按这些条件来确定多项式函数$P_n(x)$中的系数$a_0, a_1, a_2, \cdots, a_n$.

由$P_n(x_0) = f(x_0)$得$a_0 = f(x_0)$.

对函数求导，有

$$P'_n(x) = a_1 + 2a_2(x-x_0) + 3a_3(x-x_0)^2 + \cdots + na_n(x-x_0)^{n-1},$$

故

$$P_n'(x_0) = a_1 = f'(x_0).$$

对函数 $P_n(x)$ 求二阶导数,有

$$P_n''(x) = 2a_2 + 3 \cdot 2a_3(x-x_0) + \cdots + n(n-1)a_n(x-x_0)^{n-2},$$

故

$$P_n''(x_0) = 2a_2 = f''(x_0),$$

则

$$a_2 = \frac{1}{2!}f''(x_0).$$

以此类推,有

$$a_k = \frac{1}{k!}f^{(k)}(x_0) \quad (k=0,1,2,\cdots,n).$$

因此,

$$P_n(x) = f(x_0) + f'(x_0)(x-x_0) + \frac{f''(x_0)}{2!}(x-x_0)^2 + \cdots + \frac{f^{(n)}(x_0)}{n!}(x-x_0)^n.$$

下面的定理表明,上述方法所确定的多项式函数正是我们要找的 n 次多项式函数.

泰勒

定理 4.12 (泰勒中值定理) 设函数 $f(x)$ 在含有点 x_0 的开区间 (a,b) 内具有直到 $n+1$ 阶的导数,则对任意的 $x \in (a,b)$,有

$$f(x) = f(x_0) + f'(x_0)(x-x_0) + \frac{f''(x_0)}{2!}(x-x_0)^2 + \cdots + \frac{f^{(n)}(x_0)}{n!}(x-x_0)^n + R_n(x),$$

其中 $R_n(x) = \frac{f^{(n+1)}(\xi)}{(n+1)!}(x-x_0)^{n+1}$,$\xi$ 介于 x_0 和 x 之间.

证 记函数 $R_n(x) = f(x) - P_n(x)$,其中函数

$$P_n(x) = f(x_0) + f'(x_0)(x-x_0) + \frac{f''(x_0)}{2!}(x-x_0)^2 + \cdots + \frac{f^{(n)}(x_0)}{n!}(x-x_0)^n.$$

只要证明函数 $R_n(x) = \frac{f^{(n+1)}(\xi)}{(n+1)!}(x-x_0)^{n+1}$ (其中 ξ 介于 x_0 和 x 之间) 即可.

由于函数 $P_n(x), f(x)$ 在 (a,b) 内具有直到 $n+1$ 阶的导数,因此函数 $R_n(x)$ 在 (a,b) 内也具有直到 $n+1$ 阶的导数,且

$$R_n(x_0) = R_n'(x_0) = R_n''(x_0) = \cdots = R_n^{(n)}(x_0) = 0.$$

函数 $R_n(x)$ 与 $(x-x_0)^{n+1}$ 在 $[x_0,x]$ 或 $[x,x_0]$ 上满足柯西中值定理的条件,运用柯西中值定理得

$$\frac{R_n(x)}{(x-x_0)^{n+1}} = \frac{R_n(x) - 0}{(x-x_0)^{n+1} - 0} = \frac{R_n(x) - R_n(x_0)}{(x-x_0)^{n+1} - (x_0-x_0)^{n+1}} = \frac{R_n'(\xi_1)}{(n+1)(\xi_1-x_0)^n},$$

其中 ξ_1 介于 x_0 和 x 之间.

再对函数 $R_n'(x), (n+1)(x-x_0)^n$ 在 $[x_0,\xi_1]$ 或 $[\xi_1,x_0]$ 上运用柯西中值定理得

$$\frac{R_n'(\xi_1)}{(n+1)(\xi_1-x_0)^n} = \frac{R_n'(\xi_1) - R_n'(x_0)}{(n+1)[(\xi_1-x_0)^n - (x_0-x_0)^n]} = \frac{R_n''(\xi_2)}{(n+1)n(\xi_2-x_0)^{n-1}},$$

其中 ξ_2 介于 x_0 和 ξ_1 之间.

以此类推,经过 $n+1$ 次,可以得到

$$\frac{R_n(x)}{(x-x_0)^{n+1}}=\frac{R_n^{(n+1)}(\xi)}{(n+1)!},$$

其中 ξ 介于 x_0 和 ξ_n 之间,当然也介于 x_0 和 x 之间.

由于 $R_n^{(n+1)}(x)=f^{(n+1)}(x)-P_n^{(n+1)}(x)=f^{(n+1)}(x)-0=f^{(n+1)}(x)$,因此

$$R_n(x)=\frac{f^{(n+1)}(\xi)}{(n+1)!}(x-x_0)^{n+1},$$

其中 ξ 介于 x_0 和 x 之间.

此外,ξ 可写成 $\xi=x_0+\theta(x-x_0)$,其中 $0<\theta<1$.

我们称多项式

$$P_n(x)=f(x_0)+f'(x_0)(x-x_0)+\frac{f''(x_0)}{2!}(x-x_0)^2+\cdots+\frac{f^{(n)}(x_0)}{n!}(x-x_0)^n$$

为函数 $f(x)$ 按 $(x-x_0)$ 的幂展开的 n 次**泰勒多项式**,称

$$f(x)=f(x_0)+f'(x_0)(x-x_0)+\frac{f''(x_0)}{2!}(x-x_0)^2+\cdots+\frac{f^{(n)}(x_0)}{n!}(x-x_0)^n+R_n(x)$$

(4-5)

为 $f(x)$ 按 $(x-x_0)$ 的幂展开的带有**拉格朗日型余项**的 n 阶**泰勒公式**,其中 $R_n(x)=\frac{f^{(n+1)}(\xi)}{(n+1)!}(x-x_0)^{n+1}$ 称为**拉格朗日型余项**.

当 $n=0$ 时,泰勒公式为 $f(x)=f(x_0)+f'(\xi)(x-x_0)$,其中 ξ 介于 x_0 和 x 之间,即为拉格朗日中值定理的结论.因此可以说,泰勒中值定理是拉格朗日中值定理的推广.

若存在常数 $M>0$,使得 $|f^{(n+1)}(x)|\leqslant M,x\in(a,b)$,则

$$|R_n(x)|=\left|\frac{f^{(n+1)}(\xi)}{(n+1)!}(x-x_0)^{n+1}\right|\leqslant\frac{M}{(n+1)!}|x-x_0|^{n+1},$$

从而

$$0\leqslant\left|\frac{R_n(x)}{(x-x_0)^n}\right|=\left|\frac{f^{(n+1)}(\xi)}{(n+1)!}(x-x_0)\right|\leqslant\frac{M}{(n+1)!}|x-x_0|.$$

由于当 $x\to x_0$ 时,有 $\frac{M}{(n+1)!}|x-x_0|\to0$,因此由极限存在的夹逼准则,得

$$\lim_{x\to x_0}\frac{R_n(x)}{(x-x_0)^n}=0,\quad\text{即}\quad R_n(x)=o[(x-x_0)^n],$$

从而

$$f(x)-P_n(x)=o[(x-x_0)^n].$$

佩亚诺

这样,泰勒公式 (4-5) 也可写成

$$f(x)=f(x_0)+f'(x_0)(x-x_0)+\frac{f''(x_0)}{2!}(x-x_0)^2$$

$$+\cdots+\frac{f^{(n)}(x_0)}{n!}(x-x_0)^n+o[(x-x_0)^n], \quad (4-6)$$

式 (4-6) 也称为带有**佩亚诺型余项**的 n 阶**泰勒公式**,其中 $o[(x-x_0)^n]$ 称为**佩亚诺型余项**.

若在泰勒公式 (4-5) 中取 $x_0=0$,则 ξ 介于 0 和 x 之间,从而有

$$f(x) = f(0) + f'(0)x + \frac{f''(0)}{2!}x^2 + \cdots + \frac{f^{(n)}(0)}{n!}x^n + \frac{f^{(n+1)}(\theta x)}{(n+1)!}x^{n+1}, \quad (4-7)$$

其中 $0 < \theta < 1$. 式(4-7)称为**带有拉格朗日型余项的 n 阶麦克劳林公式**.

若在泰勒公式(4-6)中取 $x_0 = 0$,则有

$$f(x) = f(0) + f'(0)x + \frac{f''(0)}{2!}x^2 + \cdots + \frac{f^{(n)}(0)}{n!}x^n + o(x^n). \quad (4-8)$$

式(4-8)称为**带有佩亚诺型余项的 n 阶麦克劳林公式**.

由式(4-7)或式(4-8)可得近似公式

$$f(x) \approx f(0) + f'(0)x + \frac{f''(0)}{2!}x^2 + \cdots + \frac{f^{(n)}(0)}{n!}x^n.$$

麦克劳林

例 1 写出函数 $f(x) = e^x$ 的带有拉格朗日型余项的 n 阶麦克劳林公式.

解 由 $f^{(n)}(x) = e^x$,得 $f^{(n)}(0) = e^0 = 1, n = 0, 1, 2, \cdots$. 又 $f^{(n+1)}(\theta x) = e^{\theta x}$,由式(4-7)得

$$e^x = 1 + x + \frac{x^2}{2!} + \cdots + \frac{x^n}{n!} + \frac{e^{\theta x}}{(n+1)!}x^{n+1},$$

其中 $0 < \theta < 1$.

这时,有近似公式

$$e^x \approx 1 + x + \frac{x^2}{2!} + \cdots + \frac{x^n}{n!}, \quad |R_n(x)| \leq \frac{e^x}{(n+1)!}|x|^{n+1}.$$

特别地,取 $x = 1$,则有

$$e \approx 1 + 1 + \frac{1}{2!} + \cdots + \frac{1}{n!}, \quad |R_n| \leq \frac{3}{(n+1)!}.$$

例 2 证明:$\ln(1+x) = x - \frac{x^2}{2} + \frac{x^3}{3} - \cdots + (-1)^{n-1}\frac{x^n}{n} + o(x^n)$.

证 令函数 $f(x) = \ln(1+x)$,则有

$$f^{(n)}(x) = \frac{(-1)^{n-1}(n-1)!}{(1+x)^n}, \quad f^{(n)}(0) = (-1)^{n-1}(n-1)!, \quad n = 1, 2, \cdots.$$

又 $f(0) = 0$,由式(4-8)得

$$\ln(1+x) = x - \frac{x^2}{2} + \frac{x^3}{3} - \cdots + (-1)^{n-1}\frac{x^n}{n} + o(x^n).$$

类似地,可以得到

$$(1+x)^a = 1 + ax + \frac{a(a-1)}{2!}x^2 + \cdots + \frac{a(a-1)\cdots(a-n+1)}{n!}x^n + o(x^n) \quad (a \in \mathbf{R}).$$

例 3 证明:$\sin x = x - \frac{x^3}{3!} + \frac{x^5}{5!} - \cdots + (-1)^{m-1}\frac{x^{2m-1}}{(2m-1)!} + R_{2m}(x)$,其中

$$R_{2m}(x) = \frac{\sin\left[(2m+1)\frac{\pi}{2} + \theta x\right]}{(2m+1)!}x^{2m+1} = (-1)^m \frac{\cos\theta x}{(2m+1)!}x^{2m+1} \quad (0 < \theta < 1).$$

证 令函数 $f(x)=\sin x$,则有

$$f^{(n)}(x)=\sin\left(x+\frac{n\pi}{2}\right), \quad f^{(n)}(0)=\sin\frac{n\pi}{2}, \quad n=1,2,\cdots.$$

由此知 $f^{(n)}(0)$ 依次循环取四个数 $1,0,-1,0(n=1,2,\cdots)$,又 $f(0)=0$,由式(4-7)得

$$\sin x=x-\frac{x^3}{3!}+\frac{x^5}{5!}-\cdots+(-1)^{m-1}\frac{x^{2m-1}}{(2m-1)!}+R_{2m}(x),$$

其中 $R_{2m}(x)=\dfrac{\sin\left[(2m+1)\dfrac{\pi}{2}+\theta x\right]}{(2m+1)!}x^{2m+1}=(-1)^m\dfrac{\cos\theta x}{(2m+1)!}x^{2m+1}(0<\theta<1).$

类似地,可以得到

$$\cos x=1-\frac{x^2}{2!}+\frac{x^4}{4!}-\cdots+(-1)^m\frac{x^{2m}}{(2m)!}+(-1)^{m+1}\frac{\cos\theta x}{(2m+2)!}x^{2m+2} \quad (0<\theta<1).$$

例 4 利用带有佩亚诺型余项的麦克劳林公式计算极限 $\lim\limits_{x\to 0}\dfrac{e^{x^2}+2\cos x-3}{x^4}$.

解 因为

$$e^{x^2}=1+x^2+\frac{x^4}{2!}+o(x^4), \quad \cos x=1-\frac{x^2}{2!}+\frac{x^4}{4!}+o(x^4),$$

所以

$$e^{x^2}+2\cos x-3=\left(\frac{1}{2!}+2\cdot\frac{1}{4!}\right)x^4+o(x^4),$$

从而

$$\lim_{x\to 0}\frac{e^{x^2}+2\cos x-3}{x^4}=\lim_{x\to 0}\frac{\dfrac{7}{12}x^4+o(x^4)}{x^4}=\frac{7}{12}.$$

习 题 4.6

泰勒公式
的应用

1. 按 $(x-4)$ 的幂展开多项式函数 $f(x)=x^4-5x^3+x^2-3x+4$.
2. 求函数 $f(x)=\ln x$ 按 $(x-2)$ 的幂展开的带有佩亚诺型余项的 n 阶泰勒公式.
3. 求函数 $f(x)=\dfrac{1}{x}$ 按 $(x+1)$ 的幂展开的带有拉格朗日型余项的 n 阶泰勒公式.
4. 求函数 $y=xe^x$ 的带有佩亚诺型余项的 n 阶麦克劳林公式.
5. 利用泰勒公式求下列极限:

(1) $\lim\limits_{x\to 0}\dfrac{\cos x-e^{-\frac{x^2}{2}}}{x^2[x+\ln(1-x)]}$;

(2) $\lim\limits_{x\to 0}\dfrac{\sin x-x+\dfrac{1}{6}x^3}{x^5}$.

自测题四

1. 填空题:

(1) 曲线 $f(x) = 1 + \dfrac{36x}{(x+3)^2}$ 的水平渐近线为_____;

(2) 已知 $\lim\limits_{x\to\infty} f'(x) = 2$,则 $\lim\limits_{x\to\infty}[f(x+3) - f(x)] =$ _____;

(3) 函数 $y = x^3 - x^2 - x + 1$ 的单调减区间为_____,其图形的拐点坐标是_____;

(4) 函数 $y = x^3 + 2x + 1$ 在 $(-\infty, +\infty)$ 内有_____个零点;

(5) 极限 $\lim\limits_{x\to\frac{\pi}{2}} \dfrac{\tan x}{\tan 3x} =$ _____;

(6) 函数 $y = x + \sqrt{1-x}$ 在区间 $[-5, 1]$ 上的最小值是_____;

(7) 已知函数 $f(x) = \mathrm{e}^{-x} \ln ax$ 在点 $x = \dfrac{1}{2}$ 处取得极值,则 $a =$ _____.

2. 选择题:

(1) 已知函数 $f(x)$ 在 $(-\infty, +\infty)$ 内有二阶连续导数,且 $f(0) = 0, f'(0) = 1, f''(0) = -2$,则 $\lim\limits_{x\to 0} \dfrac{f(x) - x}{x^2}$ ( );

A. 不存在   B. 等于 0   C. 等于 -1 D. 等于 -2

(2) 在区间 $[-1, 1]$ 上满足罗尔中值定理条件的函数是( );

A. $f(x) = \dfrac{1}{x^2}$ B. $f(x) = |x|$

C. $f(x) = 1 - x^2$ D. $f(x) = x^2 - 2x - 1$

(3) 曲线 $y = x\mathrm{e}^{-3x}$ 的拐点坐标是( );

A. $\left(\dfrac{2}{3}, \dfrac{2}{3}\mathrm{e}^{-2}\right)$ B. $\left(\dfrac{1}{3}, \dfrac{1}{3}\mathrm{e}^{-1}\right)$ C. $(0, 0)$ D. $(1, \mathrm{e}^{-3})$

(4) 设 $f'(x) = (x-1)(2x+1), x \in (-\infty, +\infty)$,则在区间 $\left(\dfrac{1}{2}, 1\right)$ 内曲线 $y = f(x)$ 是( );

A. 单调增加且凹的   B. 单调减少且凹的

C. 单调增加且凸的   D. 单调减少且凸的

(5) 如果一个连续函数在闭区间上既有极大值,也有极小值,则( );

A. 极大值一定是最大值   B. 极大值一定是最小值

C. 极大值一定比极小值大   D. 极大值不一定是最大值

(6) 设函数 $f(x)$ 在 (a, b) 内连续,$x_0 \in (a, b)$,且 $f'(x_0) = f''(x_0) = 0$,则 $f(x)$ 在点 x_0 处( );

A. 取得极大值   B. 取得极小值

C. 一定有拐点 $(x_0, f(x_0))$ D. 可能取得极值,也可能有拐点

(7) 已知函数 $f(x)$ 在点 $x = 0$ 的某个邻域内连续,且 $f(0) = 0, \lim\limits_{x\to 0} \dfrac{f(x)}{1 - \cos x} = 2$,则 $f(x)$ 在点 $x = 0$ 处( );

A. 不可导   B. 可导,且 $f'(0) \neq 0$

C. 取得极大值   D. 取得极小值

(8) 设函数 $f(x)$ 在 $(-\infty, +\infty)$ 内有二阶连续导数,且 $f'(0) = 0, \lim\limits_{x\to 0} \dfrac{f''(x)}{|x|} = 1$,则( ).

A. $f(0)$ 是 $f(x)$ 的极大值 　　　　　　　　B. $f(0)$ 是 $f(x)$ 的极小值
C. $(0,f(0))$ 是曲线 $y=f(x)$ 的拐点　　　　D. $f(0)$ 不是 $f(x)$ 的极值

3. 设 $a>b>0, n>1$，证明：$nb^{n-1}(a-b)<a^n-b^n<na^{n-1}(a-b)$.

4. 设函数 $f(x)$ 在区间 $[0,1]$ 上可导，$0<f(x)<1$，且对于任意的 $x\in(0,1)$，都有 $f'(x)\neq 1$. 证明：在 $(0,1)$ 内有且仅有一个点 ξ，使得 $f(\xi)=\xi$.

5. 证明：多项式函数 $f(x)=x^3-3x+a$（a 为常数）在区间 $[0,1]$ 上不可能有两个零点.

6. 利用曲线的凹凸性证明：$x\ln x+y\ln y>(x+y)\ln\dfrac{x+y}{2}$（$x>0, y>0, x\neq y$）.

7. 用洛必达法则求下列极限：

(1) $\lim\limits_{x\to-1}\left[\dfrac{1}{x+1}-\dfrac{1}{\ln(x+2)}\right]$；

(2) $\lim\limits_{x\to 0}(\sin x+e^x)^{\frac{1}{x}}$.

8. 讨论下列函数的单调性：

(1) $y=x-e^x$；

(2) $y=\ln(x+\sqrt{1+x^2})$.

9. 讨论下列曲线的凹凸性并求其拐点：

(1) $y=x^4(12\ln x-7)$；

(2) $y=1+\sqrt[3]{x-2}$.

10. 作半径为 r 的球的外切正圆锥，问：此圆锥的高 h 为何值时，其体积 V 最小？并求出该体积的最小值.

第五章

不 定 积 分

在一元函数微分学的学习中,我们讨论了求已知函数的导数的问题,本章将讨论它的反问题,即要寻求一个可导函数,使它的导数等于已知函数. 这是微积分学的基本问题之一.

§5.1 不定积分的概念与性质

一、原函数的概念

定义 5.1 若定义在区间 I 上的函数 $f(x)$ 与可导函数 $F(x)$ 满足关系:对任意的 $x \in I$,都有

$$F'(x) = f(x) \quad 或 \quad \mathrm{d}F(x) = f(x)\mathrm{d}x,$$

则称 $F(x)$ 为 $f(x)$ 在区间 I 上的一个**原函数**.

例如,因 $(\sin x)' = \cos x$,故 $\sin x$ 是 $\cos x$ 的一个原函数.
又如,当 $x \in (1, +\infty)$ 时,有

$$[\ln(x + \sqrt{x^2 - 1})]' = \frac{1}{\sqrt{x^2 - 1}},$$

原函数与
不定积分的概念

故 $\ln(x + \sqrt{x^2 - 1})$ 是 $\dfrac{1}{\sqrt{x^2 - 1}}$ 在 $(1, +\infty)$ 内的一个原函数.

函数可导要具备一定的条件,那么一个函数的原函数存在,要具备什么条件呢?这个问题将在下一章中讨论,这里先介绍一个结论.

定理 5.1 (原函数存在定理) 如果函数 $f(x)$ 在区间 I 上连续,则在区间 I 上存在可导函数 $F(x)$,使得对任意的 $x \in I$,都有

$$F'(x) = f(x).$$

简单来说,连续函数一定有原函数,即连续是原函数存在的一个充分条件.

对于原函数,还要说明以下两点.

(1) 如果函数 $f(x)$ 有一个原函数,那么 $f(x)$ 就有无限多个原函数.

这是因为若 $F'(x) = f(x)$,则对任意常数 C,都有

$$[F(x) + C]' = f(x).$$

上式说明，若 $F(x)$ 是 $f(x)$ 的一个原函数，则对任意常数 C，$F(x)+C$ 都是 $f(x)$ 的原函数.

(2) 函数 $f(x)$ 的任意两个原函数 $G(x)$ 与 $F(x)$ 的关系是
$$G(x)=F(x)+C_0 \quad (C_0 为常数).$$

这是因为若 $F'(x)=f(x)$，$G'(x)=f(x)$，则
$$[G(x)-F(x)]'=G'(x)-F'(x)=0.$$

在上一章中已证明了导数恒为零的函数必为常数，所以
$$G(x)-F(x)=C_0 \quad (C_0 为常数).$$

也就是说，函数 $f(x)$ 的任意两个原函数之间只相差一个常数. 因此，当 C 为任意常数时，$F(x)+C$ 就表示 $f(x)$ 的全体原函数，称为 $f(x)$ 的**原函数族**.

二、不定积分的概念

定义 5.2　在区间 I 上，函数 $f(x)$ 的全体原函数 $F(x)+C$ 称为 $f(x)$ 在区间 I 上的**不定积分**，记为 $\int f(x)\,dx$，即
$$\int f(x)\,dx=F(x)+C,$$

其中记号 $\int$ 称为**积分号**，$f(x)$ 称为**被积函数**，$f(x)\,dx$ 称为**被积表达式**，x 称为**积分变量**.

定义 5.2 表明，求不定积分就是求函数 $f(x)$ 在区间 I 上的一个原函数加上任意常数.

例 1　求 $\int 3x^2\,dx$.

解　对任意的 $x\in(-\infty,+\infty)$，有 $(x^3)'=3x^2$，于是 x^3 是 $3x^2$ 在 $(-\infty,+\infty)$ 内的一个原函数，从而
$$\int 3x^2\,dx=x^3+C.$$

例 2　求 $\int \dfrac{1}{x}\,dx$.

解　当 $x>0$ 时，有 $(\ln x)'=\dfrac{1}{x}$，于是 $\ln x$ 是 $\dfrac{1}{x}$ 在 $(0,+\infty)$ 内的一个原函数，从而
$$\int \frac{1}{x}\,dx=\ln x+C.$$

当 $x<0$ 时，有 $[\ln(-x)]'=\dfrac{1}{x}$，于是 $\ln(-x)$ 是 $\dfrac{1}{x}$ 在 $(-\infty,0)$ 内的一个原函数，从而
$$\int \frac{1}{x}\,dx=\ln(-x)+C.$$

综上可得
$$\int \frac{1}{x}\,dx=\ln|x|+C \quad (x\neq 0).$$

三、不定积分的几何意义

由例 1 可知,函数 $3x^2$ 的不定积分为 x^3+C,对每一个给定的 C,都有 $3x^2$ 的一个原函数,它在几何上对应于一条曲线,称为**积分曲线**,而 $3x^2$ 正是积分曲线在点 x 处的斜率. 因为 C 可任意取值,所以 x^3+C 对应于一族曲线,称为**积分曲线族**. 在同一横坐标 $x=x_0$ 处,积分曲线族中任一曲线的切线有相同的斜率 $3x_0^2$,即它们的切线平行,只是它们的纵坐标相差一个常数,所以任一曲线都可以由曲线 $y=x^3$ 在纵轴方向平移一个常数而得到(见图 5.1). 对于一般函数 $f(x)$ 的不定积分,同样有以上结论.

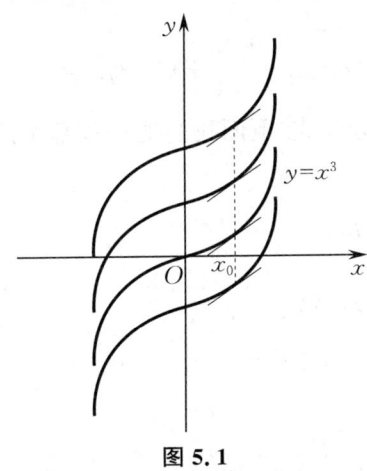

图 5.1

例 3 求经过点 $(2,3)$,且其切线的斜率为 $2x$ 的曲线方程.

解 由
$$\int 2x\,dx = x^2 + C,$$
得积分曲线族 $y=x^2+C$. 将 $x=2$,$y=3$ 代入,得 $C=-1$,所以
$$y = x^2 - 1$$
就是所求的曲线方程.

四、基本积分表

由不定积分的定义可知,求原函数或不定积分与求导数或微分互为逆运算.

(1) 先积分后求导(或微分),函数 $f(x)$ 还原:
$$\frac{d}{dx}\left[\int f(x)\,dx\right] = f(x),$$
或者
$$d\left[\int f(x)\,dx\right] = f(x)\,dx. \tag{5-1}$$

(2) 先求导(或微分)后积分,与函数 $f(x)$ 相差一个常数:
$$\int f'(x)\,dx = f(x) + C,$$

或者
$$\int \mathrm{d}f(x) = f(x) + C. \qquad (5-2)$$

既然积分运算与微分运算是互逆的,那么很自然地可以从导数公式得到相应的积分公式. 例如,因为
$$\left(\frac{x^{\mu+1}}{\mu+1}\right)' = x^{\mu} \quad (\mu \neq -1),$$

即 $\dfrac{x^{\mu+1}}{\mu+1}$ 是 x^{μ} 的一个原函数,所以有积分公式

$$\int x^{\mu}\mathrm{d}x = \frac{x^{\mu+1}}{\mu+1} + C \quad (\mu \neq -1).$$

类似地,可以得到其他的积分公式. 下面我们把一些基本的积分公式列成一个表,这个表通常叫作**基本积分表**.

① $\int k\,\mathrm{d}x = kx + C$ (k 为常数);

② $\int x^{\mu}\mathrm{d}x = \dfrac{x^{\mu+1}}{\mu+1} + C$ ($\mu \neq -1$);

③ $\int \dfrac{\mathrm{d}x}{x} = \ln|x| + C$;

④ $\int \dfrac{\mathrm{d}x}{1+x^2} = \arctan x + C$;

⑤ $\int \dfrac{\mathrm{d}x}{\sqrt{1-x^2}} = \arcsin x + C$;

⑥ $\int \cos x\,\mathrm{d}x = \sin x + C$;

⑦ $\int \sin x\,\mathrm{d}x = -\cos x + C$;

⑧ $\int \dfrac{\mathrm{d}x}{\cos^2 x} = \int \sec^2 x\,\mathrm{d}x = \tan x + C$;

⑨ $\int \dfrac{\mathrm{d}x}{\sin^2 x} = \int \csc^2 x\,\mathrm{d}x = -\cot x + C$;

⑩ $\int \sec x \tan x\,\mathrm{d}x = \sec x + C$;

⑪ $\int \csc x \cot x\,\mathrm{d}x = -\csc x + C$;

⑫ $\int \mathrm{e}^x\,\mathrm{d}x = \mathrm{e}^x + C$;

⑬ $\int a^x\,\mathrm{d}x = \dfrac{1}{\ln a}a^x + C$ ($a > 0, a \neq 1$).

以上 13 个基本积分公式是求不定积分的基础,必须熟记. 下面举几个应用基本积分公式②的例子.

例 4 求 $\int \dfrac{\mathrm{d}x}{x^3}$.

解 $\int \dfrac{\mathrm{d}x}{x^3} = \int x^{-3}\,\mathrm{d}x = \dfrac{x^{-3+1}}{-3+1} + C = -\dfrac{1}{2x^2} + C.$

例 5 求 $\int x^2 \sqrt{x}\,\mathrm{d}x$.

解 $\int x^2 \sqrt{x}\,\mathrm{d}x = \int x^{\frac{5}{2}}\,\mathrm{d}x = \dfrac{x^{\frac{5}{2}+1}}{\frac{5}{2}+1} + C = \dfrac{2}{7} x^{\frac{7}{2}} + C.$

例 6 求 $\int \dfrac{\mathrm{d}x}{x \sqrt[3]{x}}$.

解 $\int \dfrac{\mathrm{d}x}{x \sqrt[3]{x}} = \int x^{-\frac{4}{3}}\,\mathrm{d}x = \dfrac{x^{-\frac{4}{3}+1}}{-\frac{4}{3}+1} + C = -\dfrac{3}{\sqrt[3]{x}} + C.$

上面三个例子表明,有时被积函数实际是幂函数,但用分式或根式表示. 遇到这种情况,应先把它化成幂函数 x^μ 的形式,然后应用幂函数的积分公式 ② 求出不定积分.

五、不定积分的性质

根据不定积分的定义,可以证明它有如下两个性质.

性质 1 两个函数代数和的不定积分等于各个函数的不定积分的代数和,即

$$\int [f(x) \pm g(x)]\,\mathrm{d}x = \int f(x)\,\mathrm{d}x \pm \int g(x)\,\mathrm{d}x. \tag{5-3}$$

性质 2 求不定积分时,被积函数的非零常数因子可以提到积分号外面,即

$$\int k f(x)\,\mathrm{d}x = k \int f(x)\,\mathrm{d}x \quad (k \neq 0 \text{ 为常数}). \tag{5-4}$$

以上两条性质不难证明,只要将等式的两边分别求导数,验证两边有相等的导数即可,读者不妨自行证明. 其中的性质 1 还可以推广到有限多个函数的代数和的情况.

利用基本积分表及不定积分的性质,可以求出一些简单函数的不定积分.

例 7 求 $\int \sqrt{x}\,(x^2 - 5)\,\mathrm{d}x$.

解 $\int \sqrt{x}\,(x^2 - 5)\,\mathrm{d}x = \int (x^{\frac{5}{2}} - 5 x^{\frac{1}{2}})\,\mathrm{d}x = \int x^{\frac{5}{2}}\,\mathrm{d}x - \int 5 x^{\frac{1}{2}}\,\mathrm{d}x$

$= \int x^{\frac{5}{2}}\,\mathrm{d}x - 5 \int x^{\frac{1}{2}}\,\mathrm{d}x = \dfrac{2}{7} x^{\frac{7}{2}} - 5 \cdot \dfrac{2}{3} x^{\frac{3}{2}} + C$

$= \dfrac{2}{7} x^{\frac{7}{2}} - \dfrac{10}{3} x^{\frac{3}{2}} + C.$

注 积分运算的结果是否正确,可以通过它的逆运算——求导运算来加以验证. 如果积分结果的导数等于被积函数,那么积分结果是正确的,否则便是错误的. 因为

$$\left(\frac{2}{7}x^{\frac{7}{2}}-\frac{10}{3}x^{\frac{3}{2}}+C\right)'=x^{\frac{5}{2}}-5x^{\frac{1}{2}}=\sqrt{x}\,(x^2-5),$$

所以积分结果是正确的.

例 8 求 $\int \dfrac{(x-1)^3}{x^2}\mathrm{d}x$.

解 $\int \dfrac{(x-1)^3}{x^2}\mathrm{d}x = \int \dfrac{x^3-3x^2+3x-1}{x^2}\mathrm{d}x = \int\left(x-3+\dfrac{3}{x}-\dfrac{1}{x^2}\right)\mathrm{d}x$
$= \int x\,\mathrm{d}x - 3\int \mathrm{d}x + 3\int \dfrac{\mathrm{d}x}{x} - \int \dfrac{\mathrm{d}x}{x^2} = \dfrac{x^2}{2}-3x+3\ln|x|+\dfrac{1}{x}+C.$

例 9 求 $\int (\mathrm{e}^x-3\cos x)\,\mathrm{d}x$.

解 $\int (\mathrm{e}^x-3\cos x)\,\mathrm{d}x = \int \mathrm{e}^x\,\mathrm{d}x - 3\int \cos x\,\mathrm{d}x = \mathrm{e}^x-3\sin x+C.$

例 10 求 $\int 2^x \mathrm{e}^x\,\mathrm{d}x$.

解 $\int 2^x \mathrm{e}^x\,\mathrm{d}x = \int (2\mathrm{e})^x\,\mathrm{d}x = \dfrac{1}{\ln 2\mathrm{e}}(2\mathrm{e})^x+C = \dfrac{1}{\ln 2+1}2^x\mathrm{e}^x+C.$

注 例 10 中我们先使用了关系式

$$2^x \mathrm{e}^x = (2\mathrm{e})^x,$$

并且把 $2\mathrm{e}$ 看成积分公式 ⑬ 中的 a,再用这个公式.

当被积函数在基本积分表中找不到时,我们可以通过简单的变化把它进行分项(或拆项),再逐项积分.

例 11 求 $\int \dfrac{x^4}{1+x^2}\mathrm{d}x$.

解 $\int \dfrac{x^4}{1+x^2}\mathrm{d}x = \int \dfrac{x^4-1+1}{1+x^2}\mathrm{d}x = \int \dfrac{(x^2-1)(x^2+1)+1}{1+x^2}\mathrm{d}x$
$= \int\left(x^2-1+\dfrac{1}{1+x^2}\right)\mathrm{d}x = \int x^2\,\mathrm{d}x - \int \mathrm{d}x + \int \dfrac{\mathrm{d}x}{1+x^2}$
$= \dfrac{1}{3}x^3-x+\arctan x+C.$

例 12 求 $\int \tan^2 x\,\mathrm{d}x$.

解 $\int \tan^2 x\,\mathrm{d}x = \int (\sec^2 x-1)\,\mathrm{d}x = \int \sec^2 x\,\mathrm{d}x - \int \mathrm{d}x = \tan x-x+C.$

例 13 求 $\int \sin^2\dfrac{x}{2}\,\mathrm{d}x$.

解 $\int \sin^2 \dfrac{x}{2} dx = \int \dfrac{1}{2}(1-\cos x) dx = \dfrac{1}{2}\int dx - \dfrac{1}{2}\int \cos x dx = \dfrac{1}{2}x - \dfrac{1}{2}\sin x + C.$

例 14 求 $\int \dfrac{dx}{\sin^2 \dfrac{x}{2} \cos^2 \dfrac{x}{2}}.$

解 $\int \dfrac{dx}{\sin^2 \dfrac{x}{2} \cos^2 \dfrac{x}{2}} = \int \dfrac{dx}{\left(\dfrac{\sin x}{2}\right)^2} = 4\int \dfrac{dx}{\sin^2 x} = -4\cot x + C.$

注 当被积函数含有三角函数时，可以通过三角恒等式进行变形，化为基本积分表中已有的类型，然后再积分.

习　题　5.1

1. 求下列不定积分：

(1) $\int \dfrac{dx}{x^5}$；

(2) $\int \dfrac{dx}{x^2 \sqrt{x}}$；

(3) $\int 5x^4 dx$；

(4) $\int \sqrt[m]{x^n} dx$ (m,n 为非零常数)；

(5) $\int (x^2 - 3x + 2) dx$；

(6) $\int \sqrt{x}(x+3) dx$；

(7) $\int \dfrac{(x+1)^2}{x^2} dx$；

(8) $\int \dfrac{x^2}{1+x^2} dx$；

(9) $\int \dfrac{x^2 + x + 1}{x(x^2+1)} dx$；

(10) $\int \left(\dfrac{3}{1+x^2} + \dfrac{1}{\sqrt{1-x^2}}\right) dx$；

(11) $\int \left(2e^x + \dfrac{3}{x}\right) dx$；

(12) $\int 3^x e^x dx$；

(13) $\int \dfrac{dx}{x^2(1+x^2)}$；

(14) $\int \dfrac{e^{2x}-1}{e^x-1} dx$；

(15) $\int \sec x (\sec x - \tan x) dx$；

(16) $\int \cos^2 \dfrac{x}{2} dx$；

(17) $\int \dfrac{\cos 2x}{\cos x - \sin x} dx$；

(18) $\int \dfrac{dx}{1+\cos 2x}$.

2. 一曲线通过点 $(e^2, 3)$，且在任意点处的切线的斜率等于该点横坐标的倒数，求该曲线的方程.

3. 已知一质点在时刻 t 的速度为 $v = 3t + 2$，且 $t=0$ 时路程 $s = 5$，求此质点的运动方程.

§5.2　换元积分法

利用基本积分表与不定积分的性质所能计算的不定积分是非常有限的.因此，有必要进一步研究不定积分的求法.本节我们将基于复合函数的微分法则，利用中间变量的代换，得到复合函数的不定积分的求法，称为**不定积分的换元积分法**，简称**换元法**.换元积分法通常分为两类,第一类是把积分变量 x 作为自变量,引入中间变量 $u=\varphi(x)$;第二类是把积分变量 x 作为中间变量,引入自变量 t,做变换 $x=\varphi(t)$,从而将复杂的被积函数化为较简单的类型,进一步利用基本积分表与不定积分的性质求出积分. 下面先讨论第一类换元积分法.

一、第一类换元积分法

设函数 $f(u)$ 具有原函数 $F(u)$,即
$$F'(u)=f(u), \quad \int f(u)\,\mathrm{d}u=F(u)+C.$$
如果要求的积分具有以下形式:

不定积分的第一类换元积分法

$$\int f[\varphi(x)]\varphi'(x)\,\mathrm{d}x,$$

则根据复合函数的微分法则,有
$$\mathrm{d}F[\varphi(x)]=f[\varphi(x)]\varphi'(x)\,\mathrm{d}x=f[\varphi(x)]\,\mathrm{d}\varphi(x),$$
从而根据不定积分的定义得
$$\int f[\varphi(x)]\varphi'(x)\,\mathrm{d}x=\int f[\varphi(x)]\,\mathrm{d}\varphi(x)=F[\varphi(x)]+C=\left[\int f(u)\,\mathrm{d}u\right]\Big|_{u=\varphi(x)}.$$
于是,有下述定理.

定理 5.2 (**第一类换元积分法**) 设函数 $f(u)$ 具有原函数,函数 $u=\varphi(x)$ 可导,则有换元公式
$$\int f[\varphi(x)]\varphi'(x)\,\mathrm{d}x=\left[\int f(u)\,\mathrm{d}u\right]\Big|_{u=\varphi(x)}. \tag{5-5}$$

注 第一类换元积分法又称为**凑微分法**.

由定理 5.2 可见,虽然 $\int f[\varphi(x)]\varphi'(x)\,\mathrm{d}x$ 是一个整体的记号,但从形式上看,被积表达式中的 $\mathrm{d}x$ 也可当作变量 x 的微分来对待,从而微分等式 $\varphi'(x)\,\mathrm{d}x=\mathrm{d}u$ 可以方便地应用到被积表达式中来.

如何应用式 (5-5) 来求不定积分呢? 设要求 $\int g(x)\,\mathrm{d}x$,且满足以下两个条件:

(1) $g(x)$ 可以改写为 $f[\varphi(x)]\varphi'(x)$ (凑微分);
(2) $f(u)$ 具有原函数 $F(u)$.

这样,函数 $g(x)$ 的积分就可以转化为函数 $f(u)$ 的积分,即有
$$\int g(x)\,\mathrm{d}x=\int f[\varphi(x)]\varphi'(x)\,\mathrm{d}x=\left[\int f(u)\,\mathrm{d}u\right]\Big|_{u=\varphi(x)}.$$
如果能求得 $f(u)$ 的原函数,那么也就得到了 $g(x)$ 的原函数.

例 1 求 $\int 2\cos 2x\,\mathrm{d}x$.

解 $\int 2\cos 2x\,\mathrm{d}x=\int \cos 2x\,(2x)'\,\mathrm{d}x=\int \cos 2x\,\mathrm{d}(2x)=\left(\int \cos u\,\mathrm{d}u\right)\Big|_{u=2x}$
$=\sin u+C=\sin 2x+C.$

例 2 求 $\int \dfrac{\mathrm{d}x}{3x+2}.$

解 $\int \dfrac{\mathrm{d}x}{3x+2} = \dfrac{1}{3}\int \dfrac{(3x+2)'}{3x+2}\mathrm{d}x = \dfrac{1}{3}\int \dfrac{\mathrm{d}(3x+2)}{3x+2} = \left(\dfrac{1}{3}\int \dfrac{\mathrm{d}u}{u}\right)\Big|_{u=3x+2}$

$= \dfrac{1}{3}\ln|u| + C = \dfrac{1}{3}\ln|3x+2| + C.$

例 3 求 $\int 2x\,\mathrm{e}^{x^2}\mathrm{d}x$.

解 $\int 2x\,\mathrm{e}^{x^2}\mathrm{d}x = \int \mathrm{e}^{x^2}(x^2)'\mathrm{d}x = \int \mathrm{e}^{x^2}\mathrm{d}(x^2) = \left(\int \mathrm{e}^u\,\mathrm{d}u\right)\Big|_{u=x^2}$

$= \mathrm{e}^u + C = \mathrm{e}^{x^2} + C.$

例 4 求 $\int x\sqrt{1-x^2}\,\mathrm{d}x$.

解 $\int x\sqrt{1-x^2}\,\mathrm{d}x = -\dfrac{1}{2}\int (1-x^2)^{\frac{1}{2}}(-2x)\mathrm{d}x = -\dfrac{1}{2}\int (1-x^2)^{\frac{1}{2}}(1-x^2)'\mathrm{d}x$

$= -\dfrac{1}{2}\int (1-x^2)^{\frac{1}{2}}\mathrm{d}(1-x^2) = \left(-\dfrac{1}{2}\int u^{\frac{1}{2}}\mathrm{d}u\right)\Big|_{u=1-x^2}$

$= -\dfrac{1}{3}u^{\frac{3}{2}} + C = -\dfrac{1}{3}(1-x^2)^{\frac{3}{2}} + C.$

例 5 求 $\int \dfrac{\mathrm{d}x}{x(1+2\ln x)}$.

解 $\int \dfrac{\mathrm{d}x}{x(1+2\ln x)} = \int \dfrac{1}{1+2\ln x}\cdot\dfrac{1}{x}\mathrm{d}x = \dfrac{1}{2}\int \dfrac{1}{1+2\ln x}(1+2\ln x)'\mathrm{d}x$

$= \dfrac{1}{2}\int \dfrac{\mathrm{d}(1+2\ln x)}{1+2\ln x} = \left(\dfrac{1}{2}\int \dfrac{\mathrm{d}u}{u}\right)\Big|_{u=1+2\ln x}$

$= \dfrac{1}{2}\ln|u| + C = \dfrac{1}{2}\ln|1+2\ln x| + C.$

例 6 求 $\int \dfrac{\mathrm{d}x}{a^2+x^2}\,(a\neq 0)$.

解 $\int \dfrac{\mathrm{d}x}{a^2+x^2} = \int \dfrac{1}{a}\cdot\dfrac{\left(\dfrac{x}{a}\right)'}{1+\left(\dfrac{x}{a}\right)^2}\mathrm{d}x = \dfrac{1}{a}\int \dfrac{\mathrm{d}\left(\dfrac{x}{a}\right)}{1+\left(\dfrac{x}{a}\right)^2}$

$= \left(\dfrac{1}{a}\int \dfrac{\mathrm{d}u}{1+u^2}\right)\Big|_{u=\frac{x}{a}} = \dfrac{1}{a}\arctan u + C = \dfrac{1}{a}\arctan\dfrac{x}{a} + C.$

类似地,当 $a>0$ 时,有

$$\int \dfrac{\mathrm{d}x}{\sqrt{a^2-x^2}} = \arcsin\dfrac{x}{a} + C.$$

例 7 求 $\int \dfrac{\mathrm{d}x}{\sqrt{4-x^2}}$.

解 $\int \dfrac{\mathrm{d}x}{\sqrt{4-x^2}} = \arcsin \dfrac{x}{2} + C.$

对变量代换比较熟练以后,就不一定要写出中间变量 u,直接把 $\varphi(x)$ 当作 u 就行了.

例 8 求 $\int \dfrac{\mathrm{d}x}{x^2-a^2}(a \neq 0).$

解 因为

$$\dfrac{1}{x^2-a^2} = \dfrac{1}{2a}\left(\dfrac{1}{x-a} - \dfrac{1}{x+a}\right),$$

所以

$$\int \dfrac{\mathrm{d}x}{x^2-a^2} = \dfrac{1}{2a}\int\left(\dfrac{1}{x-a} - \dfrac{1}{x+a}\right)\mathrm{d}x = \dfrac{1}{2a}\left(\int\dfrac{\mathrm{d}x}{x-a} - \int\dfrac{\mathrm{d}x}{x+a}\right)$$

$$= \dfrac{1}{2a}\left[\int\dfrac{\mathrm{d}(x-a)}{x-a} - \int\dfrac{\mathrm{d}(x+a)}{x+a}\right] = \dfrac{1}{2a}(\ln|x-a| - \ln|x+a|) + C$$

$$= \dfrac{1}{2a}\ln\left|\dfrac{x-a}{x+a}\right| + C.$$

例 9 求 $\int \dfrac{\mathrm{d}x}{\cos x}.$

解 $\int \dfrac{\mathrm{d}x}{\cos x} = \int\dfrac{\cos x}{\cos^2 x}\mathrm{d}x = \int\dfrac{\cos x}{1-\sin^2 x}\mathrm{d}x = \int\dfrac{\mathrm{d}(\sin x)}{1-\sin^2 x} = \int\dfrac{\mathrm{d}(\sin x)}{(1-\sin x)(1+\sin x)}$

$$= \dfrac{1}{2}\int\dfrac{\mathrm{d}(\sin x)}{1+\sin x} + \dfrac{1}{2}\int\dfrac{\mathrm{d}(\sin x)}{1-\sin x} = \dfrac{1}{2}\int\dfrac{\mathrm{d}(1+\sin x)}{1+\sin x} - \dfrac{1}{2}\int\dfrac{\mathrm{d}(1-\sin x)}{1-\sin x}$$

$$= \dfrac{1}{2}\ln|1+\sin x| - \dfrac{1}{2}\ln|1-\sin x| + C = \dfrac{1}{2}\ln\left|\dfrac{1+\sin x}{1-\sin x}\right| + C$$

$$= \dfrac{1}{2}\ln\left|\dfrac{(1+\sin x)^2}{1-\sin^2 x}\right| + C = \dfrac{1}{2}\ln\left|\dfrac{1+\sin x}{\cos x}\right|^2 + C$$

$$= \ln|\sec x + \tan x| + C.$$

同理,可得

$$\int\dfrac{\mathrm{d}x}{\sin x} = \int\csc x\,\mathrm{d}x = \ln|\csc x - \cot x| + C.$$

例 10 求 $\int \dfrac{1-\sin x}{x+\cos x}\mathrm{d}x.$

解 $\int\dfrac{1-\sin x}{x+\cos x}\mathrm{d}x = \int\dfrac{\mathrm{d}(x+\cos x)}{x+\cos x} = \ln|x+\cos x| + C.$

当被积函数含有三角函数时,往往要先利用三角恒等式进行变形,再利用第一类换元积分法计算.

例 11 求 $\int \sin^3 x \, dx$.

解 $\int \sin^3 x \, dx = \int \sin^2 x \sin x \, dx = -\int (1 - \cos^2 x) \, d(\cos x)$
$$= -\cos x + \frac{1}{3} \cos^3 x + C.$$

注 形如 $\int \sin^m x \cos^n x \, dx$ 的积分,当 m, n 中有一个为奇数时,将单个的 $\sin x$ 或 $\cos x$ 提出来凑微分.

例 12 求 $\int \tan x \, dx$.

解 $\int \tan x \, dx = \int \frac{\sin x}{\cos x} dx = -\int \frac{1}{\cos x} d(\cos x) = -\ln|\cos x| + C.$

同理,可得
$$\int \cot x \, dx = \ln|\sin x| + C.$$

例 13 求 $\int \cos^2 x \, dx$.

解 $\int \cos^2 x \, dx = \int \frac{1}{2} (1 + \cos 2x) \, dx = \frac{1}{2} \int dx + \frac{1}{4} \int \cos 2x \, d(2x)$
$$= \frac{x}{2} + \frac{1}{4} \sin 2x + C.$$

常用的凑微分公式如下:

① $dx = \frac{1}{a} d(ax + b) \, (a \neq 0)$;

② $x^{n-1} dx = \frac{1}{n} d(x^n) \, (n \neq 0)$;

③ $\frac{dx}{x} = d(\ln|x|) = \ln a \, d(\log_a |x|) \, (a > 0, a \neq 1)$;

④ $e^x dx = d(e^x)$;

⑤ $a^x dx = \frac{1}{\ln a} d(a^x) \, (a > 0, a \neq 1)$;

⑥ $\cos x \, dx = d(\sin x)$;

⑦ $\sin x \, dx = -d(\cos x)$;

⑧ $\frac{dx}{\cos^2 x} = \sec^2 x \, dx = d(\tan x)$;

⑨ $\frac{dx}{\sin^2 x} = \csc^2 x \, dx = -d(\cot x)$;

⑩ $\frac{dx}{\sqrt{1 - x^2}} = d(\arcsin x) = -d(\arccos x)$;

⑪ $\dfrac{dx}{1+x^2} = d(\arctan x) = -d(\text{arccot } x)$.

二、第二类换元积分法

对于积分 $\int f(x) dx$，适当地选择变量代换 $x = \varphi(t)$，化积分为下列形式：

$$\int f(x) dx = \int f[\varphi(t)] \varphi'(t) dt.$$

不定积分的第二类换元积分法

如果上式右边的被积函数具有原函数，即有

$$\int f[\varphi(t)] \varphi'(t) dt = \Phi(t) + C,$$

那么把 t 回代成 $x = \varphi(t)$ 的反函数 $t = \varphi^{-1}(x)$，即得所求的不定积分为

$$\int f(x) dx = \Phi[\varphi^{-1}(x)] + C.$$

这里要求 $x = \varphi(t)$ 单调可导且 $\varphi'(t) \neq 0$.

综上可得如下定理.

定理 5.3 （第二类换元积分法） 设函数 $x = \varphi(t)$ 单调可导且 $\varphi'(t) \neq 0$，函数 $f[\varphi(t)]\varphi'(t)$ 具有原函数，则有换元公式

$$\int f(x) dx = \left\{ \int f[\varphi(t)] \varphi'(t) dt \right\} \bigg|_{t=\varphi^{-1}(x)}, \qquad (5-6)$$

其中 $t = \varphi^{-1}(x)$ 是 $x = \varphi(t)$ 的反函数.

证 设 $f[\varphi(t)]\varphi'(t)$ 的原函数为 $\Phi(t)$，记 $\Phi[\varphi^{-1}(x)] = F(x)$. 利用复合函数及反函数的求导法则，得

$$F'(x) = \frac{d\Phi}{dt} \cdot \frac{dt}{dx} = f[\varphi(t)] \varphi'(t) \frac{1}{\varphi'(t)} = f[\varphi(t)] = f(x),$$

即 $F(x)$ 是 $f(x)$ 的一个原函数，于是有

$$\int f(x) dx = F(x) + C = \Phi[\varphi^{-1}(x)] + C = \left\{ \int f[\varphi(t)] \varphi'(t) dt \right\} \bigg|_{t=\varphi^{-1}(x)}.$$

利用式(5-6)来进行积分运算的变量代换法非常多，如果选择得当，会大大简化积分运算，常用的变量代换法主要有简单无理函数代换法、三角函数代换法和倒代换法.

1. 简单无理函数代换法（根式代换）

例 14 求 $\int \dfrac{\sqrt{x-1}}{x} dx$.

解 令 $t = \sqrt{x-1}$，则 $x = t^2 + 1, dx = 2t \, dt$. 故

$$\int \frac{\sqrt{x-1}}{x} dx = \int \frac{t}{t^2+1} \cdot 2t \, dt = 2 \int \frac{t^2}{t^2+1} dt = 2 \int \left(1 - \frac{1}{t^2+1}\right) dt$$

$$= 2t - 2\arctan t + C = 2\sqrt{x-1} - 2\arctan \sqrt{x-1} + C.$$

例 15 求 $\int \dfrac{\mathrm{d}x}{(1+\sqrt[3]{x})\sqrt{x}}$.

解 令 $t=\sqrt[6]{x}$,则 $x=t^6$,$\mathrm{d}x=6t^5\mathrm{d}t$. 故

$$\int \dfrac{\mathrm{d}x}{(1+\sqrt[3]{x})\sqrt{x}} = \int \dfrac{6t^5}{(1+t^2)t^3}\mathrm{d}t = 6\int \dfrac{t^2}{1+t^2}\mathrm{d}t$$

$$= 6(t-\arctan t)+C = 6(\sqrt[6]{x}-\arctan \sqrt[6]{x})+C.$$

由以上例题可以看出,当被积函数中含有根式 $\sqrt[n]{ax+b}$ 或 $\sqrt[n]{\dfrac{ax+b}{cx+d}}\left(\dfrac{a}{c}\neq\dfrac{b}{d}\right)$ 时,可直接令其为 t,并解出

$$x=\dfrac{1}{a}(t^n-b) \quad \text{或} \quad x=\dfrac{b-dt^n}{ct^n-a}.$$

此时,x 为 t 的有理函数,从而化去了被积函数中的 n 次根式.

2. 三角函数代换法

例 16 求 $\int \sqrt{a^2-x^2}\,\mathrm{d}x\,(a>0)$.

解 令 $x=a\sin t\left(-\dfrac{\pi}{2}\leqslant t\leqslant \dfrac{\pi}{2}\right)$,则 $\mathrm{d}x=a\cos t\,\mathrm{d}t$. 故

$$\int \sqrt{a^2-x^2}\,\mathrm{d}x = \int a\cos t \cdot a\cos t\,\mathrm{d}t = a^2\int \cos^2 t\,\mathrm{d}t = \dfrac{a^2}{2}\int (1+\cos 2t)\mathrm{d}t$$

$$= \dfrac{a^2}{2}\left(t+\dfrac{1}{2}\sin 2t\right)+C = \dfrac{a^2}{2}t+\dfrac{a^2}{2}\sin t\cos t+C$$

$$= \dfrac{a^2}{2}\arcsin \dfrac{x}{a}+\dfrac{1}{2}x\sqrt{a^2-x^2}+C.$$

例 17 求 $\int \dfrac{\mathrm{d}x}{\sqrt{a^2+x^2}}\,(a>0)$.

解 令 $x=a\tan t\left(-\dfrac{\pi}{2}<t<\dfrac{\pi}{2}\right)$,则

$$\sqrt{a^2+x^2}=a\sec t,\quad \mathrm{d}x=a\sec^2 t\,\mathrm{d}t.$$

故

$$\int \dfrac{\mathrm{d}x}{\sqrt{a^2+x^2}} = \int \dfrac{a\sec^2 t}{a\sec t}\mathrm{d}t = \int \sec t\,\mathrm{d}t = \ln|\sec t+\tan t|+C_1.$$

为了把 $\sec t$ 换成 x 的函数,可以根据 $\tan t=\dfrac{x}{a}$ 作辅助三角形(见图 5.2),则有

$$\sec t=\dfrac{\sqrt{a^2+x^2}}{a},$$

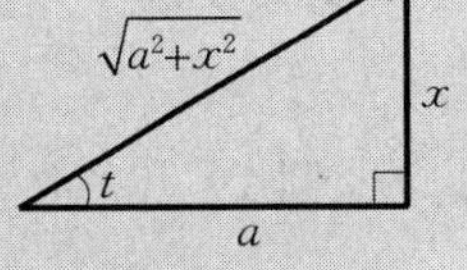

图 5.2

于是
$$\int \frac{\mathrm{d}x}{\sqrt{a^2+x^2}} = \ln\left|\frac{\sqrt{a^2+x^2}}{a} + \frac{x}{a}\right| + C_1 = \ln(x+\sqrt{a^2+x^2}) - \ln a + C_1$$
$$= \ln(x+\sqrt{a^2+x^2}) + C.$$

例 18 求 $\int \frac{\mathrm{d}x}{\sqrt{x^2-a^2}} (a>0)$.

解 当 $x>0$ 时，可令 $x = a\sec t \left(0 < t < \frac{\pi}{2}\right)$，则
$$\sqrt{x^2-a^2} = a\tan t, \quad \mathrm{d}x = a\sec t \tan t \, \mathrm{d}t.$$

故
$$\int \frac{\mathrm{d}x}{\sqrt{x^2-a^2}} = \int \frac{a\sec t \tan t}{a\tan t} \mathrm{d}t = \int \sec t \, \mathrm{d}t = \ln|\sec t + \tan t| + C_1.$$

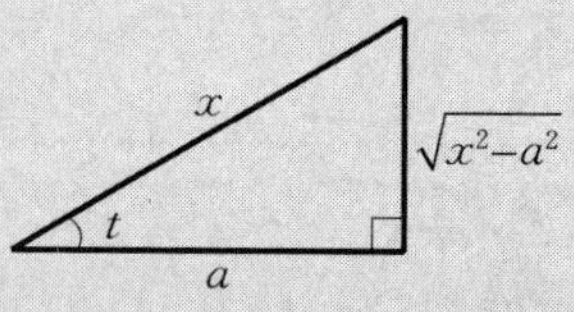

为了把 $\tan t$ 换成 x 的函数，可以根据 $\sec t = \frac{x}{a}$ 作辅助三角形（见图 5.3），则有
$$\tan t = \frac{\sqrt{x^2-a^2}}{a},$$

图 5.3

于是
$$\int \frac{\mathrm{d}x}{\sqrt{x^2-a^2}} = \ln\left|\frac{x}{a} + \frac{\sqrt{x^2-a^2}}{a}\right| + C_1 = \ln|x+\sqrt{x^2-a^2}| - \ln a + C_1$$
$$= \ln|x+\sqrt{x^2-a^2}| + C_2.$$

当 $x<0$ 时，可令 $x=-u$，则 $u>0$. 利用上面的结果可得
$$\int \frac{\mathrm{d}x}{\sqrt{x^2-a^2}} = -\int \frac{\mathrm{d}u}{\sqrt{u^2-a^2}} = -\ln(u+\sqrt{u^2-a^2}) + C_3$$
$$= -\ln(-x+\sqrt{x^2-a^2}) + C_3 = \ln\frac{-x-\sqrt{x^2-a^2}}{a^2} + C_3$$
$$= \ln(-x-\sqrt{x^2-a^2}) + C_3 - \ln a^2 = \ln|x+\sqrt{x^2-a^2}| + C_4.$$

综上可得
$$\int \frac{\mathrm{d}x}{\sqrt{x^2-a^2}} = \ln|x+\sqrt{x^2-a^2}| + C.$$

3. 倒代换法

例 19 求 $\int \frac{\mathrm{d}x}{x(x^3+1)}$.

解 令 $x = \dfrac{1}{t}$,则 $\mathrm{d}x = -\dfrac{1}{t^2}\mathrm{d}t$. 故

$$\int \frac{\mathrm{d}x}{x(x^3+1)} = \int \frac{-\dfrac{1}{t^2}}{\dfrac{1}{t}\left(\dfrac{1}{t^3}+1\right)}\mathrm{d}t = -\int \frac{t^2}{1+t^3}\mathrm{d}t = -\frac{1}{3}\int \frac{\mathrm{d}(1+t^3)}{1+t^3}$$

$$= -\frac{1}{3}\ln|1+t^3| + C = -\frac{1}{3}\ln\left|1 + \frac{1}{x^3}\right| + C.$$

在本节的例题中,有几个积分是以后经常会遇到的,所以它们通常也被当作公式使用. 常用的积分公式,除了基本积分表中的几个外,再添加下面几个(其中常数 $a > 0$).

⑭ $\int \tan x \, \mathrm{d}x = -\ln|\cos x| + C$;

⑮ $\int \cot x \, \mathrm{d}x = \ln|\sin x| + C$;

⑯ $\int \sec x \, \mathrm{d}x = \ln|\sec x + \tan x| + C$;

⑰ $\int \csc x \, \mathrm{d}x = \ln|\csc x - \cot x| + C$;

⑱ $\int \dfrac{\mathrm{d}x}{\sqrt{a^2-x^2}} = \arcsin \dfrac{x}{a} + C$;

⑲ $\int \dfrac{\mathrm{d}x}{a^2+x^2} = \dfrac{1}{a}\arctan \dfrac{x}{a} + C$;

⑳ $\int \dfrac{\mathrm{d}x}{x^2-a^2} = \dfrac{1}{2a}\ln\left|\dfrac{x-a}{x+a}\right| + C$;

㉑ $\int \dfrac{\mathrm{d}x}{\sqrt{x^2+a^2}} = \ln(x + \sqrt{x^2+a^2}) + C$;

㉒ $\int \dfrac{\mathrm{d}x}{\sqrt{x^2-a^2}} = \ln|x + \sqrt{x^2-a^2}| + C$.

实际上,当我们计算出一个有代表性的积分后,都可以收集到积分表中,因此可以构造出一个含有几百个甚至几千个积分公式的积分表.

习 题 5.2

求下列不定积分:

(1) $\int \mathrm{e}^{5x}\mathrm{d}x$;

(2) $\int \dfrac{\mathrm{d}x}{2-3x}$;

(3) $\int \dfrac{\sin\sqrt{t}}{\sqrt{t}}\mathrm{d}t$;

(4) $\int x\sin x^2 \, \mathrm{d}x$;

(5) $\int x\mathrm{e}^{-x^2}\mathrm{d}x$;

(6) $\int \dfrac{3x^3}{1+x^4}\mathrm{d}x$;

(7) $\int \dfrac{x+1}{x^2+2x+1}\mathrm{d}x$;

(8) $\int \dfrac{\mathrm{d}x}{\sin x \cos x}$;

(9) $\int \dfrac{\sin x}{\cos^3 x}\mathrm{d}x$;

(10) $\int \cos^3 x\,\mathrm{d}x$;

(11) $\int \tan^3 t \sec t\,\mathrm{d}t$;

(12) $\int \sin 5x \sin 7x\,\mathrm{d}x$;

(13) $\int \dfrac{1+x}{\sqrt{9-4x^2}}\mathrm{d}x$;

(14) $\int \dfrac{x^3}{1+x^2}\mathrm{d}x$;

(15) $\int \dfrac{\mathrm{d}x}{(x+1)(x-2)}$;

(16) $\int \dfrac{10^{\arccos x}}{\sqrt{1-x^2}}\mathrm{d}x$;

(17) $\int \dfrac{1+\ln x}{(x\ln x)^2}\mathrm{d}x$;

(18) $\int \dfrac{x^2}{\sqrt{4-x^2}}\mathrm{d}x$;

(19) $\int \dfrac{\mathrm{d}x}{x\sqrt{x^2-1}}$;

(20) $\int \dfrac{\sqrt{x^2-4}}{x}\mathrm{d}x$;

(21) $\int \dfrac{\mathrm{d}x}{\sqrt{(x^2+1)^3}}$;

(22) $\int \dfrac{\mathrm{d}x}{1+\sqrt{2x}}$;

(23) $\int \dfrac{\sqrt{1+x}-1}{\sqrt{1+x}+1}\mathrm{d}x$.

§5.3 分部积分法

上一节我们在复合函数的微分法则的基础上得到了复合函数的积分方法,即换元积分法. 这一节我们将利用两个函数乘积的求导公式得到另一种求不定积分的方法——**分部积分法**.

设函数 $u=u(x)$ 及 $v=v(x)$ 具有连续导数,则两个函数乘积的导数或微分公式为
$$(uv)' = u'v + uv'$$
或
$$\mathrm{d}(uv) = v\,\mathrm{d}u + u\,\mathrm{d}v.$$

不定积分的
分部积分法

上式两边同时求不定积分,得
$$uv = \int u'v\,\mathrm{d}x + \int uv'\,\mathrm{d}x$$
或
$$uv = \int v\,\mathrm{d}u + \int u\,\mathrm{d}v.$$

如果等式右边的两个积分中有一个 $\left(\text{如}\int u\,\mathrm{d}v\right)$ 较难,而另一个 $\left(\text{如}\int v\,\mathrm{d}u\right)$ 较易,那么较难的积分就可以转化为较易的积分,有

$$\int u\,\mathrm{d}v = uv - \int v\,\mathrm{d}u. \tag{5-7}$$

式(5-7)称为**分部积分公式**. 使用分部积分公式求不定积分 $\int f(x)\,\mathrm{d}x$ 时要分以下几个步骤:

(1) 把被积函数 $f(x)$ 适当分为两部分 u 和 v',即 $f(x)=uv'$,并把 $v'\mathrm{d}x$ 凑成 $\mathrm{d}v$,原不定积分化为 $\int u\mathrm{d}v$;

(2) 使用分部积分公式 $\int u\mathrm{d}v=uv-\int v\mathrm{d}u$,公式两边的不定积分中的 u,v 恰好交换了位置;

(3) 计算 $\mathrm{d}u=u'\mathrm{d}x$,则 $\int v\mathrm{d}u=\int vu'\mathrm{d}x$;

(4) 计算 $\int vu'\mathrm{d}x$,只要这个积分比原来的积分容易,分部积分公式就可以发挥作用了.

下面通过举例说明如何运用分部积分公式求不定积分.

例 1 求 $\int x\cos x\mathrm{d}x$.

解 设 $u=x$,$\mathrm{d}v=\cos x\mathrm{d}x$,则 $\mathrm{d}u=\mathrm{d}x$,$v=\sin x$,代入分部积分公式得
$$\int x\cos x\mathrm{d}x=\int x(\sin x)'\mathrm{d}x=\int x\mathrm{d}(\sin x)$$
$$=x\sin x-\int \sin x\mathrm{d}x=x\sin x+\cos x+C.$$

注 在例 1 中,如果设 $u=\cos x$,$\mathrm{d}v=x\mathrm{d}x$,则 $\mathrm{d}u=-\sin x\mathrm{d}x$,$v=\dfrac{x^2}{2}$.于是
$$\int x\cos x\mathrm{d}x=\int \cos x\left(\dfrac{x^2}{2}\right)'\mathrm{d}x=\int \cos x\mathrm{d}\left(\dfrac{x^2}{2}\right)=\dfrac{x^2}{2}\cos x+\int \dfrac{x^2}{2}\sin x\mathrm{d}x.$$
上式右边的积分比原来的积分更不容易求出,所以在运用分部积分公式时,要选取合适的 u 和 $\mathrm{d}v$.

例 2 求 $\int x\mathrm{e}^x\mathrm{d}x$.

解 设 $u=x$,$\mathrm{d}v=\mathrm{e}^x\mathrm{d}x$,则 $\mathrm{d}u=\mathrm{d}x$,$v=\mathrm{e}^x$.于是
$$\int x\mathrm{e}^x\mathrm{d}x=\int x(\mathrm{e}^x)'\mathrm{d}x=\int x\mathrm{d}(\mathrm{e}^x)=x\mathrm{e}^x-\int \mathrm{e}^x\mathrm{d}x=x\mathrm{e}^x-\mathrm{e}^x+C=(x-1)\mathrm{e}^x+C.$$

例 3 求 $\int x^2\mathrm{e}^x\mathrm{d}x$.

解 设 $u=x^2$,$\mathrm{d}v=\mathrm{e}^x\mathrm{d}x$,则 $\mathrm{d}u=2x\mathrm{d}x$,$v=\mathrm{e}^x$.于是
$$\int x^2\mathrm{e}^x\mathrm{d}x=\int x^2\mathrm{d}(\mathrm{e}^x)=x^2\mathrm{e}^x-\int \mathrm{e}^x\mathrm{d}(x^2)=x^2\mathrm{e}^x-2\int x\mathrm{e}^x\mathrm{d}x$$
$$=x^2\mathrm{e}^x-2[(x-1)\mathrm{e}^x+C_1]=(x^2-2x+2)\mathrm{e}^x+C.$$

从以上三个例子可知,当被积函数为幂函数与三角函数或指数函数的乘积时,就选幂函数为 u,选三角函数或指数函数为 v'.幂函数通过一次分部积分后幂次可降低一次.

例 4 求 $\int x\ln x\mathrm{d}x$.

解 设 $u=\ln x$, $dv=x\,dx$, 则 $du=\dfrac{dx}{x}$, $v=\dfrac{x^2}{2}$. 于是

$$\int x\ln x\,dx=\int \ln x\,d\left(\dfrac{x^2}{2}\right)=\dfrac{x^2}{2}\ln x-\int \dfrac{x^2}{2}d(\ln x)$$

$$=\dfrac{x^2}{2}\ln x-\dfrac{1}{2}\int x^2\cdot\dfrac{1}{x}dx=\dfrac{x^2}{2}\ln x-\dfrac{x^2}{4}+C.$$

注 在对分部积分公式比较熟悉后, 可以不写出公式中的 u 与 v.

例 5 求 $\int x\arctan x\,dx$.

解 $\int x\arctan x\,dx=\int \arctan x\,d\left(\dfrac{x^2+1}{2}\right)=\dfrac{x^2+1}{2}\arctan x-\int \dfrac{x^2+1}{2}d(\arctan x)$

$$=\dfrac{x^2+1}{2}\arctan x-\int \dfrac{x^2+1}{2}\cdot\dfrac{dx}{x^2+1}=\dfrac{x^2+1}{2}\arctan x-\dfrac{x}{2}+C.$$

注 例 5 中把 $x\,dx$ 凑成 $d\left(\dfrac{x^2}{2}\right)$ 也可得到相同的结果, 只是计算稍微麻烦一点.

例 6 求 $\int \arcsin x\,dx$.

解 $\int \arcsin x\,dx=x\arcsin x-\int x\,d(\arcsin x)=x\arcsin x-\int \dfrac{x}{\sqrt{1-x^2}}dx$

$$=x\arcsin x+\dfrac{1}{2}\int \dfrac{d(1-x^2)}{\sqrt{1-x^2}}=x\arcsin x+\sqrt{1-x^2}+C.$$

注 例 6 中的被积函数只有一部分, 我们可把 dx 看成 dv. 此时分部积分公式中的 v 必须用 x 代替, 这一点往往是初学者容易漏掉的.

从以上三个例子可知, 当被积函数为反三角函数或对数函数与幂函数的乘积时, 就选反三角函数或对数函数为 u, 选幂函数为 v'.

例 7 求 $\int e^x\sin x\,dx$.

解 $\int e^x\sin x\,dx=\int e^x d(-\cos x)=-e^x\cos x+\int \cos x\,d(e^x)$

$$=-e^x\cos x+\int e^x d(\sin x)=-e^x\cos x+e^x\sin x-\int \sin x\,d(e^x)$$

$$=-e^x\cos x+e^x\sin x-\int e^x\sin x\,dx,$$

则

$$2\int e^x\sin x\,dx=e^x(\sin x-\cos x)+2C,$$

所以

$$\int e^x\sin x\,dx=\dfrac{1}{2}e^x(\sin x-\cos x)+C.$$

从例 7 可以看到,当被积函数为指数函数与正弦(或余弦)函数的乘积时,使用两次分部积分公式可求得结果. 任意选定一类函数为 u,选定另一类函数为 v',使用两次分部积分公式,则这两类函数都会还原成原来的函数,只是系数会发生变化,此时等式两边含有不同系数的原不定积分,通过移项就可以解出所求积分. 注意最后须在等式右边加上一个任意常数 C.

在求不定积分的过程中,有时要同时使用换元积分法和分部积分法,如下例.

例 8 求 $\int e^{\sqrt{x}} dx$.

解 令 $t = \sqrt{x}$,则 $x = t^2$,$dx = 2t dt$. 于是
$$\int e^{\sqrt{x}} dx = \int e^t \cdot 2t dt = 2\int t d(e^t) = 2\left(t e^t - \int e^t dt\right)$$
$$= 2(t e^t - e^t) + C = 2 e^{\sqrt{x}}(\sqrt{x} - 1) + C.$$

习 题 5.3

求下列不定积分:

(1) $\int x \sin x dx$;

(2) $\int \ln x dx$;

(3) $\int \arccos x dx$;

(4) $\int x e^{-x} dx$;

(5) $\int x \tan^2 x dx$;

(6) $\int x^2 \arctan x dx$;

(7) $\int x \cos^2 \dfrac{x}{2} dx$;

(8) $\int x \ln(x-1) dx$;

(9) $\int \dfrac{\ln^2 x}{x^2} dx$;

(10) $\int (\arcsin x)^2 dx$;

(11) $\int e^{x^{\frac{1}{3}}} dx$;

(12) $\int e^x \cos x dx$.

§5.4 有理函数的积分

有理函数是指由两个多项式函数的商所表示的函数,即具有如下形式的函数:
$$\frac{P(x)}{Q(x)} = \frac{a_n x^n + a_{n-1} x^{n-1} + \cdots + a_1 x + a_0}{b_m x^m + b_{m-1} x^{m-1} + \cdots + b_1 x + b_0},$$

其中 m, n 为正整数,$a_n, a_{n-1}, \cdots, a_1, a_0$ 及 $b_m, b_{m-1}, \cdots, b_1, b_0$ 均为常数,且 $a_n, b_m \neq 0$. 另外,不妨设 $P(x), Q(x)$ 没有公因子,且 $n < m$,即 $\dfrac{P(x)}{Q(x)}$ 为真

有理函数
的分解

分式. 因为若 $n \geq m$,则 $\dfrac{P(x)}{Q(x)}$ 可表示为一个多项式函数与真分式之和,而多项式函数的不定积分是易求的. 对于较复杂的有理函数的积分,可以通过对有理函数进行分解后再逐项积分.

例 1 求 $\int \dfrac{x+3}{x^2-5x+6}\mathrm{d}x$.

解 设

$$\dfrac{x+3}{x^2-5x+6}=\dfrac{x+3}{(x-2)(x-3)}=\dfrac{A}{x-2}+\dfrac{B}{x-3}=\dfrac{A(x-3)+B(x-2)}{(x-2)(x-3)}$$

$$=\dfrac{(A+B)x+(-3A-2B)}{(x-2)(x-3)},$$

则 $\begin{cases}A+B=1,\\-3A-2B=3,\end{cases}$ 解得 $\begin{cases}A=-5,\\B=6.\end{cases}$ 于是

$$\int \dfrac{x+3}{x^2-5x+6}\mathrm{d}x=\int\left(\dfrac{-5}{x-2}+\dfrac{6}{x-3}\right)\mathrm{d}x=-5\ln|x-2|+6\ln|x-3|+C.$$

例 2 求 $\int \dfrac{\mathrm{d}x}{x(x-1)^2}$.

解 设

$$\dfrac{1}{x(x-1)^2}=\dfrac{A}{x}+\dfrac{B}{x-1}+\dfrac{C}{(x-1)^2}=\dfrac{A(x-1)^2+Bx(x-1)+Cx}{x(x-1)^2}$$

$$=\dfrac{(A+B)x^2+(-2A-B+C)x+A}{x(x-1)^2},$$

则 $\begin{cases}A+B=0,\\-2A-B+C=0,\\A=1,\end{cases}$ 解得 $\begin{cases}A=1,\\B=-1,\\C=1.\end{cases}$ 于是

$$\int \dfrac{\mathrm{d}x}{x(x-1)^2}=\int\left[\dfrac{1}{x}-\dfrac{1}{x-1}+\dfrac{1}{(x-1)^2}\right]\mathrm{d}x=\ln|x|-\ln|x-1|-\dfrac{1}{x-1}+C.$$

例 3 求 $\int \dfrac{\mathrm{d}x}{(1+2x)(1+x^2)}$.

解 设

$$\dfrac{1}{(1+2x)(1+x^2)}=\dfrac{A}{1+2x}+\dfrac{Bx+C}{1+x^2}=\dfrac{A(1+x^2)+(Bx+C)(1+2x)}{(1+2x)(1+x^2)}$$

$$=\dfrac{(A+2B)x^2+(B+2C)x+(A+C)}{(1+2x)(1+x^2)},$$

则 $\begin{cases}A+2B=0,\\B+2C=0,\\A+C=1,\end{cases}$ 解得 $\begin{cases}A=\dfrac{4}{5},\\B=-\dfrac{2}{5},\\C=\dfrac{1}{5}.\end{cases}$ 于是

$$\int \frac{\mathrm{d}x}{(1+2x)(1+x^2)} = \int \left(\frac{\frac{4}{5}}{1+2x} + \frac{-\frac{2}{5}x + \frac{1}{5}}{1+x^2} \right) \mathrm{d}x$$

$$= \frac{4}{5}\int \frac{\mathrm{d}x}{1+2x} - \frac{2}{5}\int \frac{x}{1+x^2}\mathrm{d}x + \frac{1}{5}\int \frac{\mathrm{d}x}{1+x^2}$$

$$= \frac{2}{5}\ln|1+2x| - \frac{1}{5}\ln(1+x^2) + \frac{1}{5}\arctan x + C.$$

以上三个例子的求解过程中,我们都是先把被积函数分解为若干个基本类型的分式函数 $\left[形如 \frac{A}{x-a}, \frac{A}{(x-a)^n}, \frac{Ax+B}{x^2+px+q}, \frac{Ax+B}{(x^2+px+q)^n} \text{ 的真分式} \right]$,再分别进行积分,确定分式函数分子的过程中,我们用了待定系数法.

例 4 求 $\int \frac{x-2}{x^2+2x+3}\mathrm{d}x$.

解
$$\int \frac{x-2}{x^2+2x+3}\mathrm{d}x = \int \frac{x+1-3}{(x+1)^2+2}\mathrm{d}(x+1) = \left(\int \frac{u-3}{u^2+2}\mathrm{d}u \right)\bigg|_{u=x+1}$$

$$= \int \frac{u}{u^2+2}\mathrm{d}u - 3\int \frac{\mathrm{d}u}{u^2+2} = \frac{1}{2}\ln(u^2+2) - \frac{3}{\sqrt{2}}\arctan \frac{u}{\sqrt{2}} + C$$

$$= \frac{1}{2}\ln(x^2+2x+3) - \frac{3}{\sqrt{2}}\arctan \frac{x+1}{\sqrt{2}} + C.$$

习 题 5.4

求下列不定积分:

(1) $\int \frac{x^3}{x+2}\mathrm{d}x$;

(2) $\int \frac{3x+1}{x^2+3x-10}\mathrm{d}x$;

(3) $\int \frac{1}{x(x^2+1)}\mathrm{d}x$;

(4) $\int \frac{x^2+1}{(x+1)^2(x-1)}\mathrm{d}x$.

自 测 题 五

1. 填空题:

(1) $x\mathrm{d}x = \underline{\qquad} \mathrm{d}(1-x^2)$;

(2) $\frac{1}{x}\mathrm{d}x = \underline{\qquad} \mathrm{d}(3-5\ln x)$;

(3) $\int \dfrac{\sin\sqrt{t}}{\sqrt{t}}dt = $ _____;

(4) 若 $\int f(x)dx = x^2 e^{2x} + C$,则 $f(x) = $ _____;

(5) $\int d(\arcsin\sqrt{x}) = $ _____;

(6) 设 $f'(x)$ 存在,则 $\left[\int df(x)\right]' = $ _____.

2. 选择题：

(1) 下列等式中正确的是（　　）；

A. $\left[\int f(x)dx\right]' = f(x)$ 　　　　B. $\int f'(x)dx = f(x)$

C. $d\int f(x)dx = f(x)$ 　　　　D. $\int df(x) = f(x)$

(2) 若 $\int f(x)dx = F(x) + C$,则 $\int \dfrac{1}{x}f(\ln x)dx = ($　　$)$.

A. $F(\ln x) + C$ 　　　　B. $F(\ln x)$

C. $\dfrac{1}{x}F(\ln x) + C$ 　　　　D. $F\left(\dfrac{1}{x}\right) + C$

3. 已知 $\dfrac{\sin x}{x}$ 是 $f(x)$ 的一个原函数,求 $\int x f'(x)dx$.

4. 求下列不定积分：

(1) $\int \dfrac{dx}{e^x - e^{-x}}$;　　　　(2) $\int \dfrac{1 + \cos x}{x + \sin x}dx$;

(3) $\int \dfrac{\ln\ln x}{x}dx$;　　　　(4) $\int \dfrac{dx}{x(x^9 + 1)}$;

(5) $\int \dfrac{dx}{\sqrt{x}(x+1)}$;　　　　(6) $\int x\cos^2 x\, dx$;

(7) $\int \dfrac{dx}{\sqrt{1 + e^x}}$;　　　　(8) $\int \dfrac{dx}{x^2\sqrt{x^2 - 1}}$;

(9) $\int \ln(1 + x^2)dx$;　　　　(10) $\int \arctan\sqrt{x}\, dx$;

(11) $\int \dfrac{\cos x}{1 + \cos x}dx$;　　　　(12) $\int \dfrac{dx}{\sin^2 x \cos^4 x}$;

(13) $\int \dfrac{dx}{(1 + e^x)^2}$;　　　　(14) $\int x\sqrt{1 - x^2}\arcsin x\, dx$;

(15) $\int \dfrac{x\arccos x}{\sqrt{1 - x^2}}dx$;　　　　(16) $\int \dfrac{dx}{\sqrt{x} + \sqrt{x+1}}$.

第六章

定 积 分

定积分是一元函数积分学中的一个重要的基本概念.本章我们首先从几何与物理学问题出发,阐述积分思想,引入定积分的概念,然后讨论其性质和计算方法,最后介绍它在几何方面的一些简单应用.

§6.1 定积分的概念与性质

一、引例

1. 曲边梯形的面积

设 $y=f(x)$ 是定义在区间 $[a,b]$ 上的非负连续函数.由直线 $x=a$,$x=b$,x 轴及曲线 $y=f(x)$ 所围成的平面图形,称为**曲边梯形**,如图 6.1 所示,其中曲线 $y=f(x)$ 称为**曲边**.

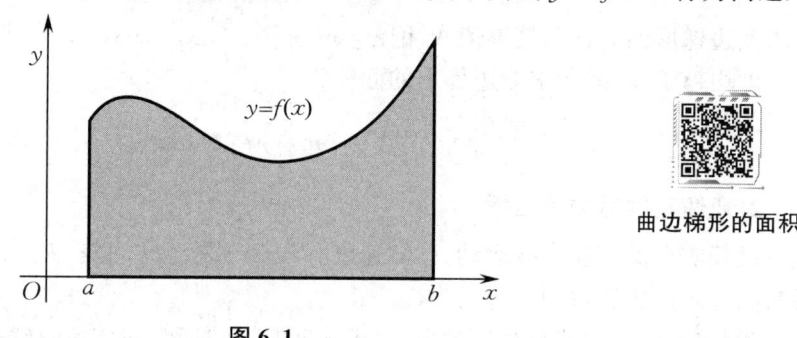

曲边梯形的面积

图 6.1

我们知道,矩形的面积=底×高,而曲边梯形在底边上各点处的高 $f(x)$ 在区间 $[a,b]$ 上是变动的,故它的面积不能直接由矩形的面积公式来计算.然而,曲边梯形的高 $f(x)$ 在区间 $[a,b]$ 上是连续变化的,在较短的区间内,高度变化很小,近似于常数,从而可以将较短区间内的曲边梯形近似看作矩形.因此,可以先将区间 $[a,b]$ 分成若干个小区间,再在每个小区间上采用矩形的面积公式计算出小曲边梯形面积的近似值,然后求和便得到整个曲边梯形面积的近似值.最后,将区间 $[a,b]$ 无限细分下去,当每个小区间的长度都趋于零时,所有小矩形面积的和的极限就是所求曲边梯形的面积.上述思想方法可按照分割、近似、求和、取极限四个步骤进行,具体做法如下.

(1) 分割(化整为零). 在区间$[a,b]$内任意插入$n-1$个分点
$$a=x_0<x_1<x_2<\cdots<x_{n-1}<x_n=b,$$
将$[a,b]$分成n个小区间$[x_{i-1},x_i](i=1,2,\cdots,n)$,各小区间$[x_{i-1},x_i]$的长度记为$\Delta x_i=x_i-x_{i-1}$.过各个分点作垂直于$x$轴的直线,将曲边梯形分成$n$个小曲边梯形,如图6.2所示,各小曲边梯形的面积记为$\Delta A_i(i=1,2,\cdots,n)$.

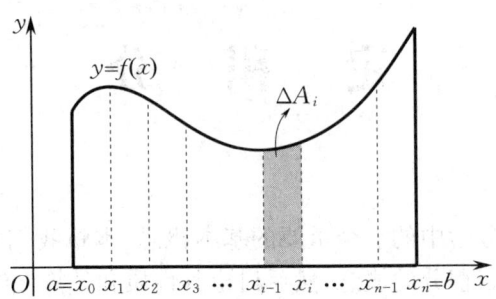

图 6.2

(2) 近似(以直代曲). 在每个小区间$[x_{i-1},x_i]$上任取一点$\xi_i(x_{i-1}\leqslant\xi_i\leqslant x_i)$,作以$f(\xi_i)$为高、$\Delta x_i$为底的小矩形,其面积为$f(\xi_i)\Delta x_i$,将其作为同底的小曲边梯形面积的近似值,即
$$\Delta A_i\approx f(\xi_i)\Delta x_i \quad (i=1,2,\cdots,n).$$

(3) 求和(积零为整). 将步骤(2)中所得的n个小曲边梯形面积的近似值求和,得到所求曲边梯形的面积A的近似值,即
$$A=\sum_{i=1}^n \Delta A_i\approx \sum_{i=1}^n f(\xi_i)\Delta x_i.$$

(4) 取极限(精益求精). 当n个小区间的长度均趋于零时,和式$\sum_{i=1}^n f(\xi_i)\Delta x_i$的极限就是所求曲边梯形的面积的精确值$A$.记$\lambda=\max\{\Delta x_1,\Delta x_2,\cdots,\Delta x_n\}$,则当$\lambda\to 0$时,每个小区间的长度均趋于零,即所求曲边梯形的面积为
$$A=\lim_{\lambda\to 0}\sum_{i=1}^n f(\xi_i)\Delta x_i.$$

2. 变速直线运动的路程

设某质点做变速直线运动,已知速度$v=v(t)$是时间间隔$[T_1,T_2]$上的连续函数,求在这段时间内质点所经过的路程s.

我们知道,在匀速直线运动中,路程=速度×时间.而变速直线运动的速度是随时间变化的变量,即在每个时刻,质点的速度不尽相同.因此,所求路程s不能直接使用匀速直线运动的路程公式来计算.然而,质点的速度函数$v=v(t)$在$[T_1,T_2]$上是连续变化的,即在较短的时间间隔内,速度变化很小,近似于常数,从而可以将该时间间隔内质点的运动近似看作匀速直线运动.因此,可以先将时间间隔$[T_1,T_2]$分成若干个小的时间间隔,再在每个小的时间间隔内采用匀速直线运动的路程公式计算出质点所经过的路程的近似值,然后求和便得到质点在$[T_1,T_2]$上路程的近似值.最后,将时间间隔无限细分下去,当每个小的时间间隔的长度都趋于零时,所有小时间间隔上路程之和的极限就是所求时间间隔$[T_1,T_2]$上的路程.上述思想方法亦可按照分割、近似、求和、取极限四个步骤进行,具体做法如下.

(1) 分割(化整为零). 在时间间隔 $[T_1, T_2]$ 内任意插入 $n-1$ 个分点
$$T_1 = t_0 < t_1 < t_2 < \cdots < t_{n-1} < t_n = T_2,$$
将 $[T_1, T_2]$ 分成 n 个小时段 $[t_{i-1}, t_i]$ $(i=1,2,\cdots,n)$，各小时段的长度记为 $\Delta t_i = t_i - t_{i-1}$.

(2) 近似(以匀速代变速). 在每个小时段 $[t_{i-1}, t_i]$ 上任取一点 τ_i $(t_{i-1} \leqslant \tau_i \leqslant t_i)$，假定质点以速度 $v(\tau_i)$ 在小时段 $[t_{i-1}, t_i]$ 内做匀速直线运动，其路程为 $v(\tau_i)\Delta t_i$，则质点在小时段 $[t_{i-1}, t_i]$ 内所经过的路程 Δs_i 可近似表示为
$$\Delta s_i \approx v(\tau_i)\Delta t_i \quad (i=1,2,\cdots,n).$$

(3) 求和(积零为整). 将步骤(2)中得到的 n 个小时段内质点所经过的路程的近似值求和，得到在时间间隔 $[T_1, T_2]$ 内质点所经过的路程 s 的近似值为
$$s = \sum_{i=1}^{n} \Delta s_i \approx \sum_{i=1}^{n} v(\tau_i)\Delta t_i.$$

(4) 取极限(精益求精). 记 $\lambda = \max\{\Delta t_1, \Delta t_2, \cdots, \Delta t_n\}$，则所求路程 s 的精确值为
$$s = \lim_{\lambda \to 0} \sum_{i=1}^{n} v(\tau_i)\Delta t_i.$$

二、定积分的定义

从上面两个问题的分析过程中我们注意到，虽然这两个问题的应用背景不同，但我们解决问题所采用的思想方法完全相同，概括起来就是"分割、近似、求和、取极限"，因此所得到的待求量的数学表达式的结构也完全相同. 抛开它们各自所代表的实际意义，将其共同本质与特点加以提炼概括，就得到如下定积分的定义.

定义 6.1 设函数 $y = f(x)$ 在区间 $[a, b]$ 上有界，在 $[a, b]$ 内任意插入 $n-1$ 个分点
$$a = x_0 < x_1 < x_2 < \cdots < x_{n-1} < x_n = b,$$
将 $[a, b]$ 分成 n 个小区间
$$[x_0, x_1], \quad [x_1, x_2], \quad \cdots, \quad [x_{n-1}, x_n],$$
各小区间的长度记为 $\Delta x_i = x_i - x_{i-1}$ $(i=1,2,\cdots,n)$，在每个小区间内任取一点 ξ_i $(x_{i-1} \leqslant \xi_i \leqslant x_i)$，做乘积 $f(\xi_i)\Delta x_i$，并做和式
$$\sum_{i=1}^{n} f(\xi_i)\Delta x_i. \tag{6-1}$$
记 $\lambda = \max\limits_{1 \leqslant i \leqslant n}\{\Delta x_i\}$，如果不论区间 $[a, b]$ 如何划分，也不论各小区间 $[x_{i-1}, x_i]$ $(i=1,2,\cdots,n)$ 上的点 ξ_i 如何选取，只要当 $\lambda \to 0$ 时，式(6-1)的和式总趋于某个确定的值 I，则称函数 $f(x)$ 在 $[a, b]$ 上**可积**，并称极限值 I 为 $f(x)$ 在 $[a, b]$ 上的**定积分**，记为 $\int_a^b f(x)\mathrm{d}x$，即
$$\int_a^b f(x)\mathrm{d}x = \lim_{\lambda \to 0} \sum_{i=1}^{n} f(\xi_i)\Delta x_i, \tag{6-2}$$
其中 $f(x)$ 称为**被积函数**，$f(x)\mathrm{d}x$ 称为**被积表达式**，x 称为**积分变量**，a 称为**积分下限**，b 称为**积分上限**，$[a, b]$ 称为**积分区间**，$\sum_{i=1}^{n} f(\xi_i)\Delta x_i$ 称为**积分和**.

注 定积分是一个常数，它与被积函数 $f(x)$ 及积分区间 $[a, b]$ 有关，与积分变量采用什么字母无关，即

$$\int_a^b f(x)\mathrm{d}x = \int_a^b f(t)\mathrm{d}t = \int_a^b f(u)\mathrm{d}u.$$

我们补充规定：

(1) $\int_a^b f(x)\mathrm{d}x = -\int_b^a f(x)\mathrm{d}x$；

(2) $\int_a^a f(x)\mathrm{d}x = 0$.

关于定积分，有一个重要问题：函数 $f(x)$ 在什么样的条件下才能在区间 $[a,b]$ 上可积？对此，我们给出以下两个定理来判断函数 $f(x)$ 在区间 $[a,b]$ 上的可积性.

定理 6.1　若函数 $f(x)$ 在区间 $[a,b]$ 上连续，则 $f(x)$ 在 $[a,b]$ 上可积.

定理 6.2　若函数 $f(x)$ 在区间 $[a,b]$ 上有界，且仅有有限多个第一类间断点，则 $f(x)$ 在 $[a,b]$ 上可积.

注　定理 6.1 和定理 6.2 是函数 $f(x)$ 在区间 $[a,b]$ 上可积的充分条件.

例 1　利用定积分的定义计算 $\int_0^1 x^2 \mathrm{d}x$.

解　因为被积函数 $f(x) = x^2$ 在积分区间 $[0,1]$ 上连续，所以定积分 $\int_0^1 x^2 \mathrm{d}x$ 存在，且与积分区间 $[0,1]$ 的分法及点 ξ_i 的取法无关. 为了便于计算，我们把区间 $[0,1]$ n 等分，分点为 $x_0 = 0, x_i = \dfrac{i}{n}(i=1,2,\cdots,n-1), x_n = 1$，则每个小区间 $[x_{i-1}, x_i]$ 的长度为 $\Delta x_i = \dfrac{1}{n}(i=1,2,\cdots,n)$. 在每个小区间 $[x_{i-1}, x_i]$ 内取 $\xi_i = x_i = \dfrac{i}{n}(i=1,2,\cdots,n)$，则积分和为

$$\sum_{i=1}^n f(\xi_i)\Delta x_i = \sum_{i=1}^n \xi_i^2 \Delta x_i = \sum_{i=1}^n \left(\dfrac{i}{n}\right)^2 \dfrac{1}{n} = \dfrac{1}{n^3}\sum_{i=1}^n i^2$$

$$= \dfrac{1}{n^3}\cdot\dfrac{n(n+1)(2n+1)}{6} = \dfrac{1}{6}\left(1+\dfrac{1}{n}\right)\left(2+\dfrac{1}{n}\right).$$

当 $\lambda \to 0$，即 $n \to \infty$ 时，上式右边的极限存在，则由定积分的定义得

$$\int_0^1 x^2 \mathrm{d}x = \lim_{n\to\infty}\sum_{i=1}^n f(\xi_i)\Delta x_i = \lim_{n\to\infty}\dfrac{1}{6}\left(1+\dfrac{1}{n}\right)\left(2+\dfrac{1}{n}\right) = \dfrac{1}{3}.$$

三、定积分的几何意义

(1) 若在区间 $[a,b]$ 上 $f(x) \geqslant 0$，则由前面的讨论知，定积分 $\int_a^b f(x)\mathrm{d}x$ 等于由曲线 $y = f(x)$ 与直线 $x = a, x = b$ 及 x 轴所围成的曲边梯形的面积.

例 2　利用定积分的几何意义计算 $\int_{-R}^R \sqrt{R^2 - x^2}\mathrm{d}x (R > 0)$.

解 令函数 $f(x)=\sqrt{R^2-x^2}$，则对任意的 $x\in[-R,R]$，有 $f(x)\geqslant 0$. 根据定积分的几何意义知，定积分 $\int_{-R}^{R}\sqrt{R^2-x^2}\,\mathrm{d}x$ 的值等于由曲线 $f(x)=\sqrt{R^2-x^2}$ 与直线 $x=-R,x=R$ 及 x 轴所围成的图形 A 的面积，而 A 是以原点为圆心、R 为半径的半圆，如图 6.3 所示，故

$$\int_{-R}^{R}\sqrt{R^2-x^2}\,\mathrm{d}x=\frac{\pi R^2}{2}.$$

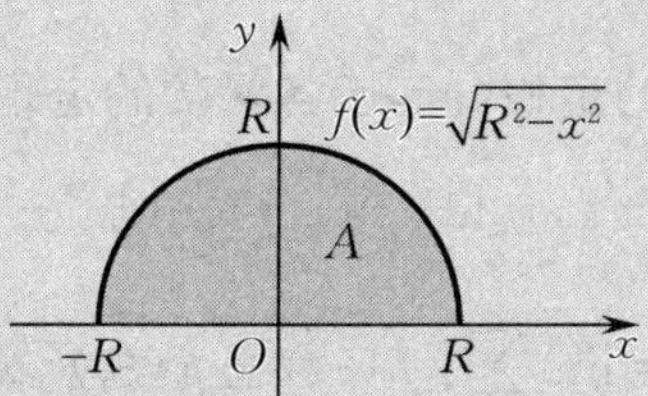

图 6.3

(2) 若在区间 $[a,b]$ 上 $f(x)\leqslant 0$，则 $\int_{a}^{b}f(x)\mathrm{d}x$ 等于由曲线 $y=f(x)$ 与直线 $x=a,x=b$ 及 x 轴所围成的曲边梯形面积的负值. 例如，在图 6.4 中，有

$$\int_{a}^{b}f(x)\mathrm{d}x=-A.$$

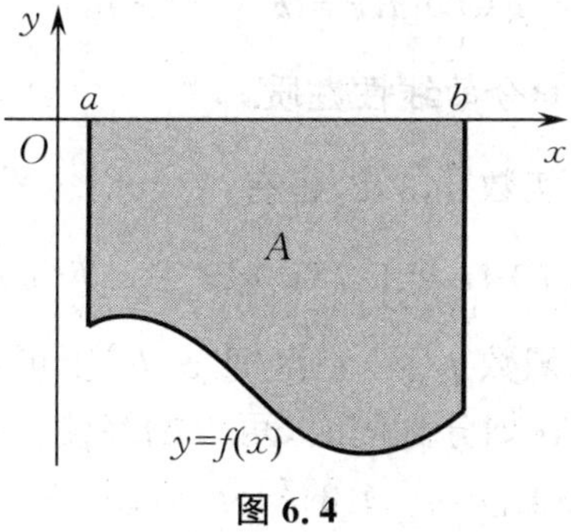

图 6.4

(3) 若在区间 $[a,b]$ 上 $f(x)$ 有正有负，则 $\int_{a}^{b}f(x)\mathrm{d}x$ 等于 $[a,b]$ 上位于 x 轴上方的图形的面积减去位于 x 轴下方的图形的面积. 例如，在图 6.5 中，有

$$\int_{a}^{b}f(x)\mathrm{d}x=-A_1+A_2-A_3.$$

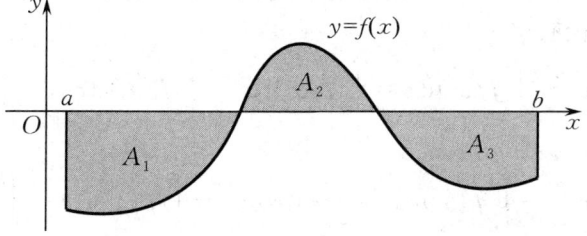

图 6.5

四、定积分的性质

假设下面讨论的定积分都是存在的.

性质 1 被积函数中的常数因子可以提到积分号外面,即
$$\int_a^b kf(x)\mathrm{d}x = k\int_a^b f(x)\mathrm{d}x \quad (k \text{ 为常数}).$$

证 $\int_a^b kf(x)\mathrm{d}x = \lim_{\lambda \to 0}\sum_{i=1}^n kf(\xi_i)\Delta x_i = k\lim_{\lambda \to 0}\sum_{i=1}^n f(\xi_i)\Delta x_i = k\int_a^b f(x)\mathrm{d}x.$

性质 2 函数的和(差)的定积分等于各函数的定积分的和(差),即
$$\int_a^b [f(x) \pm g(x)]\mathrm{d}x = \int_a^b f(x)\mathrm{d}x \pm \int_a^b g(x)\mathrm{d}x.$$

证 $\int_a^b [f(x) \pm g(x)]\mathrm{d}x = \lim_{\lambda \to 0}\sum_{i=1}^n [f(\xi_i) \pm g(\xi_i)]\Delta x_i$

$$= \lim_{\lambda \to 0}\sum_{i=1}^n f(\xi_i)\Delta x_i \pm \lim_{\lambda \to 0}\sum_{i=1}^n g(\xi_i)\Delta x_i$$

$$= \int_a^b f(x)\mathrm{d}x \pm \int_a^b g(x)\mathrm{d}x.$$

注 (1) 性质 2 对有限多个函数的代数和也成立.

(2) 由性质 1 和性质 2 可得
$$\int_a^b [k_1 f(x) \pm k_2 g(x)]\mathrm{d}x = k_1 \int_a^b f(x)\mathrm{d}x \pm k_2 \int_a^b g(x)\mathrm{d}x,$$

其中 k_1, k_2 为常数.上式称为定积分的**线性性质**.

性质 3 对于任意三个实数 a, b, c,恒有
$$\int_a^b f(x)\mathrm{d}x = \int_a^c f(x)\mathrm{d}x + \int_c^b f(x)\mathrm{d}x.$$

证 当 $a < c < b$ 时,因为函数 $f(x)$ 在区间 $[a, b]$ 上可积,所以无论对 $[a, b]$ 怎样划分,积分和的极限总是不变的.因此在划分区间时,可以始终使 c 是一个分点,那么在 $[a, b]$ 上的积分和等于 $[a, c]$ 上的积分和加上 $[c, b]$ 上的积分和,即
$$\sum_{[a,b]} f(\xi_i)\Delta x_i = \sum_{[a,c]} f(\xi_i)\Delta x_i + \sum_{[c,b]} f(\xi_i)\Delta x_i.$$

令 $\lambda \to 0$,上式两边取极限,得
$$\int_a^b f(x)\mathrm{d}x = \int_a^c f(x)\mathrm{d}x + \int_c^b f(x)\mathrm{d}x.$$

当 a, b, c 的大小关系变化时,根据之前对定积分的补充规定,上式也成立.例如,当 $c < a < b$ 时,由上面的结论有
$$\int_c^b f(x)\mathrm{d}x = \int_c^a f(x)\mathrm{d}x + \int_a^b f(x)\mathrm{d}x,$$

移项得
$$\int_a^b f(x)\mathrm{d}x = -\int_c^a f(x)\mathrm{d}x + \int_c^b f(x)\mathrm{d}x = \int_a^c f(x)\mathrm{d}x + \int_c^b f(x)\mathrm{d}x.$$

注 由性质 3 知,定积分对积分区间具有可加性.

性质 4 如果在区间$[a,b]$上$f(x) \geqslant 0$,则$\int_a^b f(x)\mathrm{d}x \geqslant 0$.

证 因为$f(x) \geqslant 0$,所以由定义 6.1 知$\sum_{i=1}^n f(\xi_i)\Delta x_i \geqslant 0$,于是
$$\int_a^b f(x)\mathrm{d}x = \lim_{\lambda \to 0}\sum_{i=1}^n f(\xi_i)\Delta x_i \geqslant 0.$$

同理可证,如果在区间$[a,b]$上$f(x) \leqslant 0$,则$\int_a^b f(x)\mathrm{d}x \leqslant 0$.

性质 5 如果在区间$[a,b]$上$f(x) \leqslant g(x)$,则$\int_a^b f(x)\mathrm{d}x \leqslant \int_a^b g(x)\mathrm{d}x$.

证 因为在区间$[a,b]$上$f(x) \leqslant g(x)$,则$f(x) - g(x) \leqslant 0$,所以由性质 4 得
$$\int_a^b [f(x) - g(x)]\mathrm{d}x \leqslant 0.$$
又由性质 2 得
$$\int_a^b f(x)\mathrm{d}x \leqslant \int_a^b g(x)\mathrm{d}x.$$

例 3 比较定积分$\int_1^0 \mathrm{e}^x\mathrm{d}x$和$\int_1^0 x\mathrm{d}x$的大小.

解 如图 6.6 所示,当$x \in [0,1]$时,有$\mathrm{e}^x > x$,故由性质 5 得
$$\int_0^1 \mathrm{e}^x\mathrm{d}x > \int_0^1 x\mathrm{d}x.$$
又
$$\int_0^1 \mathrm{e}^x\mathrm{d}x = -\int_1^0 \mathrm{e}^x\mathrm{d}x, \quad \int_0^1 x\mathrm{d}x = -\int_1^0 x\mathrm{d}x,$$
故
$$\int_1^0 \mathrm{e}^x\mathrm{d}x < \int_1^0 x\mathrm{d}x.$$

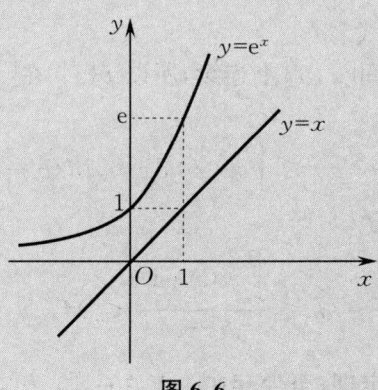

图 6.6

性质 6 如果在区间$[a,b]$上$f(x) \equiv 1$,则$\int_a^b f(x)\mathrm{d}x = b - a$.

证 当$f(x) \equiv 1$时,有

$$\int_a^b 1\mathrm{d}x = \lim_{\lambda \to 0}\sum_{i=1}^n \Delta x_i = \lim_{\lambda \to 0}(b-a) = b-a.$$

性质 7 设 M, m 分别是函数 $f(x)$ 在区间 $[a,b]$ 上的最大值与最小值，则

$$m(b-a) \leqslant \int_a^b f(x)\mathrm{d}x \leqslant M(b-a).$$

证 因为 $m \leqslant f(x) \leqslant M$，所以由性质 5 得

$$\int_a^b m\mathrm{d}x \leqslant \int_a^b f(x)\mathrm{d}x \leqslant \int_a^b M\mathrm{d}x.$$

又由性质 1 及性质 6 得

$$\int_a^b m\mathrm{d}x = m(b-a), \quad \int_a^b M\mathrm{d}x = M(b-a),$$

故

$$m(b-a) \leqslant \int_a^b f(x)\mathrm{d}x \leqslant M(b-a).$$

例 4 估计定积分 $\int_0^1 \mathrm{e}^{x^2}\mathrm{d}x$ 的值.

解 令函数 $f(x) = \mathrm{e}^{x^2}, x \in [0,1]$，则 $f'(x) = 2x\mathrm{e}^{x^2}$. 对任意的 $x \in [0,1]$，有 $f'(x) \geqslant 0$，即函数 $f(x)$ 在 $[0,1]$ 上单调增加，故

$$1 = f(0) \leqslant f(x) \leqslant f(1) = \mathrm{e}.$$

于是，由性质 7 得

$$1 \leqslant \int_0^1 \mathrm{e}^{x^2}\mathrm{d}x \leqslant \mathrm{e}.$$

性质 8（**积分中值定理**） 设函数 $f(x)$ 在区间 $[a,b]$ 上连续，则在 $[a,b]$ 上至少存在一个点 ξ，使得

$$\int_a^b f(x)\mathrm{d}x = f(\xi)(b-a) \quad (a \leqslant \xi \leqslant b). \tag{6-3}$$

式(6-3) 称为**积分中值公式**.

证 因为函数 $f(x)$ 在区间 $[a,b]$ 上连续，所以 $f(x)$ 在 $[a,b]$ 上一定有最小值 m 和最大值 M，则

$$m(b-a) \leqslant \int_a^b f(x)\mathrm{d}x \leqslant M(b-a),$$

即

$$m \leqslant \frac{\int_a^b f(x)\mathrm{d}x}{b-a} \leqslant M.$$

根据闭区间上连续函数的介值定理，至少存在一点 $\xi \in [a,b]$，使得 $f(\xi) = \dfrac{1}{b-a}\int_a^b f(x)\mathrm{d}x$ 成立，即

$$\int_a^b f(x)\mathrm{d}x = f(\xi)(b-a).$$

注 积分中值公式的几何解释为：如图 6.7 所示，在区间 $[a,b]$ 上至少存在一点 ξ，使得以

$[a,b]$ 为底、以曲线 $y=f(x)$ 为曲边的曲边梯形的面积等于与之同底而高为 $f(\xi)$ 的矩形的面积.

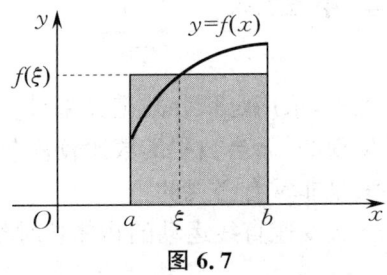

图 6.7

例 5 设函数 $f(x)$ 在闭区间 $[0,1]$ 上连续,在开区间 $(0,1)$ 内可导,且 $f(0)=3\int_{\frac{2}{3}}^{1}f(x)\mathrm{d}x$. 证明:在 $(0,1)$ 内至少存在一点 ξ,使得 $f'(\xi)=0$.

证 由题设条件知,函数 $f(x)$ 在区间 $\left[\dfrac{2}{3},1\right]$ 上满足积分中值定理的条件,则至少存在一点 $\eta \in \left[\dfrac{2}{3},1\right]$,使得

$$f(\eta)=\frac{1}{1-\dfrac{2}{3}}\int_{\frac{2}{3}}^{1}f(x)\mathrm{d}x=3\int_{\frac{2}{3}}^{1}f(x)\mathrm{d}x.$$

又

$$f(0)=3\int_{\frac{2}{3}}^{1}f(x)\mathrm{d}x,$$

所以

$$f(\eta)=f(0).$$

因此,函数 $f(x)$ 在区间 $[0,\eta]$ 上满足罗尔中值定理的条件,从而至少存在一点 $\xi \in (0,\eta) \subset (0,1)$,使得

$$f'(\xi)=0.$$

习 题 6.1

1. 利用定积分的几何意义计算下列定积分:

   (1) $\int_{0}^{1}2x\mathrm{d}x$;
   (2) $\int_{0}^{a}\sqrt{a^2-x^2}\mathrm{d}x\,(a>0)$.

2. 利用定积分的性质比较下列定积分的大小:

   (1) $\int_{1}^{2}x^2\mathrm{d}x,\int_{1}^{2}x^3\mathrm{d}x$;
   (2) $\int_{1}^{e}\ln x\mathrm{d}x,\int_{1}^{e}\ln^2 x\mathrm{d}x$.

3. 利用定积分的性质估计下列定积分的值:

   (1) $\int_{1}^{2}(x^2-1)\mathrm{d}x$;
   (2) $\int_{0}^{2}\mathrm{e}^{x^2-x}\mathrm{d}x$.

利用定积分的几何
意义计算定积分

§6.2 微积分基本公式

通过上一节的学习,我们注意到,采用定积分的定义来计算一个函数的定积分,即使被积函数很简单,其计算过程也是很烦琐的,而当被积函数比较复杂时,其计算难度更会大大增加.因此,寻求计算定积分的简洁方法是非常有必要的.

由上一节知,以速度 $v=v(t)$ 做变速直线运动的物体从时刻 $t=a$ 到时刻 $t=b$ 所经过的路程 s 可以表示为定积分,即

$$s=\int_a^b v(t)\mathrm{d}t.$$

另一方面,若已知物体运动的路程函数为 $s(t)$,则它从时刻 $t=a$ 到时刻 $t=b$ 所经过的路程 s 又可以表示为 $s(b)-s(a)$,故有

$$s=\int_a^b v(t)\mathrm{d}t=s(b)-s(a). \tag{6-4}$$

因为 $s'(t)=v(t)$,即路程函数 $s(t)$ 是速度函数 $v(t)$ 的一个原函数,所以式(6-4)表明:速度函数 $v(t)$ 在区间 $[a,b]$ 上的定积分等于 $v(t)$ 的原函数 $s(t)$ 在 $[a,b]$ 上的增量.

将 $s'(t)=v(t)$ 代入式(6-4)中,得

$$\int_a^b s'(t)\mathrm{d}t=s(b)-s(a).$$

上式具有普遍性,我们将在后面证明.

一、积分上限函数

设函数 $f(x)$ 在区间 $[a,b]$ 上连续,x 为 $[a,b]$ 上的任意一点,下面探究 $f(x)$ 在部分区间 $[a,x]$ 上的定积分 $\int_a^x f(t)\mathrm{d}t$.

因为函数 $f(t)$ 在区间 $[a,x]$ 上连续,所以定积分 $\int_a^x f(t)\mathrm{d}t$ 一定存在,且它随着 x 的变化而变化,从而它是积分上限 x 的函数,记为 $\Phi(x)$,即

$$\Phi(x)=\int_a^x f(t)\mathrm{d}t. \tag{6-5}$$

从几何上看,函数 $\Phi(x)$ 表示区间 $[a,x]$ 上曲边梯形的面积,如图 6.8 中阴影部分所示.

变上限积分及其导数

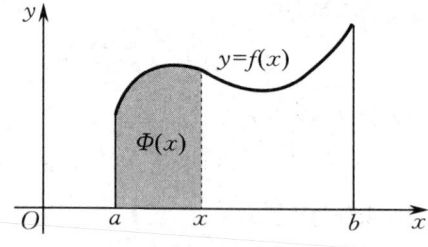

图 6.8

由于 $\Phi(x)$ 是积分上限 x 的函数,因此称为**积分上限函数**;又因为该函数是积分上限 x 变化的定积分,所以也称为**变上限积分**.

积分上限函数 $\Phi(x)$ 有以下性质.

定理 6.3 如果函数 $f(x)$ 在区间 $[a,b]$ 上连续,则积分上限函数 $\Phi(x)=\int_a^x f(t)\mathrm{d}t$ 是 $f(x)$ 在 $[a,b]$ 上的一个原函数,即有

$$\Phi'(x)=\frac{\mathrm{d}}{\mathrm{d}x}\int_a^x f(t)\mathrm{d}t=f(x) \quad \text{或} \quad \mathrm{d}\Phi(x)=f(x)\mathrm{d}x. \tag{6-6}$$

证 设 $x\in(a,b)$,给 x 以足够小的增量 Δx,使得 $x+\Delta x\in(a,b)$,则函数 $\Phi(x)$ 的相应增量为

$$\begin{aligned}\Delta\Phi(x)&=\Phi(x+\Delta x)-\Phi(x)=\int_a^{x+\Delta x}f(t)\mathrm{d}t-\int_a^x f(t)\mathrm{d}t\\ &=\int_a^x f(t)\mathrm{d}t+\int_x^{x+\Delta x}f(t)\mathrm{d}t-\int_a^x f(t)\mathrm{d}t=\int_x^{x+\Delta x}f(t)\mathrm{d}t.\end{aligned}$$

由积分中值定理得

$$\Delta\Phi(x)=f(\xi)\Delta x,$$

其中 ξ 介于 x 与 $x+\Delta x$ 之间. 用 Δx 除上式两边,得

$$\frac{\Delta\Phi(x)}{\Delta x}=f(\xi).$$

当 $\Delta x\to 0$ 时,有 $\xi\to x$,由函数 $y=f(x)$ 在区间 $[a,b]$ 上连续知 $f(\xi)\to f(x)$. 故令 $\Delta x\to 0$,对上式两边取极限得

$$\Phi'(x)=f(x).$$

同理可证

$$\Phi'_+(a)=f(a), \quad \Phi'_-(b)=f(b).$$

注 (1) 由定理 6.3 知,如果函数 $f(x)$ 在区间 $[a,b]$ 上连续,则它的原函数必定存在,并且它的一个原函数可以用定积分表示为

$$\Phi(x)=\int_a^x f(t)\mathrm{d}t.$$

(2) 如果函数 $f(x)$ 在区间 $[a,b]$ 上连续,则有

$$\int f(x)\mathrm{d}x=\int_a^x f(t)\mathrm{d}t+C,$$

这说明 $f(x)$ 的不定积分可以通过积分上限函数来表示.

(3) 定理 6.3 揭示了微分与积分之间的内在联系.

例 1 计算函数 $\Phi(x)=\int_0^x \sin t^2\mathrm{d}t$ 在点 $x=0$ 和点 $x=\frac{\sqrt{\pi}}{2}$ 处的导数.

解 由式 (6-6) 得

$$\Phi'(x)=\frac{\mathrm{d}}{\mathrm{d}x}\int_0^x \sin t^2\mathrm{d}t=\sin x^2,$$

故

$$\Phi'(0)=\sin 0^2=0, \quad \Phi'\left(\frac{\sqrt{\pi}}{2}\right)=\sin\frac{\pi}{4}=\frac{\sqrt{2}}{2}.$$

例 2 求函数 $\Phi(x) = \int_{e^x}^{0} \dfrac{\ln t}{t} dt$ 的导数.

解 令函数 $u = e^x$, 则 $\Phi(u) = \int_{u}^{0} \dfrac{\ln t}{t} dt = -\int_{0}^{u} \dfrac{\ln t}{t} dt$. 利用复合函数的求导法则, 有

$$\dfrac{d\Phi}{dx} = \dfrac{d}{du}\left(-\int_{0}^{u} \dfrac{\ln t}{t} dt\right) \cdot \dfrac{du}{dx} = -\dfrac{\ln u}{u} \cdot (e^x)'$$

$$= -\dfrac{\ln e^x}{e^x} \cdot e^x = -x.$$

一般地, 对积分上限函数求导, 有下面的公式:

(1) $\dfrac{d}{dx} \int_{a}^{x} f(t) dt = f(x)$;

(2) $\dfrac{d}{dx} \int_{a}^{\varphi(x)} f(t) dt = f[\varphi(x)] \varphi'(x)$;

(3) $\dfrac{d}{dx} \int_{\varphi(x)}^{a} f(t) dt = -f[\varphi(x)] \varphi'(x)$;

(4) $\dfrac{d}{dx}\left[\int_{\varphi_1(x)}^{\varphi_2(x)} f(t) dt\right] = f[\varphi_2(x)] \varphi_2'(x) - f[\varphi_1(x)] \varphi_1'(x)$.

例 3 设函数 $y = \int_{\cos x}^{\sin x} \sqrt{1-t^2} dt$, $x \in \left[0, \dfrac{\pi}{2}\right]$. 求 $\dfrac{dy}{dx}$.

解 $\dfrac{dy}{dx} = \sqrt{1-(\sin x)^2} \cdot (\sin x)' - \sqrt{1-(\cos x)^2} \cdot (\cos x)'$

$= |\cos x| \cos x + |\sin x| \sin x$.

因为 $x \in \left[0, \dfrac{\pi}{2}\right]$, 所以 $|\cos x| = \cos x$, $|\sin x| = \sin x$, 从而

$$\dfrac{dy}{dx} = \cos^2 x + \sin^2 x = 1.$$

例 4 求极限 $\lim\limits_{x \to 0} \dfrac{\int_{\cos x}^{1} e^{-t^2} dt}{x^2}$.

解 这是一个 $\dfrac{0}{0}$ 型未定式, 故采用洛必达法则求解.

$$\lim\limits_{x \to 0} \dfrac{\int_{\cos x}^{1} e^{-t^2} dt}{x^2} = \lim\limits_{x \to 0} \dfrac{-e^{-\cos^2 x} (\cos x)'}{2x} = \lim\limits_{x \to 0} \dfrac{e^{-\cos^2 x} \sin x}{2x}$$

$$= \lim\limits_{x \to 0} \dfrac{e^{-\cos^2 x}}{2} \cdot \lim\limits_{x \to 0} \dfrac{\sin x}{x} = \dfrac{e^{-1}}{2} \cdot 1 = \dfrac{1}{2e}.$$

例 5 设函数 $f(x)$ 在区间 $[a,b]$ 上连续,且 $f(x)>0$. 记函数 $F(x)=\int_a^x f(t)\mathrm{d}t+\int_b^x \frac{1}{f(t)}\mathrm{d}t$,证明:$F(x)$ 在区间 $[a,b]$ 上单调增加.

证 因为函数 $f(x)$ 在区间 $[a,b]$ 上连续,且 $f(x)>0$,所以函数 $\frac{1}{f(x)}$ 在 $[a,b]$ 上也连续,且 $\frac{1}{f(x)}>0$. 由定理 6.3 得,对任意的 $x\in[a,b]$,有

$$F'(x)=f(x)+\frac{1}{f(x)}>0,$$

所以函数 $F(x)$ 在区间 $[a,b]$ 上单调增加.

二、牛顿-莱布尼茨公式

牛顿

定理 6.4 如果函数 $F(x)$ 是连续函数 $f(x)$ 在区间 $[a,b]$ 上的一个原函数,则

$$\int_a^b f(x)\mathrm{d}x=F(b)-F(a). \tag{6-7}$$

式(6-7)叫作**牛顿-莱布尼茨公式**,也称为**微积分基本公式**.

证 由定理 6.3 知,$\Phi(x)=\int_a^x f(t)\mathrm{d}t$ 是 $f(x)$ 的一个原函数,又 $F(x)$ 也是 $f(x)$ 的一个原函数,故

$$\int_a^x f(t)\mathrm{d}t=F(x)+C \quad (a\leqslant x\leqslant b),$$

其中 C 为某个常数. 在上式中令 $x=a$,得 $C=-F(a)$,代入上式,得

$$\int_a^x f(t)\mathrm{d}t=F(x)-F(a).$$

再令 $x=b$,便得到

牛顿-莱布尼茨公式

$$\int_a^b f(x)\mathrm{d}x=F(b)-F(a).$$

注 (1) 通常把 $F(b)-F(a)$ 记为 $[F(x)]_a^b$ 或 $F(x)\Big|_a^b$,于是牛顿-莱布尼茨公式又可写成

$$\int_a^b f(x)\mathrm{d}x=[F(x)]_a^b=F(b)-F(a) \quad \text{或} \quad \int_a^b f(x)\mathrm{d}x=F(x)\Big|_a^b=F(b)-F(a).$$

(2) 由牛顿-莱布尼茨公式知

$$\int_a^b f(x)\mathrm{d}x=\int f(x)\mathrm{d}x\Big|_a^b.$$

上式表明了定积分与不定积分之间的联系.

定理 6.3 和定理 6.4 揭示了微分与积分及定积分与不定积分之间的内在联系,统称为微积分基本定理.

例 6 计算定积分 $\int_0^1 e^x dx$.

解 $\int_0^1 e^x dx = e^x \Big|_0^1 = e - 1$.

例 7 计算定积分 $\int_1^2 \left(2x + \dfrac{1}{x}\right) dx$.

解 $\int_1^2 \left(2x + \dfrac{1}{x}\right) dx = \int_1^2 2x dx + \int_1^2 \dfrac{1}{x} dx = x^2 \Big|_1^2 + \ln|x| \Big|_1^2$
$= (4 - 1) + (\ln 2 - \ln 1) = 3 + \ln 2$.

例 8 计算定积分 $\int_0^\pi \sqrt{1 - \cos 2x} dx$.

解 $\int_0^\pi \sqrt{1 - \cos 2x} dx = \int_0^\pi \sqrt{2\sin^2 x} dx = \sqrt{2} \int_0^\pi |\sin x| dx = \sqrt{2} \int_0^\pi \sin x dx$
$= -\sqrt{2} \cos x \Big|_0^\pi = -\sqrt{2}(\cos \pi - \cos 0) = 2\sqrt{2}$.

例 9 设函数 $f(x) = \begin{cases} 2x - 1, & x \geqslant 1, \\ e^x, & x < 1. \end{cases}$ 计算定积分 $\int_0^2 f(x) dx$.

解 利用定积分对积分区间的可加性,得
$\int_0^2 f(x) dx = \int_0^1 f(x) dx + \int_1^2 f(x) dx = \int_0^1 e^x dx + \int_1^2 (2x - 1) dx$
$= e^x \Big|_0^1 + (x^2 - x) \Big|_1^2 = e + 1$.

习 题 6.2

1. 求下列函数 $y = y(x)$ 的导数 $\dfrac{dy}{dx}$:

(1) $y = \int_1^x \dfrac{\sin t}{t} dt$;

(2) $y = \int_{\sqrt{x}}^0 \sin t^2 dt$.

2. 计算下列定积分:

(1) $\int_1^3 \dfrac{1}{x} dx$;

(2) $\int_1^2 \left(x^2 + \dfrac{1}{x^4}\right) dx$;

(3) $\int_{-1}^1 \dfrac{1}{1 + x^2} dx$;

(4) $\int_0^1 2^x dx$;

(5) $\int_0^{\frac{\pi}{4}} \tan^2 x dx$;

(6) $\int_0^{2\pi} |\sin x| dx$.

3. 求下列极限:

(1) $\lim\limits_{x \to 0} \dfrac{\int_0^x \cos t^2 dt}{x}$;

(2) $\lim\limits_{x \to 1} \dfrac{\int_x^1 e^{t^2} dt}{\ln x}$;

(3) $\lim\limits_{x \to 0} \dfrac{\int_{\cos x}^1 \sqrt{1 + t^4} dt}{\ln(1 + x^2)}$.

4. 设函数 $y=y(x)$ 由参数方程 $\begin{cases} x=\int_0^t \cos u^2 \mathrm{d}u, \\ y=\int_{t^2}^1 \dfrac{\cos u}{u}\mathrm{d}u \end{cases}$ 所确定. 求 $\dfrac{\mathrm{d}y}{\mathrm{d}x}$.

积分上限函数
的导数的应用

5. 设函数 $y=y(x)$ 是由方程 $\int_0^y e^t \mathrm{d}t+\int_0^x \cos t \mathrm{d}t=0$ 所确定的隐函数. 求 $\dfrac{\mathrm{d}y}{\mathrm{d}x}$.

6. 设函数 $f(x)=\begin{cases} x^2, & x\leqslant 1, \\ x-1, & x>1. \end{cases}$ 计算定积分 $\int_0^2 f(x)\mathrm{d}x$.

§6.3 定积分的换元积分法

通过上一节的学习我们知道,定积分的值可通过求被积函数 $f(x)$ 的原函数在积分区间 $[a,b]$ 上的增量得到,而不定积分的换元积分法和分部积分法可以用来求一些函数的原函数,因此求不定积分的换元积分法和分部积分法在一定条件下对计算定积分仍然是适用的. 本节介绍定积分的换元积分法.

定理 6.5　设函数 $f(u)$ 在 $[a,b]$ 上连续,函数 $u=\varphi(x)$ 在 $[\alpha,\beta]$ 或 $[\beta,\alpha]$ 上具有连续导数,且 $\varphi(\alpha)=a$, $\varphi(\beta)=b$, 则有

$$\int_\alpha^\beta f[\varphi(x)]\varphi'(x)\mathrm{d}x=\int_a^b f(u)\mathrm{d}u. \tag{6-8}$$

证　由定理的条件知,式(6-8)两边的定积分都存在,故只需证明它们相等即可. 假设 $F(u)$ 是 $f(u)$ 在 $[a,b]$ 上的一个原函数,则

$$\int_a^b f(u)\mathrm{d}u=F(b)-F(a).$$

定积分的
换元积分公式

又由复合函数的求导法则知,$F[\varphi(x)]$ 是 $f[\varphi(x)]\varphi'(x)$ 的一个原函数,于是

$$\int_\alpha^\beta f[\varphi(x)]\varphi'(x)\mathrm{d}x=F[\varphi(x)]\Big|_\alpha^\beta=F[\varphi(\beta)]-F[\varphi(\alpha)]$$
$$=F(b)-F(a)=\int_a^b f(u)\mathrm{d}u.$$

应用换元积分公式(6-8)时应注意以下两点:

(1) 用变换 $u=\varphi(x)$ 把原变量 x 代换成新变量 u 后,积分上、下限也要换成相应于新变量 u 的积分上、下限.

(2) 求出 $f[\varphi(x)]\varphi'(x)$ 的一个原函数 $F(u)$ 后,不需要像求不定积分那样把 $F(u)$ 回代成原来的积分变量 x 的函数,而只要把相应于新变量 u 的积分上、下限分别代入 $F(u)$ 中,然后相减即可.

(3) 式(6-8)从左往右用是定积分的第一类换元法,从右往左用是定积分的第二类换元法.

例 1　计算定积分 $\int_0^{\frac{\pi}{2}} \cos 2x \mathrm{d}x$.

解 $\int_0^{\frac{\pi}{2}} \cos 2x \, dx = \frac{1}{2} \int_0^{\frac{\pi}{2}} \cos 2x (2x)' \, dx = \frac{1}{2} \int_0^{\frac{\pi}{2}} \cos 2x \, d(2x).$

令 $u = 2x$，则当 $x = 0$ 时，$u = 0$；当 $x = \frac{\pi}{2}$ 时，$u = \pi$. 所以

$$\int_0^{\frac{\pi}{2}} \cos 2x \, dx = \frac{1}{2} \int_0^{\pi} \cos u \, du = \frac{1}{2} \sin u \Big|_0^{\pi} = 0.$$

例 2 计算定积分 $\int_0^1 \frac{x}{\sqrt{4-x^2}} dx$.

解 $\int_0^1 \frac{x}{\sqrt{4-x^2}} dx = -\frac{1}{2} \int_0^1 (4-x^2)^{-\frac{1}{2}} (4-x^2)' \, dx$

$= -\frac{1}{2} \int_0^1 (4-x^2)^{-\frac{1}{2}} d(4-x^2).$

令 $u = 4 - x^2$，则当 $x = 0$ 时，$u = 4$；当 $x = 1$ 时，$u = 3$. 所以

$$\int_0^1 \frac{x}{\sqrt{4-x^2}} dx = -\frac{1}{2} \int_4^3 u^{-\frac{1}{2}} du = -\sqrt{u} \Big|_4^3 = 2 - \sqrt{3}.$$

在熟练掌握定积分的换元积分法后，换元步骤可以省略，即可以不引进新变量而利用凑微分法积分，这时就不需要改变积分上、下限. 例如，例 2 的解答过程可以写成

$\int_0^1 \frac{x}{\sqrt{4-x^2}} dx = -\frac{1}{2} \int_0^1 (4-x^2)^{-\frac{1}{2}} (4-x^2)' \, dx = -\frac{1}{2} \int_0^1 (4-x^2)^{-\frac{1}{2}} d(4-x^2)$

$= -\sqrt{4-x^2} \Big|_0^1 = 2 - \sqrt{3}.$

例 3 计算定积分 $\int_0^{\ln 2} \frac{e^x}{e^x + 1} dx$.

解 $\int_0^{\ln 2} \frac{e^x}{e^x + 1} dx = \int_0^{\ln 2} \frac{1}{e^x + 1} (e^x + 1)' \, dx = \int_0^{\ln 2} \frac{1}{e^x + 1} d(e^x + 1)$

$= \ln(e^x + 1) \Big|_0^{\ln 2} = \ln \frac{3}{2}.$

例 4 计算定积分 $\int_0^2 \sqrt{4-x^2} \, dx$.

解 设 $x = 2\sin t \left(0 \leqslant t \leqslant \frac{\pi}{2}\right)$，则 $dx = 2\cos t \, dt$，且当 $x = 0$ 时，$t = 0$；当 $x = 2$ 时，$t = \frac{\pi}{2}$. 又

$$\sqrt{4-x^2} = \sqrt{4-4\sin^2 t} = 2|\cos t| = 2\cos t,$$

于是

$$\int_0^2 \sqrt{4-x^2}\,dx = 4\int_0^{\frac{\pi}{2}} \cos^2 t\,dt = 2\int_0^{\frac{\pi}{2}} (1+\cos 2t)\,dt$$
$$= 2\left(t + \frac{1}{2}\sin 2t\right)\bigg|_0^{\frac{\pi}{2}} = \pi.$$

例 5 计算定积分 $\int_0^3 \dfrac{1}{\sqrt{9+x^2}}\,dx$.

解 设 $x = 3\tan t \left(-\dfrac{\pi}{2} < t < \dfrac{\pi}{2}\right)$,则 $dx = 3\sec^2 t\,dt$,且当 $x=0$ 时,$t=0$;当 $x=3$ 时,$t = \dfrac{\pi}{4}$. 又

$$\sqrt{9+x^2} = \sqrt{9+9\tan^2 t} = 3|\sec t| = 3\sec t,$$

于是

$$\int_0^3 \frac{1}{\sqrt{9+x^2}}\,dx = \int_0^{\frac{\pi}{4}} \frac{3\sec^2 t}{3\sec t}\,dt = \int_0^{\frac{\pi}{4}} \sec t\,dt$$
$$= \ln|\sec t + \tan t|\bigg|_0^{\frac{\pi}{4}} = \ln(1+\sqrt{2}).$$

例 6 计算定积分 $\int_1^4 \dfrac{1}{x+\sqrt{x}}\,dx$.

解 设 $t = \sqrt{x}\,(x>0)$,则 $x = t^2$,$dx = 2t\,dt$,且当 $x=1$ 时,$t=1$;当 $x=4$ 时,$t=2$. 于是

$$\int_1^4 \frac{1}{x+\sqrt{x}}\,dx = \int_1^2 \frac{2t}{t^2+t}\,dt = 2\int_1^2 \frac{1}{t+1}\,dt$$
$$= 2\ln(t+1)\bigg|_1^2 = 2\ln\frac{3}{2}.$$

例 7 设函数 $f(x)$ 在区间 $[-a,a]$ 上连续. 证明:

(1) 如果 $f(x)$ 是区间 $[-a,a]$ 上的偶函数,则

$$\int_{-a}^{a} f(x)\,dx = 2\int_0^a f(x)\,dx;$$

(2) 如果 $f(x)$ 是区间 $[-a,a]$ 上的奇函数,则

$$\int_{-a}^{a} f(x)\,dx = 0.$$

证 利用定积分对积分区间的可加性,有

$$\int_{-a}^{a} f(x)\,dx = \int_{-a}^{0} f(x)\,dx + \int_0^a f(x)\,dx.$$

对积分 $\int_{-a}^0 f(x)\,dx$ 做变量代换 $x = -t$,则

$$\int_{-a}^0 f(x)\,dx = -\int_a^0 f(-t)\,dt = \int_0^a f(-t)\,dt = \int_0^a f(-x)\,dx.$$

于是

$$\int_{-a}^a f(x)\,dx = \int_0^a f(-x)\,dx + \int_0^a f(x)\,dx = \int_0^a [f(-x)+f(x)]\,dx.$$

(1) 当 $f(x)$ 为偶函数时,有 $f(-x)=f(x)$,则 $f(-x)+f(x)=2f(x)$,所以
$$\int_{-a}^{a} f(x)\mathrm{d}x = 2\int_{0}^{a} f(x)\mathrm{d}x.$$

(2) 当 $f(x)$ 为奇函数时,有 $f(-x)=-f(x)$,则 $f(-x)+f(x)=0$,所以
$$\int_{-a}^{a} f(x)\mathrm{d}x = 0.$$

注 计算对称区间上的定积分时,可以借助被积函数的奇偶性来简化计算,如
$$\int_{-\pi}^{\pi} x^4 \sin x \, \mathrm{d}x = 0,$$
$$\int_{-2}^{2} \frac{x+|x|}{2+x^2}\mathrm{d}x = \int_{-2}^{2} \frac{x}{2+x^2}\mathrm{d}x + \int_{-2}^{2} \frac{|x|}{2+x^2}\mathrm{d}x = 0 + 2\int_{0}^{2} \frac{x}{2+x^2}\mathrm{d}x$$
$$= \int_{0}^{2} \frac{1}{2+x^2}\mathrm{d}(2+x^2) = \ln(2+x^2)\Big|_{0}^{2} = \ln 6 - \ln 2 = \ln 3.$$

利用对称性求定积分

例 8 计算定积分 $\int_{-1}^{1} \frac{x^5 + (\arctan x)^2}{1+x^2}\mathrm{d}x$.

解 因为 $\frac{x^5}{1+x^2}$ 是区间 $[-1,1]$ 上的奇函数,$\frac{(\arctan x)^2}{1+x^2}$ 是区间 $[-1,1]$ 上的偶函数,所以
$$\int_{-1}^{1} \frac{x^5 + (\arctan x)^2}{1+x^2}\mathrm{d}x = \int_{-1}^{1} \frac{x^5}{1+x^2}\mathrm{d}x + \int_{-1}^{1} \frac{(\arctan x)^2}{1+x^2}\mathrm{d}x$$
$$= 0 + 2\int_{0}^{1} \frac{(\arctan x)^2}{1+x^2}\mathrm{d}x = 2\int_{0}^{1} (\arctan x)^2 \mathrm{d}(\arctan x)$$
$$= \frac{2}{3}(\arctan x)^3 \Big|_{0}^{1} = \frac{\pi^3}{96}.$$

习 题 6.3

计算下列定积分:

(1) $\int_{-1}^{1} (2x+1)^3 \mathrm{d}x$;

(2) $\int_{0}^{\frac{\pi}{4}} \sin 2x \, \mathrm{d}x$;

(3) $\int_{0}^{\frac{\pi}{4}} \sec^2 x \tan x \, \mathrm{d}x$;

(4) $\int_{0}^{1} \frac{x}{\sqrt{4+5x^2}}\mathrm{d}x$;

(5) $\int_{0}^{1} \frac{x}{\sqrt{4+5x}}\mathrm{d}x$;

(6) $\int_{e}^{e^2} \frac{1}{x \ln x}\mathrm{d}x$;

(7) $\int_{0}^{1} x \mathrm{e}^{-x^2} \mathrm{d}x$;

(8) $\int_{0}^{\ln 2} \mathrm{e}^x \sqrt{\mathrm{e}^x - 1}\, \mathrm{d}x$;

(9) $\int_{0}^{\ln 2} \sqrt{\mathrm{e}^x - 1}\, \mathrm{d}x$;

(10) $\int_{0}^{\sqrt{2}} \sqrt{2-x^2}\, \mathrm{d}x$.

(11) $\int_{-5}^{5} \dfrac{x^4 \sin x}{x^4 + 2x^2 + 1} dx$; (12) $\int_{-1}^{1} \left(\dfrac{\sin x}{1 + \cos x} + |x| \right) dx$.

§6.4 定积分的分部积分法

本节我们将基于不定积分的分部积分法及微积分基本定理讨论定积分的分部积分法.

定理 6.6 如果函数 $u = u(x), v = v(x)$ 在区间 $[a, b]$ 上具有连续导数，则

$$\int_a^b u \, dv = uv \Big|_a^b - \int_a^b v \, du. \tag{6-9}$$

证 由不定积分的分部积分公式及牛顿-莱布尼茨公式得

$$\int_a^b u \, dv = \int u \, dv \Big|_a^b = \left(uv - \int v \, du \right) \Big|_a^b = uv \Big|_a^b - \int_a^b v \, du.$$

式(6-9)称为**定积分的分部积分公式**. 与不定积分的分部积分公式一样，应用式(6-9)的关键是要能将定积分 $\int_a^b f(x) dx$ 写成 $\int_a^b u \, dv$ 的形式，并且定积分 $\int_a^b v \, du$ 要容易计算.

例 1 计算定积分 $\int_0^{\ln 2} x e^x dx$.

解 取 $u = x, dv = e^x dx$，则 $du = dx, v = e^x$. 于是

$$\int_0^{\ln 2} x e^x dx = \int_0^{\ln 2} x (e^x)' dx = \int_0^{\ln 2} x \, d(e^x) = x e^x \Big|_0^{\ln 2} - \int_0^{\ln 2} e^x dx$$
$$= 2\ln 2 - e^x \Big|_0^{\ln 2} = 2\ln 2 - 1.$$

例 2 计算定积分 $\int_0^{\frac{\pi}{2}} x \sin x \, dx$.

解 取 $u = x, dv = \sin x \, dx$，则 $du = dx, v = -\cos x$. 于是

$$\int_0^{\frac{\pi}{2}} x \sin x \, dx = \int_0^{\frac{\pi}{2}} x (-\cos x)' dx = \int_0^{\frac{\pi}{2}} x \, d(-\cos x)$$
$$= -x \cos x \Big|_0^{\frac{\pi}{2}} + \int_0^{\frac{\pi}{2}} \cos x \, dx = 0 + \sin x \Big|_0^{\frac{\pi}{2}} = 1.$$

例 3 计算定积分 $\int_1^e x \ln x \, dx$.

解 取 $u = \ln x, dv = x \, dx$，则 $du = \dfrac{1}{x} dx, v = \dfrac{x^2}{2}$. 于是

$$\int_1^e x\ln x\,dx = \int_1^e \ln x\left(\frac{x^2}{2}\right)' dx = \int_1^e \ln x\,d\left(\frac{x^2}{2}\right) = \frac{x^2}{2}\ln x\Big|_1^e - \int_1^e \frac{x^2}{2}d(\ln x)$$

$$= \frac{e^2}{2} - \int_1^e \frac{x}{2}dx = \frac{e^2}{2} - \frac{x^2}{4}\Big|_1^e = \frac{1}{4}(e^2+1).$$

例 4 计算定积分 $\int_0^1 \arctan x\,dx$.

解 取 $u = \arctan x, dv = dx$, 则 $du = \frac{1}{1+x^2}dx, v = x$. 于是

$$\int_0^1 \arctan x\,dx = x\arctan x\Big|_0^1 - \int_0^1 x\,d(\arctan x) = \frac{\pi}{4} - \int_0^1 \frac{x}{1+x^2}dx$$

$$= \frac{\pi}{4} - \frac{1}{2}\int_0^1 \frac{1}{1+x^2}d(1+x^2) = \frac{\pi}{4} - \frac{1}{2}\ln(1+x^2)\Big|_0^1 = \frac{\pi}{4} - \ln\sqrt{2}.$$

在对定积分的分部积分公式比较熟悉后,可以不写出公式中的 u 与 v.

例 5 计算定积分 $\int_0^{\frac{\pi}{4}} e^x \cos 2x\,dx$.

解
$$\int_0^{\frac{\pi}{4}} e^x \cos 2x\,dx = \int_0^{\frac{\pi}{4}} \cos 2x\,d(e^x) = e^x\cos 2x\Big|_0^{\frac{\pi}{4}} - \int_0^{\frac{\pi}{4}} e^x\,d(\cos 2x)$$

$$= -1 + 2\int_0^{\frac{\pi}{4}} e^x\sin 2x\,dx = -1 + 2\int_0^{\frac{\pi}{4}} \sin 2x\,d(e^x)$$

$$= -1 + 2e^x\sin 2x\Big|_0^{\frac{\pi}{4}} - 2\int_0^{\frac{\pi}{4}} e^x\,d(\sin 2x)$$

$$= -1 + 2e^{\frac{\pi}{4}} - 4\int_0^{\frac{\pi}{4}} e^x\cos 2x\,dx,$$

故

$$\int_0^{\frac{\pi}{4}} e^x\cos 2x\,dx = \frac{-1+2e^{\frac{\pi}{4}}}{5}.$$

例 6 设函数 $f(x) = \int_\pi^x \frac{\sin t}{t}dt$. 计算定积分 $\int_0^\pi f(x)\,dx$.

解 因 $f(\pi) = 0, f'(x) = \frac{\sin x}{x}$, 故由定积分的分部积分公式得

$$\int_0^\pi f(x)\,dx = xf(x)\Big|_0^\pi - \int_0^\pi x\,d[f(x)] = 0 - \int_0^\pi xf'(x)\,dx = -\int_0^\pi \sin x\,dx$$

$$= \cos x\Big|_0^\pi = -2.$$

习 题 6.4

1. 计算下列定积分:

(1) $\int_0^1 x e^{-x} dx$;

(2) $\int_1^e 3x^2 \ln x \, dx$;

(3) $\int_0^\pi x \cos x \, dx$;

(4) $\int_0^1 x \arctan x \, dx$;

(5) $\int_0^{\frac{\pi}{2}} e^x \cos x \, dx$;

(6) $\int_0^1 \arcsin x \, dx$;

(7) $\int_1^e \sin(\ln x) dx$;

(8) $\int_{\frac{1}{2}}^1 e^{\sqrt{2x-1}} dx$.

2. 设函数 $f(x) = \int_1^x \frac{2\sin t}{t^2} dt$. 计算定积分 $\int_0^1 x f(x) dx$.

3. 已知 $f(2) = \frac{1}{2}, f'(2) = 0, \int_0^2 f(x) dx = 1$, 求 $\int_0^2 x^2 f''(x) dx$.

定积分的分部积分法的应用

§6.5 定积分的应用

本节我们将应用前面学过的定积分理论来分析和解决一些实际问题. 首先介绍采用定积分解决问题的基本方法——微元法, 然后应用该方法建立待求量的定积分计算公式.

一、微元法

为了说明微元法的思想和应用步骤, 我们首先回顾一下采用定积分求解曲边梯形面积的方法步骤.

设函数 $f(x)$ 在区间 $[a,b]$ 上连续, 且 $f(x) \geqslant 0$, 则以曲线 $y = f(x)$ 为曲边的 $[a,b]$ 上的曲边梯形的面积 A 可用定积分表示为

$$A = \int_a^b f(x) dx.$$

具体步骤如下.

(1) 用任意一组分点把区间 $[a,b]$ 分成长度为 $\Delta x_i (i=1,2,\cdots,n)$ 的 n 个小区间, 相应地把曲边梯形分成 n 个小曲边梯形, 记第 i 个小曲边梯形的面积为 ΔA_i.

(2) 计算 ΔA_i 的近似值, 即

$$\Delta A_i \approx f(\xi_i) \Delta x_i \quad (i=1,2,\cdots,n).$$

(3) 求和, 得 A 的近似值, 即

$$A \approx \sum_{i=1}^n f(\xi_i) \Delta x_i.$$

(4) 取极限, 记 $\lambda = \max_{1 \leqslant i \leqslant n} \{\Delta x_i\}$, 令 $\lambda \to 0$, 得 A 的精确值, 即

$$A = \lim_{\lambda \to 0} \sum_{i=1}^n f(\xi_i) \Delta x_i.$$

在上述问题的求解过程中我们注意到, 待求量面积 A 与区间 $[a,b]$ 有关, 当 $[a,b]$ 被分成

若干个小区间时,待求量面积 A 相应地也被分成若干个部分量 $\Delta A_i (i=1,2,\cdots,n)$,并且面积 A 等于所有部分量 ΔA_i 之和,即 $A = \sum_{i=1}^{n} \Delta A_i$.待求量面积 A 的这种特性称为 A 对区间 $[a,b]$ 具有**可加性**.

由上面的讨论知,如果某一实际问题中的待求量 U 满足下面两个条件:

(1) 待求量 U 与变量 x 的变化区间 $[a,b]$ 有关,

(2) 待求量 U 对区间 $[a,b]$ 具有可加性,

则待求量 U 就可以采用定积分来进行计算.具体步骤如下.

第一步,在区间 $[a,b]$ 上任取一小区间 $[x,x+dx]$,并求出相应于这个小区间的部分量 ΔU 的近似值.如果 ΔU 能近似地表示为一个函数在点 x 处的值 $f(x)$ 与 dx 的乘积 $f(x)dx$,则将 $f(x)dx$ 称为待求量 U 的**微元**,记作 dU,即

$$dU = f(x)dx.$$

第二步,以待求量 U 的微元 dU 作为被积表达式在 $[a,b]$ 上做定积分,即得待求量 U 的积分表达式:

$$U = \int_a^b f(x)dx.$$

上述求解待求量 U 的方法称为**微元法**.下面我们将应用此方法来讨论定积分在几何学和经济学中的一些应用问题.

二、平面图形的面积

(1) 设平面图形由连续曲线 $y=f_1(x), y=f_2(x)$ 及直线 $x=a, x=b$ 所围成(见图 6.9),且在 $[a,b]$ 上 $f_2(x) \geqslant f_1(x)$.因为小区间 $[x,x+dx] \subset [a,b]$ 上的面积微元为

$$dA = [f_2(x) - f_1(x)]dx,$$

所以该平面图形的面积为

$$A = \int_a^b [f_2(x) - f_1(x)]dx. \tag{6-10}$$

平面图形的面积

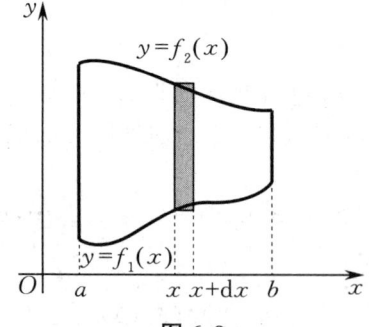

图 6.9

(2) 类似地,设平面图形由连续曲线 $x=g_1(y), x=g_2(y)$ 及直线 $y=c, y=d$ 所围成(见图 6.10),且在 $[c,d]$ 上 $g_2(y) \geqslant g_1(y)$,则该平面图形的面积为

$$A = \int_c^d [g_2(y) - g_1(y)]dy. \tag{6-11}$$

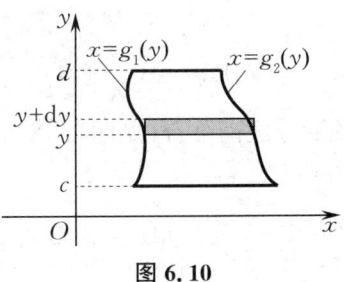

图 6.10

例 1 计算由两条抛物线 $y^2=x$ 和 $y=x^2$ 所围成的平面图形的面积.

解 如图 6.11 所示，两条抛物线的交点为 $(0,0)$ 和 $(1,1)$.

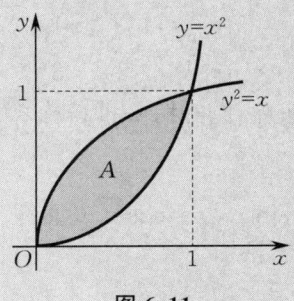

图 6.11

解法一 在区间 $[0,1]$ 上 $\sqrt{x} \geqslant x^2$，直接利用式(6-10)得所求面积为

$$A=\int_0^1(\sqrt{x}-x^2)\mathrm{d}x=\left(\frac{2}{3}x^{\frac{3}{2}}-\frac{1}{3}x^3\right)\bigg|_0^1=\frac{1}{3}.$$

解法二 在区间 $[0,1]$ 上 $\sqrt{y} \geqslant y^2$，直接利用式(6-11)得所求面积为

$$A=\int_0^1(\sqrt{y}-y^2)\mathrm{d}y=\left(\frac{2}{3}y^{\frac{3}{2}}-\frac{1}{3}y^3\right)\bigg|_0^1=\frac{1}{3}.$$

例 2 计算由抛物线 $y^2=2x$ 与直线 $x-y=4$ 所围成的平面图形的面积.

解 如图 6.12 所示，抛物线与直线的交点为 $(2,-2)$ 和 $(8,4)$.

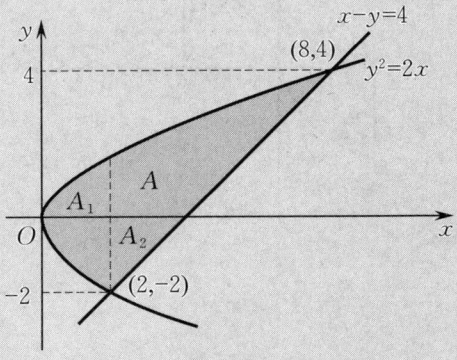

图 6.12

解法一 直接利用式(6-11)得所求面积为

$$A = \int_{-2}^{4} \left(y + 4 - \frac{1}{2}y^2\right) dy = \left(\frac{y^2}{2} + 4y - \frac{y^3}{6}\right)\bigg|_{-2}^{4} = 18.$$

解法二 用直线 $x=2$ 将图形分成两部分（见图 6.12），利用式（6-10）得左侧图形的面积为

$$A_1 = \int_0^2 [\sqrt{2x} - (-\sqrt{2x})] dx = 2\sqrt{2}\left(\frac{2}{3}x^{\frac{3}{2}}\right)\bigg|_0^2 = \frac{16}{3},$$

右侧图形的面积为

$$A_2 = \int_2^8 [\sqrt{2x} - (x-4)] dx = \left(\frac{2\sqrt{2}}{3}x^{\frac{3}{2}} - \frac{1}{2}x^2 + 4x\right)\bigg|_2^8 = \frac{38}{3}.$$

故所求图形的面积为

$$A = A_1 + A_2 = \frac{16}{3} + \frac{38}{3} = 18.$$

注 由例 1 和例 2 可知，在实际计算时，要根据待求量的特性，选定合适的积分变量进行计算。

例 3 计算由曲线 $y=\sin x$，$y=\cos x$ 及直线 $x=-\frac{\pi}{2}$，$x=\frac{\pi}{2}$ 所围成的平面图形的面积。

解 如图 6.13 所示，两条曲线的交点为 $\left(\frac{\pi}{4}, \frac{\sqrt{2}}{2}\right)$。用直线 $x=\frac{\pi}{4}$ 将图形分成两部分，左侧图形的面积记为 A_1，右侧图形的面积记为 A_2，则所求图形的面积为

$$A = A_1 + A_2 = \int_{-\frac{\pi}{2}}^{\frac{\pi}{4}} (\cos x - \sin x) dx + \int_{\frac{\pi}{4}}^{\frac{\pi}{2}} (\sin x - \cos x) dx$$

$$= (\sin x + \cos x)\bigg|_{-\frac{\pi}{2}}^{\frac{\pi}{4}} + (-\cos x - \sin x)\bigg|_{\frac{\pi}{4}}^{\frac{\pi}{2}} = 2\sqrt{2}.$$

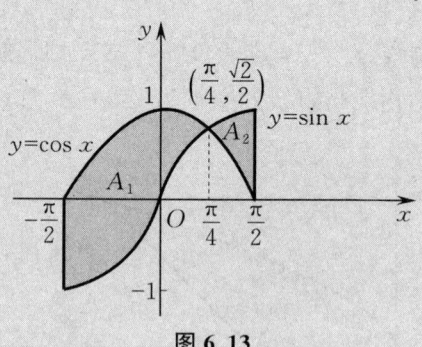

图 6.13

三、体积

1. 平行截面面积已知的立体体积

设有一空间立体，其垂直于 x 轴的截面面积是已知的连续函数 $A(x)$，此立体位于过点 $x=a$ 与 $x=b$ 且垂直于 x 轴的两个平面之间（见图 6.14），求此立体的体积。

如图 6.14 所示,在区间 $[a,b]$ 上任取一个小区间 $[x,x+\mathrm{d}x]$,此小区间上相应的小立体体积可以用底面积为 $A(x)$、高为 $\mathrm{d}x$ 的扁柱体体积 $A(x)\mathrm{d}x$ 近似代替,即体积微元为 $\mathrm{d}V = A(x)\mathrm{d}x$,于是所求立体的体积为

$$V = \int_a^b A(x)\mathrm{d}x. \tag{6-12}$$

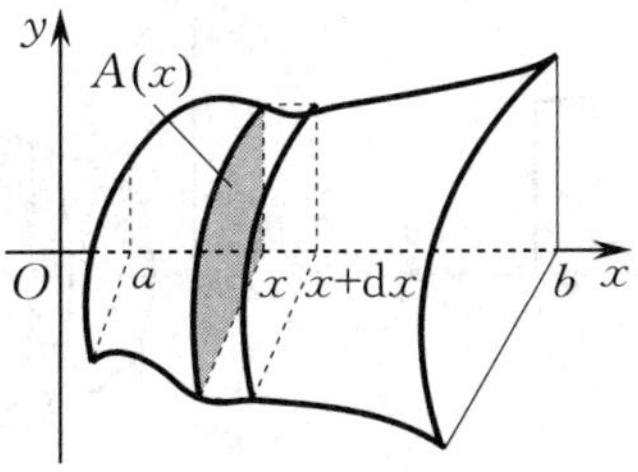

图 6.14

空间立体的体积

例 4 一平面经过半径为 R 的圆柱体的底圆直径,并与底面交成角 α(见图 6.15).求此平面截圆柱体所得立体的体积.

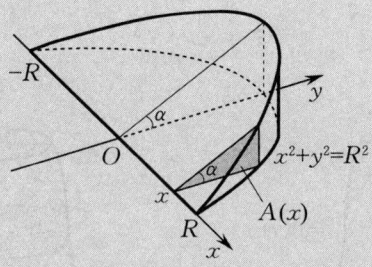

图 6.15

解 如图 6.15 所示,取底圆直径所在的直线为 x 轴,底圆中心为原点,底圆上过原点且垂直于 x 轴的直线为 y 轴,则底圆的方程为 $x^2+y^2=R^2$.这时,立体过点 x 且垂直于 x 轴的截面是直角三角形,它的一个锐角为 α,这个锐角的邻边长度为 $\sqrt{R^2-x^2}$,对边长度为 $\sqrt{R^2-x^2}\tan\alpha$,则平行截面的面积为

$$A(x) = \frac{1}{2}(R^2-x^2)\tan\alpha.$$

故所求立体的体积为

$$V = \int_{-R}^R \frac{1}{2}(R^2-x^2)\tan\alpha\,\mathrm{d}x = \frac{1}{2}\tan\alpha\left(R^2 x - \frac{x^3}{3}\right)\Big|_{-R}^R = \frac{2}{3}R^3\tan\alpha.$$

2. 旋转体的体积

(1) 设一曲边梯形由连续曲线 $y=f(x)>0$,x 轴及直线 $x=a$,$x=b$($b>a$)所围成,如图 6.16(a) 所示,求此曲边梯形绕 x 轴旋转一周所得的旋转体的体积.

如图 6.16(b) 所示,在区间 $[a,b]$ 上任取一个小区间 $[x,x+\mathrm{d}x]$,此小区间上相应的小立体体积可以用底面积为 $\pi[f(x)]^2$、高为 $\mathrm{d}x$ 的扁圆柱体体积 $\pi[f(x)]^2\mathrm{d}x$ 近似代替,即体积微

元为
$$dV = \pi [f(x)]^2 dx,$$
于是所求旋转体的体积为
$$V = \pi \int_a^b [f(x)]^2 dx. \tag{6-13}$$

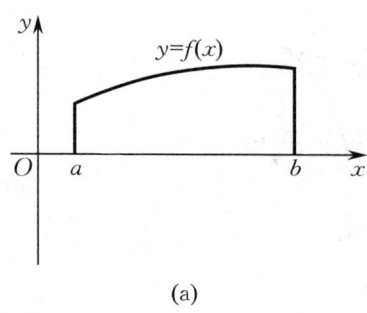
(a)

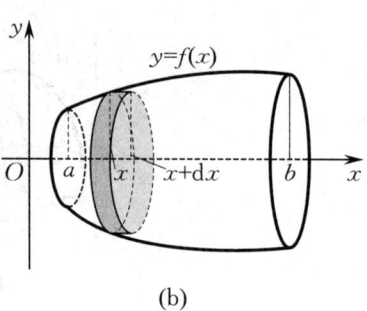
(b)

图 6.16

(2) 类似地，由连续曲线 $x = g(y) > 0$，y 轴及直线 $y = c$，$y = d(d > c)$ 所围成的曲边梯形（见图 6.17）绕 y 轴旋转一周所得的旋转体的体积为
$$V = \pi \int_c^d [g(y)]^2 dy. \tag{6-14}$$

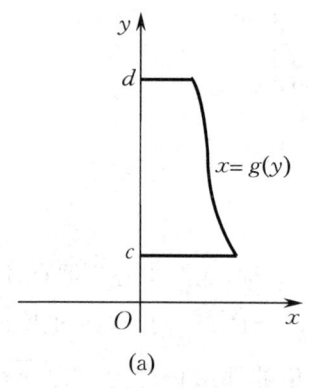
(a)

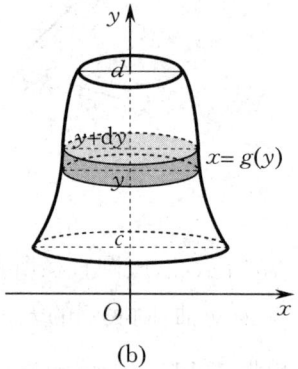
(b)

图 6.17

例 5 求由抛物线 $y^2 = x$，x 轴及直线 $x = 1$ 所围成的平面图形（见图 6.18）分别绕 x 轴和 y 轴旋转一周所得的旋转体的体积.

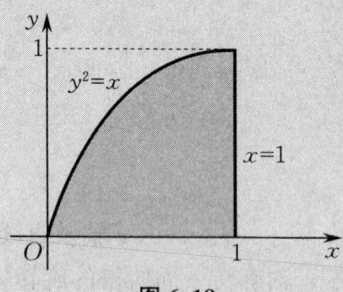

图 6.18

解 (1) 绕 x 轴旋转一周所得的旋转体是由曲线 $y=\sqrt{x}$ 与直线 $x=1$ 及 x 轴所围成的平面图形绕 x 轴旋转一周所得的立体,故由式(6-13)得,所求旋转体的体积为

$$V_x = \pi \int_0^1 (\sqrt{x})^2 \mathrm{d}x = \pi \int_0^1 x \mathrm{d}x = \frac{\pi}{2} x^2 \Big|_0^1 = \frac{\pi}{2}.$$

(2) 绕 y 轴旋转一周所得的旋转体是由曲线 $x=y^2$ 与直线 $x=1$ 及 x 轴所围成的平面图形绕 y 轴旋转一周所得的立体,其体积等于由直线 $x=1$, $y=1$, x 轴及 y 轴所围成的平面图形绕 y 轴旋转一周所得立体的体积减去由曲线 $x=y^2$ 与直线 $y=1$ 及 y 轴所围成的平面图形绕 y 轴旋转一周所得立体的体积. 故由式(6-14)得,所求旋转体的体积为

$$V_y = \pi \int_0^1 1^2 \mathrm{d}y - \pi \int_0^1 (y^2)^2 \mathrm{d}y = \pi \int_0^1 (1-y^4) \mathrm{d}y$$

$$= \pi \left(y - \frac{1}{5} y^5 \right) \Big|_0^1 = \frac{4\pi}{5}.$$

习 题 6.5

1. 求由下列曲线所围成的平面图形的面积:
   (1) 曲线 $y=\sqrt{x}$ 与直线 $y=x$;
   (2) 曲线 $y=\mathrm{e}^x$ 与直线 $y=\mathrm{e}$ 及 y 轴;
   (3) 曲线 $y=x^2$ 与直线 $y=2x+3$.
2. 求由曲线 $y=x^3$ 及直线 $x=2$, $y=0$ 所围成的平面图形分别绕 x 轴及 y 轴旋转一周所得的旋转体的体积.

§6.6 反常积分

在前面定积分的讨论中,我们要求积分区间是有限区间且被积函数在积分区间上有界. 但在许多实际问题中,我们常常会遇到积分区间为无限区间或被积函数在积分区间上无界的情形,它们已经不属于定积分的研究范畴,但我们可以将它们看作定积分的推广,统称为反常积分(或广义积分).

一、无限区间上的反常积分

定义 6.2 设函数 $f(x)$ 在区间 $[a, +\infty)$ 内连续,任取 $b>a$,则称极限

$$\lim_{b \to +\infty} \int_a^b f(x) \mathrm{d}x \tag{6-15}$$

为 $f(x)$ 在 $[a, +\infty)$ 内的**反常积分**,记为 $\int_a^{+\infty} f(x) \mathrm{d}x$,即

$$\int_a^{+\infty} f(x) \mathrm{d}x = \lim_{b \to +\infty} \int_a^b f(x) \mathrm{d}x. \tag{6-16}$$

若极限(6-15)存在,则称此反常积分**收敛**,否则称此反常积分**发散**.

由上述定义及牛顿-莱布尼茨公式,可得如下结果.

设 $F(x)$ 为 $f(x)$ 在区间 $[a,+\infty)$ 内的一个原函数,记 $F(+\infty)=\lim\limits_{x\to+\infty}F(x)$,则反常积分 $\int_a^{+\infty}f(x)\mathrm{d}x$ 可记为

$$\int_a^{+\infty}f(x)\mathrm{d}x=F(x)\Big|_a^{+\infty}=F(+\infty)-F(a).$$

该表示方法书写简便,使反常积分的计算和定积分计算的牛顿-莱布尼茨公式统一起来.

类似地,可定义函数 $f(x)$ 在区间 $(-\infty,b]$ 内的反常积分为

$$\int_{-\infty}^b f(x)\mathrm{d}x=\lim_{a\to-\infty}\int_a^b f(x)\mathrm{d}x. \tag{6-17}$$

若式(6-17)右边的极限存在,则称此反常积分**收敛**,否则称此反常积分**发散**.

设 $F(x)$ 为 $f(x)$ 在区间 $(-\infty,b]$ 内的一个原函数,记 $F(-\infty)=\lim\limits_{x\to-\infty}F(x)$,则反常积分 $\int_{-\infty}^b f(x)\mathrm{d}x$ 可记为

$$\int_{-\infty}^b f(x)\mathrm{d}x=F(x)\Big|_{-\infty}^b=F(b)-F(-\infty).$$

函数 $f(x)$ 在区间 $(-\infty,+\infty)$ 内的反常积分定义为

$$\int_{-\infty}^{+\infty}f(x)\mathrm{d}x=\int_{-\infty}^c f(x)\mathrm{d}x+\int_c^{+\infty}f(x)\mathrm{d}x, \tag{6-18}$$

其中 c 为任意常数.

若式(6-18)右边的两个反常积分 $\int_{-\infty}^c f(x)\mathrm{d}x$ 及 $\int_c^{+\infty}f(x)\mathrm{d}x$ 均收敛,则称反常积分 $\int_{-\infty}^{+\infty}f(x)\mathrm{d}x$ **收敛**,否则称反常积分 $\int_{-\infty}^{+\infty}f(x)\mathrm{d}x$ **发散**.

设 $F(x)$ 为 $f(x)$ 在区间 $(-\infty,+\infty)$ 内的一个原函数,则反常积分 $\int_{-\infty}^{+\infty}f(x)\mathrm{d}x$ 可记为

$$\int_{-\infty}^{+\infty}f(x)\mathrm{d}x=F(x)\Big|_{-\infty}^{+\infty}=F(+\infty)-F(-\infty).$$

例 1 计算反常积分 $\int_0^{+\infty}t\mathrm{e}^{-t^2}\mathrm{d}t$.

解 $\int_0^{+\infty}t\mathrm{e}^{-t^2}\mathrm{d}t=\lim\limits_{b\to+\infty}\int_0^b t\mathrm{e}^{-t^2}\mathrm{d}t=-\frac{1}{2}\lim\limits_{b\to+\infty}\int_0^b \mathrm{e}^{-t^2}\mathrm{d}(-t^2)=-\frac{1}{2}\lim\limits_{b\to+\infty}\mathrm{e}^{-t^2}\Big|_0^b$

$=-\frac{1}{2}\lim\limits_{b\to+\infty}(\mathrm{e}^{-b^2}-1)=-\frac{1}{2}(0-1)=\frac{1}{2}.$

注 例 1 的解题过程也可以简写为

$\int_0^{+\infty}t\mathrm{e}^{-t^2}\mathrm{d}t=-\frac{1}{2}\int_0^{+\infty}\mathrm{e}^{-t^2}\mathrm{d}(-t^2)=-\frac{1}{2}\mathrm{e}^{-t^2}\Big|_0^{+\infty}=\lim\limits_{t\to+\infty}\left(-\frac{1}{2}\mathrm{e}^{-t^2}\right)-\left(-\frac{1}{2}\right)=\frac{1}{2}.$

例 2 证明:反常积分 $\int_1^{+\infty}\frac{1}{x^p}\mathrm{d}x$ 当 $p>1$ 时收敛,当 $p\leqslant 1$ 时发散.

证 当 $p=1$ 时,

$$\int_1^{+\infty}\frac{1}{x^p}dx=\int_1^{+\infty}\frac{1}{x}dx=\ln x\Big|_1^{+\infty}=\lim_{x\to+\infty}\ln x-\ln 1=+\infty;$$

当 $p\neq 1$ 时,

$$\int_1^{+\infty}\frac{1}{x^p}dx=\frac{x^{1-p}}{1-p}\Big|_1^{+\infty}=\frac{1}{1-p}\lim_{x\to+\infty}x^{1-p}-\frac{1}{1-p}=\begin{cases}+\infty, & p<1,\\ \dfrac{1}{p-1}, & p>1.\end{cases}$$

因此,当 $p>1$ 时,反常积分 $\int_1^{+\infty}\dfrac{1}{x^p}dx$ 收敛,且 $\int_1^{+\infty}\dfrac{1}{x^p}dx=\dfrac{1}{p-1}$;当 $p\leqslant 1$ 时,反常积分 $\int_1^{+\infty}\dfrac{1}{x^p}dx$ 发散.

例2的结论可以直接用来判断该类反常积分的敛散性.例如,反常积分 $\int_1^{+\infty}\dfrac{1}{x}dx$ 发散 $(p=1)$,反常积分 $\int_1^{+\infty}\dfrac{1}{\sqrt{x}}dx$ 发散 $\left(p=\dfrac{1}{2}<1\right)$,而反常积分 $\int_1^{+\infty}\dfrac{1}{x^3}dx$ 收敛 $(p=3>1)$.

例3 计算反常积分 $\int_{-\infty}^0\dfrac{2x}{1+x^2}dx$.

解 $\int_{-\infty}^0\dfrac{2x}{1+x^2}dx=\int_{-\infty}^0\dfrac{1}{1+x^2}d(1+x^2)=\ln(1+x^2)\Big|_{-\infty}^0$

$$=\ln 1-\lim_{x\to-\infty}\ln(1+x^2)=-\infty,$$

故该反常积分发散.

例4 计算反常积分 $\int_{-\infty}^{+\infty}\dfrac{1}{1+x^2}dx$.

解 $\int_{-\infty}^{+\infty}\dfrac{1}{1+x^2}dx=\arctan x\Big|_{-\infty}^{+\infty}=\lim_{x\to+\infty}\arctan x-\lim_{x\to-\infty}\arctan x$

$$=\frac{\pi}{2}-\left(-\frac{\pi}{2}\right)=\pi.$$

二、瑕积分

定义6.3 设函数 $f(x)$ 在区间 $(a,b]$ 内连续,$\lim\limits_{x\to a^+}f(x)=\infty$,任取 $\varepsilon>0(a+\varepsilon<b)$,则称极限

$$\lim_{\varepsilon\to 0^+}\int_{a+\varepsilon}^b f(x)dx \tag{6-19}$$

为 $f(x)$ 在 $(a,b]$ 内的**反常积分**或**瑕积分**,点 $x=a$ 称为**瑕点**,仍然记为 $\int_a^b f(x)dx$,即

$$\int_a^b f(x)\mathrm{d}x = \lim_{\varepsilon \to 0^+} \int_{a+\varepsilon}^b f(x)\mathrm{d}x. \tag{6-20}$$

若极限(6-19)存在,则称此瑕积分**收敛**,否则称此瑕积分**发散**.

由上述定义及牛顿-莱布尼茨公式,可得如下结果.

设 $F(x)$ 为 $f(x)$ 在区间 $(a,b]$ 内的一个原函数,则瑕积分 $\int_a^b f(x)\mathrm{d}x$ 可记为

$$\int_a^b f(x)\mathrm{d}x = F(x)\Big|_a^b = F(b) - \lim_{x \to a^+} F(x).$$

类似地,若函数 $f(x)$ 在区间 $[a,b)$ 内连续,且 $\lim\limits_{x \to b^-} f(x) = \infty$,则以点 $x=b$ 为瑕点的瑕积分定义为

$$\int_a^b f(x)\mathrm{d}x = \lim_{\varepsilon \to 0^+} \int_a^{b-\varepsilon} f(x)\mathrm{d}x \quad (\varepsilon > 0, a < b-\varepsilon). \tag{6-21}$$

若式(6-21)右边的极限存在,则称此瑕积分**收敛**,否则称此瑕积分**发散**.

若函数 $f(x)$ 在区间 $[a,b]$ 上除点 $x=c(a<c<b)$ 外均连续,且 $\lim\limits_{x \to c} f(x) = \infty$,则以点 $x=c$ 为瑕点的瑕积分定义为

$$\int_a^b f(x)\mathrm{d}x = \int_a^c f(x)\mathrm{d}x + \int_c^b f(x)\mathrm{d}x.$$

若上式右边的瑕积分 $\int_a^c f(x)\mathrm{d}x$ 与 $\int_c^b f(x)\mathrm{d}x$ 都收敛,则称瑕积分 $\int_a^b f(x)\mathrm{d}x$ **收敛**,否则称瑕积分 $\int_a^b f(x)\mathrm{d}x$ **发散**.

例 5 计算瑕积分 $\int_0^2 \dfrac{1}{\sqrt{4-x^2}}\mathrm{d}x$.

解 因为 $\lim\limits_{x \to 2^-} \dfrac{1}{\sqrt{4-x^2}} = +\infty$,所以点 $x=2$ 为瑕点. 于是

$$\int_0^2 \frac{1}{\sqrt{4-x^2}}\mathrm{d}x = \left(\arcsin \frac{x}{2}\right)\Big|_0^2 = \lim_{x \to 2^-} \arcsin \frac{x}{2} - \arcsin \frac{0}{2} = \frac{\pi}{2}.$$

例 6 证明:瑕积分 $\int_0^1 \dfrac{1}{x^p}\mathrm{d}x \;(p>0)$ 当 $p<1$ 时收敛,当 $p \geq 1$ 时发散.

证 因为 $\lim\limits_{x \to 0^+} \dfrac{1}{x^p} = +\infty$,所以点 $x=0$ 为瑕点.

当 $p=1$ 时,

$$\int_0^1 \frac{1}{x^p}\mathrm{d}x = \int_0^1 \frac{1}{x}\mathrm{d}x = \ln x \Big|_0^1 = \ln 1 - \lim_{x \to 0^+} \ln x = +\infty;$$

当 $p \neq 1$ 时,

$$\int_0^1 \frac{1}{x^p}\mathrm{d}x = \frac{x^{1-p}}{1-p}\Big|_0^1 = \frac{1}{1-p} - \lim_{x \to 0^+} \frac{x^{1-p}}{1-p} = \begin{cases} +\infty, & p>1, \\ \dfrac{1}{1-p}, & p<1. \end{cases}$$

因此，当 $p<1$ 时，瑕积分 $\int_0^1 \frac{1}{x^p}\mathrm{d}x$ 收敛，且 $\int_0^1 \frac{1}{x^p}\mathrm{d}x = \frac{1}{1-p}$；当 $p \geqslant 1$ 时，瑕积分 $\int_0^1 \frac{1}{x^p}\mathrm{d}x$ 发散.

例 6 的结论可以直接用来判断该类瑕积分的敛散性. 例如，瑕积分 $\int_0^1 \frac{1}{x}\mathrm{d}x$ 发散 $(p=1)$，瑕积分 $\int_0^1 \frac{1}{x^3}\mathrm{d}x$ 发散 $(p=3>1)$，而瑕积分 $\int_0^1 \frac{1}{\sqrt{x}}\mathrm{d}x$ 收敛 $\left(p=\frac{1}{2}<1\right)$.

由于瑕积分与定积分在形式上没有区别，因此在计算有限区间上的积分时要考察被积函数在区间上是否有界. 如果忽略这一点，就很可能出现错误，如下例.

例 7 计算积分 $\int_{-1}^1 \frac{1}{x^2}\mathrm{d}x$.

解 因为 $\lim\limits_{x\to 0}\frac{1}{x^2}=+\infty$，所以点 $x=0$ 是瑕点. 如果忽略点 $x=0$ 是瑕点，按照定积分进行计算，则可能会得出错误结果：

$$\int_{-1}^1 \frac{1}{x^2}\mathrm{d}x = -\frac{1}{x}\bigg|_{-1}^1 = -1+(-1) = -2.$$

正确解法如下：因为点 $x=0$ 是瑕点，所以

$$\int_{-1}^1 \frac{1}{x^2}\mathrm{d}x = \int_{-1}^0 \frac{1}{x^2}\mathrm{d}x + \int_0^1 \frac{1}{x^2}\mathrm{d}x,$$

而

$$\int_0^1 \frac{1}{x^2}\mathrm{d}x = -\frac{1}{x}\bigg|_0^1 = -1 - \lim_{x\to 0^+}\left(-\frac{1}{x}\right) = +\infty,$$

从而瑕积分 $\int_{-1}^1 \frac{1}{x^2}\mathrm{d}x$ 发散.

习 题 6.6

计算下列反常积分：

(1) $\int_1^{+\infty} \frac{1}{x^3}\mathrm{d}x$；

(2) $\int_0^{+\infty} \mathrm{e}^{-2x}\mathrm{d}x$；

(3) $\int_0^{+\infty} \sin x \,\mathrm{d}x$；

(4) $\int_0^1 \ln x \,\mathrm{d}x$；

(5) $\int_1^2 \frac{1}{2-x}\mathrm{d}x$；

(6) $\int_0^2 \frac{1}{(x-1)^2}\mathrm{d}x$.

自 测 题 六

1. 选择题：

(1) 若 $\int_0^1 (2x+k)dx = 2$，则 $k = ($ $)$；

A. 0   B. -1 C. 2   D. 1

(2) 设 $a = \int_1^2 \ln x \, dx$，$b = \int_1^2 \ln^2 x \, dx$，则(   )；

A. $a > b$ B. $a < b$ C. $a = b$ D. $a = \dfrac{b}{2}$

(3) 设函数 $F(x) = \int_1^{x^2} t e^{-t} dt$，则 $F'(x) = ($ $)$；

A. $x e^{-x}$ B. $x e^{-x^2}$ C. $2x^3 e^{-x^2}$ D. $x^2 e^{-x^2}$

(4) $\dfrac{d}{dx} \int_0^\pi \sin x^2 \, dx = ($ $)$；

A. 0   B. $\sin x^2$ C. $x^2 \sin x^2$ D. $2x \sin x^2$

(5) 若 $\int_0^{x^2} f(t) dt = 2x^4$，则 $f(x) = ($ $)$；

A. $4x$ B. $4x^2$ C. $8x^3$ D. x^2

(6) 设函数 $f(x)$ 在区间 $[a,b]$ 上连续，若 $\int_0^1 e^x f(e^x) dx = \int_a^b f(u) du$，则(   )；

A. $a = 0, b = 1$ B. $a = 0, b = e$ C. $a = 1, b = 0$ D. $a = 1, b = e$

(7) 图 6.19 中阴影部分的面积为(   )；

A. 3   B. 9   C. $\dfrac{7}{3}$ D. 8

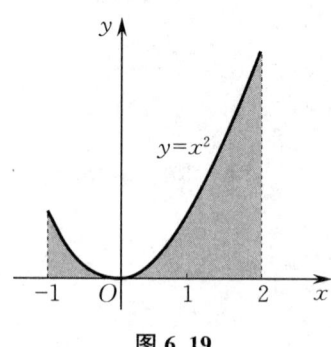

图 6.19

(8) 图 6.20 中的阴影部分绕 x 轴旋转一周所得的立体体积为(   )；

A. $\pi \int_0^a [f(x) - g(x)]^2 dx$ B. $\pi \int_0^a \{[f(x)]^2 - [g(x)]^2\} dx$

C. $\pi \int_0^a [g(x) + f(x)]^2 dx$ D. $\pi \int_0^a \{[g(x)]^2 - [f(x)]^2\} dx$

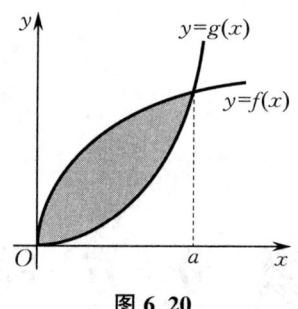

图 6.20

(9) 下列反常积分中收敛的是( ).

A. $\int_{-1}^{1}\frac{1}{x^2}\mathrm{d}x$ 　　　B. $\int_{1}^{+\infty}\frac{1}{x^2}\mathrm{d}x$ 　　　C. $\int_{-\infty}^{0}\frac{2x}{1+x^2}\mathrm{d}x$ 　　　D. $\int_{0}^{1}\frac{1}{x^2}\mathrm{d}x$

2. 填空题：

(1) $\int_{-\frac{\pi}{2}}^{\frac{\pi}{2}}\frac{\sin^3 x}{2+\cos x}\mathrm{d}x = $ _____；

(2) $\int_{0}^{3}\sqrt{9-x^2}\,\mathrm{d}x = $ _____；

(3) 设函数 $f(x) = \int_{x^2}^{x}\ln t\,\mathrm{d}t$，则 $f'(\mathrm{e}) = $ _____；

(4) $\lim\limits_{x\to 1}\dfrac{\int_{1}^{x}\mathrm{e}^{t^2}\mathrm{d}t}{x-1} = $ _____．

3. 计算下列定积分：

(1) $\int_{-1}^{1}(\sin^3 x + 2x^2 - x^3 + x^4)\mathrm{d}x$；

(2) $\int_{1}^{\mathrm{e}^2}\dfrac{\mathrm{d}x}{x\sqrt{1+\ln x}}$；

(3) $\int_{1}^{2}\dfrac{\sqrt{x-1}}{x}\mathrm{d}x$；

(4) $\int_{1}^{\sqrt{2}}\dfrac{\sqrt{x^2-1}}{x}\mathrm{d}x$；

(5) $\int_{0}^{1}x\mathrm{e}^{-2x}\mathrm{d}x$．

4. 设函数 $f(x)=\begin{cases}\mathrm{e}^x, & x\leqslant 1,\\ \dfrac{1}{x}, & x>1.\end{cases}$ 求 $\int_{0}^{2}f(x)\mathrm{d}x$ 和 $\int_{2}^{4}f(x-2)\mathrm{d}x$．

5. 求下列极限：

(1) $\lim\limits_{x\to 0}\dfrac{\int_{0}^{x}\arcsin t\,\mathrm{d}t}{x^2}$；

(2) $\lim\limits_{x\to 0}\dfrac{\int_{0}^{x^2}\ln(1+t)\mathrm{d}t}{\int_{0}^{x}t(1-\cos t)\mathrm{d}t}$．

6. 如图 6.21 所示,一桥孔上边缘的形状为抛物线,已知该桥孔的高为 h,宽为 $2b$,求桥孔的面积.

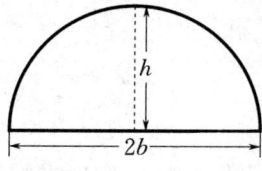

图 6.21

7. 求由曲线 $y=x^2$ 与直线 $y=4$ 及 y 轴所围成的平面图形分别绕 x 轴和 y 轴旋转一周所得的立体的体积.

第七章

微 分 方 程

函数反映了客观事物中变量之间的关系,人们常利用函数关系式定量地研究一些变量的变化规律. 在实际应用中,很多关系式不仅包含了未知函数,而且包含了未知函数的导数,这样的关系式称为**微分方程**. 微分方程是研究自然科学和社会科学中的物体运动、社会变迁等的最为基本的数学理论和方法. 随着计算技术的快速发展,微分方程已经渗透到自然科学、社会科学、工程技术等多种学科领域,正发挥着越来越大的作用. 本章将从实际问题出发,引入微分方程的一些基本概念,并介绍常用微分方程的求解方法.

§7.1 微分方程的基本概念

首先介绍几个实际问题中的微分方程模型,帮助了解微分方程的建模思想,然后引出有关微分方程的一些基本概念.

例1 求平面上过点(1,3)且在任一点处的切线斜率都为该点横坐标的 2 倍的曲线方程.

解 设所求的曲线方程为 $y=y(x)$. 根据导数的几何意义可知,未知函数 $y=y(x)$ 应满足方程

$$\frac{dy}{dx}=2x. \tag{7-1}$$

此外,根据题意可知 $y=y(x)$ 还满足条件

$$y\Big|_{x=1}=3. \tag{7-2}$$

对方程(7-1)两边积分,得 $y=\int 2x\,dx$,即

$$y=x^2+C, \tag{7-3}$$

其中 C 为任意常数.

把条件(7-2)代入上式,由此定出 $C=2$,则所求的曲线方程为

$$y=x^2+2. \tag{7-4}$$

例 2 （马尔萨斯人口模型） 英国人口统计学家马尔萨斯根据多年的人口出生统计资料,提出了著名的马尔萨斯人口模型. 现还原其建模过程.

首先,根据实际情况给出基本假设:在人口自然增长的过程中,单位时间内人口的净增长数与人口总数之比(即净相对增长率)是常数,记为 r.

其次,建立数学模型. 根据假设,在 t 到 $t+\Delta t$ 这段时间内人口数量 $N=N(t)$ 的净增长数为

$$N(t+\Delta t)-N(t)=rN(t)\Delta t.$$

上式两边同除以 Δt,并令 $\Delta t \to 0$,得

$$\frac{\mathrm{d}N}{\mathrm{d}t}=rN. \tag{7-5}$$

方程(7-5)可变形为

$$\frac{\mathrm{d}N}{N}=r\mathrm{d}t,$$

对上式两边积分,整理得

$$N(t)=C\mathrm{e}^{rt}, \tag{7-6}$$

其中 C 为任意常数. 若 t_0 时刻的人口总数为 N_0,即

$$N\Big|_{t=t_0}=N_0, \tag{7-7}$$

代入式(7-6)可得 $C=N_0\mathrm{e}^{-rt_0}$,则方程(7-5)满足条件(7-7)的解为

$$N(t)=N_0\mathrm{e}^{r(t-t_0)}. \tag{7-8}$$

例 3 （落体运动） 一个质量为 m 的小球,以向上的初始速度 v_0 从距离地面高 h_0 处做落体运动. 若不计空气阻力,求 t 时刻小球距离地面的高度 $h=h(t)$.

解 由牛顿第二定律得 $mh''=-mg$,其中 g 为重力加速度,则

$$h''=-g. \tag{7-9}$$

由题意可知,未知函数 $h=h(t)$ 还应满足条件

$$h\Big|_{t=0}=h_0, \quad h'\Big|_{t=0}=v_0. \tag{7-10}$$

对方程(7-9)两边积分,得

$$h'=-gt+C_1, \tag{7-11}$$

再次两边积分,得

$$h=-\frac{1}{2}gt^2+C_1 t+C_2, \tag{7-12}$$

其中 C_1,C_2 都是任意常数. 把条件(7-10)代入式(7-11)和式(7-12)得 $C_1=v_0,C_2=h_0$,则 t 时刻小球距离地面的高度为

$$h=-\frac{1}{2}gt^2+v_0 t+h_0. \tag{7-13}$$

上述实例中,方程(7-1)、方程(7-5)和方程(7-9)均含有未知函数的导数,它们就是本章要讨论的微分方程. 下面给出微分方程的基本概念.

定义 7.1 含有未知函数及其导数的方程,称为**微分方程**. 未知函数是一元函数的微分方程叫作**常微分方程**,未知函数的自变量有两个或两个以上的微分方程叫作**偏微分方程**.

例如,方程

$$\frac{d^2x}{dt^2} + 2\frac{dx}{dt} + x = t^3 \quad \text{和} \quad \left(\frac{dx}{dt}\right)^2 + t\frac{dx}{dt} - x = 0$$

均为常微分方程.

定义 7.2 微分方程中所出现的未知函数的最高阶导数的阶数,叫作**微分方程的阶**.

n 阶微分方程的一般形式是

$$F(x, y, y', \cdots, y^{(n)}) = 0, \tag{7-14}$$

其中 y 是未知函数,x 是自变量,而 $F(x, y, y', \cdots, y^{(n)})$ 是关于 $x, y, y', \cdots, y^{(n)}$ 的已知函数,且 $y^{(n)}$ 一定出现. 如果函数 $F(x, y, y', \cdots, y^{(n)})$ 对未知函数 y 和它的各阶导数 $y', y'', \cdots, y^{(n)}$ 都是一次的,则称方程(7-14)为**线性微分方程**,否则称为**非线性微分方程**. 一般地,以 y 为未知函数、x 为自变量的 n 阶线性微分方程具有如下形式:

$$y^{(n)} + p_1(x)y^{(n-1)} + \cdots + p_{n-1}(x)y' + p_n(x)y = f(x).$$

例如,方程 $\frac{dy}{dx} = 2x$,$\frac{dN}{dt} = rN$ 和 $\left(\frac{dx}{dt}\right)^2 + t\frac{dx}{dt} - x = 0$ 都是一阶微分方程,其中方程 $\frac{dy}{dx} = 2x$ 和 $\frac{dN}{dt} = rN$ 是线性的,而方程 $\left(\frac{dx}{dt}\right)^2 + t\frac{dx}{dt} - x = 0$ 是非线性的. 又如,方程 $h'' = -g$ 和 $\frac{d^2x}{dt^2} + 2\frac{dx}{dt} + x = t^3$ 是二阶线性微分方程;方程 $x^3(y''')^2 + x^2y'' - 4xy' = 3x^2$ 是三阶非线性微分方程;方程 $y^{(4)} + 1 = 0$ 是四阶线性微分方程.

由例 1~例 3 我们知道,在研究某些实际问题时,首先要根据实际问题进行合理的假设,然后建立微分方程,最后通过求解微分方程得到实际问题的解. 为此,在讨论微分方程或者求解之前,需要明确"解"的含义.

定义 7.3 对于一个微分方程,若将函数 $y = \varphi(x)$ 代入微分方程后,能使其成为恒等式,则称 $y = \varphi(x)$ 为微分方程的(**显式**)**解**. 若微分方程的解是由方程 $\Phi(x, y) = 0$ 所确定的隐函数,则称 $\Phi(x, y) = 0$ 为微分方程的(**隐式**)**解**.

微分方程的显式解和隐式解,统称为微分方程的解. 例如,函数(7-3)和函数(7-4)都能使方程(7-1)成为恒等式,故函数(7-3)和函数(7-4)都是方程(7-1)的解. 同理,函数(7-6)和函数(7-8)都是方程(7-5)的解;函数(7-12)和函数(7-13)都是方程(7-9)的解.

我们注意到,有些微分方程的解包含任意常数,而有些解并不包含任意常数. 为了区分这种差别,我们做如下约定.

定义 7.4 若函数

$$y = \varphi(x, C_1, C_2, \cdots, C_n)$$

是 n 阶微分方程(7-14)的解,其中任意常数 $C_1, C_2, \cdots, C_n$ 是相互独立的,则称它为方程(7-14)的**通解**. 若方程(7-14)的解中不含任意常数,则称它为**特解**.

通俗来讲,如果微分方程的解中含有任意常数,任意常数的个数与微分方程的阶数相同,且各任意常数相互独立,那么这样的解就叫作微分方程的通解. 为了确定微分方程的特解,即确定通解中任意常数的值,通常需要给出一些条件,这些条件称为微分方程的**初值条件**(或**定解条件**). 一般地,n 阶微分方程(7-14)的初值条件为

$$y\big|_{x=x_0} = y_0, \quad y'\big|_{x=x_0} = y_0', \quad y''\big|_{x=x_0} = y_0'', \quad \cdots, \quad y^{(n-1)}\big|_{x=x_0} = y_0^{(n-1)},$$

其中 $x_0, y_0, y_0', y_0'', \cdots, y_0^{(n-1)}$ 是 $n+1$ 个给定的常数. 特别地,当 $n=1$ 时,方程(7-14)的初值条件为

$$y\big|_{x=x_0} = y_0,$$

其中 x_0, y_0 是给定的常数.

求微分方程 $y' = f(x, y)$ 满足初值条件 $y\big|_{x=x_0} = y_0$ 的特解的问题,叫作**一阶微分方程的初值问题**,记作

$$\begin{cases} y' = f(x, y), \\ y\big|_{x=x_0} = y_0. \end{cases} \tag{7-15}$$

例 4 证明:函数 $x = C_1 \cos 2t + C_2 \sin 2t$($C_1, C_2$ 是任意常数) 是微分方程

$$\frac{d^2 x}{dt^2} + 4x = 0$$

的解.

证 直接计算函数 x 的一阶和二阶导数,得

$$\frac{dx}{dt} = -2C_1 \sin 2t + 2C_2 \cos 2t, \quad \frac{d^2 x}{dt^2} = -4(C_1 \cos 2t + C_2 \sin 2t).$$

把 $\frac{d^2 x}{dt^2}$ 及 x 的表达式代入原微分方程,得

$$\frac{d^2 x}{dt^2} + 4x = -4(C_1 \cos 2t + C_2 \sin 2t) + 4(C_1 \cos 2t + C_2 \sin 2t) \equiv 0.$$

故函数 $x = C_1 \cos 2t + C_2 \sin 2t$ 是原微分方程的解.

为了便于研究微分方程解的性质,常常考虑解的图形. 一阶微分方程 $y' = f(x, y)$ 的一个特解 $y = \varphi(x)$ 的函数图形是平面上的一条曲线,称为微分方程的**积分曲线**,而通解 $y = \varphi(x, C)$ 的函数图形是平面上的一族曲线,称为微分方程的**积分曲线族**. 例如,例 1 中的通解 $y = x^2 + C$ 是平面上的一族抛物线,而特解 $y = x^2 + 2$ 是过点 $(1, 3)$ 的一条积分曲线.

习 题 7.1

1. 说明下列微分方程的自变量、未知函数和阶数:

(1) $\dfrac{d^2 x}{dy^2} + 2xy = 0$;

(2) $\left(\dfrac{dy}{dt}\right)^2 + y\sin t = t$;

(3) $y = xy' + \sqrt{1+y'}$;

(4) $xy''' + 2(y'')^2 + 4xy = 0$.

2. 判断下列函数是否为对应微分方程的解:

(1) $xy' = 2y, y = 2x^2$;

(2) $y'' + y = 0, y = 2\sin x + \cos x$;

(3) $xy' + y = \cos x, y = \dfrac{\sin x}{x}$;

(4) $y'' - 2y' + y = 0, y = 3e^x$.

3. 利用所给的初值条件,确定下列解中的参数值:

(1) $x^2 + y^2 = C, y\big|_{x=1} = 2$;

(2) $y = C_1 e^x + C_2 e^{3x}, y\big|_{x=0} = 0, y'\big|_{x=0} = 2$.

4. 给定一阶微分方程 $\dfrac{dy}{dx} = 4x$,求:

(1) 它的通解;

(2) 过点 $(1,4)$ 的特解;

(3) 与直线 $y = 2x + 3$ 相切的积分曲线.

§7.2 一阶微分方程

本节重点介绍几类具有初等解法的一阶微分方程
$$y' = f(x, y)$$
及其求解方法.

一、可分离变量的微分方程

定义 7.5 形如
$$\dfrac{dy}{dx} = f(x)g(y) \tag{7-16}$$
的微分方程,称为**可分离变量的微分方程**,其中 $f(x), g(y)$ 分别是 x, y 的连续函数.

例如,上一节中例 1 和例 2 的微分方程都是可分离变量的微分方程.下面讨论这类微分方程的一般解法.

如果 $g(y) \neq 0$,则方程(7-16)可以改写成
$$\dfrac{dy}{g(y)} = f(x)dx, \tag{7-17}$$

两边积分,得
$$\int \dfrac{dy}{g(y)} = \int f(x)dx + C. \tag{7-18}$$

这里，$\int \frac{dy}{g(y)}$，$\int f(x)dx$ 应理解为 $\frac{1}{g(y)}$，$f(x)$ 的一个原函数，积分常数 C 的取值必须保证式 (7-18) 有意义，如无特别声明，以后也这样理解.

显然，由式 (7-18) 所确定的隐函数 y 满足方程 (7-16)，且式 (7-18) 中含有一个任意常数，因而式 (7-18) 是方程 (7-16) 的隐式通解.

注 若存在 y_0，使得 $g(y_0)=0$，则容易验证 $y=y_0$ 是方程 (7-16) 的解. 若它不包括在通解中，则在求解方程 (7-16) 时，必须补上特解 $y=y_0$.

例1 求解微分方程 $\frac{dy}{dx}=\frac{2x}{y}$.

解 分离变量，得
$$y\,dy = 2x\,dx,$$
两边积分，得
$$\frac{y^2}{2} = x^2 + C_1.$$
故所求微分方程的通解为
$$y^2 = 2x^2 + C,$$
其中 $C=2C_1$ 为任意常数. 或者解出 y，得到显式通解为
$$y = \pm\sqrt{2x^2 + C}.$$

例2 求微分方程 $\frac{dy}{dx}=y\cos x$ 的通解.

解 当 $y \neq 0$ 时，分离变量，得
$$\frac{dy}{y} = \cos x\,dx,$$
两边积分，得
$$\ln|y| = \sin x + C_1.$$
由对数的定义知
$$|y| = e^{\sin x + C_1},$$
即
$$y = \pm e^{C_1} e^{\sin x},$$
令 $\pm e^{C_1} = C_2$，得到
$$y = C_2 e^{\sin x} \quad (C_2 \neq 0).$$
易验证 $y=0$ 也是原微分方程的解，故原微分方程的通解为
$$y = C e^{\sin x}.$$

可分离变量的微分方程 (7-16) 可变形为微分形式
$$M_1(x)N_1(y)dx + M_2(x)N_2(y)dy = 0, \tag{7-19}$$
这里 x，y 在方程中的地位是"平等"的，即 x 与 y 都可以被认为是自变量或未知函数.

方程 (7-19) 的求解思路与方程 (7-16) 一样，都是先分离变量，然后两边积分. 具体步骤

如下.

当 $N_1(y)M_2(x) \neq 0$ 时,用它除方程(7-19)的两边,即可分离变量,得

$$\frac{M_1(x)}{M_2(x)}dx + \frac{N_2(y)}{N_1(y)}dy = 0,$$

两边积分,得

$$\int \frac{M_1(x)}{M_2(x)}dx + \int \frac{N_2(y)}{N_1(y)}dy = C. \tag{7-20}$$

同样,须验证使得 $N_1(y)M_2(x) = 0$ 的解是否包含在通解中,若不包含,应单独给出.

例 3 求微分方程 $x(y^2-1)dx + y(x^2-1)dy = 0$ 满足初值条件 $y\big|_{x=2} = 2$ 的特解.

解 当 $x^2-1 \neq 0$ 且 $y^2-1 \neq 0$ 时,分离变量,得

$$\frac{y}{y^2-1}dy + \frac{x}{x^2-1}dx = 0,$$

两边积分,得

$$\ln|y^2-1| + \ln|x^2-1| = \ln|C| \quad (C \neq 0),$$

整理得

$$(y^2-1)(x^2-1) = C \quad (C \neq 0).$$

将初值条件 $y\big|_{x=2} = 2$ 代入上式,解得 $C = 9$,因此所求特解为

$$(y^2-1)(x^2-1) = 9.$$

二、齐次微分方程

定义 7.6 形如

$$\frac{dy}{dx} = g\left(\frac{y}{x}\right) \tag{7-21}$$

的微分方程,称为**齐次微分方程**,其中 $g\left(\frac{y}{x}\right)$ 是 $\frac{y}{x}$ 的连续函数.

例如,方程

$$\frac{dy}{dx} = \frac{x-y}{x+y}, \quad \frac{dy}{dx} = \frac{x^2 + y^2 \sin\frac{y}{x}}{x^2 - 2y^2 \cos\frac{y}{x}},$$

$$(xy - y^2)dy + (x^2 - 2xy)dx = 0, \quad \frac{dy}{dx} = \ln x - \ln y$$

可以分别改写成

$$\frac{dy}{dx} = \frac{1 - \frac{y}{x}}{1 + \frac{y}{x}}, \quad \frac{dy}{dx} = \frac{1 + \frac{y^2}{x^2}\sin\frac{y}{x}}{1 - 2\frac{y^2}{x^2}\cos\frac{y}{x}},$$

$$\frac{dy}{dx} = \frac{1 - 2\frac{y}{x}}{\left(\frac{y}{x}\right)^2 - \frac{y}{x}}, \quad \frac{dy}{dx} = -\ln\frac{y}{x},$$

所以它们都是一阶齐次微分方程.

注意到方程(7-21)的右边是一个以 $\frac{y}{x}$ 为中间变量的函数,不妨设

$$u = \frac{y}{x},$$

则有

$$y = ux, \quad \frac{dy}{dx} = u + x\frac{du}{dx}.$$

将上式代入方程(7-21)中,得

$$u + x\frac{du}{dx} = g(u),$$

即

$$x\frac{du}{dx} = g(u) - u.$$

显然,该方程为可分离变量的微分方程,分离变量,得

$$\frac{du}{g(u) - u} = \frac{1}{x}dx,$$

两边积分,得

$$\int \frac{du}{g(u) - u} = \int \frac{1}{x}dx + C.$$

求出上述积分后,再以 $\frac{y}{x}$ 回代 u,便得方程(7-21)的通解.

例 4 求微分方程 $y^2 + x^2\frac{dy}{dx} = xy\frac{dy}{dx}$ 的通解.

解 将微分方程改写为

$$\frac{dy}{dx} = \frac{y^2}{xy - x^2} = \frac{\left(\frac{y}{x}\right)^2}{\frac{y}{x} - 1}.$$

令 $\frac{y}{x} = u$,则有

$$y = ux, \quad \frac{dy}{dx} = u + x\frac{du}{dx},$$

于是原微分方程变为

$$u + x\frac{du}{dx} = \frac{u^2}{u-1}.$$

分离变量,得

$$\frac{u-1}{u}du = \frac{1}{x}dx,$$

两边积分,得

$$u - \ln|u| + C_1 = \ln|x|,$$

即

$$\ln|xu| = u + C_1.$$

以 $\frac{y}{x}$ 回代上式中的 u,得

$$y = \pm e^{C_1} e^{\frac{y}{x}}.$$

注意到 $y = 0$ 也是原微分方程的解,故原微分方程的通解为

$$y = C e^{\frac{y}{x}}.$$

三、一阶线性微分方程

定义 7.7 形如

$$\frac{dy}{dx} = P(x)y + Q(x) \tag{7-22}$$

的微分方程,称为**一阶线性微分方程**,其中 $P(x)$,$Q(x)$ 为连续函数. 若 $Q(x) \neq 0$,则方程 (7-22) 称为**一阶非齐次线性微分方程**;若 $Q(x) \equiv 0$,则方程(7-22)变为

$$\frac{dy}{dx} = P(x)y, \tag{7-23}$$

称为**一阶齐次线性微分方程**. 一般地,方程(7-23)称为方程(7-22)对应的一阶齐次线性微分方程.

由于一阶齐次线性微分方程(7-23)是可分离变量的微分方程,易解得其通解为

$$y = C e^{\int P(x)dx}. \tag{7-24}$$

现在讨论求一阶非齐次线性微分方程(7-22)通解的方法. 不难看出,方程(7-23)是方程(7-22)的特殊情形,自然可以想到它们的解必然存在某种联系,我们试图利用方程(7-23)的通解形式去求方程(7-22)的通解. 不妨设想,将式(7-24)中的常数 C 变易为 x 的待定函数 $C(x)$,使式(7-24)满足方程(7-22),从而解出 $C(x)$,得到一阶非齐次线性微分方程(7-22)的通解. 为此,设

$$y = C(x)e^{\int P(x)dx} \tag{7-25}$$

是方程(7-22)的解. 对式(7-25)两边关于 x 求导,得

$$\frac{dy}{dx} = \frac{dC(x)}{dx}e^{\int P(x)dx} + C(x)P(x)e^{\int P(x)dx}. \tag{7-26}$$

将式(7-25)和式(7-26)代入方程(7-22)中,得

$$\frac{dC(x)}{dx}e^{\int P(x)dx} + C(x)P(x)e^{\int P(x)dx} = P(x)C(x)e^{\int P(x)dx} + Q(x),$$

整理得

$$\frac{dC(x)}{dx} = Q(x)e^{-\int P(x)dx},$$

两边积分,得

$$C(x) = \int Q(x)e^{-\int P(x)dx}dx + C.$$

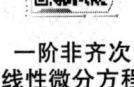

一阶非齐次
线性微分方程
的常数变易法

将上式代入式(7-25)中,得到方程(7-22)的通解为

$$y = e^{\int P(x)dx}\left[\int Q(x)e^{-\int P(x)dx}dx + C\right]. \tag{7-27}$$

将式(7-27)改写为

$$y = Ce^{\int P(x)dx} + e^{\int P(x)dx}\int Q(x)e^{-\int P(x)dx}dx,$$

上式右边第一项是对应的一阶齐次线性微分方程(7-23)的通解,第二项是一阶非齐次线性微分方程(7-22)的一个特解[在通解(7-27)中令 $C=0$ 即可得到]. 由此可知,一阶非齐次线性微分方程的通解等于对应的齐次微分方程的通解与非齐次微分方程的一个特解之和.

这种将常数变易为待定函数的方法,通常称为**常数变易法**. 常数变易法实际上也是一种变量替换的方法,即通过变换(7-25)将方程(7-22)化为可分离变量的微分方程.

例 5 求微分方程 $\dfrac{dy}{dx} - \dfrac{2}{x+1}y = e^x(x+1)^2$ 的通解.

解 所求微分方程是一个一阶非齐次线性微分方程. 首先,求其对应的一阶齐次线性微分方程

$$\frac{dy}{dx} - \frac{2}{x+1}y = 0$$

的通解. 分离变量,得

$$\frac{dy}{y} = \frac{2}{x+1}dx,$$

两边积分,得到对应的一阶齐次线性微分方程的通解为

$$\ln|y| = 2\ln|x+1| + \ln|C|,$$

即

$$y = C(x+1)^2.$$

其次,利用常数变易法求一阶非齐次线性微分方程的解. 令
$$y = C(x)(x+1)^2, \tag{7-28}$$
上式两边关于 x 求导,得
$$\frac{dy}{dx} = C'(x)(x+1)^2 + 2C(x)(x+1). \tag{7-29}$$
将式(7-28)和式(7-29)代入原微分方程中,得
$$C'(x) = e^x,$$
两边积分,得
$$C(x) = e^x + C_1.$$
将上式代入式(7-28)中,即得所求微分方程的通解为
$$y = (x+1)^2(e^x + C_1).$$

例 6 求解微分方程 $\dfrac{dy}{dx} = \dfrac{1}{x+y}$.

解 令 $z = x + y$,则

$$y = z - x, \quad \frac{dy}{dx} = \frac{dz}{dx} - 1.$$

利用变量代换
求解一阶微分方程

将上式代入原微分方程得
$$\frac{dz}{dx} - 1 = \frac{1}{z}, \quad 即 \quad \frac{dz}{dx} = \frac{z+1}{z},$$
分离变量,得
$$\frac{z}{z+1} dz = dx,$$
两边积分,并整理得
$$z = C_1 e^{z-x} - 1 \quad (C_1 \neq 0).$$
注意到 $z = -1$ 也是微分方程 $\dfrac{dz}{dx} = \dfrac{z+1}{z}$ 的解,故该微分方程的通解为
$$z = C e^{z-x} - 1.$$
把 $z = x + y$ 回代,即得所求微分方程的通解为
$$x = C e^y - y - 1.$$

注 对于例 6,也可先将微分方程变形为一阶非齐次线性微分方程
$$\frac{dx}{dy} = x + y,$$
然后直接利用公式(7-27)求解,此时 y 是自变量,且 $P(y) = 1, Q(y) = y$.

事实上,例 6 中利用变量代换将一般的微分方程转化为可分离变量的微分方程或已知其求解步骤的微分方程,是解微分方程常用的方法.

习 题 7.2

1. 求下列微分方程的通解:

(1) $\dfrac{dy}{dx} = x^2 y$;

(2) $\sqrt{1-x^2}\, y' = 1$;

(3) $\dfrac{dy}{dx} = \dfrac{x+1}{y-1}$;

(4) $\sin x\, dx + \cos x \sin y\, dy = 0$;

(5) $\dfrac{dy}{dx} = \dfrac{x-y}{x+y}$;

(6) $(x^2 + y^2) dx = xy\, dy$.

2. 求下列微分方程满足所给初值条件的特解:

(1) $y' = e^{x-y}, y\big|_{x=0} = 0$;

(2) $2x\, dy + y\, dx = 0, y\big|_{x=1} = 2$.

3. 采用适当的变量代换求解下列微分方程:

(1) $\dfrac{dy}{dx} = (x-y)^2$;

(2) $x^2 \dfrac{dy}{dx} = 2x^2 y^2 - 1$.

4. 一曲线通过点 $(1,2)$,它在两坐标轴间的任一切线段均被切点所平分,求该曲线方程.

§7.3 二阶常系数齐次线性微分方程

本节及下一节主要讨论二阶常系数线性微分方程的一般理论和求解方法. 在微分方程理论中,线性微分方程是非常值得重视的一部分内容. 这不仅是因为线性微分方程的一般理论已被充分研究,而且是因为研究线性微分方程是研究非线性微分方程的基础,它在自然科学和工程技术领域中有着广泛的应用.

定义 7.8 形如

$$y'' + py' + qy = 0 \tag{7-30}$$

的微分方程,称为**二阶常系数齐次线性微分方程**,其中 p,q 为常数.

首先,分析方程(7-30)解的一些性质.

定理 7.1 如果函数 $y_1(x), y_2(x)$ 是方程(7-30)的两个解,那么

$$y = C_1 y_1(x) + C_2 y_2(x) \tag{7-31}$$

也是方程(7-30)的解,其中 C_1, C_2 是任意常数.

证 将 $y = C_1 y_1(x) + C_2 y_2(x)$ 代入方程(7-30)的左边,得

$$y'' + py' + qy = (C_1 y_1'' + C_2 y_2'') + p(C_1 y_1' + C_2 y_2') + q(C_1 y_1 + C_2 y_2)$$
$$= C_1(y_1'' + py_1' + qy_1) + C_2(y_2'' + py_2' + qy_2).$$

由于 y_1 与 y_2 均是方程(7-30)的解,因此

$$y_1'' + py_1' + qy_1 = 0, \quad y_2'' + py_2' + qy_2 = 0,$$

从而有 $y'' + py' + qy = C_1 \times 0 + C_2 \times 0 = 0$,于是式(7-31)是方程(7-30)的解.

从形式上看,式(7-31)中含有 C_1 与 C_2 两个任意常数,但 C_1 与 C_2 不一

二阶常系数齐次线性微分方程解的结构

定是相互独立的,也就是说,式(7-31)不一定是方程(7-30)的通解,例如,设 $y_1(x)$ 是方程(7-30)的一个解,易验证 $y_2(x)=2y_1(x)$ 也是方程(7-30)的解,显然 $y=C_1y_1(x)+C_2y_2(x)=(C_1+2C_2)y_1(x)$ 也是方程(7-30)的解,但不是通解.事实上,$y=Cy_1(x)(C=C_1+2C_2)$ 中只含有一个任意常数.那么什么情况下式(7-31)才是方程(7-30)的通解呢?要回答这个问题,需要引入函数线性相关与线性无关的概念.

定义 7.9 设 $y_1(x),y_2(x),\cdots,y_n(x)$ 为定义在区间 I 上的 n 个函数.如果存在 n 个不全为零的常数 $k_1,k_2,\cdots,k_n$,使得对任意的 $x\in I$,恒有等式

$$k_1y_1+k_2y_2+\cdots+k_ny_n=0$$

成立,则称这 n 个函数在区间 I 上**线性相关**,否则称它们**线性无关**.

例如,函数 $\sin x$ 和 $\cos x$ 在任何区间上都是线性无关的,这是因为当且仅当 $k_1=k_2=0$ 时,才能使得 $k_1\sin x+k_2\cos x=0$ 对区间上所有的 x 都成立;而 $\cos^2 x$,$\sin^2 x$,1 在任何区间上都是线性相关的,这是因为 $\cos^2 x+\sin^2 x-1=0$ 对任意的 $x\in(-\infty,+\infty)$ 均成立.

注 由定义 7.9 得,对于两个函数 $y_1(x),y_2(x)$,若 $\dfrac{y_1(x)}{y_2(x)}=k$(常数),则函数 $y_1(x)$ 与 $y_2(x)$ 线性相关,否则两者线性无关.

有了一组函数线性相关或线性无关的概念后,我们有如下关于方程(7-30)的通解结构的定理.

定理 7.2 如果函数 $y_1(x),y_2(x)$ 是方程(7-30)的两个线性无关的解,则方程(7-30)的通解可表示为

$$y=C_1y_1(x)+C_2y_2(x),$$

其中 C_1,C_2 是任意常数.

例 1 已知 $\sin x$ 和 $\cos x$ 是微分方程 $y''+y=0$ 的两个解,求该微分方程的通解.

解 记 $y_1=\sin x,y_2=\cos x$,则 $\dfrac{y_1}{y_2}=\dfrac{\sin x}{\cos x}=\tan x$ 是关于 x 的函数而非常数,故 $\sin x$ 和 $\cos x$ 是线性无关的.因此,微分方程 $y''+y=0$ 的通解为

$$y=C_1\cos x+C_2\sin x.$$

类似地,对于 n 阶常系数齐次线性微分方程

$$y^{(n)}+a_1y^{(n-1)}+\cdots+a_{n-1}y'+a_ny=0, \tag{7-32}$$

其中 $a_1,a_2,\cdots,a_n$ 为常数,如果函数 $y_1(x),y_2(x),\cdots,y_n(x)$ 是方程(7-32)的 n 个线性无关的解,那么方程(7-32)的通解为

$$y=C_1y_1(x)+C_2y_2(x)+\cdots+C_ny_n(x),$$

其中 $C_1,C_2,\cdots,C_n$ 是任意常数.

由前面的分析可知,要求方程(7-30)的通解,只需求出它的两个线性无关的解 $y_1(x)$,$y_2(x)$,那么 $y=C_1y_1(x)+C_2y_2(x)$ 就是方程(7-30)的通解.下面我们利用该思路讨论方程(7-30)通解的结构.对此,首先研究一个简单的一阶微分方程

$$y'+qy=0, \tag{7-33}$$

其中 q 为常数,不难求出它有特解
$$y = e^{-qx}.$$

比较方程(7-30)和方程(7-33),猜想方程(7-30)也有形如
$$y = e^{\lambda x}$$

的解,其中 λ 为待定常数.将上式代入方程(7-30),得
$$(\lambda^2 + p\lambda + q)e^{\lambda x} = 0,$$

二阶常系数齐次线性微分方程的解法

因为 $e^{\lambda x} \neq 0$,所以有
$$\lambda^2 + p\lambda + q = 0.$$

由此可见,$y = e^{\lambda x}$ 是方程(7-30)的解的充要条件是 λ 是代数方程
$$\lambda^2 + p\lambda + q = 0 \qquad (7-34)$$

的根.一般地,称代数方程(7-34)为方程(7-30)的**特征方程**,对应的根称为方程(7-30)的**特征根**.这种求微分方程解的方法称为**待定指数函数法**.

由一元二次方程的韦达定理知,特征方程(7-34)的两个根分别为
$$\lambda_1 = \frac{-p + \sqrt{p^2 - 4q}}{2}, \quad \lambda_2 = \frac{-p - \sqrt{p^2 - 4q}}{2}.$$

(1) 当 $p^2 - 4q > 0$ 时,特征方程(7-34)有两个不相等的实根,即 $\lambda_1 \neq \lambda_2$.

此时,函数 $y_1 = e^{\lambda_1 x}, y_2 = e^{\lambda_2 x}$ 是方程(7-30)的两个解.又因 $\dfrac{y_2}{y_1} = \dfrac{e^{\lambda_2 x}}{e^{\lambda_1 x}} = e^{(\lambda_2 - \lambda_1)x} \neq k$(常数),故 y_1, y_2 是方程(7-30)的两个线性无关的解.因此,方程(7-30)的通解为
$$y = C_1 e^{\lambda_1 x} + C_2 e^{\lambda_2 x}.$$

(2) 当 $p^2 - 4q = 0$ 时,特征方程(7-34)有两个相等的实根,即 $\lambda_1 = \lambda_2 \triangleq \lambda = -\dfrac{p}{2}$.

此时,只得到方程(7-30)的一个解 $y_1 = e^{\lambda x}$.为了求出方程(7-30)的通解,还须求出另一个与 y_1 线性无关的解 y_2,即满足 $\dfrac{y_2}{y_1} \neq k$(常数).不妨设 $\dfrac{y_2}{y_1} = u(x)$,则
$$y_2 = e^{\lambda x} u(x), \quad y_2' = e^{\lambda x}(u' + \lambda u), \quad y_2'' = e^{\lambda x}(u'' + 2\lambda u' + \lambda^2 u).$$

把 y_2, y_2' 和 y_2'' 代入方程(7-30),得
$$e^{\lambda x}[(u'' + 2\lambda u' + \lambda^2 u) + p(u' + \lambda u) + qu] = 0,$$

约去 $e^{\lambda x}$,并整理得
$$u'' + (2\lambda + p)u' + (\lambda^2 + p\lambda + q)u = 0.$$

由于 λ 是特征方程(7-34)的二重根,因此有 $\lambda^2 + p\lambda + q = 0$ 且 $\lambda = -\dfrac{p}{2}$,于是得
$$u'' = 0.$$

解得 $u = C_1 x + C_2$,此处取 $u = x$,便得到方程(7-30)的另一个解 $y_2 = x e^{\lambda x}$,从而得到方程(7-30)的通解为
$$y = C_1 e^{\lambda x} + C_2 x e^{\lambda x},$$

即
$$y = (C_1 + C_2 x) e^{\lambda x}.$$

(3) 当 $p^2 - 4q < 0$ 时,特征方程(7-34)有一对共轭复根,记为 $\lambda_{1,2} = \alpha \pm i\beta$.
此时,方程(7-30)有两个复值解
$$\widetilde{y}_1 = e^{(\alpha+i\beta)x} = e^{\alpha x}(\cos\beta x + i\sin\beta x),$$
$$\widetilde{y}_2 = e^{(\alpha-i\beta)x} = e^{\alpha x}(\cos\beta x - i\sin\beta x).$$

由定理 7.1 可得,实值函数
$$y_1 = \frac{\widetilde{y}_1 + \widetilde{y}_2}{2} = e^{\alpha x}\cos\beta x, \quad y_2 = \frac{\widetilde{y}_1 - \widetilde{y}_2}{2i} = e^{\alpha x}\sin\beta x$$

也是方程(7-30)的解,且 $\dfrac{y_2}{y_1} = \tan\beta x \neq k$(常数),因此方程(7-30)的通解为
$$y = e^{\alpha x}(C_1\cos\beta x + C_2\sin\beta x).$$

综上所述,求二阶常系数齐次线性微分方程
$$y'' + py' + qy = 0$$

的通解的步骤如下.

(1) 写出微分方程的特征方程
$$\lambda^2 + p\lambda + q = 0.$$

(2) 求出特征方程的两个根 λ_1, λ_2.

(3) 根据特征方程的两个根的不同情形,按表 7.1 写出微分方程的通解.

表 7.1

特征方程 $\lambda^2 + p\lambda + q = 0$ 的两个根 λ_1, λ_2	微分方程 $y'' + py' + qy = 0$ 的通解
两个不相等的实根 $\lambda_1 \neq \lambda_2$	$y = C_1 e^{\lambda_1 x} + C_2 e^{\lambda_2 x}$
两个相等的实根 $\lambda_1 = \lambda_2$	$y = (C_1 + C_2 x)e^{\lambda_1 x}$
一对共轭复根 $\lambda_{1,2} = \alpha \pm i\beta$	$y = e^{\alpha x}(C_1\cos\beta x + C_2\sin\beta x)$

例 2 求微分方程 $y'' - 5y' = 0$ 的通解.

解 所给微分方程的特征方程为 $\lambda^2 - 5\lambda = 0$,特征根为 $\lambda_1 = 0, \lambda_2 = 5$,故所求微分方程的通解为
$$y = C_1 + C_2 e^{5x}.$$

例 3 求微分方程 $y'' - 5y' + 6y = 0$ 满足初值条件 $y\big|_{x=0} = 1, y'\big|_{x=0} = 2$ 的特解.

解 所给微分方程的特征方程为 $\lambda^2 - 5\lambda + 6 = 0$,特征根为 $\lambda_1 = 2, \lambda_2 = 3$,故所求微分方程的通解为
$$y = C_1 e^{2x} + C_2 e^{3x}.$$

将初值条件代入方程组
$$\begin{cases} y = C_1 e^{2x} + C_2 e^{3x}, \\ y' = 2C_1 e^{2x} + 3C_2 e^{3x}, \end{cases}$$

得
$$\begin{cases} 1 = C_1 + C_2, \\ 2 = 2C_1 + 3C_2, \end{cases}$$

由此解得 $C_1 = 1, C_2 = 0$. 因此,所求微分方程的特解为 $y = e^{2x}$.

例 4 求微分方程 $y'' + 4y' + 4y = 0$ 的通解.

解 特征方程为 $\lambda^2 + 4\lambda + 4 = 0$,特征根为 $\lambda_1 = \lambda_2 = -2$,故所求微分方程的通解为
$$y = (C_1 + C_2 x)e^{-2x}.$$

例 5 求微分方程 $y'' - 2y' + 5y = 0$ 的通解.

解 特征方程为 $\lambda^2 - 2\lambda + 5 = 0$,特征根为 $\lambda_{1,2} = 1 \pm 2i$,故所求微分方程的通解为
$$y = e^x(C_1 \cos 2x + C_2 \sin 2x).$$

习 题 7.3

1. 判断下列函数组在 $(-\infty, +\infty)$ 内的线性相关性:

(1) $x, 2x^2$;　　　　　　　　　　　　(2) $3x, 2x$;

(3) $e^{2x}, 5e^{2x}$;　　　　　　　　　　(4) e^{-x}, e^{2x};

(5) $\cos 3x, \sin 3x$;　　　　　　　　(6) $e^{x^2}, 4e^{x^2}$;

(7) $\sin 2x, \cos x \sin x$;　　　　　　(8) $e^x \cos 2x, e^x \sin 2x$.

2. 证明:函数 $y_1 = \cos \omega x$ 及 $y_2 = \sin \omega x$ 是微分方程 $y'' + \omega^2 y = 0 (\omega \neq 0$ 为常数) 的解,并写出该微分方程的通解.

3. 求下列微分方程的通解:

(1) $y'' + y' - 2y = 0$;　　　　　　　(2) $\dfrac{d^2 x}{dt^2} - 2\dfrac{dx}{dt} + x = 0$;

(3) $4y'' + 4y' + y = 0$;　　　　　　(4) $y'' - 4y = 0$;

(5) $y'' + y = 0$;　　　　　　　　　(6) $2y'' + 2y' + y = 0$.

4. 求下列微分方程满足所给初值条件的特解:

(1) $y'' - 4y' + 4y = 0, y\big|_{x=0} = 6, y'\big|_{x=0} = 10$;

(2) $y'' - 3y' - 4y = 0, y\big|_{x=0} = 0, y'\big|_{x=0} = -5$.

5. 设底面直径为 0.5 m 的圆柱形浮筒铅直放在水中,当稍向下压后突然放开,浮筒在水中上下振动的周期为 2 s,求浮筒的质量.(已知水的密度为 10^3 kg/m^3)

§7.4　二阶常系数非齐次线性微分方程

定义 7.10 形如

$$y'' + py' + qy = f(x)$$

的微分方程,称为**二阶常系数非齐次线性微分方程**,其中 p,q 为常数,$f(x)$ 为连续函数.

由 7.2 节的讨论知,一阶非齐次线性微分方程的通解由两部分构成:一部分是对应的齐次微分方程的通解,另一部分是非齐次微分方程本身的一个特解.实际上,不仅一阶非齐次线性微分方程的通解具有这样的结构,二阶及二阶以上的高阶非齐次线性微分方程的通解也具有这样的结构.

定理 7.3 设 $y^*(x)$ 是二阶常系数非齐次线性微分方程

$$y'' + py' + qy = f(x) \tag{7-35}$$

的一个特解,$Y(x)$ 是其对应的齐次微分方程

$$y'' + py' + qy = 0$$

的通解,则

$$y = Y(x) + y^*(x)$$

是二阶常系数非齐次线性微分方程(7-35)的通解.

证 把 $y = Y(x) + y^*(x)$ 代入方程(7-35)的左边,得

$$y'' + py' + qy = (Y'' + y^{*''}) + p(Y' + y^{*'}) + q(Y + y^*)$$
$$= (Y'' + pY' + qY) + (y^{*''} + py^{*'} + qy^*).$$

由于 Y 是方程(7-35)对应的齐次微分方程的解,而 y^* 是方程(7-35)的解,因此有

$$Y'' + pY' + qY = 0, \quad y^{*''} + py^{*'} + qy^* = f(x),$$

则 $y'' + py' + qy = 0 + f(x) = f(x)$,即 $y = Y + y^*$ 是方程(7-35)的解.

由于方程(7-35)对应的齐次微分方程的通解 Y 中含有两个相互独立的任意常数,因此 $y = Y + y^*$ 中也含有两个相互独立的任意常数,从而它是二阶常系数非齐次线性微分方程(7-35)的通解.

例如,对于二阶常系数非齐次线性微分方程 $y'' + y = x^2$,已知 $Y = C_1 \cos x + C_2 \sin x$ 是其对应的齐次微分方程 $y'' + y = 0$ 的通解,易验证 $y^* = x^2 - 2$ 是所给微分方程的一个特解,因此

$$y = C_1 \cos x + C_2 \sin x + x^2 - 2$$

是微分方程 $y'' + y = x^2$ 的通解.

二阶常系数非齐次线性微分方程的特解有时可用下述定理来帮助求出.

定理 7.4 设二阶常系数非齐次线性微分方程(7-35)的右边可写为两个函数之和,即

$$y'' + py' + qy = f_1(x) + f_2(x), \tag{7-36}$$

且 $y_1^*(x)$ 与 $y_2^*(x)$ 分别是微分方程

$$y'' + py' + qy = f_1(x)$$

与

$$y'' + py' + qy = f_2(x)$$

的特解,则 $y_1^*(x) + y_2^*(x)$ 就是方程(7-36)的特解.

证 将 $y = y_1^*(x) + y_2^*(x)$ 代入方程(7-36)的左边,得

$$y'' + py' + qy = (y_1^{*''} + y_2^{*''}) + p(y_1^{*'} + y_2^{*'}) + q(y_1^* + y_2^*)$$
$$= (y_1^{*''} + py_1^{*'} + qy_1^*) + (y_2^{*''} + py_2^{*'} + qy_2^*)$$
$$= f_1(x) + f_2(x),$$

因此 $y_1^*(x) + y_2^*(x)$ 是方程(7-36)的特解.

这一定理通常称为非齐次线性微分方程的解的**叠加原理**. 定理 7.3 和定理 7.4 可推广到 n 阶非齐次线性微分方程,这里不再赘述.

根据定理 7.3 可知,要求方程(7-35)的通解,只需求出其对应的二阶常系数齐次线性微分方程的通解和方程(7-35)的一个特解即可. 根据上一节的学习,我们已经会求二阶常系数齐次线性微分方程的通解,下面我们将讨论二阶常系数非齐次线性微分方程的特解 y^* 的求解方法,即**待定系数法**. 待定系数法是求解 y^* 较为简便的方法,这种方法的特点是不需要通过积分而用代数方法即可求得非齐次线性微分方程的特解,即将微分方程的求解问题转化为代数问题来处理,但是这种方法仅适用于 $f(x)$ 是某些特殊函数的情形,如 $f(x) = P_m(x) e^{ax}$ 或 $f(x) = e^{ax} [P_l(x) \cos \beta x + P_n(x) \sin \beta x]$,其中 $P_m(x), P_l(x), P_n(x)$ 分别是 x 的 m 次、l 次和 n 次多项式,α, β 为常数.

二阶常系数
非齐次线性
微分方程的解法

下面仅分析当 $f(x) = P_m(x) e^{ax}$ 时 y^* 的求法. 设 y^* 是微分方程

$$y'' + py' + qy = P_m(x) e^{ax} \qquad (7-37)$$

的特解. 注意到方程(7-37)的右边是指数函数与多项式函数的乘积,而其各阶导数整理后仍然是指数函数与多项式函数的乘积,故设方程(7-37)有形如

$$y^* = Q(x) e^{ax}$$

的特解,其中 $Q(x)$ 为待定多项式函数. 将上式代入方程(7-37)并消去 e^{ax},得

$$Q''(x) + (2\alpha + p) Q'(x) + (\alpha^2 + p\alpha + q) Q(x) = P_m(x). \qquad (7-38)$$

下面分以下三种情形讨论.

(1) 如果 α 不是方程(7-37)对应的齐次微分方程的特征方程 $\lambda^2 + p\lambda + q = 0$ 的根,即 $\alpha^2 + p\alpha + q \neq 0$,由于 $P_m(x)$ 是一个 m 次多项式,因此要使式(7-38)的两边恒等,则 $Q(x)$ 也应为一个 m 次多项式,可设为 $Q_m(x)$,即

$$Q_m(x) = b_0 x^m + b_1 x^{m-1} + b_2 x^{m-2} + \cdots + b_{m-1} x + b_m,$$

其中 $b_0, b_1, b_2, \cdots, b_m$ 均为待定常数且 $b_0 \neq 0$. 将上式代入式(7-38)中,比较等式两边 x 的同次幂的系数,就得到以 $b_0, b_1, b_2, \cdots, b_m$ 为未知数的 $m+1$ 个方程联立的方程组,从而可以解出 $b_i (i = 0, 1, 2, \cdots, m)$,得到所求的特解为

$$y^* = Q_m(x) e^{ax}.$$

(2) 如果 α 是特征方程 $\lambda^2 + p\lambda + q = 0$ 的单根,即 $\alpha^2 + p\alpha + q = 0$,但 $2\alpha + p \neq 0$,要使式(7-38)的两边恒等,则 $Q'(x)$ 必须是 m 次多项式,而 $Q(x)$ 是 $m+1$ 次多项式. 此时可令

$$Q(x) = x Q_m(x),$$

并用类似情形(1)中的方法确定 $Q_m(x)$ 的系数 $b_i (i = 0, 1, 2, \cdots, m)$,从而得到所求的特解为

$$y^* = x Q_m(x) e^{ax}.$$

(3) 如果 α 是特征方程 $\lambda^2 + p\lambda + q = 0$ 的重根,即 $\alpha^2 + p\alpha + q = 0$,且 $2\alpha + p = 0$,要使式(7-38)的两边恒等,则 $Q''(x)$ 必须是 m 次多项式,而 $Q(x)$ 是 $m+2$ 次多项式. 此时可令

$$Q(x) = x^2 Q_m(x),$$

并用类似的方法确定 $Q_m(x)$ 的系数 $b_i (i = 0, 1, 2, \cdots, m)$,从而得到所求的特解为

$$y^* = x^2 Q_m(x) e^{\alpha x}.$$

综上所述,我们有如下结论.

二阶常系数非齐次线性微分方程(7-37)有形如

$$y^* = x^k Q_m(x) e^{\alpha x} \tag{7-39}$$

的特解,其中 $Q_m(x)$ 是与 $P_m(x)$ 同次(m 次)的多项式,且当 α 不是对应的齐次微分方程的特征方程的根时,$k=0$,当 α 是特征方程的单根时,$k=1$,当 α 是特征方程的重根时,$k=2$.

例 1 求微分方程 $y'' - 2y' - 3y = 3x + 5$ 的一个特解.

解 这里 $f(x) = 3x + 5, \alpha = 0$,易验证 $\alpha = 0$ 不是特征方程 $\lambda^2 - 2\lambda - 3 = 0$ 的特征根,所以应设特解

$$y^* = b_0 x + b_1.$$

把上式代入原微分方程中,得

$$-3b_0 x - 2b_0 - 3b_1 = 3x + 5,$$

比较等式两边 x 的同次幂的系数,得

$$\begin{cases} -3b_0 = 3, \\ -2b_0 - 3b_1 = 5, \end{cases}$$

解得 $b_0 = -1, b_1 = -1$. 于是,求得原微分方程的一个特解为

$$y^* = -x - 1.$$

例 2 求微分方程 $y'' - 5y' + 6y = x e^x$ 的通解.

解 先求对应的齐次微分方程 $y'' - 5y' + 6y = 0$ 的通解. 由于特征方程 $\lambda^2 - 5\lambda + 6 = 0$ 有两个根 $\lambda_1 = 2, \lambda_2 = 3$,因此对应的齐次微分方程的通解为

$$Y = C_1 e^{2x} + C_2 e^{3x}.$$

因为 $\alpha = 1$ 不是特征方程的根,所以应设特解

$$y^* = (b_0 x + b_1) e^x.$$

把上式代入原微分方程中,得

$$2b_0 x - 3b_0 + 2b_1 = x,$$

比较等式两边 x 的同次幂的系数,得

$$\begin{cases} 2b_0 = 1, \\ -3b_0 + 2b_1 = 0, \end{cases}$$

解得 $b_0 = \dfrac{1}{2}, b_1 = \dfrac{3}{4}$. 于是,求得原微分方程的一个特解为

$$y^* = \frac{1}{4}(2x + 3) e^x,$$

从而原微分方程的通解为

$$y = \frac{1}{4}(2x + 3) e^x + C_1 e^{2x} + C_2 e^{3x}.$$

例3 求微分方程 $y''+4y'+3y=(x-1)\mathrm{e}^{-x}$ 的通解.

解 先求对应的齐次微分方程 $y''+4y'+3y=0$ 的通解. 由于特征方程 $\lambda^2+4\lambda+3=0$ 有两个根 $\lambda_1=-1,\lambda_2=-3$,因此对应的齐次微分方程的通解为

$$Y=C_1\mathrm{e}^{-x}+C_2\mathrm{e}^{-3x}.$$

因为 $\alpha=-1$ 是特征方程的单根,所以应设特解

$$y^*=x(b_0x+b_1)\mathrm{e}^{-x}.$$

把上式代入原微分方程,得

$$4b_0x+2b_0+2b_1=x-1,$$

比较等式两边 x 的同次幂的系数,得

$$\begin{cases}4b_0=1,\\2b_0+2b_1=-1,\end{cases}$$

解得 $b_0=\dfrac{1}{4},b_1=-\dfrac{3}{4}$. 于是,求得原微分方程的一个特解为

$$y^*=\dfrac{1}{4}x(x-3)\mathrm{e}^{-x},$$

从而原微分方程的通解为

$$y=\dfrac{1}{4}x(x-3)\mathrm{e}^{-x}+C_1\mathrm{e}^{-x}+C_2\mathrm{e}^{-3x}.$$

例4 求微分方程 $y''-4y'+4y=2\mathrm{e}^{2x}$ 的通解.

解 由于原微分方程对应的齐次微分方程的特征方程 $\lambda^2-4\lambda+4=0$ 有两个相同的根 $\lambda_1=\lambda_2=2$,因此对应的齐次微分方程的通解为

$$Y=(C_1+C_2x)\mathrm{e}^{2x}.$$

因为 $\alpha=2$ 是特征方程的重根,所以应设特解

$$y^*=b_0x^2\mathrm{e}^{2x}.$$

把上式代入原微分方程,比较等式两边 x 的同次幂的系数,得 $b_0=1$. 于是,原微分方程的通解为

$$y=x^2\mathrm{e}^{2x}+(C_1+C_2x)\mathrm{e}^{2x}.$$

习 题 7.4

1. 求下列微分方程的通解:
   (1) $2y''+y'-y=2\mathrm{e}^x$;
   (2) $y''-4y'=5$;
   (3) $y''-6y'+5y=\mathrm{e}^{2x}$;
   (4) $y''+5y'+4y=3-2x$;
   (5) $2y''+5y'=5x^2-2x-1$;
   (6) $y''-10y'+9y=10x\mathrm{e}^x$.

2. 求下列微分方程满足所给初值条件的特解：

(1) $y'' + y + 2x = 0, y\big|_{x=0} = 1, y'\big|_{x=0} = 1$；

(2) $y'' - 4y' = 5, y\big|_{x=0} = 1, y'\big|_{x=0} = 0$.

3. 大炮以仰角 α、初速 v_0 发射炮弹，若不计空气阻力，求炮弹运动曲线方程.（已知重力加速度为 g）

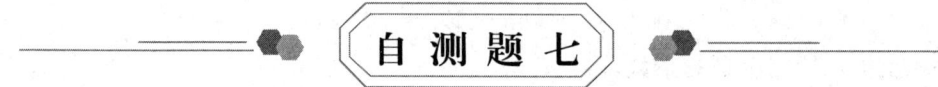

自 测 题 七

1. 填空题：

(1) 微分方程 $\dfrac{d^2 y}{dx^2} = \left(\dfrac{dy}{dx}\right)^3 + 12xy$ 的阶数是_____，是_____微分方程（填"线性"或"非线性"）；

(2) $y = 3\sin x - 4\cos x$ 是否为微分方程 $y'' + y = 0$ 的解？_____（填"是"或"否"）；

(3) 已知 $1, x^2$ 是某一阶非齐次线性微分方程的两个解，则对应的齐次微分方程的通解为_____；

(4) 与积分方程 $y = \displaystyle\int_{x_0}^{x} f(x,y) dx$ 等价的一阶微分方程的初值问题是_____；

(5) 微分方程 $y'' = x$ 的经过点 $M(0,1)$ 且在此点与直线 $y = \dfrac{x}{2} + 1$ 相切的积分曲线为_____.

2. 选择题：

(1) 下列函数中有（　　）个是微分方程 $\dfrac{d^2 y}{dx^2} + \omega^2 y = 0$（$\omega$ 为常数）的解；

① $y = c_1 \cos \omega x + c_2 \sin \omega x$（$c_1, c_2$ 是任意常数）

② $y = \cos \omega x$

③ $y = A\sin(\omega x + B)$（A, B 是任意常数）

A. 0　　　　　　　　B. 1　　　　　　　　C. 2　　　　　　　　D. 3

(2) 设一阶非齐次线性微分方程 $y' + P(x)y = Q(x)$ 有两个不同的解 $y_1(x)$ 与 $y_2(x)$，C 为任意常数，则该微分方程的通解是（　　）；

A. $C[y_1(x) - y_2(x)]$　　　　　　　　B. $y_1(x) + C[y_1(x) - y_2(x)]$

C. $C[y_1(x) + y_2(x)]$　　　　　　　　D. $y_1(x) + C[y_1(x) + y_2(x)]$

(3) 下列选项中是微分方程 $\dfrac{dy}{dx} + \dfrac{x}{y} = 0$ 的通解的是（　　）；

A. $x^2 + y^2 = C^2$　　B. $x^2 - y^2 = C^2$　　C. $x^2 + y^2 = C$　　D. $x^2 - y^2 = C$

(4) 微分方程 $y'' + 2y' - 3y = e^{-x} + x$ 的一个特解形式为（　　）；

A. $ae^{-x} + bx + c$　　　　　　　　B. $axe^{-x} + x(bx + c)$

C. $axe^{-x} + bx + c$　　　　　　　　D. $ae^{-x} + x(bx + c)$

(5) 若 $y = (x+1)e^{-x}$ 是微分方程 $y'' + ay' + by = c(x+1)e^x$ 的解，则（　　）；

A. $a = -2, b = 1, c = 0$　　　　　　B. $a = -2, b = 1, c = 1$

C. $a = 2, b = 1, c = 0$　　　　　　　D. $a = 2, b = 1, c = -1$

(6) 已知曲线 $y = y(x)$ 经过原点，且在原点的切线平行于直线 $2x - y - 5 = 0$，而函数 $y(x)$ 满足微分方程 $y'' - 6y' + 9y = e^{3x}$，则此曲线的方程为（　　）.

A. $y = \sin 2x$
B. $y = \dfrac{1}{2}x^2 e^{2x} + \sin 2x$
C. $y = \dfrac{x}{2}(x+4)e^{3x}$
D. $y = (x^2 \cos x + \sin 2x)e^{3x}$

3. 求下列微分方程的通解：

(1) $\dfrac{dy}{dx} = e^{2x-3y}$；

(2) $\dfrac{dy}{dx} = \dfrac{2xy}{x^2 + y^2}$；

(3) $\dfrac{dy}{dx} = -\dfrac{2x+y}{x+y}$；

(4) $\dfrac{dy}{dx} = -y\cos x$；

(5) $y'' - 6y' + 9y = 0$；

(6) $y'' - 2y' - 3y = 6x - 5$.

4. 求下列微分方程满足所给初值条件的特解：

(1) $\cos x \sin y \, dy = \cos y \sin x \, dx$，$y\big|_{x=0} = \dfrac{\pi}{4}$；

(2) $y' = \dfrac{x}{y} + \dfrac{y}{x}$，$y\big|_{x=1} = 2$.

5. 求过点 $(1,2)$，且满足切线在纵轴上的截距等于切点横坐标的曲线方程.

6. 证明：

(1) 一阶非齐次线性微分方程的任意两个解的差必为其对应的齐次微分方程的解.

(2) 设 y^* 为一阶非齐次线性微分方程的解，y_1 为其对应的齐次线性微分方程的解，则一阶非齐次线性微分方程的通解可表示为 $y = Cy_1 + y^*$.

(3) 一阶齐次线性微分方程的任一解的常数倍仍为该微分方程的解.

第八章

向量代数与空间解析几何

空间解析几何是多元函数微积分学的重要基础. 它是以向量代数为工具研究几何图形的一门学科,在自然科学和工程技术领域有着非常广泛的应用. 本章我们首先引入向量的概念,在空间直角坐标系下讨论向量的运算,然后以向量为工具研究平面与空间直线的方程,最后介绍曲面和空间曲线的相关内容.

§8.1 向量及其线性运算

一、向量的基本概念

在我们的日常生活中,常会遇到两种类型的量:一类是仅有大小,没有方向的量,如温度、时间、质量、密度、功、长度、面积、体积等,称为**标量**;另一类是既有大小,又有方向的量,如位移、速度、加速度、力等,称为**向量**(或**矢量**). 向量可用有向线段来表示,有向线段的方向表示向量的方向,有向线段的长度表示向量的大小. 以 A 为起点、B 为终点的有向线段所表示的向量记为 $\overrightarrow{AB}$,如图 8.1 所示. 如果不需要强调向量的起点和终点,向量 $\overrightarrow{AB}$ 也可记为 $\vec{a}$ 或 $\boldsymbol{a}$. 向量的大小称为向量的**模**,向量 $\overrightarrow{AB}$ 的模可记为 $|\overrightarrow{AB}|$,$|\vec{a}|$ 或 $|\boldsymbol{a}|$. 模等于 1 的向量称为**单位向量**,记为 $\vec{e}$ 或 $\boldsymbol{e}$. 模等于 0 的向量称为**零向量**,记为 $\vec{0}$ 或 $\boldsymbol{0}$. 我们规定零向量的方向是任意的.

注 高等数学中所讨论的向量均为与起点无关的自由向量,即向量在空间中可自由平移到任何起点处.

如果两个非零向量 $\boldsymbol{a},\boldsymbol{b}$ 的大小相等且方向相同,则称向量 $\boldsymbol{a},\boldsymbol{b}$ **相等**,记为 $\boldsymbol{a}=\boldsymbol{b}$. 与向量 $\boldsymbol{a}$ 大小相等但方向相反的向量称为 $\boldsymbol{a}$ 的**负向量**,记为 $-\boldsymbol{a}$.

两个非零向量 $\boldsymbol{a},\boldsymbol{b}$ 所在射线之间的夹角 $\theta (0 \leqslant \theta \leqslant \pi)$ 称为向量 $\boldsymbol{a}$ 与 $\boldsymbol{b}$ 的**夹角**,如图 8.2 所示.

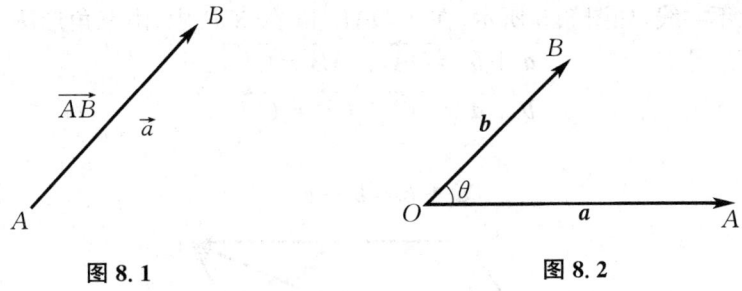

图 8.1　　　　　　　　　　图 8.2

若 $\theta=0$ 或 $\theta=\pi$,则称向量 a 与 b **平行**或**共线**,记为 $a \mathbin{/\mkern-6mu/} b$.

若 $\theta=\dfrac{\pi}{2}$,则称向量 a 与 b **垂直**,记为 $a \perp b$.

二、向量的加法与减法运算

1. 向量的加法

定义 8.1　设 a,b 是任意两个向量. 如图 8.3 所示,任取一点 O,作向量 $\overrightarrow{OA}=a$,向量 $\overrightarrow{AB}=b$,则称向量 $\overrightarrow{OB}=c$ 为向量 a 与 b 的**和**,记为

$$c=a+b.$$

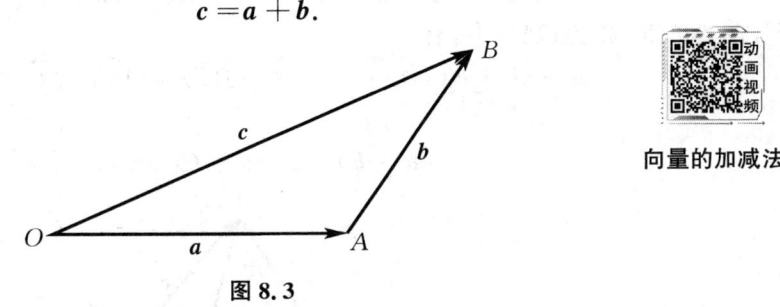

向量的加减法

图 8.3

以上求向量 a 与 b 的和的方法称为**三角形法则**.

在图 8.3 中,若平移向量 b,使其起点位于点 O,则作出一个以向量 a,b 为邻边的 $\square OABC$,如图 8.4 所示. 由定义 8.1 易知,从点 O 引出的 $\square OABC$ 的对角线 OB 对应的向量为 $\overrightarrow{OB}=c=a+b$. 上述求向量 a 与 b 的和的方法称为**平行四边形法则**.

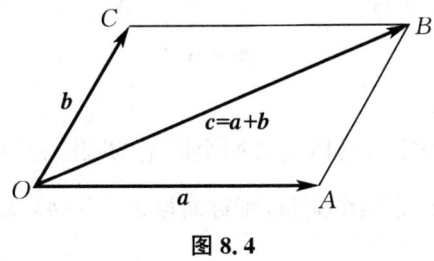

图 8.4

显然,$a+\mathbf{0}=a$.

对于任意向量 a,b,c,向量的加法满足下列运算律:

(1) 交换律　$a+b=b+a$;

(2) 结合律　$(a+b)+c=a+(b+c)$.

证　(1) 若向量 a,b 共线,结论显然成立.

若向量 a,b 不共线,如图 8.5 所示,在 $\triangle OAB$ 和 $\triangle OCB$ 中,由三角形法则得
$$a+b=\overrightarrow{OA}+\overrightarrow{AB}=\overrightarrow{OB},$$
$$b+a=\overrightarrow{OC}+\overrightarrow{CB}=\overrightarrow{OB},$$
即
$$a+b=b+a.$$

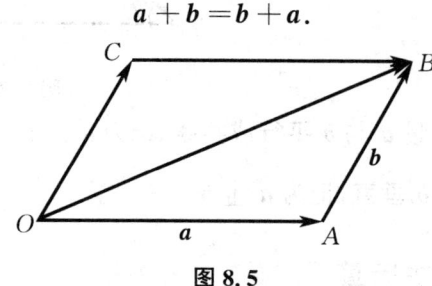

图 8.5

(2) 若向量 a,b,c 共线,结论显然成立.

若向量 a,b,c 不共线,如图 8.6 所示,在 $\triangle OAB$ 中,有
$$a+b=\overrightarrow{OA}+\overrightarrow{AB}=\overrightarrow{OB}.$$
在 $\triangle OBC$ 中,有
$$(a+b)+c=\overrightarrow{OB}+\overrightarrow{BC}=\overrightarrow{OC}.$$
同理,在 $\triangle ABC$ 和 $\triangle OAC$ 中,有
$$a+(b+c)=\overrightarrow{OA}+(\overrightarrow{AB}+\overrightarrow{BC})=\overrightarrow{OA}+\overrightarrow{AC}=\overrightarrow{OC}.$$
故
$$(a+b)+c=a+(b+c).$$

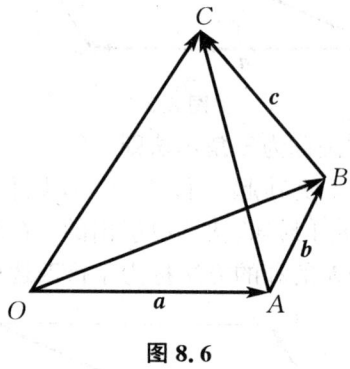

图 8.6

2. 向量的减法

利用定义 8.1 和负向量的定义可以定义两个向量的减法运算.

定义 8.2 设 a,b 为任意两个向量,则称向量 $a+(-b)$ 为向量 a 与 b 的**差**,记为 $a-b$,即
$$a-b=a+(-b).$$
特别地,当 $b=a$ 时,有
$$a-a=a+(-a)=\mathbf{0}.$$

由定义 8.2 可知,向量 $a-b$ 即为向量 a 与 $-b$ 的和,因此向量 $a-b,a,b$ 构成如图 8.7 所示的三角形,即向量的减法亦可以通过三角形法则进行运算.

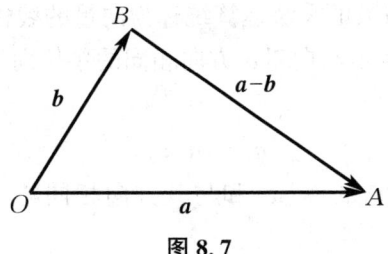

图 8.7

由三角形两边之和大于第三边及两边之差的绝对值小于第三边,利用向量加减运算的三角形法则易证以下不等式:
$$|a+b|\leqslant |a|+|b|,\quad |a-b|\leqslant |a|+|b|,\quad ||a|-|b||\leqslant |a-b|,$$
其中等号当且仅当向量 a 与 b 共线时成立.

三、向量与数的乘法

定义 8.3 向量 a 与实数 λ 的乘积记为 λa,规定 λa 是一个向量,它的模为
$$|\lambda a|=|\lambda||a|.$$
当 $\lambda>0$ 时,它与向量 a 方向相同;当 $\lambda<0$ 时,它与向量 a 方向相反;当 $\lambda=0$ 时,它是零向量.

特别地,当 $\lambda=\pm 1$ 时,有
$$1a=a,\quad (-1)a=-a.$$
对于任意向量 a,b 及任何实数 λ,μ,向量与数的乘法满足下列运算律:

(1) 结合律　$\lambda(\mu a)=(\lambda\mu)a$;

(2) 向量对数的分配律　$(\lambda+\mu)a=\lambda a+\mu a$;

(3) 数对向量的分配律　$\lambda(a+b)=\lambda a+\lambda b$.

下面仅就 $\lambda>0$,且向量 a,b 不共线的情形,对(3) 给出证明,(1) 和(2) 类似可证.

证 如图 8.8 所示,设 $\overrightarrow{OA}=a,\overrightarrow{OB}=b,\overrightarrow{OA'}=\lambda a,\overrightarrow{OB'}=\lambda b$. 在 $\square OACB$ 和 $\square OA'C'B'$ 中,由平行四边形法则得
$$\lambda(a+b)=\lambda(\overrightarrow{OA}+\overrightarrow{OB})=\lambda\overrightarrow{OC},$$
$$\lambda a+\lambda b=\overrightarrow{OA'}+\overrightarrow{OB'}=\overrightarrow{OC'}.$$
又 $|\overrightarrow{OC'}|=\lambda|\overrightarrow{OC}|$,且向量 $\overrightarrow{OC'}$ 与向量 $\lambda\overrightarrow{OC}$ 方向相同,故
$$\overrightarrow{OC'}=\lambda\overrightarrow{OC},$$
即得
$$\lambda(a+b)=\lambda a+\lambda b.$$

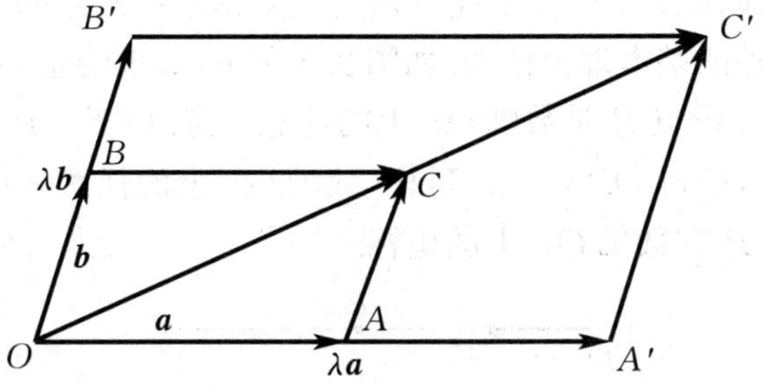

图 8.8

向量的加法、减法和向量与数的乘法运算统称为向量的**线性运算**.

对任意非零向量 a，设 e_a 表示与向量 a 方向相同的单位向量，则易知向量 $|a|e_a$ 与 a 方向相同且 $|a|=||a|e_a|$，故

$$a=|a|e_a,$$

即任意非零向量 a 均可表示为它的模 $|a|$ 和与其方向相同的单位向量 e_a 的乘积. 上式又可写为

$$e_a=\frac{a}{|a|},$$

即任意非零向量 a 与其模的倒数的乘积所得向量是与向量 a 方向相同的单位向量 e_a，这一过程称为将向量 a 单位化.

定理 8.1　设 a,b 为任意两个向量，且 $a\neq \mathbf{0}$，则 $b \parallel a$ 的充要条件是存在唯一的实数 λ，使得 $b=\lambda a$.

证　充分性是显然的，下面证明必要性.

设 $b \parallel a$. 因为 $a\neq \mathbf{0}$，所以 $|a|\neq 0$. 令

$$\lambda=\begin{cases}\dfrac{|b|}{|a|},&\text{当 } a \text{ 与 } b \text{ 方向相同时,}\\-\dfrac{|b|}{|a|},&\text{当 } a \text{ 与 } b \text{ 方向相反时,}\end{cases}$$

记 e_a,e_b 分别为与向量 a,b 方向相同的单位向量.

当向量 a 与 b 方向相同时，有 $e_a=e_b$，则

$$\lambda a=\frac{|b|}{|a|}a=|b|e_a=|b|e_b=b;$$

当向量 a 与 b 方向相反时，有 $e_a=-e_b$，则

$$\lambda a=-\frac{|b|}{|a|}a=-|b|e_a=|b|e_b=b.$$

综上所述，存在实数 λ，使得 $b=\lambda a$ 成立.

再证 λ 的唯一性. 设有 $b=\lambda_1 a$ 且 $b=\lambda_2 a$，其中 λ_1,λ_2 是两个实数，则

$$\lambda_1 a-\lambda_2 a=(\lambda_1-\lambda_2)a=\mathbf{0},$$

即

$$|\lambda_1-\lambda_2||a|=0.$$

由于 $a\neq \mathbf{0}$，则 $|a|\neq 0$，因此 $\lambda_1=\lambda_2$. 由此可知实数 λ 是唯一确定的.

定理 8.1 是建立数轴的基本理论依据. 如图 8.9 所示，如果给定一个点 O 和一个单位向量 i，就确定了一条数轴 Ox. 设点 P 是数轴 Ox 上的任意一点. 由于 $\overrightarrow{OP} \parallel i$，因此根据定理 8.1，存在唯一确定的实数 x_0，使得 $\overrightarrow{OP}=x_0 i$. 这样，数轴 Ox 上的任意一点 P 就和实数 x_0 ——对应起来，称实数 x_0 为点 P 在数轴 Ox 上的坐标.

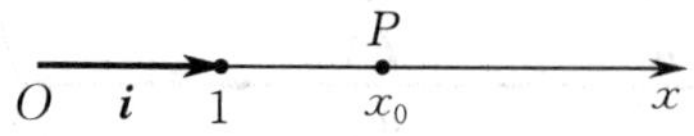

图 8.9

例 1 设向量 $u = a + b - 2c, v = -a - 3b + c$. 试用向量 a, b, c 表示向量 $3u - 2v$.

解 $3u - 2v = 3(a + b - 2c) - 2(-a - 3b + c)$
$= (3+2)a + (3+6)b + (-6-2)c$
$= 5a + 9b - 8c.$

例 2 证明：对角线 AC, BD 互相平分的四边形 $ABCD$ 是平行四边形.

证 如图 8.10 所示，四边形 $ABCD$ 的对角线 AC, BD 相交于点 O 且互相平分. 在 $\triangle AOB$ 中, 有

$$\overrightarrow{AB} = \overrightarrow{OB} - \overrightarrow{OA},$$

在 $\triangle DOC$ 中, 有

$$\overrightarrow{DC} = \overrightarrow{OC} - \overrightarrow{OD}.$$

由于 AC, BD 互相平分, 因此有

$$\overrightarrow{OC} = \overrightarrow{AO} = -\overrightarrow{OA}, \quad -\overrightarrow{OD} = -\overrightarrow{BO} = \overrightarrow{OB}.$$

于是

$$\overrightarrow{AB} = \overrightarrow{OB} - \overrightarrow{OA} = -\overrightarrow{OD} + \overrightarrow{OC} = \overrightarrow{OC} - \overrightarrow{OD} = \overrightarrow{DC},$$

即 $\overrightarrow{AB} \parallel \overrightarrow{DC}$, 且 $|\overrightarrow{AB}| = |\overrightarrow{DC}|$. 因此, 四边形 $ABCD$ 是平行四边形.

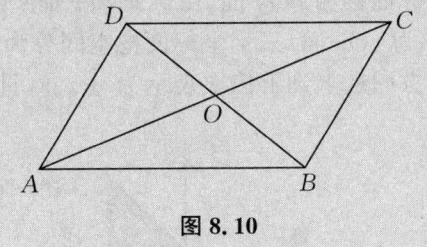

图 8.10

习 题 8.1

1. 设向量 $u = a + 2b - c, v = 3a - 2b + 2c$. 试用向量 a, b, c 表示向量 $u + v, u - v$ 及 $3u - 2v$.
2. 设 AD 是 $\triangle ABC$ 的中线. 试用向量 $\overrightarrow{AB}, \overrightarrow{AC}$ 表示向量 $\overrightarrow{AD}$.
3. 试用向量证明：梯形两腰中点的连线平行于上、下底边且等于它们长度和的一半.
4. 设向量 $\overrightarrow{AB} = a + 5b, \overrightarrow{BC} = -2a + 8b, \overrightarrow{CD} = 3(a - b)$. 证明：$A, B, D$ 三点共线.

§8.2 向量的坐标表示及运算

本节我们将讨论空间直角坐标系下向量的坐标表示法及利用向量的坐标进行向量的运算等.

一、空间直角坐标系

在空间中取定一点 O 和三个两两垂直的单位向量 i,j,k，由此确定以点 O 为原点的两两垂直的三条数轴，依次记为 x 轴（横轴）、y 轴（纵轴）和 z 轴（竖轴），统称为**坐标轴**. 它们构成了一个空间直角坐标系，称为 $Oxyz$ **坐标系**（见图 8.11），点 O 称为**坐标原点**.

三条坐标轴的方向遵循右手规则，即以右手握住 z 轴，当右手四指从 x 轴正向以 $\dfrac{\pi}{2}$ 角度转向 y 轴正向时，拇指所指的方向即为 z 轴正向，如图 8.12 所示.

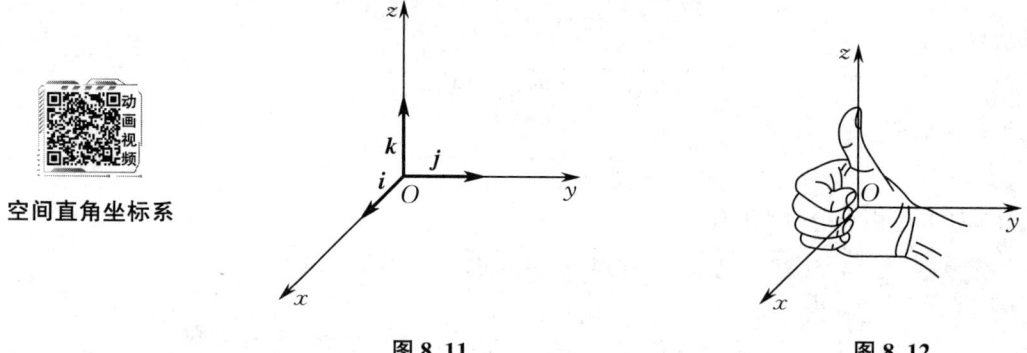

空间直角坐标系

图 8.11　　　　　　　　图 8.12

在空间直角坐标系中，任意两条坐标轴可确定一个平面，这样确定的三个平面称为**坐标面**. 由 x 轴和 y 轴所确定的坐标面称为 xOy 面，由 x 轴和 z 轴所确定的坐标面称为 zOx 面，由 y 轴和 z 轴所确定的坐标面称为 yOz 面. 三个坐标面把空间分为八个部分，每个部分称为一个**卦限**，用罗马数字按照逆时针方向从上到下依次表示为 Ⅰ, Ⅱ, Ⅲ, Ⅳ, Ⅴ, Ⅵ, Ⅶ, Ⅷ，如图 8.13 所示.

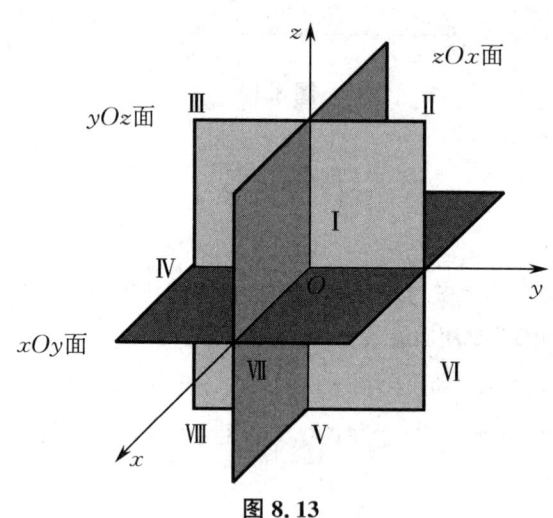

图 8.13

如图 8.14 所示，对于空间直角坐标系 $Oxyz$ 中的任意一点 M，过点 M 分别作垂直于三条坐标轴的平面，与三条坐标轴的交点分别为 P,Q,R. 由定理 8.1 知，在 x 轴上存在唯一确定的实数 x_0，使得 $\overrightarrow{OP}=x_0 i$，同理有 $\overrightarrow{OQ}=y_0 j$，$\overrightarrow{OR}=z_0 k$，即空间中的任意一点 M 与一个有序数组 (x_0,y_0,z_0) 一一对应，称该有序数组为点 M 在空间直角坐标系 $Oxyz$ 下的**坐标**，记为 $M(x_0,y_0,z_0)$.

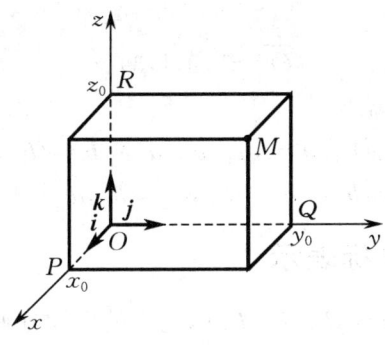

图 8.14

二、向量的坐标

如图 8.15 所示，对于空间直角坐标系 $Oxyz$ 中的任意一点 $B(x,y,z)$，作以 OB 为对角线、三条棱在坐标轴上的长方体 $OPAQ-RDBC$. 设向量 $\boldsymbol{r}=\overrightarrow{OB}$，则

$$\overrightarrow{OP}=x\boldsymbol{i}, \quad \overrightarrow{OQ}=y\boldsymbol{j}, \quad \overrightarrow{OR}=z\boldsymbol{k}.$$

在 $\triangle OAB$ 中，有

$$\boldsymbol{r}=\overrightarrow{OB}=\overrightarrow{OA}+\overrightarrow{AB},$$

在矩形 $OPAQ$ 中，有

$$\overrightarrow{OA}=\overrightarrow{OP}+\overrightarrow{OQ},$$

又因为 $\overrightarrow{AB}=\overrightarrow{OR}$，所以我们得到

$$\boldsymbol{r}=\overrightarrow{OB}=\overrightarrow{OP}+\overrightarrow{OQ}+\overrightarrow{OR},$$

即

$$\boldsymbol{r}=x\boldsymbol{i}+y\boldsymbol{j}+z\boldsymbol{k}. \tag{8-1}$$

式 (8-1) 称为向量 $\boldsymbol{r}$ 的**坐标分解式**，(x,y,z) 称为向量 $\boldsymbol{r}$ 的**坐标**，记为 $\boldsymbol{r}=(x,y,z)$.

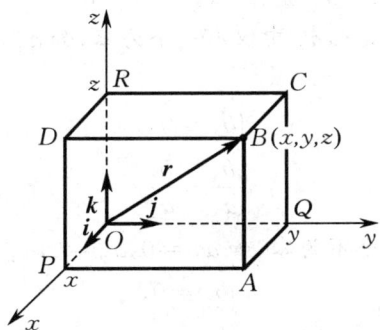

图 8.15

向量 $\overrightarrow{OB}$ 称为点 B 的向径. 由上述讨论知，向径 $\overrightarrow{OB}$ 与点 B 有相同的坐标. 但需注意的是，它们的表示方式有所不同：点 B 在空间直角坐标系 $Oxyz$ 中的坐标记为 $B(x,y,z)$，而向径 $\overrightarrow{OB}$ 在空间直角坐标系 $Oxyz$ 中的坐标记为 $\overrightarrow{OB}=(x,y,z)$.

例 1 设空间中一点的坐标为 $A(2,1,3)$. 求向量 $\overrightarrow{OA}$ 的坐标.

解 向量 $\overrightarrow{OA}$ 为点 A 的向径，因此 $\overrightarrow{OA}$ 与点 A 具有相同的坐标，即

$$\overrightarrow{OA} = (2,1,3).$$

由向量坐标的唯一性知，若向量 $a = (a_x, a_y, a_z)$，$b = (b_x, b_y, b_z)$，则
$$a = b \Leftrightarrow a_x = b_x, a_y = b_y, a_z = b_z.$$

三、向量线性运算的坐标表示

设向量 $a = (a_x, a_y, a_z)$，$b = (b_x, b_y, b_z)$，它们的坐标分解式分别为
$$a = a_x \boldsymbol{i} + a_y \boldsymbol{j} + a_z \boldsymbol{k}, \quad b = b_x \boldsymbol{i} + b_y \boldsymbol{j} + b_z \boldsymbol{k}.$$
利用向量加法及向量与数的乘法的运算律，得
$$\begin{aligned} a + b &= (a_x \boldsymbol{i} + a_y \boldsymbol{j} + a_z \boldsymbol{k}) + (b_x \boldsymbol{i} + b_y \boldsymbol{j} + b_z \boldsymbol{k}) \\ &= (a_x + b_x) \boldsymbol{i} + (a_y + b_y) \boldsymbol{j} + (a_z + b_z) \boldsymbol{k} \\ &= (a_x + b_x, a_y + b_y, a_z + b_z), \end{aligned} \tag{8-2}$$
即两个向量相加，等于它们坐标的对应分量相加。

同理，有
$$a - b = (a_x - b_x, a_y - b_y, a_z - b_z), \tag{8-3}$$
即两个向量相减，等于它们坐标的对应分量相减。

设 λ 是实数，则
$$\lambda a = \lambda(a_x \boldsymbol{i} + a_y \boldsymbol{j} + a_z \boldsymbol{k}) = \lambda a_x \boldsymbol{i} + \lambda a_y \boldsymbol{j} + \lambda a_z \boldsymbol{k} = (\lambda a_x, \lambda a_y, \lambda a_z), \tag{8-4}$$
即数与向量相乘，等于用数乘以该向量坐标的每个分量。

结合定理 8.1 易得，若 $a \neq \boldsymbol{0}$，则
$$b \ // \ a \Leftrightarrow \frac{b_x}{a_x} = \frac{b_y}{a_y} = \frac{b_z}{a_z}. \tag{8-5}$$

注 对于式(8-5)，若 a_x, a_y, a_z 中仅有一个为零，如 $a_x = 0, a_y a_z \neq 0$，则式(8-5)应理解为
$$\begin{cases} b_x = 0, \\ \dfrac{b_y}{a_y} = \dfrac{b_z}{a_z}. \end{cases}$$
若 a_x, a_y, a_z 中有两个为零，一个不为零，如 $a_x = 0, a_y = 0, a_z \neq 0$，则式(8-5)应理解为
$$\begin{cases} b_x = 0, \\ b_y = 0. \end{cases}$$

例 2 设空间中两点的坐标为 $M_1(1,2,3), M_2(4,3,2)$。求向量 $\overrightarrow{M_1 M_2}$ 的坐标。

解 如图 8.16 所示，在 $\triangle O M_1 M_2$ 中，有
$$\overrightarrow{M_1 M_2} = \overrightarrow{OM_2} - \overrightarrow{OM_1}.$$
又由题设得 $\overrightarrow{OM_1} = (1,2,3)$，$\overrightarrow{OM_2} = (4,3,2)$，故向量 $\overrightarrow{M_1 M_2}$ 的坐标为
$$\overrightarrow{M_1 M_2} = (4,3,2) - (1,2,3) = (3,1,-1).$$

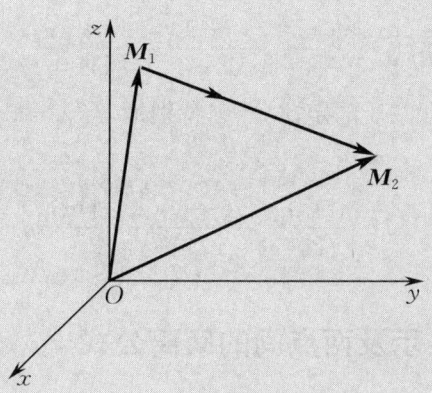

图 8.16

例 3 已知空间中两点的坐标为 $A(x_1,y_1,z_1),B(x_2,y_2,z_2)$,实数 $\lambda > 0$.试在线段 AB 上求一点 M,使得 $\overrightarrow{AM} = \lambda \overrightarrow{MB}$(见图 8.17).

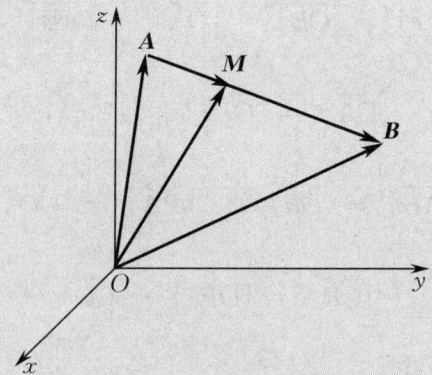

图 8.17

解 设点 M 的坐标为 (x,y,z),则
$$\overrightarrow{AM} = \overrightarrow{OM} - \overrightarrow{OA} = (x-x_1, y-y_1, z-z_1),$$
$$\overrightarrow{MB} = \overrightarrow{OB} - \overrightarrow{OM} = (x_2-x, y_2-y, z_2-z).$$
由 $\overrightarrow{AM} = \lambda \overrightarrow{MB}$ 得
$$(x-x_1, y-y_1, z-z_1) = \lambda(x_2-x, y_2-y, z_2-z)$$
$$= (\lambda(x_2-x), \lambda(y_2-y), \lambda(z_2-z)),$$
从而有
$$\begin{cases} x-x_1 = \lambda(x_2-x), \\ y-y_1 = \lambda(y_2-y), \\ z-z_1 = \lambda(z_2-z), \end{cases}$$
解得
$$x = \frac{x_1+\lambda x_2}{1+\lambda}, \quad y = \frac{y_1+\lambda y_2}{1+\lambda}, \quad z = \frac{z_1+\lambda z_2}{1+\lambda}.$$
因此,所求点的坐标为

$$M\left(\frac{x_1+\lambda x_2}{1+\lambda}, \frac{y_1+\lambda y_2}{1+\lambda}, \frac{z_1+\lambda z_2}{1+\lambda}\right).$$

例 3 中的点 M 称为线段 AB 的定比分点. 特别地, 当 $\lambda=1$ 时, M 为线段 AB 的中点, 其坐标为

$$M\left(\frac{x_1+x_2}{2}, \frac{y_1+y_2}{2}, \frac{z_1+z_2}{2}\right).$$

四、向量模的坐标表示及两点间的距离公式

1. 向量模的坐标表示

设向量 $\boldsymbol{r}=(x,y,z)$. 如图 8.18 所示, 作向量 $\overrightarrow{OB}=\boldsymbol{r}$, 则点 B 的坐标为 $B(x,y,z)$. 在 Rt$\triangle OAB$ 中, 有

$$|\boldsymbol{r}|^2=|\overrightarrow{OB}|^2=|\overrightarrow{OA}|^2+|\overrightarrow{AB}|^2,$$

在 Rt$\triangle OAP$ 中, 有

$$|\overrightarrow{OA}|^2=|\overrightarrow{OP}|^2+|\overrightarrow{PA}|^2,$$

又

$$|\overrightarrow{AB}|^2=|\overrightarrow{OR}|^2, \quad |\overrightarrow{PA}|^2=|\overrightarrow{OQ}|^2,$$

所以

$$|\boldsymbol{r}|^2=|\overrightarrow{OP}|^2+|\overrightarrow{OQ}|^2+|\overrightarrow{OR}|^2=|OP|^2+|OQ|^2+|OR|^2=x^2+y^2+z^2.$$

于是

$$|\boldsymbol{r}|=|\overrightarrow{OB}|=\sqrt{x^2+y^2+z^2}. \tag{8-6}$$

式(8-6)即为向量 $\boldsymbol{r}=(x,y,z)$ 的模的计算公式.

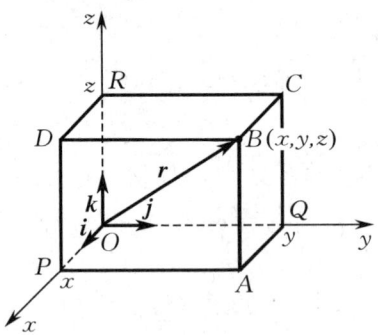

图 8.18

例 4 已知向量 $\boldsymbol{r}=(1,2,3)$, 求 $|\boldsymbol{r}|$.

解 由式(8-6)得

$$|\boldsymbol{r}|=\sqrt{1^2+2^2+3^2}=\sqrt{14}.$$

2. 空间中两点间的距离公式

设空间中两点的坐标为 $A(x_1,y_1,z_1),B(x_2,y_2,z_2)$，则 A,B 两点之间的距离就是向量 $\overrightarrow{AB}$ 的模 $|\overrightarrow{AB}|$. 而

$$\overrightarrow{AB}=\overrightarrow{OB}-\overrightarrow{OA}=(x_2-x_1,y_2-y_1,z_2-z_1),$$

因此

$$|\overrightarrow{AB}|=\sqrt{(x_2-x_1)^2+(y_2-y_1)^2+(z_2-z_1)^2}. \tag{8-7}$$

式(8-7)即为空间中两点 $A(x_1,y_1,z_1),B(x_2,y_2,z_2)$ 间距离的计算公式.

例 5 已知空间中两点的坐标为 $A(-1,-1,-3),B(0,7,1)$，求 $|AB|$.

解 因 $\overrightarrow{AB}=\overrightarrow{OB}-\overrightarrow{OA}=(1,8,4)$，故由式(8-7)得

$$|AB|=|\overrightarrow{AB}|=\sqrt{1^2+8^2+4^2}=9.$$

五、向量的方向角和方向余弦

定义 8.4 非零向量 $\boldsymbol{a}$ 与 x 轴、y 轴、z 轴正向的夹角 α,β,γ，称为向量 $\boldsymbol{a}$ 的**方向角**，方向角的余弦 $\cos\alpha,\cos\beta,\cos\gamma$ 称为向量 $\boldsymbol{a}$ 的**方向余弦**.

如图 8.19 所示，设向量 $\boldsymbol{a}=(a_x,a_y,a_z)$ 的方向角为 α,β,γ. 因为 $\triangle OPB,\triangle OQB,\triangle ORB$ 均为直角三角形，所以

$$\begin{cases}\cos\alpha=\dfrac{a_x}{|\boldsymbol{a}|}=\dfrac{a_x}{\sqrt{a_x^2+a_y^2+a_z^2}},\\[2mm] \cos\beta=\dfrac{a_y}{|\boldsymbol{a}|}=\dfrac{a_y}{\sqrt{a_x^2+a_y^2+a_z^2}},\\[2mm] \cos\gamma=\dfrac{a_z}{|\boldsymbol{a}|}=\dfrac{a_z}{\sqrt{a_x^2+a_y^2+a_z^2}}.\end{cases} \tag{8-8}$$

式(8-8)即为求向量 $\boldsymbol{a}=(a_x,a_y,a_z)$ 的方向余弦的计算公式.

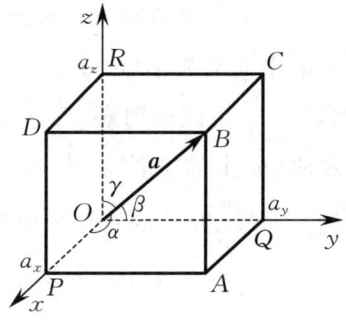

图 8.19

容易验证，方向余弦满足关系式

$$\cos^2\alpha+\cos^2\beta+\cos^2\gamma=1. \tag{8-9}$$

由式(8-8)可得

$$a_x=|\boldsymbol{a}|\cos\alpha,\quad a_y=|\boldsymbol{a}|\cos\beta,\quad a_z=|\boldsymbol{a}|\cos\gamma, \tag{8-10}$$

故
$$a = (|a|\cos\alpha, |a|\cos\beta, |a|\cos\gamma) = |a|(\cos\alpha, \cos\beta, \cos\gamma),$$
从而
$$(\cos\alpha, \cos\beta, \cos\gamma) = \frac{1}{|a|}a = e_a. \tag{8-11}$$

式(8-11)表明与向量 a 方向相同的单位向量的坐标为
$$e_a = (\cos\alpha, \cos\beta, \cos\gamma).$$

由上式可知,向量的方向角或方向余弦完全确定了其方向.

例 6 已知空间中两点的坐标为 $A(4, \sqrt{2}, 1), B(3, 0, 2)$,求向量 $\overrightarrow{AB}$ 的方向余弦和方向角.

解 由题设知
$$\overrightarrow{AB} = (3-4, 0-\sqrt{2}, 2-1) = (-1, -\sqrt{2}, 1),$$
$$|\overrightarrow{AB}| = \sqrt{(-1)^2 + (-\sqrt{2})^2 + 1^2} = 2,$$

故由式(8-8)得方向余弦为
$$\cos\alpha = -\frac{1}{2}, \quad \cos\beta = -\frac{\sqrt{2}}{2}, \quad \cos\gamma = \frac{1}{2},$$

从而方向角为
$$\alpha = \frac{2}{3}\pi, \quad \beta = \frac{3}{4}\pi, \quad \gamma = \frac{\pi}{3}.$$

六、向量在数轴上的投影

定义 8.5 如图 8.20 所示,点 O 及单位向量 e 确定了数轴 Ou. 任给向量 a,作向量 $\overrightarrow{OM} = a$,过点 M 作与数轴 Ou 垂直的平面交数轴 Ou 于点 M',称点 M' 为点 M 在数轴 Ou 上的**投影点**,称向量 $\overrightarrow{OM'}$ 为向量 a 在数轴 Ou 上的**分向量**. 若点 M' 在数轴 Ou 上的坐标为 λ,即有 $\overrightarrow{OM'} = \lambda e$,则称数 λ 为向量 a 在数轴 Ou 上的**投影**,记为 $\text{Prj}_u a$.

若向量 a 与其在数轴 Ou 上的分向量 $\overrightarrow{OM'}$ 的夹角为 θ,则由定义 8.5 知
$$\text{Prj}_u a = |a|\cos\theta.$$

注 当 $\theta = \frac{\pi}{2}$ 时,有 $\text{Prj}_u a = 0$.

用同样的方法可以定义向量 a 在向量 b 上的投影,只需把定义 8.5 中的数轴 Ou 换成向量 b 即可. 向量 a 在向量 b 上的投影记为 $\text{Prj}_b a$. 若 φ 是向量 a 与向量 b 的夹角,则有
$$\text{Prj}_b a = |a|\cos\varphi.$$

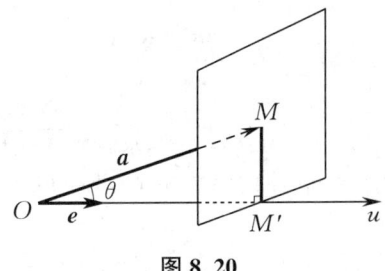

图 8.20

由定义 8.5 及式(8-10)易知,向量 $\boldsymbol{a}=(a_x,a_y,a_z)$ 在三条坐标轴上的投影分别为

$$\mathrm{Prj}_x\boldsymbol{a}=a_x, \quad \mathrm{Prj}_y\boldsymbol{a}=a_y, \quad \mathrm{Prj}_z\boldsymbol{a}=a_z. \tag{8-12}$$

对于任意向量 $\boldsymbol{a},\boldsymbol{b}$ 及任意实数 λ,投影具有以下性质.

性质 1 $\mathrm{Prj}_u(\boldsymbol{a}+\boldsymbol{b})=\mathrm{Prj}_u\boldsymbol{a}+\mathrm{Prj}_u\boldsymbol{b}.$

性质 2 $\mathrm{Prj}_u(\lambda\boldsymbol{a})=\lambda\mathrm{Prj}_u\boldsymbol{a}.$

证明从略.把数轴 Ou 换成任意非零向量 $\boldsymbol{c}$,上述性质仍然成立.

例 7 设向量 $\boldsymbol{m}=3\boldsymbol{i}+5\boldsymbol{j}+8\boldsymbol{k},\boldsymbol{n}=2\boldsymbol{i}-4\boldsymbol{j}-7\boldsymbol{k},\boldsymbol{p}=5\boldsymbol{i}+\boldsymbol{j}-4\boldsymbol{k}.$ 求向量 $\boldsymbol{a}=4\boldsymbol{m}+3\boldsymbol{n}-\boldsymbol{p}$ 在 y 轴上的投影及其在 z 轴上的分向量.

解 因为

$$\begin{aligned}\boldsymbol{a}&=4\boldsymbol{m}+3\boldsymbol{n}-\boldsymbol{p}\\&=4(3\boldsymbol{i}+5\boldsymbol{j}+8\boldsymbol{k})+3(2\boldsymbol{i}-4\boldsymbol{j}-7\boldsymbol{k})-(5\boldsymbol{i}+\boldsymbol{j}-4\boldsymbol{k})\\&=13\boldsymbol{i}+7\boldsymbol{j}+15\boldsymbol{k},\end{aligned}$$

所以 $\mathrm{Prj}_y\boldsymbol{a}=7$,向量 $\boldsymbol{a}$ 在 z 轴上的分向量为 $15\boldsymbol{k}.$

例 8 如图 8.21 所示,OM 为正方体的一条对角,棱 OA 的长为 a,求向量 $\overrightarrow{OA}$ 在向量 $\overrightarrow{OM}$ 上的投影 $\mathrm{Prj}_{\overrightarrow{OM}}\overrightarrow{OA}.$

解 若记 $\angle MOA=\theta$,则在 $\mathrm{Rt}\triangle MOA$ 中,有

$$\cos\theta=\frac{|\overrightarrow{OA}|}{|\overrightarrow{OM}|}=\frac{a}{\sqrt{3}a}=\frac{1}{\sqrt{3}},$$

于是

$$\mathrm{Prj}_{\overrightarrow{OM}}\overrightarrow{OA}=|\overrightarrow{OA}|\cos\theta=\frac{a}{\sqrt{3}}.$$

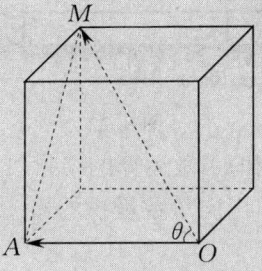

图 8.21

习 题 8.2

1. 已知空间中两点的坐标为 $A(1,2,4), B(2,0,-1)$，求向量 $\overrightarrow{AB}, -3\overrightarrow{AB}$ 的坐标.

2. 设点 $A(1,2,4), B(2,0,-1)$ 为某平行四边形中相邻的两个顶点，原点 O 为其对角线的交点. 求该平行四边形中其余两个顶点的坐标.

3. 已知空间中三点的坐标为 $A(1,-1,3), B(-2,0,5), C(4,-2,1)$，试判断这三点是否共线.

4. 设向量 $\boldsymbol{a}=(3,4,m), \boldsymbol{b}=(n,8,2)$. 试确定常数 m,n 的值，使向量 $\boldsymbol{a}, \boldsymbol{b}$ 平行.

5. 设空间中三点的坐标为 $A(4,1,9), B(10,-1,6), C(2,4,3)$. 证明：以这三点为顶点的三角形是等腰直角三角形.

6. 求平行于向量 $\boldsymbol{a}=(-3,4,5)$ 的单位向量.

7. 已知空间中两点的坐标为 $A(1,1,3), B(7,8,-3)$，求向量 $\overrightarrow{AB}$ 的模和方向余弦.

8. 已知向量 $\boldsymbol{m}=2\boldsymbol{i}-\boldsymbol{j}+3\boldsymbol{k}, \boldsymbol{n}=4\boldsymbol{i}+2\boldsymbol{j}+5\boldsymbol{k}, \boldsymbol{p}=2\boldsymbol{i}+3\boldsymbol{j}+2\boldsymbol{k}$，求向量 $3\boldsymbol{m}-\boldsymbol{n}+\boldsymbol{p}$ 在 y 轴上的投影和在 z 轴上的分向量.

§8.3 向量的数量积与向量积

前面学习了向量的线性运算，即向量的加法、减法及向量与数的乘法，本节我们讨论向量与向量的"乘法"运算：向量的数量积与向量积.

一、向量的数量积

1. 引例

如图 8.22 所示，一质点在恒力 $\boldsymbol{F}$ 的作用下沿直线从点 M_0 移动到点 M，所经过的位移为 $\boldsymbol{s}=\overrightarrow{M_0M}$，恒力 $\boldsymbol{F}$ 与位移 $\boldsymbol{s}$ 的夹角为 θ. 由中学物理知识知，恒力 $\boldsymbol{F}$ 在整个运动过程中所做的功为

$$W=|\boldsymbol{F}||\boldsymbol{s}|\cos\theta.$$

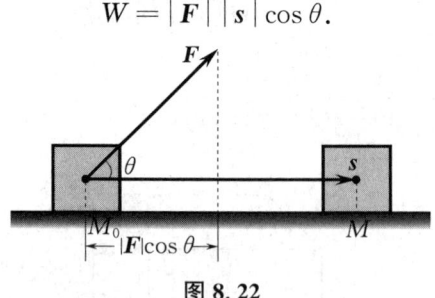

图 8.22

由上述问题可知，两个向量（$\boldsymbol{F}$ 和 $\boldsymbol{s}$）做运算的结果可以是一个数（W），它的值等于两个向量的模与其夹角余弦的乘积，从而引出向量数量积的概念.

2. 数量积的定义

定义 8.6 设向量 $\boldsymbol{a}$ 和 $\boldsymbol{b}$ 的夹角为 θ，则称数

为向量 a 和 b 的**数量积**(也称为**点积**或**内积**),记为 $a \cdot b$,即

$$a \cdot b = |a||b|\cos\theta. \tag{8-13}$$

由定义 8.6 知,引例中恒力 F 所做的功可以表示为 $W = F \cdot s$.

对任意向量 a,显然有

$$a \cdot 0 = 0 \cdot a = 0, \quad a \cdot a = |a|^2.$$

设向量 $a(a \neq 0)$ 与向量 b 的夹角为 θ,则

$$a \cdot b = |a||b|\cos\theta = |a|\mathrm{Prj}_a b, \tag{8-14}$$

从而有

$$\mathrm{Prj}_a b = \frac{a \cdot b}{|a|} = e_a \cdot b. \tag{8-15}$$

式(8-15)表明,向量 b 在向量 a 上的投影等于向量 b 与向量 a 的方向向量 e_a 的数量积. 由此得向量 a 在三条坐标轴上的投影可分别表示为

$$\mathrm{Prj}_x a = a \cdot i, \quad \mathrm{Prj}_y a = a \cdot j, \quad \mathrm{Prj}_z a = a \cdot k. \tag{8-16}$$

3. 数量积的运算律

对任意向量 a, b, c 及任意实数 λ, μ,向量的数量积满足以下运算律:

(1) 交换律 $a \cdot b = b \cdot a$.

(2) 分配律 $(a+b) \cdot c = a \cdot c + b \cdot c$.

(3) 结合律 $(\lambda a) \cdot (\mu b) = (\lambda\mu)(a \cdot b)$.

证 当 a, b, c 中至少有一个为零向量时,结论(1)~(3)显然成立. 因此,下面的证明中假设 a, b, c 均为非零向量,且向量 a, b 的夹角为 θ.

(1) 由定义 8.6 可知

$$a \cdot b = |a||b|\cos\theta = |b||a|\cos\theta = b \cdot a.$$

(2) 由式(8-14)及投影的性质得

$$(a+b) \cdot c = |c|\mathrm{Prj}_c(a+b) = |c|\mathrm{Prj}_c a + |c|\mathrm{Prj}_c b = a \cdot c + b \cdot c.$$

(3) 若实数 λ, μ 中至少有一个为零,则结论显然成立. 假设 λ, μ 均不等于零,并设向量 λa 与 μb 的夹角为 φ,则由式(8-14)及定义 8.6 得

$$(\lambda a) \cdot (\mu b) = |\lambda a||\mu b|\cos\varphi = |\lambda\mu||a||b|\cos\varphi.$$

当实数 λ, μ 同号时,有 $\varphi = \theta$,则

$$(\lambda a) \cdot (\mu b) = \lambda\mu|a||b|\cos\varphi = \lambda\mu|a||b|\cos\theta = (\lambda\mu)(a \cdot b);$$

当实数 λ, μ 异号时,有 $\varphi = \pi - \theta$,则

$$(\lambda a) \cdot (\mu b) = -\lambda\mu|a||b|\cos\varphi = -\lambda\mu|a||b|\cos(\pi-\theta)$$
$$= \lambda\mu|a||b|\cos\theta = (\lambda\mu)(a \cdot b).$$

综上讨论,对于任意实数 λ, μ,有

$$(\lambda a) \cdot (\mu b) = (\lambda\mu)(a \cdot b).$$

4. 数量积的坐标表示

设向量 $a = (a_x, a_y, a_z), b = (b_x, b_y, b_z)$,则它们的坐标分解式分别为

$$a = a_x i + a_y j + a_z k, \quad b = b_x i + b_y j + b_z k.$$

利用数量积的运算律,得
$$\begin{aligned}\boldsymbol{a}\cdot\boldsymbol{b}&=(a_x\boldsymbol{i}+a_y\boldsymbol{j}+a_z\boldsymbol{k})\cdot(b_x\boldsymbol{i}+b_y\boldsymbol{j}+b_z\boldsymbol{k})\\&=a_x\boldsymbol{i}\cdot(b_x\boldsymbol{i}+b_y\boldsymbol{j}+b_z\boldsymbol{k})+a_y\boldsymbol{j}\cdot(b_x\boldsymbol{i}+b_y\boldsymbol{j}+b_z\boldsymbol{k})+a_z\boldsymbol{k}\cdot(b_x\boldsymbol{i}+b_y\boldsymbol{j}+b_z\boldsymbol{k})\\&=a_xb_x(\boldsymbol{i}\cdot\boldsymbol{i})+a_xb_y(\boldsymbol{i}\cdot\boldsymbol{j})+a_xb_z(\boldsymbol{i}\cdot\boldsymbol{k})+a_yb_x(\boldsymbol{j}\cdot\boldsymbol{i})+a_yb_y(\boldsymbol{j}\cdot\boldsymbol{j})\\&\quad+a_yb_z(\boldsymbol{j}\cdot\boldsymbol{k})+a_zb_x(\boldsymbol{k}\cdot\boldsymbol{i})+a_zb_y(\boldsymbol{k}\cdot\boldsymbol{j})+a_zb_z(\boldsymbol{k}\cdot\boldsymbol{k}).\end{aligned}$$

由定义 8.6 得
$$\boldsymbol{i}\cdot\boldsymbol{i}=\boldsymbol{j}\cdot\boldsymbol{j}=\boldsymbol{k}\cdot\boldsymbol{k}=1,\quad \boldsymbol{i}\cdot\boldsymbol{j}=\boldsymbol{j}\cdot\boldsymbol{i}=0,\quad \boldsymbol{i}\cdot\boldsymbol{k}=\boldsymbol{k}\cdot\boldsymbol{i}=0,\quad \boldsymbol{j}\cdot\boldsymbol{k}=\boldsymbol{k}\cdot\boldsymbol{j}=0,$$
所以
$$\boldsymbol{a}\cdot\boldsymbol{b}=a_xb_x+a_yb_y+a_zb_z. \tag{8-17}$$

式(8-17)即为利用向量的坐标求两向量的数量积的计算公式.

例 1 已知空间中三点的坐标为 $M(1,1,1), A(2,2,1), B(2,1,2)$,求 $\overrightarrow{MB}\cdot\overrightarrow{MA}$.

解 因
$$\overrightarrow{MB}=\overrightarrow{OB}-\overrightarrow{OM}=(2-1,1-1,2-1)=(1,0,1),$$
$$\overrightarrow{MA}=\overrightarrow{OA}-\overrightarrow{OM}=(2-1,2-1,1-1)=(1,1,0),$$
故
$$\overrightarrow{MB}\cdot\overrightarrow{MA}=1\times1+0\times1+1\times0=1.$$

当向量 $\boldsymbol{a},\boldsymbol{b}$ 均为非零向量时,由定义 8.6 得
$$\cos\theta=\frac{\boldsymbol{a}\cdot\boldsymbol{b}}{|\boldsymbol{a}||\boldsymbol{b}|}. \tag{8-18}$$

将式(8-6)和式(8-17)代入式(8-18),即得
$$\cos\theta=\frac{a_xb_x+a_yb_y+a_zb_z}{\sqrt{a_x^2+a_y^2+a_z^2}\sqrt{b_x^2+b_y^2+b_z^2}}. \tag{8-19}$$

式(8-19)即为利用向量的坐标求两向量夹角余弦的计算公式.

定理 8.2 对任意向量 $\boldsymbol{a},\boldsymbol{b},\boldsymbol{a}\perp\boldsymbol{b}$ 的充要条件是 $\boldsymbol{a}\cdot\boldsymbol{b}=0$.

证 若向量 $\boldsymbol{a},\boldsymbol{b}$ 中至少有一个为零向量,则结论显然成立.下面假设向量 $\boldsymbol{a},\boldsymbol{b}$ 均为非零向量,且向量 $\boldsymbol{a},\boldsymbol{b}$ 的夹角为 θ.

(1) 必要性. 若 $\boldsymbol{a}\perp\boldsymbol{b}$,则 $\theta=\dfrac{\pi}{2}$,于是
$$\boldsymbol{a}\cdot\boldsymbol{b}=|\boldsymbol{a}||\boldsymbol{b}|\cos\frac{\pi}{2}=0.$$

(2) 充分性. 若 $\boldsymbol{a}\cdot\boldsymbol{b}=|\boldsymbol{a}||\boldsymbol{b}|\cos\theta=0$,则由于 $|\boldsymbol{a}|\neq0,|\boldsymbol{b}|\neq0$,因此 $\cos\theta=0$,从而 $\theta=\dfrac{\pi}{2}$,即 $\boldsymbol{a}\perp\boldsymbol{b}$.

结合式(8-17)及定理 8.2 得,对任意向量 $\boldsymbol{a}=(a_x,a_y,a_z),\boldsymbol{b}=(b_x,b_y,b_z)$,有
$$\boldsymbol{a}\perp\boldsymbol{b}\Leftrightarrow a_xb_x+a_yb_y+a_zb_z=0. \tag{8-20}$$

例2 已知空间中三点的坐标为 $M(1,1,1)$,$A(2,2,1)$,$B(2,1,2)$,求 $\angle AMB$.

解 易知,$\angle AMB$ 即为向量 $\overrightarrow{MA}$ 与 $\overrightarrow{MB}$ 的夹角 θ. 又由例1知
$$\overrightarrow{MA}=(1,1,0),\quad \overrightarrow{MB}=(1,0,1),\quad \overrightarrow{MA}\cdot\overrightarrow{MB}=1,$$
故
$$|\overrightarrow{MA}|=|\overrightarrow{MB}|=\sqrt{2}.$$
由式(8-19)得
$$\cos\theta=\frac{\overrightarrow{MA}\cdot\overrightarrow{MB}}{|\overrightarrow{MA}||\overrightarrow{MB}|}=\frac{1}{2},$$
所以
$$\angle AMB=\arccos\theta=\frac{\pi}{3}.$$

例3 设 $\boldsymbol{a},\boldsymbol{b}$ 是任意非零向量且 $|\boldsymbol{a}|=|\boldsymbol{b}|$,证明:向量 $\boldsymbol{a}+\boldsymbol{b}$ 与 $\boldsymbol{a}-\boldsymbol{b}$ 垂直.

证 由于
$$(\boldsymbol{a}+\boldsymbol{b})\cdot(\boldsymbol{a}-\boldsymbol{b})=\boldsymbol{a}\cdot\boldsymbol{a}-\boldsymbol{a}\cdot\boldsymbol{b}+\boldsymbol{b}\cdot\boldsymbol{a}-\boldsymbol{b}\cdot\boldsymbol{b}$$
$$=\boldsymbol{a}\cdot\boldsymbol{a}-\boldsymbol{b}\cdot\boldsymbol{b},$$
由已知 $|\boldsymbol{a}|=|\boldsymbol{b}|$ 得
$$(\boldsymbol{a}+\boldsymbol{b})\cdot(\boldsymbol{a}-\boldsymbol{b})=|\boldsymbol{a}|^2-|\boldsymbol{b}|^2=0,$$
因此由定理8.2知向量 $\boldsymbol{a}+\boldsymbol{b}$ 与 $\boldsymbol{a}-\boldsymbol{b}$ 垂直.

注 如图8.23所示,例3的几何意义是:菱形的两条对角线相互垂直.

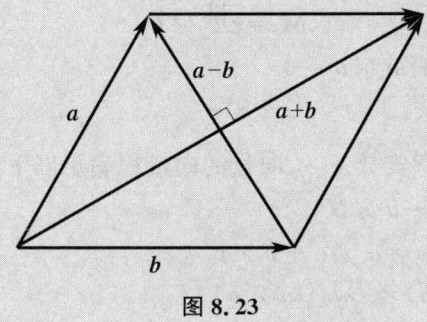

图8.23

二、向量的向量积

1. 引例

在研究物体的转动问题时,不但要考虑物体所受的力,还要分析这些力所产生的力矩. 如图8.24所示,设杠杆 L 的支点为 O,以外力 $\boldsymbol{F}$ 施加于这根杠杆的点 P 处,外力 $\boldsymbol{F}$ 与向量 $\overrightarrow{OP}$ 的夹角为 θ. 外力 $\boldsymbol{F}$ 对支点 O 的力矩是一个向量,通常记为 $\boldsymbol{M}$,并且有如下规定:

(1) 力矩 $\boldsymbol{M}$ 的模为 $|\boldsymbol{M}|=|\boldsymbol{F}||\overrightarrow{OQ}|=|\boldsymbol{F}||\overrightarrow{OP}|\sin\theta$;

(2) 力矩 $\boldsymbol{M}$ 的方向垂直于由向量 $\overrightarrow{OP}$ 与外力 $\boldsymbol{F}$ 所确定的平面,并且符合右手规则,即当右手的四个手指从 $\overrightarrow{OP}$ 的方向以不超过 π 的角度转向外力 $\boldsymbol{F}$ 握拳时,大拇指的指向就是力矩 $\boldsymbol{M}$

的方向(见图 8.25).

这种由两个已知向量按上面的规定来确定另外一个向量的运算,就是两个向量的向量积.

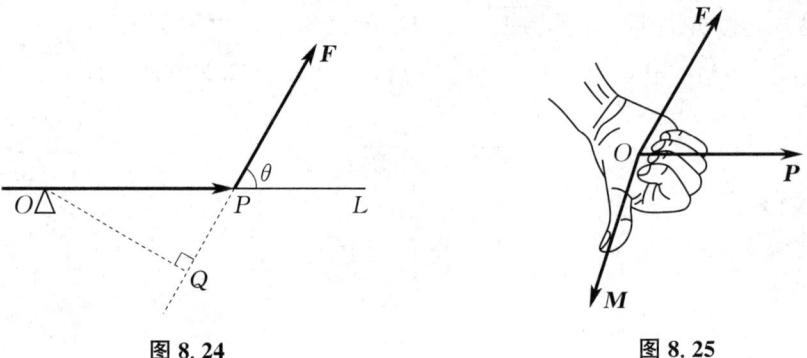

图 8.24　　　　　　　　图 8.25

2. 向量积的定义

定义 8.7　　设向量 c 由两个向量 a 与 b 按下列方式定出:

(1) 向量 c 的模为

$$|c|=|a||b|\sin\theta, \tag{8-21}$$

其中 θ 为向量 a 与 b 的夹角,

(2) 向量 c 同时垂直于向量 a,b,且向量 a,b,c 的方向按右手规则确定,则称向量 c 为向量 a 与 b 的**向量积**(也称为**叉积**或**外积**),记为 $a\times b$,即

$$c=a\times b.$$

由定义 8.7 知,引例中的力矩 M 为向量 $\overrightarrow{OP}$ 与外力 F 的向量积,即

$$M=\overrightarrow{OP}\times F.$$

对任意一个向量 a,显然有 $a\times a=\mathbf{0}$.

3. 向量积的运算律

对任意向量 a,b,c 及任意实数 λ,μ,向量的向量积满足以下运算律:

(1) 反交换律　　$b\times a=-a\times b.$

(2) 分配律　　$(a+b)\times c=a\times c+b\times c.$

(3) 结合律　　$(\lambda a)\times(\mu b)=(\lambda\mu)(a\times b).$

证明从略.

4. 向量积的坐标表示

设向量 $a=(a_x,a_y,a_z),b=(b_x,b_y,b_z)$,则它们的坐标分解式分别为

$$a=a_x\boldsymbol{i}+a_y\boldsymbol{j}+a_z\boldsymbol{k},\quad b=b_x\boldsymbol{i}+b_y\boldsymbol{j}+b_z\boldsymbol{k}.$$

利用向量积的运算律,得

$$\begin{aligned}a\times b&=(a_x\boldsymbol{i}+a_y\boldsymbol{j}+a_z\boldsymbol{k})\times(b_x\boldsymbol{i}+b_y\boldsymbol{j}+b_z\boldsymbol{k})\\&=a_x\boldsymbol{i}\times(b_x\boldsymbol{i}+b_y\boldsymbol{j}+b_z\boldsymbol{k})+a_y\boldsymbol{j}\times(b_x\boldsymbol{i}+b_y\boldsymbol{j}+b_z\boldsymbol{k})+a_z\boldsymbol{k}\times(b_x\boldsymbol{i}+b_y\boldsymbol{j}+b_z\boldsymbol{k})\\&=a_xb_x(\boldsymbol{i}\times\boldsymbol{i})+a_xb_y(\boldsymbol{i}\times\boldsymbol{j})+a_xb_z(\boldsymbol{i}\times\boldsymbol{k})+a_yb_x(\boldsymbol{j}\times\boldsymbol{i})+a_yb_y(\boldsymbol{j}\times\boldsymbol{j})\\&\quad+a_yb_z(\boldsymbol{j}\times\boldsymbol{k})+a_zb_x(\boldsymbol{k}\times\boldsymbol{i})+a_zb_y(\boldsymbol{k}\times\boldsymbol{j})+a_zb_z(\boldsymbol{k}\times\boldsymbol{k}).\end{aligned}$$

由定义 8.7 得

$$i \times i = 0, \quad j \times j = 0, \quad k \times k = 0,$$
$$i \times j = k, \quad j \times k = i, \quad k \times i = j,$$
$$j \times i = -k, \quad k \times j = -i, \quad i \times k = -j,$$

所以
$$a \times b = (a_y b_z - a_z b_y)i + (a_z b_x - a_x b_z)j + (a_x b_y - a_y b_x)k. \tag{8-22}$$

为方便记忆和书写，向量积可以用一个三阶行列式表示为
$$a \times b = \begin{vmatrix} i & j & k \\ a_x & a_y & a_z \\ b_x & b_y & b_z \end{vmatrix}. \tag{8-23}$$

关于行列式的简单介绍可以参考附录二．

定理 8.3　对任意向量 a,b，$a \parallel b$ 的充要条件是 $a \times b = 0$．

证　若向量 a,b 中至少有一个为零向量，则结论显然成立．下面假设向量 a,b 均为非零向量，且向量 a,b 的夹角为 θ．

(1) 必要性．若 $a \parallel b$，则 $\theta = 0$ 或 $\theta = \pi$，于是 $|a \times b| = |a||b|\sin\theta = 0$，故 $a \times b = 0$．

(2) 充分性．若 $a \times b = 0$，则 $|a \times b| = |a||b|\sin\theta = 0$．由于 $|a| \neq 0$，$|b| \neq 0$，因此必有 $\sin\theta = 0$，从而有 $\theta = 0$ 或 $\theta = \pi$，即 $a \parallel b$．

设向量 $a = (a_x, a_y, a_z)$，$b = (b_x, b_y, b_z)$，则由定理 8.3 及式(8-22)得，$a \parallel b$ 的充要条件是
$$a_y b_z - a_z b_y = a_z b_x - a_x b_z = a_x b_y - a_y b_x = 0,$$
即
$$\frac{a_x}{b_x} = \frac{a_y}{b_y} = \frac{a_z}{b_z}.$$

5. 向量积的几何意义

对任意非零向量 a,b，设向量 a 与 b 的夹角为 θ，则向量积的几何意义如下．

(1) $a \times b$ 的模的几何意义．

如图 8.26 所示，以向量 a,b 为邻边的 $\square OABC$ 的面积为
$$S_{\square OABC} = |a|h = |a||b|\sin\theta = |a \times b|.$$
故向量 $a \times b$ 的模 $|a \times b|$ 在几何上表示以 a,b 为邻边的平行四边形的面积．

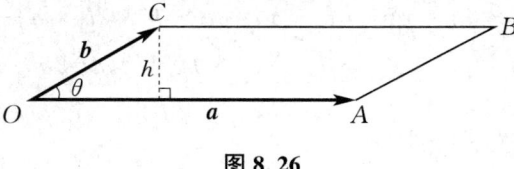

图 8.26

(2) $a \times b$ 的方向的几何意义．

由定义 8.7 可知，向量 $a \times b$ 垂直于由向量 a,b 所确定的平面，即向量 $a \times b$ 垂直于由向量 a,b 所确定的平面内的任何向量．

例 4 设平面 Π 过空间中三点 $A(1,0,0), B(3,1,-1), C(2,-1,2)$. 求垂直于平面 Π 的向量 $\boldsymbol{n}$.

解 由题设知 $\overrightarrow{AB}=(2,1,-1), \overrightarrow{AC}=(1,-1,2)$, 由向量积的几何意义知, 向量 $\overrightarrow{AB}\times\overrightarrow{AC}$ 垂直于平面 Π. 又

$$\overrightarrow{AB}\times\overrightarrow{AC}=\begin{vmatrix} \boldsymbol{i} & \boldsymbol{j} & \boldsymbol{k} \\ 2 & 1 & -1 \\ 1 & -1 & 2 \end{vmatrix}=\begin{vmatrix} 1 & -1 \\ -1 & 2 \end{vmatrix}\boldsymbol{i}-\begin{vmatrix} 2 & -1 \\ 1 & 2 \end{vmatrix}\boldsymbol{j}+\begin{vmatrix} 2 & 1 \\ 1 & -1 \end{vmatrix}\boldsymbol{k}$$

$$=\boldsymbol{i}-5\boldsymbol{j}-3\boldsymbol{k}=(1,-5,-3),$$

故所求垂直于平面 Π 的向量为 $\boldsymbol{n}=\lambda(1,-5,-3)$, 其中 $\lambda\in\mathbf{R}$.

例 5 已知 $\triangle ABC$ 的顶点坐标分别为 $A(1,2,3), B(3,4,5), C(2,4,7)$, 求 $\triangle ABC$ 的面积.

解 由向量积的几何意义知, 所求 $\triangle ABC$ 的面积为

$$S_{\triangle ABC}=\frac{1}{2}|\overrightarrow{AB}\times\overrightarrow{AC}|.$$

由于 $\overrightarrow{AB}=(2,2,2), \overrightarrow{AC}=(1,2,4)$, 因此

$$\overrightarrow{AB}\times\overrightarrow{AC}=\begin{vmatrix} \boldsymbol{i} & \boldsymbol{j} & \boldsymbol{k} \\ 2 & 2 & 2 \\ 1 & 2 & 4 \end{vmatrix}=\begin{vmatrix} 2 & 2 \\ 2 & 4 \end{vmatrix}\boldsymbol{i}-\begin{vmatrix} 2 & 2 \\ 1 & 4 \end{vmatrix}\boldsymbol{j}+\begin{vmatrix} 2 & 2 \\ 1 & 2 \end{vmatrix}\boldsymbol{k}=4\boldsymbol{i}-6\boldsymbol{j}+2\boldsymbol{k}=(4,-6,2),$$

于是

$$S_{\triangle ABC}=\frac{1}{2}|\overrightarrow{AB}\times\overrightarrow{AC}|=\frac{1}{2}\sqrt{4^2+(-6)^2+2^2}=\sqrt{14}.$$

例 6 设 $\boldsymbol{a},\boldsymbol{b}$ 为任意两个不平行的非零向量. 问 λ,μ 满足什么关系时, 能使 $(\boldsymbol{a}-\lambda\boldsymbol{b})\mathbin{/\mkern-5mu/}(\boldsymbol{a}+\mu\boldsymbol{b})$?

解 由定理 8.3 知, 若 $(\boldsymbol{a}-\lambda\boldsymbol{b})\mathbin{/\mkern-5mu/}(\boldsymbol{a}+\mu\boldsymbol{b})$, 则有

$$(\boldsymbol{a}-\lambda\boldsymbol{b})\times(\boldsymbol{a}+\mu\boldsymbol{b})=\boldsymbol{0}.$$

又

$$(\boldsymbol{a}-\lambda\boldsymbol{b})\times(\boldsymbol{a}+\mu\boldsymbol{b})=\boldsymbol{a}\times\boldsymbol{a}+\mu\boldsymbol{a}\times\boldsymbol{b}-\lambda\boldsymbol{b}\times\boldsymbol{a}-\lambda\mu\boldsymbol{b}\times\boldsymbol{b}$$
$$=\boldsymbol{0}+\mu(\boldsymbol{a}\times\boldsymbol{b})+\lambda(\boldsymbol{a}\times\boldsymbol{b})-\boldsymbol{0}$$
$$=(\mu+\lambda)(\boldsymbol{a}\times\boldsymbol{b}),$$

于是

$$(\mu+\lambda)(\boldsymbol{a}\times\boldsymbol{b})=\boldsymbol{0}.$$

因非零向量 $\boldsymbol{a},\boldsymbol{b}$ 不平行, 故 $\boldsymbol{a}\times\boldsymbol{b}\neq\boldsymbol{0}$. 因此, 当且仅当 $\mu+\lambda=0$ 时, 有 $(\boldsymbol{a}-\lambda\boldsymbol{b})\mathbin{/\mkern-5mu/}(\boldsymbol{a}+\mu\boldsymbol{b})$.

习 题 8.3

1. 设向量 $\boldsymbol{a} = 2\boldsymbol{i} - \boldsymbol{j} + 3\boldsymbol{k}$，$\boldsymbol{b} = 4\boldsymbol{i} + 2\boldsymbol{j} + 5\boldsymbol{k}$，且它们的夹角为 θ，求：
(1) $\boldsymbol{a} \cdot \boldsymbol{b}$，$\boldsymbol{a} \times \boldsymbol{b}$；
(2) $(-\boldsymbol{a}) \cdot (2\boldsymbol{b})$，$(-2\boldsymbol{a}) \times (-\boldsymbol{b})$；
(3) $\cos \theta$．

2. 已知空间中三点的坐标为 $M_1(1,-1,2)$，$M_2(3,3,1)$ 和 $M_3(3,1,3)$，求与向量 $\overrightarrow{M_1M_2}$，$\overrightarrow{M_1M_3}$ 同时垂直的一个向量．

3. 求向量 $\boldsymbol{a} = (3,2,1)$ 在向量 $\boldsymbol{b} = (1,1,1)$ 上的投影．

4. 已知向量 $\boldsymbol{a} = (3,5,-2)$，$\boldsymbol{b} = (2,1,4)$，问 λ,μ 满足什么关系时，能使向量 $\lambda\boldsymbol{a} + \mu\boldsymbol{b}$ 垂直于 z 轴？

5. 设 $\boldsymbol{a},\boldsymbol{b}$ 为任意两个不平行的非零向量．问 λ,μ 满足什么关系时，能使 $(\boldsymbol{a}+\boldsymbol{b}) \mathbin{/\mkern-5mu/} (\lambda\boldsymbol{a} + \mu\boldsymbol{b})$？

6. 已知向量 $\overrightarrow{OA} = 2\boldsymbol{i} + 3\boldsymbol{j}$，$\overrightarrow{OB} = 2\boldsymbol{j} + 3\boldsymbol{k}$，求 $\triangle OAB$ 的面积．

§8.4 平面及其方程

从本节开始，我们将以向量为工具讨论曲面及空间曲线的初步知识，为后续多元函数微积分的学习提供理论基础．平面和直线是简单的曲面和空间曲线，本节我们首先着重讨论平面方程及其相关概念．

一、曲面方程与空间曲线方程的定义

通过平面解析几何的学习，我们知道平面曲线是平面上的一个动点运动所形成的几何轨迹．在空间解析几何中，空间中的任意一条曲线或一张曲面同样也可以看作一个动点运动所形成的几何轨迹．下面给出空间直角坐标系下曲面方程和空间曲线方程的定义．

定义 8.8　如果曲面 S 与三元方程
$$F(x,y,z) = 0 \tag{8-24}$$
满足下述关系：
(1) 曲面 S 上任一点的坐标 (x,y,z) 都满足方程(8-24)，
(2) 满足方程(8-24) 的点 (x,y,z) 必在曲面 S 上，
则方程(8-24) 称为**曲面 S 的方程**，而曲面 S 称为**方程(8-24) 的图形**，如图 8.27 所示．

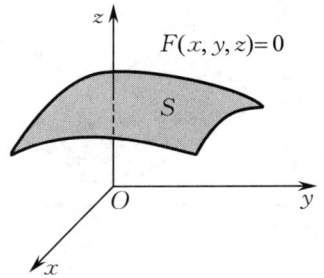

图 8.27

空间曲线可以看作两个曲面的交线.

定义 8.9　设两个相交曲面 S_1, S_2 的方程分别为
$$F_1(x,y,z)=0 \quad \text{和} \quad F_2(x,y,z)=0.$$
如果曲线 C 与这两个曲面方程满足如下关系：

（1）曲线 C 上任一点的坐标 (x,y,z) 都满足方程组
$$\begin{cases} F_1(x,y,z)=0, \\ F_2(x,y,z)=0, \end{cases} \tag{8-25}$$

（2）满足方程组 (8-25) 的点 (x,y,z) 必在曲线 C 上，

则方程组 (8-25) 称为**曲线 C 的方程**，而曲线 C 称为**方程组 (8-25) 的图形**（见图 8.28）.

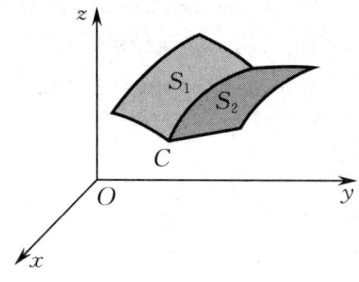

图 8.28

二、平面方程

1. 平面的点法式方程

定义 8.10　若非零向量 n 垂直于平面 Π，则称向量 n 为平面 Π 的**法向量**.

由定义 8.10 易知：

（1）平面 Π 的法向量 n 垂直于平面 Π 内的任意向量.

（2）若向量 n 是平面 Π 的法向量，则向量 $\lambda n (\lambda \neq 0)$ 也是平面 Π 的法向量.

（3）单位向量 $k=(0,0,1)$ 是 xOy 面的一个法向量，单位向量 $i=(1,0,0)$ 是 yOz 面的一个法向量，单位向量 $j=(0,1,0)$ 是 zOx 面的一个法向量.

由立体几何知识知，过一点且垂直于一直线的平面有且只有一个. 因此，如果已知平面 Π 内的一点和它的一个法向量 n，则平面 Π 就被唯一确定了.

设平面 Π 过点 $P_0(x_0, y_0, z_0)$，它的一个法向量为 $n=(A,B,C)$，如图 8.29 所示. 下面我们推导平面 Π 的方程.

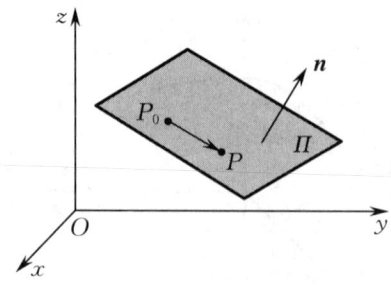

图 8.29

设点 $P(x,y,z)$ 为所求平面 Π 上的任一点，则向量 $\overrightarrow{P_0P}$ 在平面 Π 内，且 $\overrightarrow{P_0P}=(x-x_0,y-y_0,z-z_0)$. 由定义 8.10 得 $\overrightarrow{P_0P}\perp \boldsymbol{n}$，故 $\overrightarrow{P_0P}\cdot \boldsymbol{n}=0$，即

$$A(x-x_0)+B(y-y_0)+C(z-z_0)=0. \tag{8-26}$$

由上述推导可知，平面 Π 上任一点的坐标 (x,y,z) 都满足方程(8-26)；反之，满足方程(8-26)的点 (x,y,z) 必在平面 Π 上. 所以，三元一次方程(8-26)是平面 Π 的方程，称为**平面 Π 的点法式方程**.

注 由平面的点法式方程(8-26)易知，yOz 面的方程为 $x=0$，zOx 面的方程为 $y=0$，xOy 面的方程为 $z=0$.

例 1 求过点 $(2,-3,0)$ 且以 $\boldsymbol{n}=(1,-2,3)$ 为法向量的平面的方程.

解 由平面的点法式方程(8-26)得，所求平面方程为
$$(x-2)-2(y+3)+3z=0,$$
即
$$x-2y+3z-8=0.$$

例 2 已知空间中两点的坐标为 $M_1(1,-2,3)$，$M_2(3,0,-1)$，求线段 M_1M_2 的垂直平分面的方程.

解 如图 8.30 所示，线段 M_1M_2 的中点为点 $M_0(2,-1,1)$，且在所求垂直平分面内，取所求垂直平分面的法向量为 $\overrightarrow{M_1M_2}=(2,2,-4)$. 于是，由平面的点法式方程(8-26)得，线段 M_1M_2 的垂直平分面的方程为
$$2(x-2)+2(y+1)-4(z-1)=0,$$
即
$$x+y-2z+1=0.$$

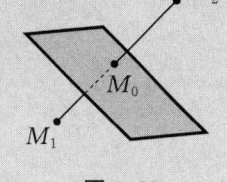

图 8.30

2. 平面的一般方程

平面的点法式方程(8-26)还可以写成
$$Ax+By+Cz+D=0, \tag{8-27}$$

其中 $D=-Ax_0-By_0-Cz_0$. 方程(8-27)是关于 x,y,z 的一般形式的三元一次方程，它表示过点 $P_0(x_0,y_0,z_0)$ 且以 $\boldsymbol{n}=(A,B,C)$ 为法向量的平面. 而任一平面都可以用它上面的一点及其法向量确定，故空间中的任一平面都可以用一个三元一次方程来表示.

反过来，设有方程(8-27)，一组数 x_0,y_0,z_0 满足该方程，则有
$$Ax_0+By_0+Cz_0+D=0. \tag{8-28}$$

将方程(8-27)与方程(8-28)做差，得
$$A(x-x_0)+B(y-y_0)+C(z-z_0)=0,$$

易知上述方程表示的是过点 (x_0,y_0,z_0)，且以 $\boldsymbol{n}=(A,B,C)$ 为法向量的平面，又上述方程与方程(8-27)同解，因此方程(8-27)的图形是一个平面. 方程(8-27)称为**平面的一般方程**.

注 在平面的一般方程(8-27)中，以 x,y,z 的系数为坐标的向量是该平面的一个法向量. 例如，方程 $2x-y+3z-4=0$ 表示一个平面，$\boldsymbol{n}=(2,-1,3)$ 是该平面的一个法向量.

当平面的一般方程(8-27)中的系数 A,B,C 和常数 D 取特殊值时，对应一些常用的特殊

平面.

(1) 当 $D=0$ 时,方程为 $Ax+By+Cz=0$,表示以 $\boldsymbol{n}=(A,B,C)$ 为法向量且过原点的平面.

(2) 当 $A=0$ 时,法向量 $\boldsymbol{n}=(0,B,C)\perp \boldsymbol{i}$,此时方程为 $By+Cz+D=0$,表示平行于 x 轴的平面,如图 8.31(a) 所示.特别地,当 $D=0$ 时,方程 $By+Cz=0$ 表示通过 x 轴的平面.

(3) 当 $B=0$ 时,法向量 $\boldsymbol{n}=(A,0,C)\perp \boldsymbol{j}$,此时方程为 $Ax+Cz+D=0$,表示平行于 y 轴的平面,如图 8.31(b) 所示.特别地,当 $D=0$ 时,方程 $Ax+Cz=0$ 表示通过 y 轴的平面.

(4) 当 $C=0$ 时,法向量 $\boldsymbol{n}=(A,B,0)\perp \boldsymbol{k}$,此时方程为 $Ax+By+D=0$,表示平行于 z 轴的平面,如图 8.31(c) 所示.特别地,当 $D=0$ 时,方程 $Ax+By=0$ 表示通过 z 轴的平面.

(5) 当 $A=B=0$ 时,法向量 $\boldsymbol{n}=(0,0,C)\parallel \boldsymbol{k}$,此时方程为 $Cz+D=0$,表示垂直于 z 轴的平面,如图 8.31(d) 所示.

(6) 当 $B=C=0$ 时,法向量 $\boldsymbol{n}=(A,0,0)\parallel \boldsymbol{i}$,此时方程为 $Ax+D=0$,表示垂直于 x 轴的平面,如图 8.31(e) 所示.

(7) 当 $A=C=0$ 时,法向量 $\boldsymbol{n}=(0,B,0)\parallel \boldsymbol{j}$,此时方程为 $By+D=0$,表示垂直于 y 轴的平面,如图 8.31(f) 所示.

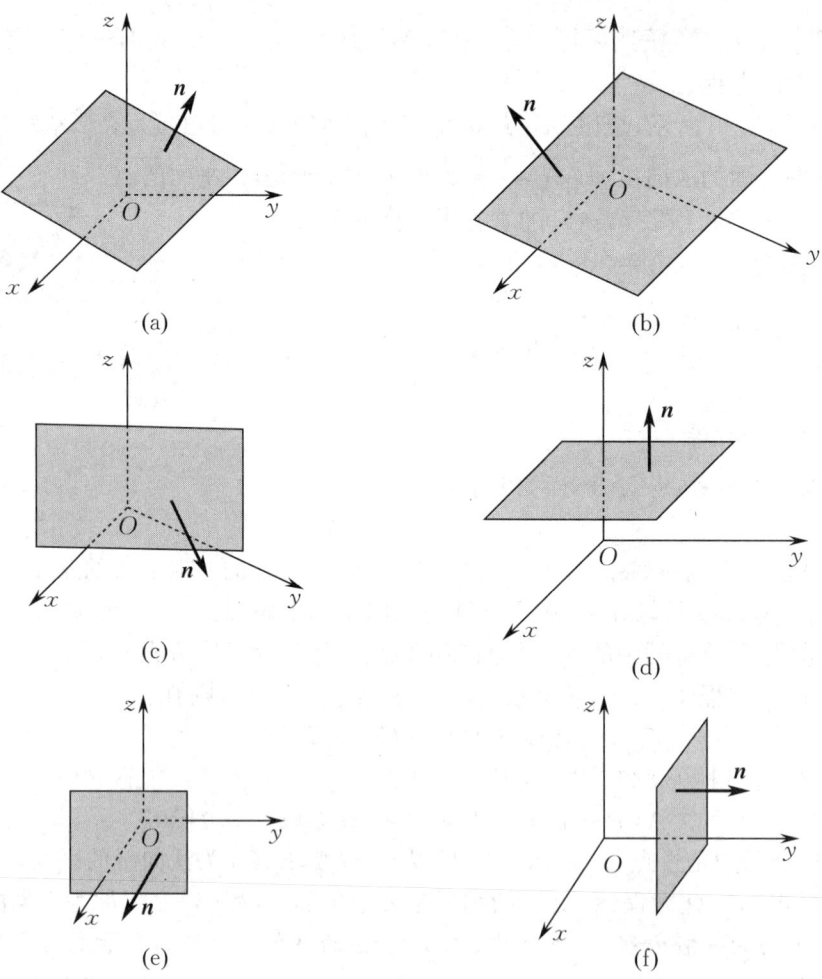

图 8.31

例3 求过点 $(4,-3,-1)$ 和 x 轴的平面的方程.

解 由于所求平面通过 x 轴,因此可设所求平面方程为 $By+Cz=0$. 将点 $B(4,-3,-1)$ 的坐标代入所求平面方程 $By+Cz=0$ 中,得
$$C=-3B,$$
因此所求平面方程为
$$y-3z=0.$$

例4 设一平面与 x 轴、y 轴、z 轴的交点依次为 $P(a,0,0)$,$Q(0,b,0)$,$R(0,0,c)$,其中 $abc\neq 0$,如图 8.32 所示,求该平面的方程.

解 设所求平面方程为
$$Ax+By+Cz+D=0.$$
由于点 $P(a,0,0)$,$Q(0,b,0)$,$R(0,0,c)$ 在所求平面上,因此这三个点的坐标满足所求平面方程,即有
$$\begin{cases} Aa+D=0,\\ Bb+D=0,\\ Cc+D=0, \end{cases}$$
解得
$$A=-\frac{D}{a},\quad B=-\frac{D}{b},\quad C=-\frac{D}{c}.$$
将上式代入所求平面方程并化简,得所求平面方程为
$$\frac{x}{a}+\frac{y}{b}+\frac{z}{c}=1. \tag{8-29}$$

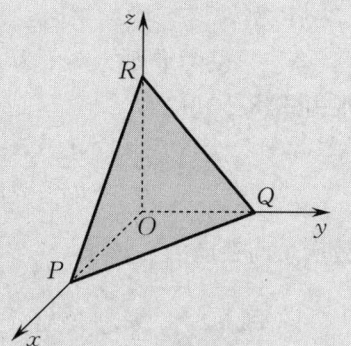

图 8.32

方程(8-29)称为**平面的截距式方程**,其中 a,b,c 依次称为平面在 x 轴、y 轴、z 轴上的**截距**.

例如,在 x 轴、y 轴、z 轴上的截距分别为 $\frac{2}{3}$,-1,5 的平面方程为 $\frac{3x}{2}+\frac{y}{-1}+\frac{z}{5}=1$.

三、两平面的夹角

定义 8.11 两平面的法向量的夹角(通常指锐角或直角)称为**两平面的夹角**.

如图 8.33 所示,平面 Π_1 与 Π_2 的法向量依次为 $\boldsymbol{n}_1=(A_1,B_1,C_1)$,$\boldsymbol{n}_2=(A_2,B_2,C_2)$. 设向量 $\boldsymbol{n}_1,\boldsymbol{n}_2$ 的夹角为 θ,则由定义 8.11 知,平面 Π_1 与 Π_2 的夹角 φ 满足
$$\cos\varphi=|\cos\theta|. \tag{8-30}$$
由两向量夹角余弦的坐标表示式,可得
$$\cos\varphi=\frac{|\boldsymbol{n}_1\cdot\boldsymbol{n}_2|}{|\boldsymbol{n}_1||\boldsymbol{n}_2|}=\frac{|A_1A_2+B_1B_2+C_1C_2|}{\sqrt{A_1^2+B_1^2+C_1^2}\sqrt{A_2^2+B_2^2+C_2^2}}. \tag{8-31}$$
式(8-31)即为两平面夹角余弦的计算公式.

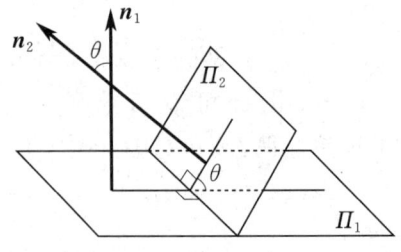

两平面的夹角

图 8.33

特别地,当平面 Π_1 与 Π_2 垂直或平行时,有以下结论成立:

(1) 平面 Π_1 与 Π_2 垂直 $\Leftrightarrow A_1A_2+B_1B_2+C_1C_2=0$;

(2) 平面 Π_1 与 Π_2 平行或重合 $\Leftrightarrow \dfrac{A_1}{A_2}=\dfrac{B_1}{B_2}=\dfrac{C_1}{C_2}$.

例 5 求两平面 $x-y+2z-6=0$ 和 $2x+y+z-5=0$ 的夹角.

解 设两平面的夹角为 θ. 记两平面的法向量分别为 $\boldsymbol{n}_1=(1,-1,2)$,$\boldsymbol{n}_2=(2,1,1)$,则由式(8-31)得

$$\cos\theta=\dfrac{|\boldsymbol{n}_1\cdot\boldsymbol{n}_2|}{|\boldsymbol{n}_1||\boldsymbol{n}_2|}=\dfrac{|1\times2+(-1)\times1+2\times1|}{\sqrt{1^2+(-1)^2+2^2}\times\sqrt{2^2+1^2+1^2}}=\dfrac{1}{2},$$

故所求两平面的夹角 $\theta=\dfrac{\pi}{3}$.

例 6 求过点 $M_1(1,1,1)$ 和 $M_2(0,1,-1)$,且垂直于平面 $\Pi_1:x+y+z=0$ 的平面的方程.

解 设所求平面为 Π_2,其法向量为 $\boldsymbol{n}_2$,记平面 $\Pi_1:x+y+z=0$ 的法向量为 $\boldsymbol{n}_1=(1,1,1)$,如图 8.34 所示. 由题意得 $\boldsymbol{n}_2\perp\overrightarrow{M_2M_1}$ 且 $\boldsymbol{n}_2\perp\boldsymbol{n}_1$,而 $\overrightarrow{M_2M_1}=(1,0,2)$,故可取

$$\boldsymbol{n}_2=\boldsymbol{n}_1\times\overrightarrow{M_2M_1}=\begin{vmatrix}\boldsymbol{i}&\boldsymbol{j}&\boldsymbol{k}\\1&1&1\\1&0&2\end{vmatrix}=\begin{vmatrix}1&1\\0&2\end{vmatrix}\boldsymbol{i}-\begin{vmatrix}1&1\\1&2\end{vmatrix}\boldsymbol{j}+\begin{vmatrix}1&1\\1&0\end{vmatrix}\boldsymbol{k}$$

$$=2\boldsymbol{i}-\boldsymbol{j}-\boldsymbol{k}=(2,-1,-1).$$

于是,由平面的点法式方程可知,所求平面方程为

$$2(x-1)-(y-1)-(z-1)=0,$$

即

$$2x-y-z=0.$$

图 8.34

四、点到平面的距离

设点 $P_0(x_0,y_0,z_0)$ 是平面 $\Pi:Ax+By+Cz+D=0$ 外一点,下面推导点 P_0 到平面 Π 的距离公式.

如图 8.35 所示,在平面 Π 上任取一点 $P_1(x_1,y_1,z_1)$,向量 $\overrightarrow{P_1P_0}$ 与平面 Π 的法向量 $\boldsymbol{n}$ 的夹角为 θ,则点 P_0 到平面 Π 的距离为

$$d=|\operatorname{Prj}_{\boldsymbol{n}}\overrightarrow{P_1P_0}|=|\overrightarrow{P_1P_0}||\cos\theta|=|\overrightarrow{P_1P_0}|\frac{|\overrightarrow{P_1P_0}\cdot\boldsymbol{n}|}{|\overrightarrow{P_1P_0}||\boldsymbol{n}|}=\frac{|\overrightarrow{P_1P_0}\cdot\boldsymbol{n}|}{|\boldsymbol{n}|}.$$

由于

$$\overrightarrow{P_1P_0}\cdot\boldsymbol{n}=(x_0-x_1,y_0-y_1,z_0-z_1)\cdot(A,B,C)$$
$$=Ax_0+By_0+Cz_0-(Ax_1+By_1+Cz_1),$$

而点 P_1 在平面 Π 上,因此 $Ax_1+By_1+Cz_1=-D$,代入上式得

$$\overrightarrow{P_1P_0}\cdot\boldsymbol{n}=Ax_0+By_0+Cz_0+D.$$

于是,点 P_0 到平面 Π 的距离公式为

$$d=\frac{|Ax_0+By_0+Cz_0+D|}{\sqrt{A^2+B^2+C^2}}. \tag{8-32}$$

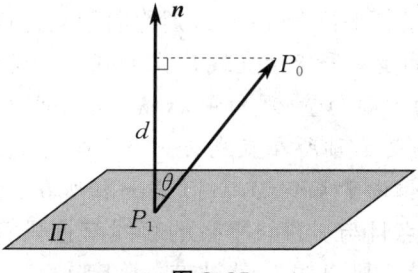

图 8.35

例 7 求点 $(-2,4,3)$ 到平面 $2x-y+2z+3=0$ 的距离.

解 由式 (8-32) 可得所求距离为

$$d=\frac{|2\times(-2)-4+2\times3+3|}{\sqrt{2^2+(-1)^2+2^2}}=\frac{1}{3}.$$

习 题 8.4

1. 试求与定点 $A(2,1,-1)$ 的距离等于定值 4 的点的轨迹方程.
2. 求过点 $(1,-1,3)$ 且与平面 $2x+3y-z-6=0$ 平行的平面的方程.
3. 求过点 $A(1,-2,5),B(-3,0,4),C(2,1,6)$ 的平面的方程.
4. 求过点 $(1,1,-1)$ 且平行于向量 $\boldsymbol{a}=(-3,-3,3)$ 和 $\boldsymbol{b}=(0,-2,3)$ 的平面的方程.
5. 设一平面与 x 轴、y 轴、z 轴的交点依次为 $P(2,0,0),Q(0,-1,0),R(0,0,3)$.求该平面的方程.

6. 求三个平面
$$x+y-z-3=0, \quad 2x+y-3z-1=0, \quad x-2y+z+2=0$$
的交点.

7. 求两平面
$$2x-y+3z-4=0, \quad 4x+2y+5z-9=0$$
的夹角.

8. 求点 $(1,2,-1)$ 到平面 $2x-3y+z-1=0$ 的距离.

9. 求平行于 x 轴且过两点 $(4,0,-2)$ 和 $(5,1,7)$ 的平面的方程.

§8.5 空间直线的方程

本节我们继续以向量为工具来讨论空间直线的方程及其相关概念.

一、空间直线的方程

1. 空间直线的点向式方程

定义 8.12 若非零向量 s 平行于直线 L,则称向量 s 为直线 L 的**方向向量**.

注 (1) 直线 L 的方向向量 s 平行于直线 L 上的任一向量.

(2) 若向量 s 是直线 L 的方向向量,则向量 $\lambda s(\lambda \neq 0)$ 也是直线 L 的方向向量.

(3) 单位向量 $i=(1,0,0)$ 是 x 轴所在直线的一个方向向量,单位向量 $j=(0,1,0)$ 是 y 轴所在直线的一个方向向量,单位向量 $k=(0,0,1)$ 是 z 轴所在直线的一个方向向量.

由立体几何知识知,过一点且与一直线平行的直线有且只有一条. 因此,如果已知直线 L 上的一点和它的一个方向向量 s,则直线 L 就被唯一确定了.

设直线 L 过点 $P_0(x_0,y_0,z_0)$,它的一个方向向量为 $s=(m,n,p)$,如图 8.36 所示. 下面我们推导直线 L 的方程.

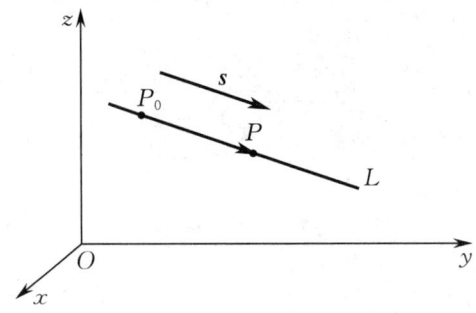

图 8.36

设点 $P(x,y,z)$ 是直线 L 上任意一点,则向量 $\overrightarrow{P_0P}=(x-x_0,y-y_0,z-z_0)$ 在直线 L 上,且与方向向量 $s=(m,n,p)$ 平行,即有

$$\frac{x-x_0}{m}=\frac{y-y_0}{n}=\frac{z-z_0}{p}. \tag{8-33}$$

反过来，满足方程(8-33)的点 $P(x,y,z)$，使得向量 $\overrightarrow{P_0P}$ 与 s 平行，故点 $P(x,y,z)$ 在直线 L 上，从而方程(8-33)是直线 L 的方程. 方程(8-33)称为**直线的点向式方程**或**对称式方程**.

注 (1)在直线的点向式方程(8-33)中，若 m,n,p 中有一个为0，不妨设 $m=0$，则直线的点向式方程(8-33)应理解为

$$\begin{cases} x=x_0, \\ \dfrac{y-y_0}{n} = \dfrac{z-z_0}{p}. \end{cases}$$

(2)若 m,n,p 中有两个为0，不妨设 $m=n=0$，则直线的点向式方程(8-33)应理解为

$$\begin{cases} x=x_0, \\ y=y_0. \end{cases}$$

例1 求过两点 $M_1(2,1,3), M_2(-1,2,-1)$ 的直线的方程.

解 取所求直线的方向向量为

$$\overrightarrow{M_1M_2} = (-1-2, 2-1, -1-3) = (-3, 1, -4),$$

则由方程(8-33)得，所求直线的点向式方程为

$$\frac{x-2}{-3} = \frac{y-1}{1} = \frac{z-3}{-4}.$$

2. 空间直线的参数方程

在直线 L 的点向式方程(8-33)中，令

$$\frac{x-x_0}{m} = \frac{y-y_0}{n} = \frac{z-z_0}{p} = t,$$

则得到空间直线 L 的参数方程为

$$\begin{cases} x = x_0 + mt, \\ y = y_0 + nt, \\ z = z_0 + pt. \end{cases} \tag{8-34}$$

例2 写出例1中直线的参数方程.

解 令

$$\frac{x-2}{-3} = \frac{y-1}{1} = \frac{z-3}{-4} = t,$$

则直线的参数方程为

$$\begin{cases} x = 2 - 3t, \\ y = 1 + t, \\ z = 3 - 4t. \end{cases}$$

3. 空间直线的一般方程

空间直线 L 可以看作两相交平面 Π_1 与 Π_2 的交线，如图 8.37 所示.

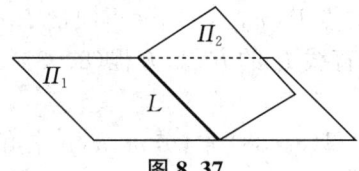

图 8.37

设两相交平面的方程分别为

$$\Pi_1: A_1x + B_1y + C_1z + D_1 = 0,$$
$$\Pi_2: A_2x + B_2y + C_2z + D_2 = 0,$$

则交线 L 上任一点的坐标同时满足这两个平面的方程,即满足方程组

$$\begin{cases} A_1x + B_1y + C_1z + D_1 = 0, \\ A_2x + B_2y + C_2z + D_2 = 0. \end{cases} \quad (8-35)$$

反之,满足方程组(8-35)的点必在交线 L 上,因此方程组(8-35)是直线 L 的方程. 方程组(8-35)称为**空间直线的一般方程**.

注 由于空间中过一条直线 L 的平面有无数个,因此空间直线 L 的一般方程不唯一.

例 3 分别用点向式方程和参数方程表示空间直线 $L: \begin{cases} x+y+z+2=0, \\ 2x-y+3z+10=0. \end{cases}$

解 先找出直线 L 上的一点 (x_0, y_0, z_0). 例如,取 $x_0 = 0$,代入直线 L 的一般方程,得

$$\begin{cases} y_0 + z_0 + 2 = 0, \\ -y_0 + 3z_0 + 10 = 0, \end{cases}$$

解得 $y_0 = 1, z_0 = -3$,即直线 L 过点 $(0, 1, -3)$. 下面再找出直线 L 的方向向量 $\boldsymbol{s}$. 因为两平面的交线与两平面的法向量 $\boldsymbol{n}_1 = (1,1,1), \boldsymbol{n}_2 = (2,-1,3)$ 都垂直,所以可取

$$\boldsymbol{s} = \boldsymbol{n}_1 \times \boldsymbol{n}_2 = \begin{vmatrix} \boldsymbol{i} & \boldsymbol{j} & \boldsymbol{k} \\ 1 & 1 & 1 \\ 2 & -1 & 3 \end{vmatrix} = 4\boldsymbol{i} - \boldsymbol{j} - 3\boldsymbol{k} = (4, -1, -3).$$

因此,直线 L 的点向式方程为

$$\frac{x}{4} = \frac{y-1}{-1} = \frac{z+3}{-3}.$$

令 $\frac{x}{4} = \frac{y-1}{-1} = \frac{z+3}{-3} = t$,则直线 L 的参数方程为

$$\begin{cases} x = 4t, \\ y = -t + 1, \\ z = -3t - 3. \end{cases}$$

二、两直线的夹角

定义 8.13 两直线的方向向量的夹角(通常指锐角或直角)称为**两直线的夹角**.

如图 8.38 所示,设空间直线 L_1, L_2 的方向向量依次为 $\boldsymbol{s}_1 = (m_1, n_1, p_1), \boldsymbol{s}_2 = (m_2, n_2, p_2)$,向量 $\boldsymbol{s}_1, \boldsymbol{s}_2$ 的夹角为 θ,则由定义 8.13 知,空间直线 L_1 和 L_2 的夹角 φ 满足

$$\cos\varphi = |\cos\theta|.$$

由两向量夹角余弦的坐标表示式,可得

$$\cos\varphi = \frac{|m_1 m_2 + n_1 n_2 + p_1 p_2|}{\sqrt{m_1^2 + n_1^2 + p_1^2}\sqrt{m_2^2 + n_2^2 + p_2^2}}. \tag{8-36}$$

式(8-36)即为两直线 L_1, L_2 的夹角余弦的计算公式.

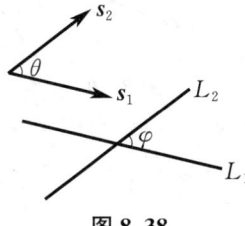

图 8.38

特别地,当空间直线 L_1 和 L_2 垂直或平行时,有以下结论成立:
(1) 直线 L_1 和 L_2 垂直 $\Leftrightarrow m_1 m_2 + n_1 n_2 + p_1 p_2 = 0$;
(2) 直线 L_1 和 L_2 平行或重合 $\Leftrightarrow \dfrac{m_1}{m_2} = \dfrac{n_1}{n_2} = \dfrac{p_1}{p_2}$.

例 4 求直线 $L_1: \dfrac{x-1}{1} = \dfrac{y}{-4} = \dfrac{z+3}{1}$ 和 $L_2: \dfrac{x}{2} = \dfrac{y+2}{-2} = \dfrac{z}{-1}$ 的夹角.

解 由题设知,直线 L_1 的方向向量为 $(1,-4,1)$,直线 L_2 的方向向量为 $(2,-2,-1)$,设两直线的夹角为 φ,则由式(8-36)得

$$\cos\varphi = \frac{|1\times 2 + (-4)\times(-2) + 1\times(-1)|}{\sqrt{1^2+(-4)^2+1^2} \times \sqrt{2^2+(-2)^2+(-1)^2}} = \frac{\sqrt{2}}{2},$$

所以直线 L_1 和 L_2 的夹角 $\varphi = \dfrac{\pi}{4}$.

三、直线与平面的夹角

定义 8.14 当直线与平面不垂直时,直线和它在平面内的投影直线的夹角(通常指锐角)称为**直线与平面的夹角**.

注 当直线与平面垂直时,规定直线与平面的夹角为 $\dfrac{\pi}{2}$.

如图 8.39 所示,设平面 Π 的法向量为 $\boldsymbol{n} = (A,B,C)$,直线 L 的方向向量为 $\boldsymbol{s} = (m,n,p)$ 且不垂直于平面 Π,直线 L 在平面 Π 内的投影直线为 L',向量 $\boldsymbol{n}$, $\boldsymbol{s}$ 的夹角为 θ,则由定义 8.14 知,直线 L 和平面 Π 的夹角 φ 满足

$$\sin\varphi = |\cos\theta|.$$

由两向量夹角余弦的坐标表示式,可得

$$\sin\varphi = \frac{|Am + Bn + Cp|}{\sqrt{A^2 + B^2 + C^2}\sqrt{m^2 + n^2 + p^2}}. \tag{8-37}$$

式(8-37)即为直线 L 和平面 Π 的夹角正弦的计算公式.

直线与平面的夹角

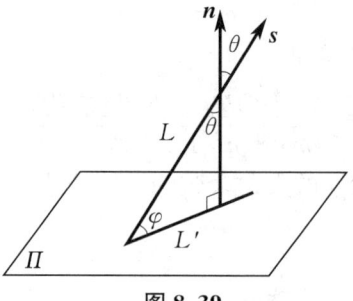

图 8.39

特别地,当直线 L 和平面 Π 垂直或平行时,有以下结论成立:

(1) 直线 L 垂直于平面 $\Pi \Leftrightarrow \dfrac{A}{m}=\dfrac{B}{n}=\dfrac{C}{p}$;

(2) 直线 L 平行于平面 Π 或直线 L 在平面 Π 内 $\Leftrightarrow Am+Bn+Cp=0$.

例 5 求过点 $(1,-2,4)$ 且与平面 $2x-3y+z-4=0$ 垂直的直线的方程.

解 由于所求直线和已知平面垂直,因此可取直线的方向向量为 $\boldsymbol{s}=(2,-3,1)$,则所求直线方程为
$$\dfrac{x-1}{2}=\dfrac{y+2}{-3}=\dfrac{z-4}{1}.$$

例 6 试判断直线 $L:\dfrac{x}{3}=\dfrac{y}{-3}=\dfrac{z}{7}$ 与平面 $\Pi:3x-3y+7z=8$ 的位置关系.

解 记直线 L 的方向向量为 $\boldsymbol{s}=(3,-3,7)$,平面 Π 的法向量为 $\boldsymbol{n}=(3,-3,7)$. 由于 $\boldsymbol{s}\parallel\boldsymbol{n}$,因此直线 L 与平面 Π 垂直.

例 7 求过直线 $L_1:\dfrac{x-1}{1}=\dfrac{y+2}{2}=\dfrac{z+1}{-1}$ 且与直线 $L_2:\begin{cases}x+2y-z-5=0\\2x-y-z-3=0\end{cases}$ 平行的平面的方程.

解 由题设知,直线 L_1 与 L_2 的方向向量分别为
$$\boldsymbol{s}_1=(1,2,-1),$$
$$\boldsymbol{s}_2=\begin{vmatrix}\boldsymbol{i}&\boldsymbol{j}&\boldsymbol{k}\\1&2&-1\\2&-1&-1\end{vmatrix}=(-3,-1,-5).$$

设所求平面的法向量为 $\boldsymbol{n}$. 因为所求平面经过已知直线 L_1,所以直线 L_1 上的点 $(1,-2,-1)$ 在所求平面内,且 $\boldsymbol{n}\perp\boldsymbol{s}_1$. 又所求平面与直线 L_2 平行,则 $\boldsymbol{n}\perp\boldsymbol{s}_2$,故可取
$$\boldsymbol{n}=\boldsymbol{s}_1\times\boldsymbol{s}_2=\begin{vmatrix}\boldsymbol{i}&\boldsymbol{j}&\boldsymbol{k}\\1&2&-1\\-3&-1&-5\end{vmatrix}=(-11,8,5).$$

因此,所求平面方程为
$$-11(x-1)+8(y+2)+5(z+1)=0,$$
即
$$-11x+8y+5z+32=0.$$

例 8 求直线 $L: \dfrac{x-1}{1} = \dfrac{y}{-4} = \dfrac{z+3}{1}$ 与平面 $\Pi: 2x - 3y + z - 4 = 0$ 的交点坐标.

解 令 $\dfrac{x-1}{1} = \dfrac{y}{-4} = \dfrac{z+3}{1} = t$，则直线 L 的参数方程为

$$\begin{cases} x = t+1, \\ y = -4t, \\ z = t-3. \end{cases}$$

将直线 L 的参数方程代入平面 Π 的方程中，得

$$2(t+1) + 12t + t - 7 = 0,$$

解得 $t = \dfrac{1}{3}$. 再将 t 值代入直线 L 的参数方程中，得所求交点坐标为

$$\left(\dfrac{4}{3}, -\dfrac{4}{3}, -\dfrac{8}{3} \right).$$

习 题 8.5

1. 求过空间中两点 $A(-3,0,1)$ 和 $B(2,-5,1)$ 的直线的方程.

2. 求过点 $M_0(1,-2,3)$ 且平行于两相交平面
$$\Pi_1: 2x + y + 3z + 1 = 0, \quad \Pi_2: x + 2y + 2z + 2 = 0$$
的直线的方程.

3. 求过点 $M(1,0,-2)$ 且与两直线
$$L_1: \dfrac{x-1}{1} = \dfrac{y}{1} = \dfrac{z+1}{-1} \quad \text{和} \quad L_2: \dfrac{x}{1} = \dfrac{y-1}{-1} = \dfrac{z+1}{0}$$
均垂直的直线的方程.

4. 求直线 $L: \begin{cases} x+y+3z=0, \\ x-y-z=0 \end{cases}$ 与平面 $\Pi: x-y-z+1=0$ 的夹角.

5. 求直线 $L_1: \dfrac{x-2}{1} = \dfrac{y+2}{-1} = \dfrac{z-3}{4}$ 与 $L_2: \dfrac{x+1}{2} = \dfrac{y}{1} = \dfrac{z-2}{2}$ 的夹角.

6. 确定直线 $L: \dfrac{x+3}{-2} = \dfrac{y+4}{-7} = \dfrac{z}{3}$ 和平面 $\Pi: 4x - 2y - 2z = 3$ 之间的位置关系.

7. 求过点 $P(2,0,-1)$ 且过直线 $L: \dfrac{x+1}{2} = \dfrac{y}{-1} = \dfrac{z-2}{3}$ 的平面的方程.

8. 求过直线 $L_1: \dfrac{x-2}{1} = \dfrac{y+3}{-5} = \dfrac{z+1}{-1}$ 且与直线 $L_2: \begin{cases} 2x-y+z-3=0, \\ x+2y-z-5=0 \end{cases}$ 平行的平面的方程.

9. 求过直线 $L: \dfrac{x-1}{2} = \dfrac{y+2}{-3} = \dfrac{z-2}{2}$ 且与平面 $\Pi: 3x+2y-z-5=0$ 垂直的平面的方程.

10. 求过点 $(1,2,1)$ 且与两直线
$$L_1: \begin{cases} x+2y-z+1=0, \\ x-y+z-1=0 \end{cases} \quad \text{和} \quad L_2: \begin{cases} 2x-y+z=0, \\ x-y+z=0 \end{cases}$$
均平行的平面的方程.

§8.6 曲面及其方程

在 §8.4 中我们给出了曲面方程的定义,本节我们主要介绍一些常用的曲面方程及其图形.

一、球面

定义 8.15 空间中与定点 $M_0(x_0,y_0,z_0)$ 的距离等于定值 $R(R>0)$ 的点的几何轨迹,称为**球面**,其中定点 M_0 称为球面的**球心**,定值 R 称为球面的**半径**.

如图 8.40 所示,设点 $M(x,y,z)$ 是球面上的任一点,$M_0(x_0,y_0,z_0)$ 是球面的球心,球面的半径为 R. 由定义 8.15 有 $|\overrightarrow{M_0M}|=R$,即

$$\sqrt{(x-x_0)^2+(y-y_0)^2+(z-z_0)^2}=R.$$

两边同时平方,得

$$(x-x_0)^2+(y-y_0)^2+(z-z_0)^2=R^2. \tag{8-38}$$

由此可知,球面上的任一点都满足方程(8-38).反过来,满足方程(8-38)的点 $M(x,y,z)$ 必在球面上,因此方程(8-38)是以点 $M_0(x_0,y_0,z_0)$ 为球心、R 为半径的球面方程.

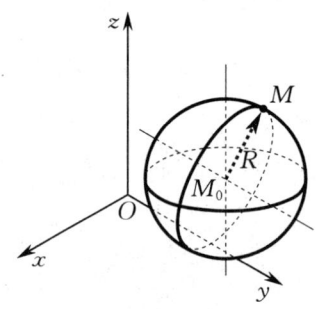

图 8.40

注 (1) 设有三元二次方程 $Ax^2+Ay^2+Az^2+Dx+Ey+Fz+G=0$,其中 $A\neq 0$ 且 $\frac{1}{4A}(D^2+E^2+F^2)>G$,则经过配方,该方程总可以化成方程(8-38)的形式,因此它表示的图形是球面.

(2) 球心在原点 $O(0,0,0)$ 的球面方程为 $x^2+y^2+z^2=R^2$,上、下半球面方程分别为 $z=\pm\sqrt{R^2-x^2-y^2}$.

例 1 方程 $x^2+y^2+z^2-2x+4y=0$ 表示怎样的曲面?

解 通过配方,方程 $x^2+y^2+z^2-2x+4y=0$ 可以化成

$$(x-1)^2+(y+2)^2+z^2=5.$$

由方程(8-38)知,该方程表示以点 $(1,-2,0)$ 为球心、$\sqrt{5}$ 为半径的球面.

二、柱面

定义 8.16　动直线 L 沿平面内的一条定曲线 C 平行移动所形成的几何轨迹,称为**柱面**,其中定曲线 C 称为柱面的**准线**,动直线 L 称为柱面的**母线**.

设柱面的母线平行于 z 轴,准线是 xOy 面上的一条曲线 $C:F(x,y)=0$,如图 8.41 所示.由定义 8.16 可知,点 $M(x,y,z)$ 是柱面上的一点,当且仅当它在 xOy 面上的投影点 $M_0(x,y,0)$ 位于准线 C 上,即 x,y 满足方程

$$F(x,y)=0. \qquad (8-39)$$

因此,方程(8-39)是以 xOy 面上的曲线 $C:F(x,y)=0$ 为准线,母线平行于 z 轴的柱面方程.

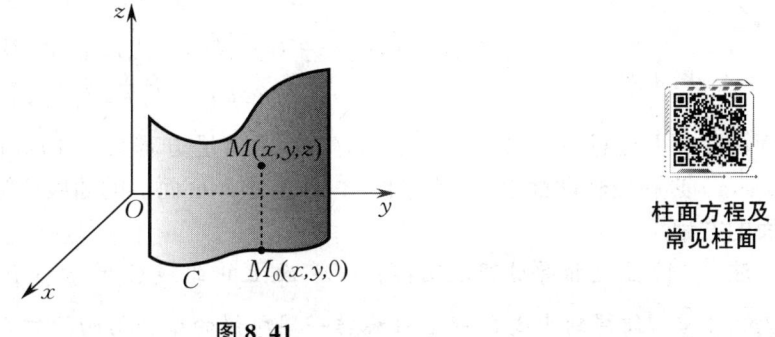

图 8.41

柱面方程及常见柱面

类似地,方程 $G(x,z)=0$ 表示以 zOx 面上的曲线 $C:G(x,z)=0$ 为准线,母线平行于 y 轴的柱面;方程 $H(y,z)=0$ 表示以 yOz 面上的曲线 $C:H(y,z)=0$ 为准线,母线平行于 x 轴的柱面.

例如,方程 $\dfrac{x^2}{9}+\dfrac{y^2}{4}=1$ 表示以 xOy 面上的椭圆 $\dfrac{x^2}{9}+\dfrac{y^2}{4}=1$ 为准线,母线平行于 z 轴的柱面,称为**椭圆柱面**,如图 8.42 所示.特别地,方程 $x^2+y^2=1$ 表示以 xOy 面上的圆 $x^2+y^2=1$ 为准线,母线平行于 z 轴的柱面,称为**圆柱面**.

方程 $x^2=2z$ 表示以 zOx 面上的抛物线 $x^2=2z$ 为准线,母线平行于 y 轴的柱面,称为**抛物柱面**,如图 8.43 所示.

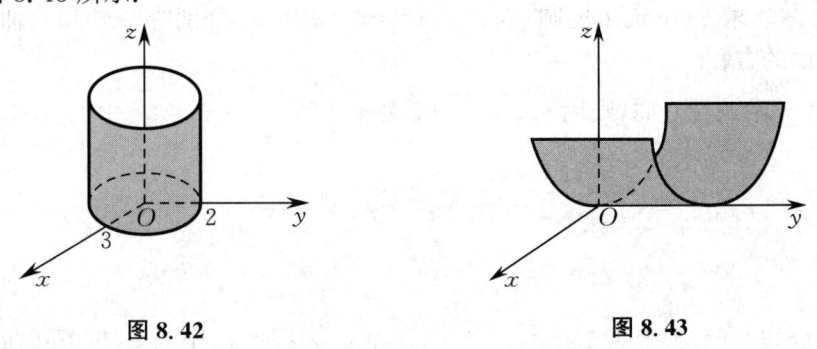

图 8.42　　　图 8.43

三、旋转曲面

定义 8.17　平面曲线 C 绕其所在平面内的定直线 L 旋转一周所形成的几何轨迹,称为

旋转曲面

旋转曲面,其中定直线 L 称为旋转曲面的**轴**,旋转曲线 C 称为旋转曲面的**母线**.

设 yOz 面上的一条曲线 C 的方程为
$$F(y,z)=0,$$
曲线 C 绕 z 轴旋转一周所得的旋转曲面如图 8.44 所示. 下面我们来推导该旋转曲面的方程.

设 $M(x,y,z)$ 是旋转曲面上的任意一点,它由曲线 C 上的点 $M_0(0,y_1,z_1)$ 绕 z 轴旋转得到,则有
$$z_1=z, \quad |y_1|=\sqrt{x^2+y^2}.$$
由于点 M_0 在曲线 C 上,因此有
$$F(y_1,z_1)=0.$$
将 $z_1=z, y_1=\pm\sqrt{x^2+y^2}$ 代入上式,得
$$F(\pm\sqrt{x^2+y^2},z)=0. \tag{8-40}$$

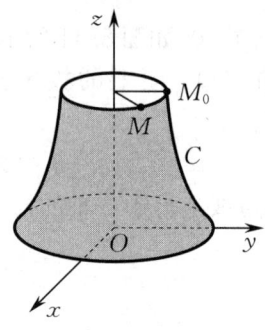

图 8.44

故旋转曲面上任意一点 $M(x,y,z)$ 的坐标都满足方程(8-40),而满足方程(8-40)的点 (x,y,z) 必在旋转曲面上,因此方程(8-40)是 yOz 面上的曲线 C 绕 z 轴旋转一周所得的**旋转曲面的方程**.

注 (1) 上述推导过程表明:将 yOz 面上的曲线 C 的方程 $F(y,z)=0$ 中的 y 替换为 $\pm\sqrt{x^2+y^2}$,便得到曲线 C 绕 z 轴旋转一周所得的旋转曲面的方程,即 $F(\pm\sqrt{x^2+y^2},z)=0$;将 z 替换为 $\pm\sqrt{x^2+z^2}$,便得到曲线 C 绕 y 轴旋转一周所得的旋转曲面的方程,即 $F(y,\pm\sqrt{x^2+z^2})=0$.

(2) 同理可推得 xOy 面上的曲线 $C:F(x,y)=0$ 绕 x 轴旋转一周所得的旋转曲面的方程为 $F(x,\pm\sqrt{y^2+z^2})=0$,绕 y 轴旋转一周所得的旋转曲面的方程为 $F(\pm\sqrt{x^2+z^2},y)=0$. zOx 面上的曲线 $C:F(x,z)=0$ 绕 x 轴旋转一周所得的旋转曲面的方程为 $F(x,\pm\sqrt{y^2+z^2})=0$,绕 z 轴旋转一周所得的旋转曲面的方程为 $F(\pm\sqrt{x^2+y^2},z)=0$.

例 2 求 xOy 面上的圆 $C:x^2+y^2=a^2(a>0)$ 分别绕 x 轴和 y 轴旋转一周所得的旋转曲面的方程.

解 绕 x 轴旋转一周,则用 $\pm\sqrt{y^2+z^2}$ 替换方程 $x^2+y^2=a^2$ 中的 y,得旋转曲面的方程为
$$x^2+(\pm\sqrt{y^2+z^2})^2=a^2,$$
即
$$x^2+y^2+z^2=a^2.$$

绕 y 轴旋转一周,则用 $\pm\sqrt{x^2+z^2}$ 替换方程 $x^2+y^2=a^2$ 中的 x,得旋转曲面的方程为
$$(\pm\sqrt{x^2+z^2})^2+y^2=a^2,$$
即

$$x^2 + y^2 + z^2 = a^2.$$

综上，xOy 面上的圆 $C: x^2 + y^2 = a^2 (a > 0)$ 分别绕 x 轴和 y 轴旋转一周所得的旋转曲面都是以原点为圆心、a 为半径的球面，如图 8.45 所示.

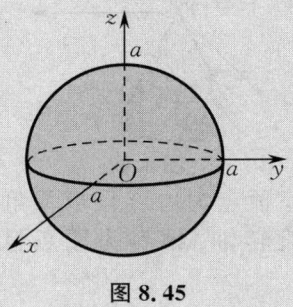

图 8.45

下面介绍一种特殊的旋转曲面.

四、圆锥面

定义 8.18　如图 8.46 所示，空间中有两相交直线 L 和 l，它们的夹角为 θ. 称直线 l 绕直线 L 旋转一周所得的旋转曲面为**圆锥面**，其中直线 L 称为**旋转轴**，两直线的交点称为圆锥面的**顶点**，θ 称为圆锥面的**半顶角**.

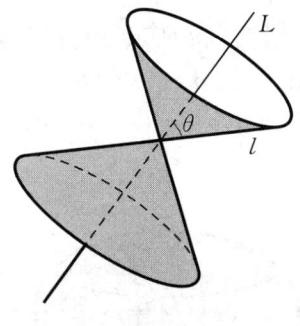

图 8.46

下面我们利用定义 8.17 和定义 8.18 建立圆锥面的方程.

如图 8.47 所示，yOz 面上的直线 l 与 z 轴的夹角为 θ，则直线 l 的方程为 $z = y\cot\theta$，直线 l 绕 z 轴旋转一周所得的旋转曲面即为顶点为原点 O、半顶角为 θ 的圆锥面. 通过前面的讨论可知，在直线 l 的方程 $z = y\cot\theta$ 中用 $\pm\sqrt{x^2 + y^2}$ 替换 y，便得到圆锥面的方程为

$$z = \pm\sqrt{x^2 + y^2}\cot\theta,$$

即

$$z^2 = a^2(x^2 + y^2), \tag{8-41}$$

其中 $a = \cot\theta$.

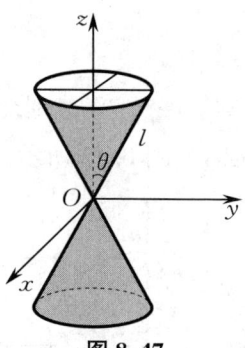

图 8.47

如果圆锥面以 x 轴为旋转轴,顶点为原点且半顶角为 θ,那么圆锥面的方程为 $x^2 = a^2(y^2+z^2)$.类似地,以 y 轴为旋转轴,顶点为原点且半顶角为 θ 的圆锥面的方程为 $y^2 = a^2(x^2+z^2)$.

例如,方程 $z^2=3(x^2+y^2)$ 表示顶点为原点、半顶角为 $\dfrac{\pi}{6}$ 且以 z 轴为旋转轴的圆锥面,而 $z=\sqrt{3(x^2+y^2)}$ 表示上半圆锥面;方程 $x^2=y^2+z^2$ 表示顶点为原点、半顶角为 $\dfrac{\pi}{4}$ 且以 x 轴为旋转轴的圆锥面.

五、椭球面

方程
$$\frac{x^2}{a^2}+\frac{y^2}{b^2}+\frac{z^2}{c^2}=1 \quad (a>0,b>0,c>0) \tag{8-42}$$

所表示的曲面称为**椭球面**,其图形如图 8.48 所示.由方程(8-42)知
$$-a \leqslant x \leqslant a, \quad -b \leqslant y \leqslant b, \quad -c \leqslant z \leqslant c,$$
所以椭球面位于长方体 $[-a,a]\times[-b,b]\times[-c,c]$ 内.

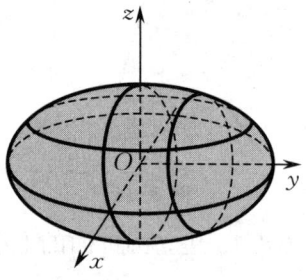

图 8.48

注 (1)当 $a=b$ 时,方程(8-42)化为 $\dfrac{x^2+y^2}{a^2}+\dfrac{z^2}{c^2}=1$,它是 yOz 面上的椭圆 $\dfrac{y^2}{a^2}+\dfrac{z^2}{c^2}=1$ 绕 z 轴旋转一周所得的旋转曲面,称为旋转椭球面.

(2)当 $a=b=c$ 时,方程(8-42)化为 $x^2+y^2+z^2=a^2$,它表示球心在原点、半径为 a 的球面.

六、抛物面

抛物面有两种,即椭圆抛物面和双曲抛物面.

(1) 椭圆抛物面.
方程
$$\frac{x^2}{a^2}+\frac{y^2}{b^2}=z \quad (a>0, b>0) \tag{8-43}$$

所表示的曲面称为**椭圆抛物面**,其图形如图 8.49 所示. 由方程(8-43)知 $z \geqslant 0$,所以曲面位于 xOy 面的上方. 取 $z=0$,得 $x=0,y=0$,即曲面过原点.

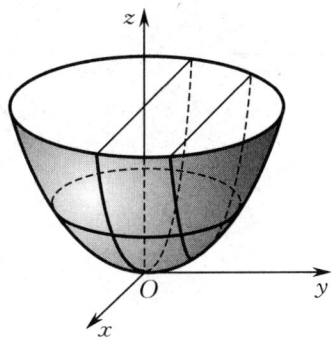

图 8.49

(2) 双曲抛物面.
方程
$$\frac{x^2}{a^2}-\frac{y^2}{b^2}=z \quad (a>0, b>0) \tag{8-44}$$

所表示的曲面称为**双曲抛物面**,其图形如图 8.50 所示. 因为双曲抛物面的形状类似于马鞍,所以又称为马鞍面.

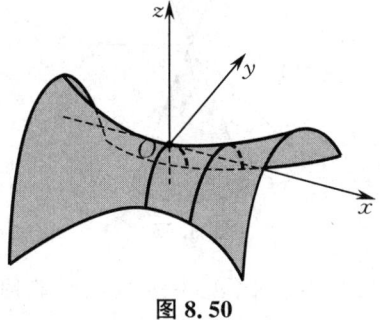

图 8.50

七、双曲面

双曲面包括单叶双曲面和双叶双曲面两种.
(1) 单叶双曲面.
方程
$$\frac{x^2}{a^2}+\frac{y^2}{b^2}-\frac{z^2}{c^2}=1 \quad (a>0, b>0, c>0) \tag{8-45}$$

所表示的曲面称为**单叶双曲面**,其图形如图 8.51 所示.
(2) 双叶双曲面.
方程

$$\frac{x^2}{a^2}+\frac{y^2}{b^2}-\frac{z^2}{c^2}=-1 \quad (a>0,b>0,c>0) \tag{8-46}$$

所表示的曲面称为**双叶双曲面**，其图形如图 8.52 所示.

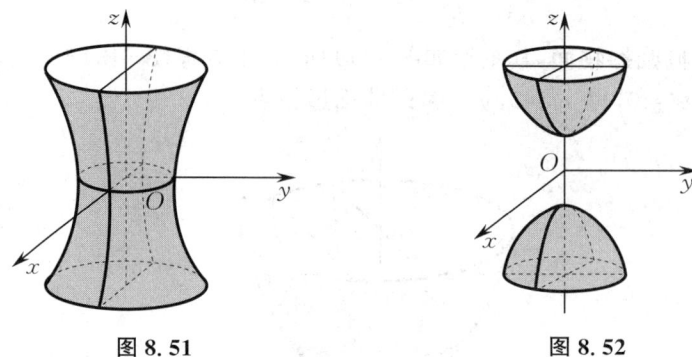

图 8.51　　　　　　图 8.52

八、椭圆锥面

方程

$$\frac{x^2}{a^2}+\frac{y^2}{b^2}-\frac{z^2}{c^2}=0 \quad (a>0,b>0,c>0) \tag{8-47}$$

所表示的曲面称为**椭圆锥面**，其图形如图 8.53 所示.

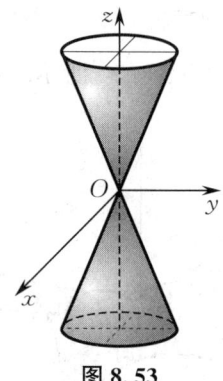

图 8.53

注　当 $a=b$ 时，方程(8-47)化为 $\frac{c^2}{a^2}(x^2+y^2)=z^2$，其图形为顶点为原点、半顶角为 $\theta=\operatorname{arccot}\frac{c}{a}$ 且以 z 轴为旋转轴的圆锥面.

我们把三元二次方程所表示的曲面称为**二次曲面**. 前面介绍的球面、圆锥面、抛物面等都是二次曲面.

习　题　8.6

1. 求 zOx 面上的抛物线 $C:z^2=5x$ 绕 x 轴旋转一周所得的旋转曲面的方程.
2. 求 xOy 面上的双曲线 $C:\frac{x^2}{9}-\frac{y^2}{4}=1$ 绕 x 轴旋转一周所得的旋转曲面的方程.

3.指出下列方程所表示的曲面类型:

(1) $\dfrac{x^2}{4}+\dfrac{y^2}{9}=z$;

(2) $\dfrac{x^2+y^2}{4}-\dfrac{z^2}{9}=1$;

(3) $\dfrac{x^2}{4}+\dfrac{y^2}{5}=1$;

(4) $\dfrac{x^2}{2}+\dfrac{y^2}{3}+\dfrac{z^2}{4}=1$;

(5) $(x-2)^2+(y-2)^2+(z-3)^2=9$;

(6) $z^2=4(x^2+y^2)$;

(7) $\dfrac{x^2}{2}+\dfrac{y^2}{3}-\dfrac{z^2}{4}=-1$;

(8) $\dfrac{x^2}{2}+\dfrac{y^2}{4}-\dfrac{z^2}{6}=0$.

4.方程 $x^2+y^2+z^2-6x+3y+4z=0$ 表示怎样的曲面?

§8.7 空间曲线及其方程

在 §8.4 中我们给出了空间曲线方程的定义,本节我们主要介绍常用空间曲线的方程及其相关概念.

一、空间曲线的一般方程

通过 §8.4 的学习我们知道,空间曲线可以看作两个曲面的交线.设两个相交曲面的方程分别为 $F(x,y,z)=0,G(x,y,z)=0$,则这两个曲面的交线 C 上任一点 M 的坐标 (x,y,z) 必同时满足两个曲面方程,即有

$$\begin{cases} F(x,y,z)=0, \\ G(x,y,z)=0. \end{cases} \tag{8-48}$$

方程组(8-48)称为**空间曲线 C 的一般方程**.

例 1 指出下面方程组所表示的曲线:

$$\begin{cases} x^2+y^2+z^2=25, \\ x=3. \end{cases}$$

解 方程 $x^2+y^2+z^2=25$ 表示以原点为球心、5 为半径的球面,方程 $x=3$ 表示平行于 yOz 面的平面,它们的交线是平面 $x=3$ 上的圆 $y^2+z^2=16$,如图 8.54 所示.

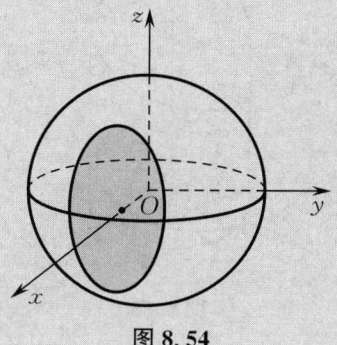

图 8.54

二、空间曲线的参数方程

空间曲线 C 还可以用参数形式表示. 设曲线 C 上一动点 P 的坐标为 (x,y,z),将 x,y,z 表示为参数 t 的函数：

$$\begin{cases} x = x(t), \\ y = y(t), \\ z = z(t). \end{cases} \tag{8-49}$$

当 t 在区间 $[t_1, t_2]$ 上变化时,动点 P 取遍曲线 C 上的全部点. 方程组(8-49)称为**空间曲线 C 的参数方程**.

例2 如果空间中一点 M 在圆柱面 $x^2 + y^2 = a^2$ 上以角速度 ω 绕 z 轴旋转,同时又以线速度 v 沿 z 轴正向上升(ω, v 均是常数),则点 M 所形成的几何轨迹称为螺旋线. 试建立该螺旋线的参数方程.

解 如图 8.55 所示,以时间 t 为参数,当 $t=0$ 时,点 M 位于点 $A(a,0,0)$,经过时间 t,点 M 运动到了点 $B(x,y,z)$,点 B 在 xOy 面上的投影点为 $B'(x,y,0)$. 显然有 $z = vt$. 因为动点 M 在圆柱面上以角速度 ω 绕 z 轴旋转,所以 $\angle AOB' = \omega t$,从而有

$$x = a\cos\omega t, \quad y = a\sin\omega t.$$

因此,螺旋线的参数方程为

$$\begin{cases} x = a\cos\omega t, \\ y = a\sin\omega t, \quad (t \geqslant 0). \\ z = vt \end{cases}$$

如果取 $\theta = \omega t$ 为参数,则螺旋线的参数方程可写为

$$\begin{cases} x = a\cos\theta, \\ y = a\sin\theta, \quad (\theta \geqslant 0), \\ z = b\theta \end{cases}$$

其中 $b = \dfrac{v}{\omega}$.

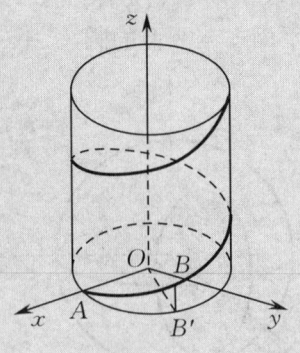

图 8.55

例 3 将空间曲线 $C: \begin{cases} x^2+y^2+z^2=9, \\ x=y \end{cases}$ 用参数方程表示.

解 将 $x=y$ 代入 $x^2+y^2+z^2=9$ 中,得

$$2x^2+z^2=9, \quad 即 \quad \left(\frac{\sqrt{2}x}{3}\right)^2+\left(\frac{z}{3}\right)^2=1.$$

令 $x=\frac{3}{\sqrt{2}}\cos t, z=3\sin t$,得空间曲线 C 的参数方程为

$$\begin{cases} x=\dfrac{3}{\sqrt{2}}\cos t, \\ y=\dfrac{3}{\sqrt{2}}\cos t, \\ z=3\sin t \end{cases} (0\leqslant t\leqslant 2\pi).$$

三、空间曲线在坐标面上的投影

空间曲线在坐标面上的投影

定义 8.19 以空间曲线 C 为准线,母线平行于 z 轴(即垂直于 xOy 面)的柱面称为空间曲线 C 在 xOy 面上的**投影柱面**,投影柱面与 xOy 面的交线称为空间曲线 C 在 xOy 面上的**投影曲线**.

设空间曲线 C 的一般方程为

$$\begin{cases} F(x,y,z)=0, \\ G(x,y,z)=0, \end{cases} \quad (8-50)$$

消去 z 得

$$H(x,y)=0. \quad (8-51)$$

方程(8-51)表示一个母线平行于 z 轴的柱面.又由于方程(8-51)是方程组(8-50)消去 z 得到的,满足方程组(8-50)的点 (x,y,z) 必满足方程(8-51),因此方程(8-51)表示的柱面必包含空间曲线 C.由定义 8.19 知,方程(8-51)表示的是空间曲线 C 在 xOy 面上的投影柱面,故投影曲线的方程为

$$\begin{cases} H(x,y)=0, \\ z=0. \end{cases}$$

同理,以空间曲线 C 为准线,母线平行于 x 轴(即垂直于 yOz 面)的柱面为空间曲线 C 在 yOz 面上的投影柱面,投影柱面与 yOz 面的交线为空间曲线 C 在 yOz 面上的投影曲线.从方程组(8-50)中消去变量 x,得投影柱面的方程 $R(y,z)=0$,则空间曲线 C 在 yOz 面上的投影曲线的方程为

$$\begin{cases} R(y,z)=0, \\ x=0. \end{cases}$$

以空间曲线 C 为准线,母线平行于 y 轴(即垂直于 zOx 面)的柱面为空间曲线 C 在 zOx 面上的投影柱面,投影柱面与 zOx 面的交线为空间曲线 C 在 zOx 面上的投影曲线.从方程组

(8-50)中消去变量 y，得投影柱面的方程 $S(x,z)=0$，则空间曲线 C 在 zOx 面上的投影曲线的方程为

$$\begin{cases} S(x,z)=0, \\ y=0. \end{cases}$$

例 4 求空间曲线

$$C: \begin{cases} z=2-x^2-y^2, \\ z=(x-1)^2+(y-1)^2 \end{cases}$$

在 xOy 面上的投影柱面和投影曲线的方程.

解 从空间曲线 C 的一般方程中消去 z，得

$$x^2+y^2-x-y=0,$$

配方，得

$$\left(x-\frac{1}{2}\right)^2+\left(y-\frac{1}{2}\right)^2=\frac{1}{2},$$

即空间曲线 C 在 xOy 面上的投影柱面为圆柱面 $\left(x-\frac{1}{2}\right)^2+\left(y-\frac{1}{2}\right)^2=\frac{1}{2}$.

投影曲线的方程为

$$\begin{cases} \left(x-\frac{1}{2}\right)^2+\left(y-\frac{1}{2}\right)^2=\frac{1}{2}, \\ z=0, \end{cases}$$

即空间曲线 C 在 xOy 面上的投影曲线为 xOy 面上以点 $\left(\frac{1}{2},\frac{1}{2}\right)$ 为圆心、$\frac{\sqrt{2}}{2}$ 为半径的圆.

习 题 8.7

1. 将空间曲线的一般方程

$$\begin{cases} (x-1)^2+y^2+(z+1)^2=4, \\ z=0 \end{cases}$$

化为参数方程.

2. 求空间曲线 $C: \begin{cases} x^2+y^2-z=0, \\ z=x+1 \end{cases}$ 在 xOy 面上的投影柱面及投影曲线的方程.

自 测 题 八

1. 选择题：

(1) 点 $(1,-4,-3)$ 位于空间直角坐标系的第（　　）卦限；

A. Ⅳ B. Ⅵ
C. Ⅷ D. Ⅱ

(2) 对任意非零向量 a,b，下列说法中正确的是(　　);

A. $a \times b = b \times a$ B. $a \perp b \Leftrightarrow a \times b = 0$

C. $a \parallel b \Leftrightarrow a \cdot b = 0$ D. $a \cdot b = b \cdot a$

(3) 过点 $(4,-1,3)$ 且平行于直线 $\dfrac{x-3}{2} = \dfrac{y}{1} = \dfrac{z-1}{5}$ 的直线的方程是(　　);

A. $\dfrac{x-4}{-2} = \dfrac{y+1}{-1} = \dfrac{z-3}{1}$ B. $\dfrac{x-4}{2} = \dfrac{y+1}{1} = \dfrac{z-3}{5}$

C. $2(x-4) + y + 1 + 5(z-3) = 0$ D. $-2(x-4) - (y+1) + (z-3) = 0$

(4) 过点 $(2,1,-1)$ 且平行于平面 $2x + 3y + z + 4 = 0$ 的平面的方程是(　　);

A. $\dfrac{x-2}{2} = \dfrac{y-1}{3} = \dfrac{z+13}{1}$ B. $\dfrac{x-2}{2} = \dfrac{y-3}{1} = \dfrac{z-1}{-1}$

C. $2(x-2) + 3(y-1) + (z+1) = 0$ D. $2(x-2) + (y-3) - (z-1) = 0$

(5) 旋转曲面 $\dfrac{x^2}{2} + \dfrac{y^2}{2} - \dfrac{z^2}{3} = 0$ 的轴是(　　).

A. z 轴 B. y 轴

C. x 轴 D. 直线 $x = y = z$

2. 填空题：

(1) 已知空间中两点的坐标为 $A(4,1,2),B(1,0,-2)$，则向量 $\overrightarrow{AB} = $ _____，与 $\overrightarrow{AB}$ 方向相同的单位向量 $e_{\overrightarrow{AB}} = $ _____；

(2) 已知向量 $a \perp b$，且 $|a| = 3, |b| = 4$，则 $|a+b| = $ _____，$|a-b| = $ _____；

(3) 设 a 与 b 为不平行的两个向量，若向量 $ka+b$ 与 $a+kb$ 平行，则 $k = $ _____；

(4) 设向量 $a = (2,1,2), b = (4,-1,10), c = b - \lambda a$，且 $a \perp c$，则 $\lambda = $ _____；

(5) 直线 $\begin{cases} x = 1, \\ 2y + 3z = 4 \end{cases}$ 的点向式方程为 _____；

(6) 过两点 $(1,1,1)$ 和 $(2,2,2)$ 且与平面 $2x + y - 2z = 0$ 垂直的平面的方程为 _____；

(7) 过点 $P(2,0,0), Q(0,3,0), R(0,0,4)$ 的平面的方程为 _____；

(8) 以点 $(2,3,-4)$ 为球心、4 为半径的球面的方程为 _____；

(9) 双曲线 $\dfrac{x^2}{4} - \dfrac{y^2}{3} = 1$ 绕 x 轴旋转一周所得的旋转曲面的方程为 _____；

(10) 直线 $\begin{cases} 2y + 3z - 5 = 0, \\ x - 2y - z + 7 = 0 \end{cases}$ 在 yOz 面上的投影曲线的方程为 _____.

3. 求 y 轴上与点 $A(1,-3,7)$ 和 $B(5,7,-5)$ 等距离的点的坐标.

4. 设向量 a,b 的夹角为 $\dfrac{\pi}{6}$，且 $|a| = \sqrt{3}, |b| = 1$. 求向量 $a+b$ 与 $a-b$ 的夹角.

5. 设向量 $a = (2,-3,1), b = (1,-2,3), c = (2,1,2)$，向量 r 满足 $r \perp a, r \perp b, r \cdot c = 42$. 求向量 r.

6. 设向量 a,b 的夹角为 $\dfrac{\pi}{6}$，且 $|a| = 4, |b| = 3$. 求以向量 $a+2b$ 和 $a-3b$ 为邻边的平行四边形的面积.

7. 求过点 $(1,2,4)$，平行于平面 $3x - 4y + z - 10 = 0$，且与直线 $\dfrac{x+1}{1} = \dfrac{y-3}{1} = \dfrac{z}{2}$ 相交的直线的方程.

8. 求过直线 $\dfrac{x-1}{2} = \dfrac{y+2}{3} = \dfrac{z+3}{4}$，且平行于直线 $\dfrac{x}{1} = \dfrac{y}{1} = \dfrac{z}{2}$ 的平面的方程.

9. 求过点 $A(3,0,0)$ 和 $B(0,0,1)$，且与 xOy 面的夹角为 $\dfrac{\pi}{4}$ 的平面的方程.

10. 指出下列旋转曲面的母线和轴：

(1) $z = 2(x^2 + y^2)$；

(2) $\dfrac{x^2}{36} + \dfrac{y^2}{9} + \dfrac{z^2}{36} = 1$.

11. 求空间曲线 $\begin{cases} z = 2 - x^2 - y^2, \\ z = (x-1)^2 + (y-1)^2 \end{cases}$ 在 xOy 面上的投影曲线的方程.

第九章

多元函数微分学及其应用

前面我们学习了一元函数的极限、连续、微分、积分及其应用. 而在实际问题中,很多待求量不仅仅是由一个单一的因素所决定的,而是受多个因素的共同影响,这种现象反映在数学上就是多元函数的问题. 本章我们讨论多元函数的微分及其应用,并以二元函数为主要研究对象,首先给出二元函数的基本概念,然后讨论二元函数的偏导数的基本概念及计算,最后介绍二元函数微分学的应用. 一般地,对二元函数的研究方法和所得结论均可以直接推广到二元以上的多元函数,由此可以得到多元函数微分学及其应用的相关结论.

§9.1 多元函数的基本概念

在给出多元函数的定义之前,我们首先给出平面点集的相关概念.

一、平面点集

在平面直角坐标系中,平面上的点 M 与二元有序实数组 (x,y) 之间有着一一对应关系. 我们把这种建立了直角坐标系的平面称为**坐标平面**,坐标平面上具有某种性质 P 的点的集合 E 称为**平面点集**,记为 $E = \{(x,y) \mid (x,y) \text{ 具有性质 } P\}$.

例如,坐标平面上以原点为圆心、r 为半径的圆内所有点组成的点集可表示为
$$E = \{(x,y) \mid x^2 + y^2 < r^2\}.$$
由上述定义,整个坐标平面可以记为
$$\mathbf{R}^2 = \mathbf{R} \times \mathbf{R} = \{(x,y) \mid x, y \in \mathbf{R}\}.$$
可以将平面点集的概念推广到 n 维空间中去. 在空间直角坐标系中,空间中的点 M 与三元有序实数组 (x,y,z) 之间有着一一对应关系. 同样,在 n 维空间中,空间中的点 M 与 n 元有序实数组 $(x_1, x_2, \cdots, x_n)$ 之间有着一一对应关系. 设 n 为任意正整数,我们用 $\mathbf{R}^n$ 表示 n 元有序实数组 $(x_1, x_2, \cdots, x_n)$ 的全体所组成的集合,即
$$\mathbf{R}^n = \mathbf{R} \times \mathbf{R} \times \cdots \times \mathbf{R} = \{(x_1, x_2, \cdots, x_n) \mid x_i \in \mathbf{R}, i = 1, 2, \cdots, n\}.$$
设 $P_0(x_0, y_0)$ 是 xOy 面上的一点,δ 是正数,我们把与点 $P_0(x_0, y_0)$ 的距离小于 δ 的点 $P(x,y)$ 的全体所组成的集合,称为点 P_0 的 δ **邻域**,记为 $U(P_0, \delta)$,即
$$U(P_0, \delta) = \{P \mid 0 \leqslant |PP_0| < \delta\}.$$
由平面上两点间的距离公式,也可将该邻域写成

$$U(P_0,\delta)=\{(x,y)\,|\,0\leqslant\sqrt{(x-x_0)^2+(y-y_0)^2}<\delta\}.$$

点 P_0 的 δ 邻域的几何意义是：以点 P_0 为圆心、δ 为半径的圆内的全体点的集合.

如果在邻域 $U(P_0,\delta)$ 中去掉点 P_0，此时的平面点集称为点 P_0 的**去心 δ 邻域**，记为 $\mathring{U}(P_0,\delta)$，即

$$\mathring{U}(P_0,\delta)=\{P\,|\,0<|PP_0|<\delta\}=\{(x,y)\,|\,0<\sqrt{(x-x_0)^2+(y-y_0)^2}<\delta\}.$$

如果不强调邻域的半径 δ，则用 $U(P_0)$ 表示点 P_0 的某个邻域，用 $\mathring{U}(P_0)$ 表示点 P_0 的某个去心领域.

如果平面点集 E 内的任意两点都能用 E 内的折线连接起来，且对于 E 内任一点 P_0，存在 $U(P_0)\subset E$，则称 E 为**开区域**（或区域），如点集 $E=\{(x,y)\,|\,1<x^2+y^2<2\}$ 是开区域. 开区域连同它的边界一起所构成的点集称为**闭区域**，如点集 $E=\{(x,y)\,|\,1\leqslant x^2+y^2\leqslant 2\}$ 是闭区域. 对于平面点集 E，如果存在某个正数 r，使得 $E\subset U(O,r)$，其中 O 为原点，则称 E 为**有界集**. 不是有界集的点集称为**无界集**. 例如，点集 $\{(x,y)\,|\,1\leqslant x^2+y^2\leqslant 2\}$ 是有界闭区域，点集 $\{(x,y)\,|\,x+y>1\}$ 是无界开区域.

二、多元函数的概念

定义 9.1 设 D 是 $\mathbf{R}^2$ 的一个非空子集. 若对任一点 $P(x,y)\in D$，按照一定的对应法则 f，总有唯一确定的实数 z 与之对应，则称 f 是定义在 D 上的**二元函数**，记为

$$z=f(x,y),(x,y)\in D \quad \text{或} \quad z=f(P),P(x,y)\in D,$$

其中 D 称为函数 $f(x,y)$ 的**定义域**，x,y 称为**自变量**，z 称为**因变量**.

D 中所有点 (x,y) 的函数值 $z=f(x,y)$ 构成了函数 $f(x,y)$ 的值域，记为

$$f(D)=\{z\,|\,z=f(x,y),(x,y)\in D\} \quad \text{或} \quad f(D)=\{z\,|\,z=f(P),P(x,y)\in D\}.$$

如果 D 是 $\mathbf{R}^n(n\geqslant 3)$ 的一个非空子集，则可类似地定义 $n(n\geqslant 3)$ 元函数. 本章中我们主要讨论二元函数的相关问题.

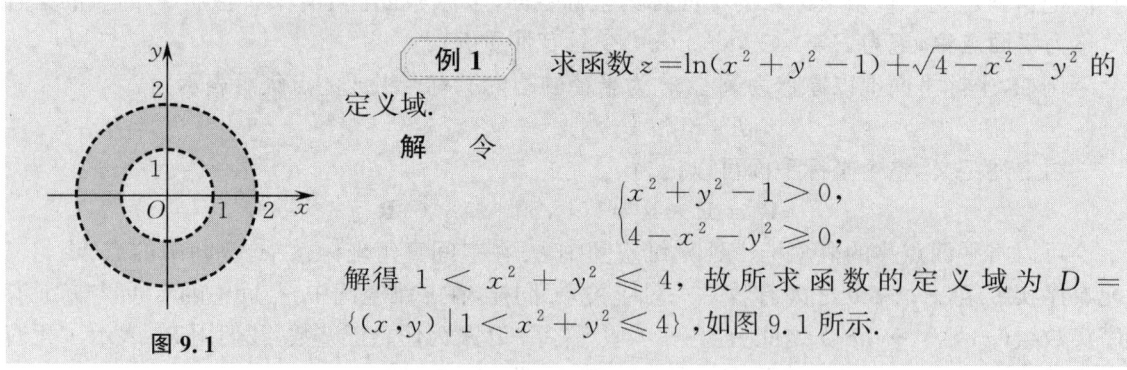

图 9.1

例 1 求函数 $z=\ln(x^2+y^2-1)+\sqrt{4-x^2-y^2}$ 的定义域.

解 令
$$\begin{cases} x^2+y^2-1>0, \\ 4-x^2-y^2\geqslant 0, \end{cases}$$

解得 $1<x^2+y^2\leqslant 4$，故所求函数的定义域为 $D=\{(x,y)\,|\,1<x^2+y^2\leqslant 4\}$，如图 9.1 所示.

设函数 $z=f(x,y)$ 的定义域为 D，对 D 内的任意一点 $P(x,y)$，在空间中有一个点 $Q(x,y,z)$ 与之对应. 当 $P(x,y)$ 取遍 D 内所有点时，点 $Q(x,y,z)$ 所形成的几何轨迹称为函数 $z=f(x,y)$ 的图形. 通过第八章的学习我们知道，函数 $z=f(x,y)$ 的图形在空间中是一张曲面. 例如，函数 $z=9-3x+4y$ 的图形是平面，如图 9.2 所示；函数 $z=\sqrt{x^2+y^2}$ 的图形是上半圆锥面，如图 9.3 所示.

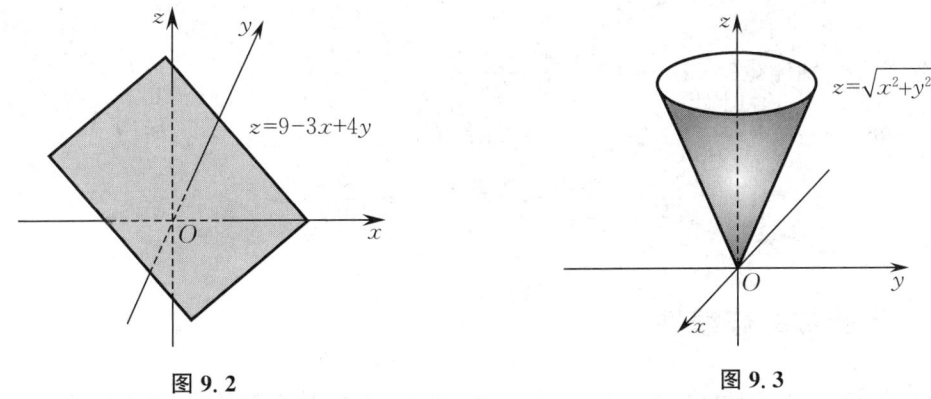

图 9.2　　　　　　　　　　　图 9.3

三、二元函数的极限

二元函数极限的定义与一元函数极限的定义类似,本质上也是用于刻画在自变量的某个变化过程中,函数值的变化趋势.

定义 9.2　设函数 $z=f(x,y)$ 在点 $P_0(x_0,y_0)$ 的某个去心邻域内有定义. 如果存在常数 A,使得对于任意给定的正数 ε(不论它多么小),总存在正数 δ,当 $P(x,y)\in \mathring{U}(P_0,\delta)$ 时,总有

$$|f(P)-A|=|f(x,y)-A|<\varepsilon$$

成立,则称 A 为函数 $z=f(x,y)$ 当 $(x,y)\to(x_0,y_0)$(或 $P\to P_0$)时的**极限**,记为

$$\lim_{(x,y)\to(x_0,y_0)}f(x,y)=A \quad \text{或} \quad \lim_{P\to P_0}f(P)=A.$$

注　定义 9.2 中函数 $z=f(x,y)$ 在点 $P_0(x_0,y_0)$ 处的极限存在,是指当点 $P(x,y)$ 以任何方式趋于点 $P_0(x_0,y_0)$ 时,函数 $z=f(x,y)$ 都无限接近于 A. 反之,如果当点 $P(x,y)$ 以不同方式趋于点 $P_0(x_0,y_0)$ 时,函数 $z=f(x,y)$ 趋于不同的值,则可以判定函数 $z=f(x,y)$ 在点 $P_0(x_0,y_0)$ 处的极限不存在. 这也给出了判断函数在某点处的极限不存在的一个可行方法.

例 2　试讨论函数 $f(x,y)=\begin{cases}\dfrac{x^2 y}{x^4+y^2}, & (x,y)\neq(0,0),\\ 0, & (x,y)=(0,0)\end{cases}$ 在点 $(0,0)$ 处的极限是否存在.

解　取 $y=kx^2$,即函数 $f(x,y)$ 沿抛物线 $y=kx^2$ 趋于点 $(0,0)$,则有

$$\lim_{(x,y)\to(0,0)}f(x,y)=\lim_{(x,y)\to(0,0)}\frac{x^2 y}{x^4+y^2}=\lim_{x\to 0}\frac{x^2\cdot kx^2}{x^4+(kx^2)^2}=\lim_{x\to 0}\frac{kx^4}{x^4(1+k^2)}=\frac{k}{1+k^2}.$$

上式表明,k 取不同的值(抛物线不同),极限值也不相同,即当函数 $f(x,y)$ 以不同方式趋于点 $(0,0)$ 时,$f(x,y)$ 趋于不同的值. 所以,函数 $f(x,y)$ 在点 $(0,0)$ 处的极限不存在.

计算二元函数的极限时,通常是将其转化为一元函数的极限问题进行求解.

例 3 求极限 $\lim\limits_{(x,y)\to(0,0)} \dfrac{\sin(x^2+y^2)}{x^2+y^2}$.

解 令 $u=x^2+y^2$，当 $x\to 0$，$y\to 0$ 时，有 $u=(x^2+y^2)\to 0$，所以

$$\lim_{(x,y)\to(0,0)} \frac{\sin(x^2+y^2)}{x^2+y^2} = \lim_{u\to 0}\frac{\sin u}{u}=1.$$

四、二元函数的连续性

定义 9.3 设函数 $z=f(x,y)$ 在点 $P_0(x_0,y_0)$ 的某个邻域内有定义．若

$$\lim_{(x,y)\to(x_0,y_0)} f(x,y)=f(x_0,y_0) \quad 或 \quad \lim_{P\to P_0} f(P)=f(P_0),$$

则称函数 $z=f(x,y)$ 在点 $P_0(x_0,y_0)$ 处**连续**，$P_0(x_0,y_0)$ 称为 $z=f(x,y)$ 的**连续点**．

如果函数 $z=f(x,y)$ 在点 $P_0(x_0,y_0)$ 处不连续，则称 $P_0(x_0,y_0)$ 为 $z=f(x,y)$ 的**间断点**.

例如，由例 2 的结论知，点 $(0,0)$ 是函数

$$f(x,y)=\begin{cases} \dfrac{x^2 y}{x^4+y^2}, & (x,y)\ne(0,0), \\ 0, & (x,y)=(0,0) \end{cases}$$

的间断点.

定义 9.4 如果函数 $z=f(x,y)$ 在区域 D 内的每一点处都连续，则称 $z=f(x,y)$ 在 D 内连续.

定义 9.5 如果函数 $z=f(x,y)$ 在闭区域 D 内连续，且在其边界上的每一点处也连续，则称 $z=f(x,y)$ 在闭区域 D 上连续.

和一元函数类似，在有界闭区域上连续的二元函数具有以下性质.

定理 9.1（有界性定理） 若函数 $z=f(x,y)$ 在有界闭区域 D 上连续，则 $z=f(x,y)$ 在 D 上有界.

定理 9.2（最值定理） 若函数 $z=f(x,y)$ 在有界闭区域 D 上连续，则 $z=f(x,y)$ 在 D 上有最大值和最小值.

定理 9.3（介值定理） 若函数 $z=f(x,y)$ 在有界闭区域 D 上连续，则 $z=f(x,y)$ 在 D 上必取得介于最大值和最小值之间的任何值.

定义 9.6 由常数和具有不同自变量的一元基本初等函数经过有限次的四则运算和复合运算，并可用一个式子表示的函数，称为**多元初等函数**.

例如，

$$\sin xy^2, \quad e^{x^2 y}, \quad \frac{2x^2 y^2}{1-\cos xy}$$

都是多元初等函数.

我们不加证明地给出，**一切多元初等函数在其定义区域内都是连续的**. 所谓定义区域，是指包含在定义域内的区域或闭区域.

由多元初等函数的连续性知，如果点 P_0 是多元初等函数 f 的定义区域内的点，则有
$$\lim_{P \to P_0} f(P) = f(P_0).$$

以上关于二元函数的极限和连续性的概念，以及有界闭区域上连续函数的性质，都可类推到三元及三元以上的函数中去.

例 4 求极限 $\lim\limits_{(x,y) \to (1,0)} \dfrac{2 - e^{xy}}{x^3 + y^3}$.

解 因为点 $(1,0)$ 在多元初等函数 $\dfrac{2 - e^{xy}}{x^3 + y^3}$ 的定义区域内，所以
$$\lim_{(x,y) \to (1,0)} \frac{2 - e^{xy}}{x^3 + y^3} = \frac{2 - e^{1 \times 0}}{1^3 + 0^3} = 1.$$

习 题 9.1

1. 填空题：

(1) 设函数 $f(x,y) = xy - \dfrac{x}{y}$，则 $f\left(\dfrac{1}{2}, -\dfrac{1}{3}\right) =$ _____；

(2) 设函数 $f(x,y) = x^2 + y^2$，则 $f(\sqrt{xy}, x-y) =$ _____；

(3) 设函数 $f(x+y, x-y) = x^2 + y^2$，则 $f(x,y) =$ _____.

2. 求下列函数的定义域：

(1) $z = \ln(y^2 - 2x + 1)$； (2) $z = \sqrt{x - \sqrt{y}}$；

(3) $z = \ln(y - x) + \dfrac{\sqrt{x}}{\sqrt{1 - x^2 - y^2}}$.

3. 求下列极限：

(1) $\lim\limits_{(x,y) \to (0,1)} \dfrac{2 + xy}{x^2 + y^2}$； (2) $\lim\limits_{(x,y) \to (1,0)} \dfrac{\ln(x + e^y)}{\sqrt{x^2 + y^2}}$；

(3) $\lim\limits_{(x,y) \to (0,0)} \dfrac{2 - \sqrt{xy + 4}}{xy}$； (4) $\lim\limits_{(x,y) \to (0,2)} \dfrac{\sin(xy)}{2x}$.

4. 讨论函数 $z = \dfrac{xy^2}{x^2 + y^4}$ 当 $(x,y) \to (0,0)$ 时的极限是否存在.

§9.2 偏导数

通过一元函数微分学的学习，我们知道一元函数 $y = f(x)$ 的导数定义为
$$f'(x) = \lim_{\Delta x \to 0} \frac{f(x + \Delta x) - f(x)}{\Delta x},$$

即函数的增量与自变量的增量之比当自变量的增量趋于零时的极限,其本质是刻画了函数 $f(x)$ 对自变量 x 的瞬时变化率. 而多元函数因其有多个自变量,函数关系较一元函数而言更为复杂. 但是我们可以考虑多元函数对某个自变量的瞬时变化率,也就是说,可以在其中一个自变量变化而其余自变量保持不变的情况下,考察多元函数对这一自变量的瞬时变化率.

例如,长方体的体积 V 与它的长 x、宽 y、高 z 之间有函数关系 $V=xyz$,我们可以考察在宽 y 和高 z 不变的情况下,体积 V 对长 x 的变化率,也可以考察在长 x 和高 z 不变的情况下,体积 V 对宽 y 的变化率. 由此引出多元函数偏导数的概念. 本节我们以二元函数为例进行讨论.

一、偏导数的定义

定义 9.7 设函数 $z=f(x,y)$ 在点 (x_0,y_0) 的某个邻域内有定义. 当 y 固定在 y_0,而 x 在 x_0 处取得增量 Δx 时,函数 $z=f(x,y)$ 相应地取得偏增量 $\Delta_x z = f(x_0+\Delta x, y_0) - f(x_0,y_0)$,如果极限

偏导数的定义

$$\lim_{\Delta x \to 0} \frac{\Delta_x z}{\Delta x} = \lim_{\Delta x \to 0} \frac{f(x_0+\Delta x, y_0) - f(x_0,y_0)}{\Delta x} \qquad (9-1)$$

存在,则称此极限为 $z=f(x,y)$ **在点 (x_0,y_0) 处对变量 x 的偏导数**,记为

$$\left.\frac{\partial z}{\partial x}\right|_{(x_0,y_0)}, \quad \left.\frac{\partial f}{\partial x}\right|_{(x_0,y_0)}, \quad z_x(x_0,y_0) \quad \text{或} \quad f_x(x_0,y_0).$$

类似可定义函数 $z=f(x,y)$ 在点 (x_0,y_0) 处对变量 y 的偏导数为

$$\lim_{\Delta y \to 0} \frac{\Delta_y z}{\Delta y} = \lim_{\Delta y \to 0} \frac{f(x_0, y_0+\Delta y) - f(x_0,y_0)}{\Delta y}, \qquad (9-2)$$

记为

$$\left.\frac{\partial z}{\partial y}\right|_{(x_0,y_0)}, \quad \left.\frac{\partial f}{\partial y}\right|_{(x_0,y_0)}, \quad z_y(x_0,y_0) \quad \text{或} \quad f_y(x_0,y_0),$$

其中 $\Delta_y z$ 是当 x 固定在 x_0,而 y 在 y_0 处取得增量 Δy 时,函数 $z=f(x,y)$ 相应地取得的偏增量.

定义 9.8 如果函数 $z=f(x,y)$ 在区域 D 内每一点 (x,y) 处对变量 x 的偏导数都存在,则该偏导数为 x,y 的函数,称为 $z=f(x,y)$ **对自变量 x 的偏导函数**,记为

$$\frac{\partial z}{\partial x}, \quad \frac{\partial f}{\partial x}, \quad z_x \quad \text{或} \quad f_x(x,y).$$

类似可定义函数 $z=f(x,y)$ 对自变量 y 的偏导函数,记为

$$\frac{\partial z}{\partial y}, \quad \frac{\partial f}{\partial y}, \quad z_y \quad \text{或} \quad f_y(x,y).$$

显然,函数 $z=f(x,y)$ 在点 (x_0,y_0) 处的偏导数与偏导函数之间的关系为

$$f_x(x_0,y_0) = f_x(x,y)\bigg|_{\substack{x=x_0 \\ y=y_0}}, \quad f_y(x_0,y_0) = f_y(x,y)\bigg|_{\substack{x=x_0 \\ y=y_0}}.$$

在不致引起混淆的情况下,偏导函数也简称为偏导数.

对于三元及三元以上多元函数,可类似定义其偏导数.

由定义 9.7 可知,计算函数 $f(x,y)$ 的偏导数 $\dfrac{\partial f}{\partial x}$ 时,只要将 y 视作常数,而对 x 利用一元

函数的求导法则计算即可;计算 $\dfrac{\partial f}{\partial y}$ 时,只要将 x 视作常数,而对 y 利用一元函数的求导法则计算即可.

例1 求函数 $z=x^2-3xy+2y^3$ 在点 $(2,1)$ 处的偏导数.

解 将 y 视作常数,对变量 x 求导,得
$$\frac{\partial z}{\partial x}=2x-3y,$$
将 x 视作常数,对变量 y 求导,得
$$\frac{\partial z}{\partial y}=-3x+6y^2,$$
所以
$$\left.\frac{\partial z}{\partial x}\right|_{(2,1)}=2\times2-3\times1=1,\quad \left.\frac{\partial z}{\partial y}\right|_{(2,1)}=-3\times2+6\times1^2=0.$$

例2 求函数 $u=x^{\frac{y}{z}}$ 的偏导数.

解 (1) 将 y,z 视作常数,对变量 x 求导,得
$$\frac{\partial u}{\partial x}=\frac{y}{z}x^{\frac{y}{z}-1}.$$

(2) 将函数改写为 $u=(x^{\frac{1}{z}})^y$,将 x,z 视作常数,对变量 y 求导,得
$$\frac{\partial u}{\partial y}=(x^{\frac{1}{z}})^y\ln x^{\frac{1}{z}}=\frac{1}{z}x^{\frac{y}{z}}\ln x.$$

(3) 将函数改写为 $u=(x^y)^{\frac{1}{z}}$,将 x,y 视作常数,对变量 z 求导,得
$$\frac{\partial u}{\partial z}=(x^y)^{\frac{1}{z}}\ln x^y\cdot\left(-\frac{1}{z^2}\right)=-\frac{y}{z^2}x^{\frac{y}{z}}\ln x.$$

例3 已知理想气体的状态方程为 $pV=RT$ (R 为常数),证明:
$$\frac{\partial p}{\partial V}\cdot\frac{\partial V}{\partial T}\cdot\frac{\partial T}{\partial p}=-1.$$

证 由 $pV=RT$,得 $p=\dfrac{RT}{V}$,于是有 $\dfrac{\partial p}{\partial V}=-\dfrac{RT}{V^2}$.同理可得 $\dfrac{\partial V}{\partial T}=\dfrac{R}{p}$,$\dfrac{\partial T}{\partial p}=\dfrac{V}{R}$,所以
$$\frac{\partial p}{\partial V}\cdot\frac{\partial V}{\partial T}\cdot\frac{\partial T}{\partial p}=-\frac{RT}{V^2}\cdot\frac{R}{p}\cdot\frac{V}{R}=-\frac{RT}{pV}=-1.$$

注 对一元函数来说,导数的记号 $\dfrac{\mathrm{d}y}{\mathrm{d}x}$ 可以看作函数的微分 $\mathrm{d}y$ 与自变量的微分 $\mathrm{d}x$ 的商.而例3表明,偏导数的记号 $\dfrac{\partial z}{\partial x}$ 是一个整体记号,即中间横线不表示相除的意义.

例4 求函数

$$f(x,y)=\begin{cases} \dfrac{x^2 y}{x^4+y^2}, & (x,y)\neq(0,0), \\ 0, & (x,y)=(0,0) \end{cases}$$

在点$(0,0)$处的偏导数.

解 由题设知,$f(0,0)=0$,由定义 9.7 得

$$f_x(0,0)=\lim_{\Delta x\to 0}\frac{\Delta_x z}{\Delta x}=\lim_{\Delta x\to 0}\frac{f(0+\Delta x,0)-f(0,0)}{\Delta x}=\lim_{\Delta x\to 0}\frac{0-0}{\Delta x}=0,$$

$$f_y(0,0)=\lim_{\Delta y\to 0}\frac{\Delta_y z}{\Delta y}=\lim_{\Delta y\to 0}\frac{f(0,0+\Delta y)-f(0,0)}{\Delta y}=\lim_{\Delta y\to 0}\frac{0-0}{\Delta y}=0.$$

注 由§9.1的例2知,该函数在点$(0,0)$处不连续.因此,对于二元函数,函数$f(x,y)$在点(x_0,y_0)处的偏导数存在与连续的关系,和一元函数$f(x)$在点x_0处的导数存在与连续的关系有所区别.

二、偏导数的几何意义

由定义9.7易知,函数$z=f(x,y)$在点(x_0,y_0)处对x的偏导数$\dfrac{\partial z}{\partial x}\Big|_{(x_0,y_0)}$,即为一元函数$z=f(x,y_0)$在点$x=x_0$处的导数,其几何意义为曲面$z=f(x,y)$与平面$y=y_0$相交得到的曲线$\begin{cases} z=f(x,y), \\ y=y_0 \end{cases}$在点$M_0(x_0,y_0,f(x_0,y_0))$处的切线$M_0 T_x$对$x$轴的斜率,如图9.4所示.

同理,偏导数$\dfrac{\partial z}{\partial y}\Big|_{(x_0,y_0)}$的几何意义为曲面$z=f(x,y)$与平面$x=x_0$相交得到的曲线$\begin{cases} z=f(x,y), \\ x=x_0 \end{cases}$在点$M_0(x_0,y_0,f(x_0,y_0))$处的切线$M_0 T_y$对$y$轴的斜率,如图9.4所示.

二元函数偏导数的几何意义

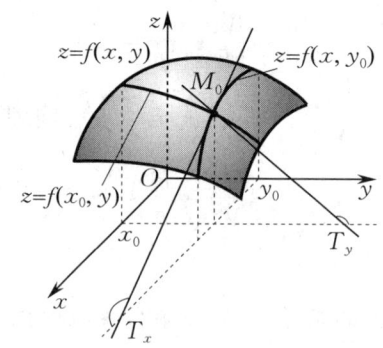

图 9.4

三、高阶偏导数

定义 9.9 设函数$z=f(x,y)$在区域D内具有偏导数$\dfrac{\partial z}{\partial x}=f_x(x,y)$,$\dfrac{\partial z}{\partial y}=$

$f_y(x,y)$,则在 D 内 $f_x(x,y)$,$f_y(x,y)$ 仍然是 x,y 的函数. 如果这两个函数对 x,y 的偏导数也存在,则称它们的偏导数为函数 $z=f(x,y)$ 的**二阶偏导数**.

按照对变量求导次序的不同,函数 $z=f(x,y)$ 的二阶偏导数有四个,它们分别为

$$f_{xx}(x,y)=\frac{\partial}{\partial x}\left(\frac{\partial z}{\partial x}\right)=\frac{\partial^2 z}{\partial x^2}, \quad f_{xy}(x,y)=\frac{\partial}{\partial y}\left(\frac{\partial z}{\partial x}\right)=\frac{\partial^2 z}{\partial x \partial y},$$

$$f_{yx}(x,y)=\frac{\partial}{\partial x}\left(\frac{\partial z}{\partial y}\right)=\frac{\partial^2 z}{\partial y \partial x}, \quad f_{yy}(x,y)=\frac{\partial}{\partial y}\left(\frac{\partial z}{\partial y}\right)=\frac{\partial^2 z}{\partial y^2},$$

其中 $f_{xy}(x,y)$,$f_{yx}(x,y)$ 称为**混合偏导数**.

类似地,可以定义函数 $z=f(x,y)$ 的三阶、四阶……n 阶偏导数.二阶及二阶以上的偏导数统称为**高阶偏导数**.同理可定义三元及三元以上函数的高阶偏导数.

例 5 求函数 $z=xy+x^2\sin y$ 的二阶偏导数.

解 由 $\dfrac{\partial z}{\partial x}=y+2x\sin y$,得

$$\frac{\partial^2 z}{\partial x^2}=\frac{\partial}{\partial x}(y+2x\sin y)=2\sin y,$$

$$\frac{\partial^2 z}{\partial x \partial y}=\frac{\partial}{\partial y}(y+2x\sin y)=1+2x\cos y.$$

由 $\dfrac{\partial z}{\partial y}=x+x^2\cos y$,得

$$\frac{\partial^2 z}{\partial y^2}=\frac{\partial}{\partial y}(x+x^2\cos y)=-x^2\sin y,$$

$$\frac{\partial^2 z}{\partial y \partial x}=\frac{\partial}{\partial x}(x+x^2\cos y)=1+2x\cos y.$$

例 5 中的两个混合偏导数相等,但这个结论并不是对任意二元函数都成立.事实上,有如下定理.

定理 9.4 如果函数 $z=f(x,y)$ 的两个混合偏导数 $\dfrac{\partial^2 z}{\partial y \partial x}$ 及 $\dfrac{\partial^2 z}{\partial x \partial y}$ 在区域 D 内连续,那么在 D 内必有 $\dfrac{\partial^2 z}{\partial y \partial x}=\dfrac{\partial^2 z}{\partial x \partial y}$.

证明从略.

定理 9.4 表明,对于函数 $z=f(x,y)$,当其混合偏导数 $\dfrac{\partial^2 z}{\partial y \partial x}$ 及 $\dfrac{\partial^2 z}{\partial x \partial y}$ 在区域 D 内连续时,求导结果与求导次序无关,选择方便的求导次序即可.同样,对于二元以上的多元函数,其高阶混合偏导数在偏导数连续的条件下与求导次序无关.

例 6 设函数 $u=x^2 y\ln z$. 求 $\dfrac{\partial^3 u}{\partial x \partial y \partial z}$.

解 $\dfrac{\partial u}{\partial x} = 2xy\ln z$,

$\dfrac{\partial^2 u}{\partial x \partial y} = \dfrac{\partial}{\partial y}(2xy\ln z) = 2x\ln z$,

$\dfrac{\partial^3 u}{\partial x \partial y \partial z} = \dfrac{\partial}{\partial z}(2x\ln z) = \dfrac{2x}{z}$.

习 题 9.2

1. 求下列函数的偏导数：

(1) $z = \dfrac{x+y}{x-y}$;

(2) $z = x^y$;

(3) $z = x\ln(xy)$;

(4) $u = \arctan(x-y)^z$.

2. 求下列函数在给定点处的偏导数：

(1) $f(x,y) = x^2 + (y-1)\arcsin\sqrt{\dfrac{x}{y}}, f_x(2,1)$;

(2) $f(x,y) = \dfrac{x}{\sqrt{x^2+y^2}}, \left.\dfrac{\partial f}{\partial x}\right|_{(1,2)}, \left.\dfrac{\partial f}{\partial y}\right|_{(1,2)}$.

3. 设函数 $u(x,y,z) = \dfrac{1}{\sqrt{x^2+y^2+z^2}}$. 证明：$\dfrac{\partial^2 u}{\partial x^2} + \dfrac{\partial^2 u}{\partial y^2} + \dfrac{\partial^2 u}{\partial z^2} = 0$.

4. 曲面 $z = \dfrac{x^2+y^2}{4}$ 与平面 $y = 4$ 相交所得曲线在点 $(2,4,5)$ 处的切线对 x 轴的倾角是多少？

二元函数偏导数的存在性

5. 设函数 $f(x,y) = \begin{cases} \dfrac{xy^2}{x^2+y^4}, & (x,y) \neq (0,0) \\ 0, & (x,y) = (0,0) \end{cases}$, 判断它在点 $(0,0)$ 处的偏导数是否存在.

§9.3 全微分及其应用

通过一元函数微分学的学习，我们知道一元函数 $y = f(x)$ 在点 x_0 处可微是指：如果当函数 $y = f(x)$ 的自变量 x 在点 x_0 处有增量 Δx 时，相应的函数值的增量 Δy 可以表示为 $\Delta y = A\Delta x + \alpha$，其中 A 是不依赖于 Δx 而只与 x_0 有关的常数，α 是比 Δx 高阶的无穷小，那么称 $A\Delta x$ 为 $y = f(x)$ 在点 x_0 处的微分，并称 $y = f(x)$ 在点 x_0 处可微.

类似地，可定义二元函数 $z = f(x,y)$ 在点 (x_0, y_0) 处的全微分.

一、全微分的定义

定义 9.10 设函数 $z = f(x,y)$ 在点 (x_0, y_0) 的某个邻域内有定义. 如果函数 $z = $

$f(x,y)$ 在点 (x_0,y_0) 的全增量 $\Delta z = f(x_0+\Delta x, y_0+\Delta y) - f(x_0,y_0)$ 可表示为
$$\Delta z = A\Delta x + B\Delta y + o(\rho),$$
其中 A,B 是不依赖于 $\Delta x,\Delta y$ 而仅与 x_0,y_0 有关的常数，$\rho = \sqrt{(\Delta x)^2 + (\Delta y)^2}$，则称 $z=f(x,y)$ 在点 (x_0,y_0) 处**可微**，而 $A\Delta x + B\Delta y$ 称为 $z=f(x,y)$ 在点 (x_0,y_0) 处的**全微分**，记为 $\mathrm{d}z$，即

全微分的定义

$$\mathrm{d}z = A\Delta x + B\Delta y.$$

如果函数 $z=f(x,y)$ 在区域 D 内的每一点处都可微，则称 $z=f(x,y)$ 在 D 内可微. 由定义 9.10 易得以下关于二元函数可微与连续的关系定理.

定理 9.5 如果函数 $z=f(x,y)$ 在点 (x,y) 处可微，则 $z=f(x,y)$ 在点 (x,y) 处一定连续.

证 由函数 $z=f(x,y)$ 在点 (x,y) 处可微可知
$$\Delta z = A\Delta x + B\Delta y + o(\rho),$$
于是有
$$\lim_{(\Delta x,\Delta y)\to(0,0)} \Delta z = \lim_{(\Delta x,\Delta y)\to(0,0)} (A\Delta x + B\Delta y) + \lim_{(\Delta x,\Delta y)\to(0,0)} o(\rho) = 0,$$
即 $z=f(x,y)$ 在点 (x,y) 处连续.

定理 9.5 也告诉我们，如果函数 $f(x,y)$ 在点 (x,y) 处不连续，则 $f(x,y)$ 在点 (x,y) 处不可微. 由此易知，§9.2 中例 4 的函数 $f(x,y)$ 在点 $(0,0)$ 处不可微，但其两个偏导数 $f_x(0,0), f_y(0,0)$ 均存在，即该函数在点 $(0,0)$ 处偏导数存在但不可微. 那么函数在一点处可微与函数在该点处偏导数存在有何关系呢？

例 1 设矩形金属薄片的长、宽分别为 x,y，则其面积为 $S(x,y)=xy$. 当金属薄片受热膨胀后，它的长由 x_0 增加到 $x_0+\Delta x$，宽由 y_0 增加到 $y_0+\Delta y$，则其面积 $S(x,y)$ 在膨胀前后的增量为
$$\Delta S = (x_0+\Delta x)(y_0+\Delta y) - x_0 y_0 = y_0\Delta x + x_0\Delta y + \Delta x\Delta y.$$
容易验证 $\Delta x\Delta y = o(\rho)$，则由定义 9.10 可知，面积函数 $S(x,y)$ 在点 (x,y) 处可微. 由于 $\dfrac{\partial S}{\partial x}=y, \dfrac{\partial S}{\partial y}=x$，因此有
$$A = y_0 = \left.\frac{\partial S}{\partial x}\right|_{(x_0,y_0)}, \quad B = x_0 = \left.\frac{\partial S}{\partial y}\right|_{(x_0,y_0)}.$$

一般地，函数 $z=f(x,y)$ 在一点处可微与函数在该点处的偏导数有如下关系.

定理 9.6（可微的必要条件） 如果函数 $z=f(x,y)$ 在点 (x,y) 处可微，则 $z=f(x,y)$ 在点 (x,y) 处的偏导数 $\dfrac{\partial z}{\partial x}, \dfrac{\partial z}{\partial y}$ 必定存在，且有 $A=\dfrac{\partial z}{\partial x}, B=\dfrac{\partial z}{\partial y}$，即
$$\mathrm{d}z = \frac{\partial z}{\partial x}\Delta x + \frac{\partial z}{\partial y}\Delta y. \tag{9-3}$$

证 因为函数 $z=f(x,y)$ 在点 (x,y) 处可微，所以其全增量可以表示为
$$\Delta z = A\Delta x + B\Delta y + o(\rho),$$

其中 A,B 与 $\Delta x,\Delta y$ 无关,$\rho=\sqrt{(\Delta x)^2+(\Delta y)^2}$. 上式对任意的 $\Delta x,\Delta y$ 都成立,特别地,当 $\Delta y=0$ 时,有
$$\Delta z=\Delta_x z=f(x+\Delta x,y)-f(x,y)=A\Delta x+o(\rho),$$
此时 $\rho=|\Delta x|$. 上式两边同除以 Δx,得
$$\frac{\Delta_x z}{\Delta x}=A+\frac{o(\rho)}{\Delta x},$$
从而
$$\lim_{\Delta x\to 0}\frac{\Delta_x z}{\Delta x}=\lim_{\Delta x\to 0}\left[A+\frac{o(\rho)}{\Delta x}\right]=\lim_{\Delta x\to 0}\left[A+\frac{o(\rho)}{|\Delta x|}\cdot\frac{|\Delta x|}{\Delta x}\right]=A,$$
即偏导数 $\frac{\partial z}{\partial x}$ 存在,且 $\frac{\partial z}{\partial x}=A$.

同理可证 $\frac{\partial z}{\partial y}$ 存在,且 $\frac{\partial z}{\partial y}=B$.

由此可知,当函数 $z=f(x,y)$ 在点 (x,y) 处可微时,必有
$$\mathrm{d}z=\frac{\partial z}{\partial x}\Delta x+\frac{\partial z}{\partial y}\Delta y.$$
类似于一元函数,我们规定 $\Delta x=\mathrm{d}x,\Delta y=\mathrm{d}y$,则上式也可写为
$$\mathrm{d}z=\frac{\partial z}{\partial x}\mathrm{d}x+\frac{\partial z}{\partial y}\mathrm{d}y.$$

定理 9.6 表明,函数 $z=f(x,y)$ 在点 (x,y) 处的偏导数存在是 $z=f(x,y)$ 在点 (x,y) 处可微的必要而非充分条件,即函数 $z=f(x,y)$ 在点 (x,y) 处的偏导数存在不能推得 $z=f(x,y)$ 在该点处可微.

例 2 判断函数 $f(x,y)=\begin{cases}\dfrac{xy}{\sqrt{x^2+y^2}}, & (x,y)\neq(0,0),\\ 0, & (x,y)=(0,0)\end{cases}$ 在点 $(0,0)$ 处是否可微.

解 由题设知,$f(0,0)=0$,由定义 9.7 得
$$f_x(0,0)=\lim_{\Delta x\to 0}\frac{\Delta_x z}{\Delta x}=\lim_{\Delta x\to 0}\frac{f(0+\Delta x,0)-f(0,0)}{\Delta x}=\lim_{\Delta x\to 0}\frac{0-0}{\Delta x}=0,$$
$$f_y(0,0)=\lim_{\Delta y\to 0}\frac{\Delta_y z}{\Delta y}=\lim_{\Delta y\to 0}\frac{f(0,0+\Delta y)-f(0,0)}{\Delta y}=\lim_{\Delta y\to 0}\frac{0-0}{\Delta y}=0,$$
所以
$$\Delta z-[f_x(0,0)\Delta x+f_y(0,0)\Delta y]=\frac{\Delta x\Delta y}{\sqrt{(\Delta x)^2+(\Delta y)^2}}.$$
令 $\Delta y=k\Delta x$,则有
$$\lim_{\rho\to 0}\frac{\frac{\Delta x\Delta y}{\sqrt{(\Delta x)^2+(\Delta y)^2}}}{\rho}=\lim_{(\Delta x,\Delta y)\to(0,0)}\frac{\Delta x\Delta y}{(\Delta x)^2+(\Delta y)^2}=\lim_{(\Delta x,\Delta y)\to(0,0)}\frac{\Delta x\cdot k\Delta x}{(\Delta x)^2+(k\Delta x)^2}$$
$$=\frac{k}{1+k^2}.$$

显然,当 k 取不同的值时,上式的极限值也不相同.故当 $\rho \to 0$ 时,$\Delta z - [f_x(0,0)\Delta x + f_y(0,0)\Delta y]$ 不是比 ρ 高阶的无穷小,由定义 9.10 得,函数 $f(x,y)$ 在点 $(0,0)$ 处不可微.

定理 9.7 （可微的充分条件） 如果函数 $z = f(x,y)$ 在点 (x,y) 处的偏导数 $\dfrac{\partial z}{\partial x}, \dfrac{\partial z}{\partial y}$ 都存在且连续,则 $z = f(x,y)$ 在点 (x,y) 处可微.

证明从略.

以上关于二元函数全微分的概念及结论,对三元及三元以上的函数也成立.例如,若三元函数 $u = f(x,y,z)$ 的偏导数 $\dfrac{\partial u}{\partial x}, \dfrac{\partial u}{\partial y}, \dfrac{\partial u}{\partial z}$ 在点 (x,y,z) 处连续,则 $u = f(x,y,z)$ 在点 (x,y,z) 处的全微分为

$$\mathrm{d}u = \frac{\partial u}{\partial x}\mathrm{d}x + \frac{\partial u}{\partial y}\mathrm{d}y + \frac{\partial u}{\partial z}\mathrm{d}z. \tag{9-4}$$

例 3 求函数 $z = x^2 y^3$ 在点 $(2,-1)$ 处当 $\Delta x = 0.02, \Delta y = -0.01$ 时的全增量与全微分.

解 全增量为
$$\Delta z = f(x+\Delta x, y+\Delta y) - f(x,y) = 2.02^2 \times (-1.01)^3 - 2^2 \times (-1)^3 = -0.204,$$
全微分为
$$\mathrm{d}z\bigg|_{(2,-1)} = \frac{\partial z}{\partial x}\bigg|_{(2,-1)}\Delta x + \frac{\partial z}{\partial y}\bigg|_{(2,-1)}\Delta y = 2xy^3\bigg|_{(2,-1)}\Delta x + 3x^2 y^2\bigg|_{(2,-1)}\Delta y$$
$$= 2 \times 2 \times (-1)^3 \times 0.02 + 3 \times 2^2 \times (-1)^2 \times (-0.01) = -0.2.$$

例 4 求函数 $z = x^2 y + \mathrm{e}^{2x}$ 在点 $(1,2)$ 处的全微分.

解 $\mathrm{d}z\bigg|_{(1,2)} = \dfrac{\partial z}{\partial x}\bigg|_{(1,2)}\mathrm{d}x + \dfrac{\partial z}{\partial y}\bigg|_{(1,2)}\mathrm{d}y = (2xy + 2\mathrm{e}^{2x})\bigg|_{(1,2)}\mathrm{d}x + x^2\bigg|_{(1,2)}\mathrm{d}y$
$$= (4 + 2\mathrm{e}^2)\mathrm{d}x + \mathrm{d}y.$$

例 5 求函数 $u = x^2 + \sin\dfrac{y}{2} + \arctan\dfrac{z}{y}$ 的全微分.

解 因 $\dfrac{\partial u}{\partial x} = 2x, \dfrac{\partial u}{\partial y} = \dfrac{1}{2}\cos\dfrac{y}{2} - \dfrac{z}{y^2 + z^2}, \dfrac{\partial u}{\partial z} = \dfrac{y}{y^2 + z^2}$,故

$$\mathrm{d}u = 2x\,\mathrm{d}x + \left(\frac{1}{2}\cos\frac{y}{2} - \frac{z}{y^2+z^2}\right)\mathrm{d}y + \frac{y}{y^2+z^2}\mathrm{d}z.$$

二、全微分在近似计算中的应用

当函数 $z = f(x,y)$ 在点 (x,y) 处的两个偏导数 $f_x(x,y), f_y(x,y)$ 均连续,且 $|\Delta x|, |\Delta y|$ 都较小时,有如下近似表达式：

$$\Delta z \approx \mathrm{d}z = f_x(x,y)\Delta x + f_y(x,y)\Delta y, \tag{9-5}$$

上式也可以表示为

$$f(x+\Delta x, y+\Delta y) \approx f(x,y) + f_x(x,y)\Delta x + f_y(x,y)\Delta y. \tag{9-6}$$

与一元函数的情形相类似，我们可以利用式(9-5)和式(9-6)对二元函数做近似计算．

例6 计算 $\sqrt{1.02^2+1.97^3}$ 的近似值．

解 令函数 $f(x,y)=\sqrt{x^2+y^3}$，取 $x_0=1, y_0=2, \Delta x=0.02, \Delta y=-0.03$．由于
$$f(x_0,y_0)=3,$$
$$f_x(x,y)=\frac{x}{\sqrt{x^2+y^3}}, \quad f_y(x,y)=\frac{3y^2}{2\sqrt{x^2+y^3}},$$
$$f_x(x_0,y_0)=\frac{1}{3}, \quad f_y(x_0,y_0)=2,$$

因此由式(9-6)得
$$\sqrt{1.02^2+1.97^3} \approx 3+\frac{1}{3}\times 0.02+2\times(-0.03) \approx 2.947.$$

习 题 9.3

1. 设函数 $z=e^{xy}$．求 dz．
2. 设函数 $z=\ln\sqrt{1+x^2+y^2}$．求 $dz\big|_{(1,1)}$．
3. 设函数 $u=(xy)^z$．求 du．
4. 求函数 $z=\dfrac{x}{y}$ 在点 $(2,-1)$ 处当 $\Delta x=0.2, \Delta y=0.1$ 时的全增量与全微分．
5. 求函数 $z=\ln(1+x^2+y^2)$ 当 $x=1, y=2$ 时的全微分．
6. 计算 $(1.03)^{2.01}$ 的近似值．

§9.4 多元复合函数的求导法则

本节我们将一元函数微分学中复合函数的求导法则推广到多元复合函数的情形．首先讨论内层和外层函数都是二元函数的基本情形下的多元复合函数的求导法则．

定理 9.8 设函数 $u=\varphi(x,y)$ 及 $v=\psi(x,y)$ 在点 (x,y) 处的偏导数都存在，函数 $z=f(u,v)$ 在对应点 (u,v) 处具有连续偏导数，则复合函数 $z=f[\varphi(x,y),\psi(x,y)]$ 在点 (x,y) 处的偏导数存在，且有

$$\frac{\partial z}{\partial x}=\frac{\partial z}{\partial u}\cdot\frac{\partial u}{\partial x}+\frac{\partial z}{\partial v}\cdot\frac{\partial v}{\partial x}, \tag{9-7}$$

$$\frac{\partial z}{\partial y}=\frac{\partial z}{\partial u}\cdot\frac{\partial u}{\partial y}+\frac{\partial z}{\partial v}\cdot\frac{\partial v}{\partial y}. \tag{9-8}$$

证明从略. 定理 9.8 中多元复合函数的变量关系图如图 9.5 所示,借助变量关系图,可以更加直观地理解式(9-7)和式(9-8).

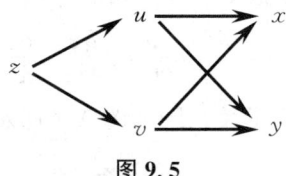

图 9.5

例 1 设函数 $z = e^u \sin v$,其中 $u = xy$,$v = x + y$. 求 $\dfrac{\partial z}{\partial x}$,$\dfrac{\partial z}{\partial y}$.

解 复合函数的变量关系符合图 9.5,则由式(9-7)和式(9-8)得

$$\dfrac{\partial z}{\partial x} = \dfrac{\partial z}{\partial u} \cdot \dfrac{\partial u}{\partial x} + \dfrac{\partial z}{\partial v} \cdot \dfrac{\partial v}{\partial x} = e^u \sin v \cdot y + e^u \cos v \cdot 1$$

$$= e^{xy}[y \sin(x+y) + \cos(x+y)],$$

$$\dfrac{\partial z}{\partial y} = \dfrac{\partial z}{\partial u} \cdot \dfrac{\partial u}{\partial y} + \dfrac{\partial z}{\partial v} \cdot \dfrac{\partial v}{\partial y} = e^u \sin v \cdot x + e^u \cos v \cdot 1$$

$$= e^{xy}[x \sin(x+y) + \cos(x+y)].$$

定理 9.8 的结论可以推广到以下多元复合函数的特殊情形.

(1) 外层函数是一元函数,内层函数是多元函数.

定理 9.9 设函数 $u = \varphi(x, y)$ 在点 (x, y) 处的偏导数存在,函数 $z = f(u)$ 在对应点 u 处可导,则复合函数 $z = f[\varphi(x, y)]$ 在点 (x, y) 处的偏导数存在,且有

$$\dfrac{\partial z}{\partial x} = \dfrac{\mathrm{d} z}{\mathrm{d} u} \cdot \dfrac{\partial u}{\partial x}, \tag{9-9}$$

$$\dfrac{\partial z}{\partial y} = \dfrac{\mathrm{d} z}{\mathrm{d} u} \cdot \dfrac{\partial u}{\partial y}. \tag{9-10}$$

定理 9.9 中多元复合函数的变量关系图如图 9.6 所示.

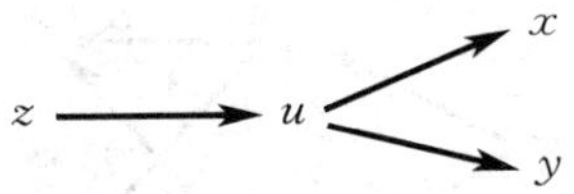

图 9.6

例 2 设函数 $u = e^v$,其中 $v = x^2 + y^2$. 求 $\dfrac{\partial z}{\partial x}$,$\dfrac{\partial z}{\partial y}$.

解 复合函数的变量关系符合图 9.6,则由式(9-9)和式(9-10)得

$$\dfrac{\partial u}{\partial x} = \dfrac{\mathrm{d} u}{\mathrm{d} v} \cdot \dfrac{\partial v}{\partial x} = e^v \cdot 2x = 2x e^{x^2 + y^2},$$

$$\dfrac{\partial u}{\partial y} = \dfrac{\mathrm{d} u}{\mathrm{d} v} \cdot \dfrac{\partial v}{\partial y} = e^v \cdot 2y = 2y e^{x^2 + y^2}.$$

(2) 外层函数是多元函数,内层函数均为一元函数.

定理 9.10 设函数 $u=\varphi(x)$ 及 $v=\psi(x)$ 在点 x 处都可导,函数 $z=f(u,v)$ 在对应点 (u,v) 处具有连续偏导数,则复合函数 $z=f[\varphi(x),\psi(x)]$ 在点 x 处可导,且有

$$\frac{\mathrm{d}z}{\mathrm{d}x}=\frac{\partial z}{\partial u}\cdot\frac{\mathrm{d}u}{\mathrm{d}x}+\frac{\partial z}{\partial v}\cdot\frac{\mathrm{d}v}{\mathrm{d}x}. \tag{9-11}$$

定理 9.10 中多元复合函数的变量关系图如图 9.7 所示.式(9-11) 称为全导数公式.

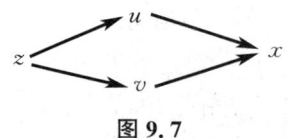

图 9.7

例 3 设函数 $z=uv$,其 $u=\mathrm{e}^t,v=\sin t$.求全导数 $\dfrac{\mathrm{d}z}{\mathrm{d}t}$.

解 复合函数的变量关系符合图 9.7,则由式(9-11) 得

$$\frac{\mathrm{d}z}{\mathrm{d}t}=\frac{\partial z}{\partial u}\cdot\frac{\mathrm{d}u}{\mathrm{d}t}+\frac{\partial z}{\partial v}\cdot\frac{\mathrm{d}v}{\mathrm{d}t}=v\cdot\mathrm{e}^t+u\cdot\cos t$$
$$=\sin t\cdot\mathrm{e}^t+\mathrm{e}^t\cdot\cos t=\mathrm{e}^t(\sin t+\cos t).$$

(3) 外层函数是多元函数,内层函数既有一元函数又有多元函数.

定理 9.11 设函数 $u=\varphi(x,y)$ 在点 (x,y) 处的偏导数存在,函数 $v=\psi(x)$ 点在 x 处可导,函数 $z=f(u,v)$ 在对应点 (u,v) 处具有连续偏导数,则复合函数 $z=f[\varphi(x,y),\psi(x)]$ 在点 (x,y) 处的偏导数存在,且有

$$\frac{\partial z}{\partial x}=\frac{\partial z}{\partial u}\cdot\frac{\partial u}{\partial x}+\frac{\partial z}{\partial v}\cdot\frac{\mathrm{d}v}{\mathrm{d}x}, \tag{9-12}$$

$$\frac{\partial z}{\partial y}=\frac{\partial z}{\partial u}\cdot\frac{\partial u}{\partial y}. \tag{9-13}$$

定理 9.11 中多元复合函数的变量关系图如图 9.8 所示.

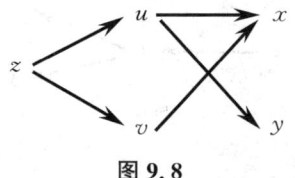

图 9.8

例 4 设函数 $z=\mathrm{e}^u\sin v$,其中 $u=xy,v=x$.求 $\dfrac{\partial z}{\partial x}$ 和 $\dfrac{\partial z}{\partial y}$.

解 复合函数的变量关系符合图 9.8,则由式(9-12) 和式(9-13) 得

$$\frac{\partial z}{\partial x}=\frac{\partial z}{\partial u}\cdot\frac{\partial u}{\partial x}+\frac{\partial z}{\partial v}\cdot\frac{\mathrm{d}v}{\mathrm{d}x}=\mathrm{e}^u\sin v\cdot y+\mathrm{e}^u\cos v\cdot 1=\mathrm{e}^{xy}(y\sin x+\cos x),$$
$$\frac{\partial z}{\partial y}=\frac{\partial z}{\partial u}\cdot\frac{\partial u}{\partial y}=\mathrm{e}^u\sin v\cdot x=x\mathrm{e}^{xy}\sin x.$$

(4) 某些自变量也是中间变量.

定理 9.12 设函数 $u=\varphi(x,y)$ 及 $v=\psi(x,y)$ 在点 (x,y) 处的偏导数都存在,函数 $z=f(x,y,u,v)$ 在对应点 (x,y,u,v) 处具有连续偏导数,则复合函数 $z=f[x,y,\varphi(x,y),\psi(x,y)]$ 在点 (x,y) 处的偏导数存在,且有

$$\frac{\partial z}{\partial x}=\frac{\partial f}{\partial x}+\frac{\partial f}{\partial u}\cdot\frac{\partial u}{\partial x}+\frac{\partial f}{\partial v}\cdot\frac{\partial v}{\partial x}, \tag{9-14}$$

$$\frac{\partial z}{\partial y}=\frac{\partial f}{\partial y}+\frac{\partial f}{\partial u}\cdot\frac{\partial u}{\partial y}+\frac{\partial f}{\partial v}\cdot\frac{\partial v}{\partial y}. \tag{9-15}$$

定理 9.12 中多元复合函数的变量关系图如图 9.9 所示.

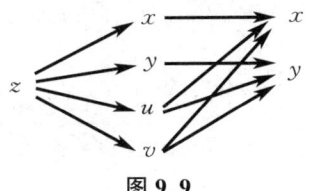

图 9.9

注 定理 9.12 中的 $\frac{\partial z}{\partial x}$ 与 $\frac{\partial f}{\partial x}$ 是不同的,$\frac{\partial z}{\partial x}$ 是将二元函数 $z=f[x,y,\varphi(x,y),\psi(x,y)]$ 中的 y 视作常数而对 x 的偏导数,而 $\frac{\partial f}{\partial x}$ 是将四元函数 $z=f(x,y,u,v)$ 中的 y,u,v 视作常数而对 x 的偏导数. $\frac{\partial z}{\partial y}$ 与 $\frac{\partial f}{\partial y}$ 也有类似的区别.

例 5 设函数 $z=xy+xu$,其中 $u=\dfrac{y}{x}$.求 $\dfrac{\partial z}{\partial x},\dfrac{\partial z}{\partial y}$.

解 复合函数的变量关系符合图 9.9,则由式(9-14) 和式(9-15) 得

$$\frac{\partial z}{\partial x}=\frac{\partial f}{\partial x}+\frac{\partial f}{\partial u}\cdot\frac{\partial u}{\partial x}=(y+u)+x\cdot\left(-\frac{y}{x^2}\right)=y+u-\frac{y}{x}=y,$$

$$\frac{\partial z}{\partial y}=\frac{\partial f}{\partial y}+\frac{\partial f}{\partial u}\cdot\frac{\partial u}{\partial y}=x+x\cdot\frac{1}{x}=x+1.$$

例 6 设函数 $z=f\left(\dfrac{y}{x},x+2y,y\sin x\right)$.求 $\dfrac{\partial z}{\partial x},\dfrac{\partial z}{\partial y}$.

解 令 $u=\dfrac{y}{x},v=x+2y,w=y\sin x$,则 $z=f(u,v,w)$.复合函数的变量关系图如图 9.10 所示,则有

$$\frac{\partial z}{\partial x}=\frac{\partial f}{\partial u}\cdot\frac{\partial u}{\partial x}+\frac{\partial f}{\partial v}\cdot\frac{\partial v}{\partial x}+\frac{\partial f}{\partial w}\cdot\frac{\partial w}{\partial x}=f_u\cdot\left(-\frac{y}{x^2}\right)+f_v\cdot 1+f_w\cdot y\cos x$$

$$=-\frac{y}{x^2}f_u+f_v+y\cos xf_w,$$

$$\frac{\partial z}{\partial y}=\frac{\partial f}{\partial u}\cdot\frac{\partial u}{\partial y}+\frac{\partial f}{\partial v}\cdot\frac{\partial v}{\partial y}+\frac{\partial f}{\partial w}\cdot\frac{\partial w}{\partial y}=f_u\cdot\frac{1}{x}+f_v\cdot 2+f_w\cdot\sin x$$

$$=\frac{1}{x}f_u+2f_v+\sin xf_w.$$

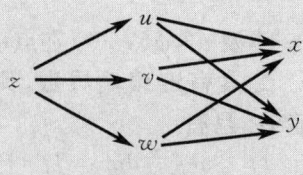

图 9.10

为方便表示,常采用 f'_1, f'_2, f'_3 相应地表示 f_u, f_v, f_w, f'_i 表示函数 z 对第 i 个中间变量的偏导数 $(i=1,2,3)$,因此上式也可写成

$$\frac{\partial z}{\partial x} = -\frac{y}{x^2}f'_1 + f'_2 + y\cos x f'_3,$$

$$\frac{\partial z}{\partial y} = \frac{1}{x}f'_1 + 2f'_2 + \sin x f'_3.$$

习 题 9.4

1. 设函数 $z = u^2 + v^2$,其中 $u = x + y, v = xy$. 求 $\dfrac{\partial z}{\partial x}$ 和 $\dfrac{\partial z}{\partial y}$.

2. 设函数 $z = u\ln v$,其中 $u = \dfrac{x}{y}, v = x - y$. 求 $\dfrac{\partial z}{\partial x}$ 和 $\dfrac{\partial z}{\partial y}$.

3. 设函数 $z = u^2 v$,其中 $u = \sin x, v = \cos x$. 求 $\dfrac{dz}{dx}$.

4. 设函数 $z = \arcsin(x - y)$,其中 $x = 3t, y = 2t^2$. 求 $\dfrac{dz}{dt}$.

5. 设函数 $z = \ln(u - v)$,其中 $u = \dfrac{1}{2}x^2, v = xy$. 求 $\dfrac{\partial z}{\partial x}$ 和 $\dfrac{\partial z}{\partial y}$.

6. 设函数 $z = \arctan(xy)$,其中 $y = e^{2x}$. 求 $\dfrac{dz}{dx}$.

7. 设函数 $u = \dfrac{1}{2}e^x(y - z)$,其中 $y = \sin x, z = \cos x$. 求 $\dfrac{du}{dx}$.

8. 求下列函数的偏导数(f 可微):

(1) $u = f\left(\dfrac{x}{y}, \dfrac{y}{z}\right)$;　　(2) $z = f(x^2 + y^2)$;　　(3) $u = f(x, xy, xyz)$.

多元复合函数
偏导数的计算

§9.5 隐函数的求导公式

在一元函数微分学中,我们给出了隐函数的概念,并通过例题给出了由方程 $F(x,y) = 0$ 所确定的一元隐函数的求导方法. 本节我们将利用多元复合函数的求导法则推导隐函数的求导公式,并给出隐函数存在定理.

一、一元隐函数的求导公式

定理 9.13（隐函数存在定理 1） 设函数 $F(x,y)$ 在点 $P_0(x_0,y_0)$ 的某个邻域内满足：
(1) 具有连续偏导数 F_x, F_y；
(2) $F(x_0, y_0) = 0$；
(3) $F_y(x_0, y_0) \neq 0$，

则方程 $F(x,y)=0$ 在点 $P_0(x_0,y_0)$ 的某个邻域内可以唯一确定一个具有连续导数的一元隐函数 $y=f(x)$，它满足 $y_0 = f(x_0)$，且

$$\frac{dy}{dx} = -\frac{F_x}{F_y}. \tag{9-16}$$

证明从略，现仅对式(9-16)做如下推导.

将函数 $y=f(x)$ 代入方程 $F(x,y)=0$ 中，得

$$F[x, f(x)] \equiv 0.$$

令 $z = F(x,y)$，其中 $y=f(x)$，则 z 是 x, y 的函数，且 $z \equiv 0$，从而 $\frac{\partial z}{\partial x} = 0$. 又由多元复合函数的求导法则，有

$$\frac{\partial z}{\partial x} = \frac{\partial F}{\partial x} + \frac{\partial F}{\partial y} \cdot \frac{dy}{dx},$$

故

$$\frac{\partial F}{\partial x} + \frac{\partial F}{\partial y} \cdot \frac{dy}{dx} = 0.$$

再由定理 9.13 的条件知，存在点 $P_0(x_0, y_0)$ 的某个邻域，使得 $F_y \neq 0$，从而在该邻域内有

$$\frac{dy}{dx} = -\frac{\dfrac{\partial F}{\partial x}}{\dfrac{\partial F}{\partial y}} = -\frac{F_x}{F_y}.$$

式(9-16)即为由方程 $F(x,y)=0$ 所确定的一元隐函数 $y=f(x)$ 的求导公式.

例 1 求由方程 $y^5 + 2y - x - 3x^7 = 0$ 所确定的一元隐函数 $y=f(x)$ 的导数.
解 令函数 $F(x,y) = y^5 + 2y - x - 3x^7$，则

$$F_x = -1 - 21x^6, \quad F_y = 5y^4 + 2,$$

应用式(9-16)得

$$\frac{dy}{dx} = -\frac{F_x}{F_y} = -\frac{-1-21x^6}{5y^4+2} = \frac{1+21x^6}{5y^4+2}.$$

二、二元隐函数的求导公式

定理 9.14（隐函数存在定理 2） 设函数 $F(x,y,z)$ 在点 $P_0(x_0,y_0,z_0)$ 的某个邻域内满足：

(1) 具有连续偏导数 F_x, F_y, F_z；

(2) $F(x_0, y_0, z_0) = 0$；

(3) $F_z(x_0, y_0, z_0) \neq 0$，

则方程 $F(x,y,z)=0$ 在点 $P_0(x_0, y_0, z_0)$ 的某个邻域内可唯一确定一个具有连续偏导数的二元隐函数 $z=f(x,y)$，它满足 $z_0 = f(x_0, y_0)$，且

$$\frac{\partial z}{\partial x} = -\frac{F_x}{F_z}, \quad \frac{\partial z}{\partial y} = -\frac{F_y}{F_z}. \tag{9-17}$$

证明从略，同样仅对式(9-17)做如下推导.

将函数 $z=f(x,y)$ 代入方程 $F(x,y,z)=0$ 中，得

$$F[x, y, f(x,y)] \equiv 0.$$

令 $u = F(x,y,z)$，其中 $z = f(x,y)$，则 u 是 x,y,z 的函数，且 $u \equiv 0$，从而

$$\frac{\partial u}{\partial x} = 0, \quad \frac{\partial u}{\partial y} = 0.$$

又由多元复合函数的求导法则，有

$$\frac{\partial u}{\partial x} = \frac{\partial F}{\partial x} + \frac{\partial F}{\partial z} \cdot \frac{\partial z}{\partial x}, \quad \frac{\partial u}{\partial y} = \frac{\partial F}{\partial y} + \frac{\partial F}{\partial z} \cdot \frac{\partial z}{\partial y},$$

故

$$\frac{\partial F}{\partial x} + \frac{\partial F}{\partial z} \cdot \frac{\partial z}{\partial x} = 0, \quad \frac{\partial F}{\partial y} + \frac{\partial F}{\partial z} \cdot \frac{\partial z}{\partial y} = 0.$$

再由定理9.14的条件知，存在点 $P_0(x_0, y_0, z_0)$ 的某个邻域，使得 $F_z \neq 0$，从而在该邻域内有

$$\frac{\partial z}{\partial x} = -\frac{F_x}{F_z}, \quad \frac{\partial z}{\partial y} = -\frac{F_y}{F_z}.$$

式(9-17)即为由方程 $F(x,y,z)=0$ 所确定的二元隐函数 $z=f(x,y)$ 的求导公式.

例 2 求由方程 $x+y^2-e^z = z$ 所确定的二元隐函数 $z=z(x,y)$ 的偏导数 $\frac{\partial z}{\partial x}$，$\frac{\partial z}{\partial y}$ 和 $\frac{\partial^2 z}{\partial x \partial y}$.

解 令函数 $F(x,y,z) = x + y^2 - e^z - z$，则

$$F_x = 1, \quad F_y = 2y, \quad F_z = -e^z - 1.$$

应用式(9-17)得

$$\frac{\partial z}{\partial x} = -\frac{F_x}{F_z} = \frac{1}{e^z + 1}, \quad \frac{\partial z}{\partial y} = -\frac{F_y}{F_z} = \frac{2y}{e^z + 1},$$

从而

$$\frac{\partial^2 z}{\partial x \partial y} = \frac{\partial}{\partial y}\left(\frac{\partial z}{\partial x}\right) = \frac{\partial}{\partial y}\left(\frac{1}{e^z+1}\right) = \frac{-e^z \cdot \frac{\partial z}{\partial y}}{(e^z+1)^2} = \frac{-e^z \cdot \frac{2y}{e^z+1}}{(e^z+1)^2} = -\frac{2y e^z}{(e^z+1)^3}.$$

习 题 9.5

1. 求由下列方程所确定的一元隐函数 $y = f(x)$ 的导数 $\dfrac{dy}{dx}$：

(1) $\sin y + e^x - xy^2 = 0$；

(2) $\ln \sqrt{x^2 + y^2} = \arctan \dfrac{y}{x}$.

2. 求由下列方程所确定的二元隐函数 $z = z(x, y)$ 的偏导数 $\dfrac{\partial z}{\partial x}$ 和 $\dfrac{\partial z}{\partial y}$：

(1) $\dfrac{x}{z} = \ln \dfrac{z}{y}$；

(2) $e^{xy} - \arctan z + xyz = 0$.

3. 设 $z^3 - 2xz + y = 0$. 求 $\dfrac{\partial^2 z}{\partial x^2}, \dfrac{\partial^2 z}{\partial y^2}, \dfrac{\partial^2 z}{\partial x \partial y}$.

4. 设 $x + z = yf(x^2 - z^2)$，其中函数 f 可微. 证明：$z \dfrac{\partial z}{\partial x} + y \dfrac{\partial z}{\partial y} = x$.

§9.6　多元函数微分学的几何应用

本节主要介绍多元函数微分学的几何应用，包括求空间曲线的切线与法平面及空间曲面的切平面与法线.

一、空间曲线的切线与法平面

定义 9.11　设 M_0 是曲线 Γ 上的一点，M 是 Γ 上不同于点 M_0 的另一点. 当点 M 沿曲线 Γ 趋于点 M_0 时，割线 $M_0 M$ 的极限位置 $M_0 T$（如果存在的话），称为曲线 Γ 在点 M_0 处的**切线**，如图 9.11 所示. 过点 M_0 且与切线 $M_0 T$ 垂直的平面，称为曲线 Γ 在点 M_0 处的**法平面**.

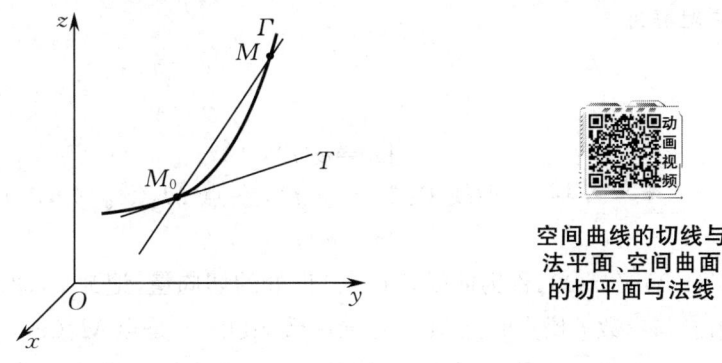

图 9.11

下面利用定义 9.11 建立曲线 Γ 在点 $M_0(x_0, y_0, z_0)$ 处的切线与法平面的方程.

设曲线 Γ 的参数方程为

$$\begin{cases} x = \varphi(t), \\ y = \psi(t), \quad \alpha \leqslant t \leqslant \beta, \\ z = \omega(t), \end{cases} \tag{9-18}$$

其中函数 $\varphi(t), \psi(t)$ 和 $\omega(t)$ 均在区间 (α, β) 内可导，且 $\varphi'^2(t) + \psi'^2(t) + \omega'^2(t) \neq 0$. 又设与点 $M_0(x_0, y_0, z_0), M(x_0 + \Delta x, y_0 + \Delta y, z_0 + \Delta z)$（点 M 在曲线 Γ 上）对应的参数分别为 t_0 与 $t_0 + \Delta t$，且 $t_0, t_0 + \Delta t \in (\alpha, \beta)$，则割线 $M_0 M$ 的方程为

$$\frac{x - x_0}{\Delta x} = \frac{y - y_0}{\Delta y} = \frac{z - z_0}{\Delta z}.$$

将上式中各分母同除以 Δt，得

$$\frac{x - x_0}{\frac{\Delta x}{\Delta t}} = \frac{y - y_0}{\frac{\Delta y}{\Delta t}} = \frac{z - z_0}{\frac{\Delta z}{\Delta t}}.$$

当点 M 沿曲线 Γ 趋于点 M_0 时，有 $\Delta x \to 0, \Delta y \to 0, \Delta z \to 0$，即 $\Delta t \to 0$，对上式取极限得

$$\frac{x - x_0}{\lim\limits_{\Delta t \to 0} \frac{\Delta x}{\Delta t}} = \frac{y - y_0}{\lim\limits_{\Delta t \to 0} \frac{\Delta y}{\Delta t}} = \frac{z - z_0}{\lim\limits_{\Delta t \to 0} \frac{\Delta z}{\Delta t}}.$$

因为函数 $\varphi(t), \psi(t), \omega(t)$ 均在点 t_0 处可导，所以有

$$\frac{x - x_0}{\varphi'(t_0)} = \frac{y - y_0}{\psi'(t_0)} = \frac{z - z_0}{\omega'(t_0)} \tag{9-19}$$

方程 (9-19) 即为曲线 Γ 在点 $M_0(x_0, y_0, z_0)$ 处的切线的方程，其中 t_0 是点 M_0 对应的参数值.

注 （1）若 $\varphi'(t_0), \psi'(t_0)$ 和 $\omega'(t_0)$ 中有一个为零，如 $\varphi'(t_0) = 0$，则切线方程 (9-19) 应理解为

$$\begin{cases} x = x_0, \\ \dfrac{y - y_0}{\psi'(t_0)} = \dfrac{z - z_0}{\omega'(t_0)}. \end{cases}$$

（2）若 $\varphi'(t_0), \psi'(t_0)$ 和 $\omega'(t_0)$ 中有两个为零，如 $\varphi'(t_0) = \psi'(t_0) = 0$，则切线方程 (9-19) 应理解为

$$\begin{cases} x = x_0, \\ y = y_0. \end{cases}$$

定义 9.12 曲线 $\Gamma: \begin{cases} x = \varphi(t), \\ y = \psi(t), \\ z = \omega(t) \end{cases}$ 在点 $M_0(x_0, y_0, z_0)$ 处的切线的方向向量 $(\varphi'(t_0), \psi'(t_0), \omega'(t_0))$，称为曲线 Γ 在点 M_0 处的**切向量**，记为 $\boldsymbol{T}$，即 $\boldsymbol{T} = (\varphi'(t_0), \psi'(t_0), \omega'(t_0))$，其指向与参数 t 增大时点 M 的走向一致，其中 t_0 是点 $M_0(x_0, y_0, z_0)$ 对应的参数值.

由上述讨论易知，曲线 Γ 在点 $M_0(x_0, y_0, z_0)$ 处的法平面的方程为

$$\varphi'(t_0)(x - x_0) + \psi'(t_0)(y - y_0) + \omega'(t_0)(z - z_0) = 0. \tag{9-20}$$

注 求曲线 Γ 在点 M_0 处的切线与法平面的关键是求出曲线 Γ 在点 M_0 处的切向量 $\boldsymbol{T}$，切向量可作为曲线 Γ 在点 M_0 处的切线的方向向量和法平面的法向量.

例 1 求螺旋线 $\begin{cases} x = R\cos\theta, \\ y = R\sin\theta, \\ z = k\theta \end{cases}$ (R, k 为常数) 上对应于 $\theta = \dfrac{\pi}{2}$ 的点处的切线及法平面的方程.

解 当 $\theta = \dfrac{\pi}{2}$ 时,有 $x = R\cos\dfrac{\pi}{2} = 0, y = R\sin\dfrac{\pi}{2} = R, z = \dfrac{k\pi}{2}$,故对应点的坐标为 $\left(0, R, \dfrac{k\pi}{2}\right)$. 又

$$\dfrac{\mathrm{d}x}{\mathrm{d}\theta}\bigg|_{\theta=\frac{\pi}{2}} = -R\sin\theta\bigg|_{\theta=\frac{\pi}{2}} = -R,$$

$$\dfrac{\mathrm{d}y}{\mathrm{d}\theta}\bigg|_{\theta=\frac{\pi}{2}} = R\cos\theta\bigg|_{\theta=\frac{\pi}{2}} = 0,$$

$$\dfrac{\mathrm{d}z}{\mathrm{d}\theta}\bigg|_{\theta=\frac{\pi}{2}} = k\bigg|_{\theta=\frac{\pi}{2}} = k,$$

所以 $\boldsymbol{T} = (-R, 0, k)$. 因此,所求切线的方程为

$$\dfrac{x}{-R} = \dfrac{y-R}{0} = \dfrac{z-\dfrac{k\pi}{2}}{k}, \quad 即 \quad \begin{cases} \dfrac{x}{-R} = \dfrac{2z-k\pi}{2k}, \\ y = R, \end{cases}$$

法平面的方程为

$$-Rx + k\left(z - \dfrac{k\pi}{2}\right) = 0, \quad 即 \quad Rx - kz + \dfrac{k^2\pi}{2} = 0.$$

特别地,如果曲线 Γ 的方程为

$$\begin{cases} y = \varphi(x), \\ z = \psi(x), \end{cases} \tag{9-21}$$

可将变量 x 视为参数,则它可表示为如下参数方程的形式:

$$\begin{cases} x = x, \\ y = \varphi(x), \\ z = \psi(x). \end{cases}$$

若函数 $\varphi(x), \psi(x)$ 均在点 $x = x_0$ 处可导,则曲线 Γ 在点 $M_0(x_0, y_0, z_0)$ 处的切线的方程为

$$\dfrac{x-x_0}{1} = \dfrac{y-y_0}{\varphi'(x_0)} = \dfrac{z-z_0}{\psi'(x_0)},$$

法平面的方程为

$$(x-x_0) + \varphi'(x_0)(y-y_0) + \psi'(x_0)(z-z_0) = 0,$$

其中 $y_0 = \varphi(x_0), z_0 = \psi(x_0)$.

例 2 求曲线 $\Gamma: \begin{cases} y = 4x, \\ z = x^2 - 1 \end{cases}$ 在对应于 $x = \dfrac{1}{2}$ 的点处的切线及法平面的方程.

解 当 $x=\frac{1}{2}$ 时，$y=2$，$z=-\frac{3}{4}$，故对应点的坐标为 $\left(\frac{1}{2},2,-\frac{3}{4}\right)$. 又

$$y_x\bigg|_{x=\frac{1}{2}}=4\bigg|_{x=\frac{1}{2}}=4,\quad z_x\bigg|_{x=\frac{1}{2}}=2x\bigg|_{x=\frac{1}{2}}=1,$$

所以 $\boldsymbol{T}=(1,4,1)$. 因此，所求切线的方程为

$$\frac{x-\frac{1}{2}}{1}=\frac{y-2}{4}=\frac{z+\frac{3}{4}}{1},\quad 即\quad \frac{2x-1}{2}=\frac{y-2}{4}=\frac{4z+3}{4},$$

法平面的方程为

$$x-\frac{1}{2}+4(y-2)+z+\frac{3}{4}=0,\quad 即\quad 4x+16y+4z-31=0.$$

二、空间曲面的切平面与法线

定义 9.13 设 M_0 为曲面 Σ 上的一点. 若曲面 Σ 上过点 M_0 的任一曲线在点 M_0 处的切线均在同一平面上，则称该平面为曲面 Σ 在点 M_0 处的**切平面**，如图 9.12 所示. 过点 M_0 且垂直于切平面的直线称为曲面 Σ 在点 M_0 处的**法线**.

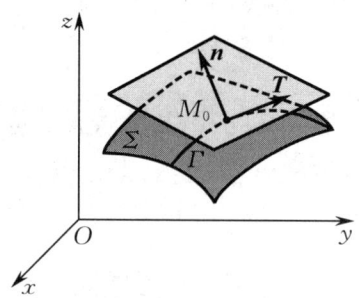

图 9.12

定义 9.14 垂直于曲面 Σ 的切平面的向量，称为曲面 Σ 的**法向量**.

下面利用定义 9.13 和定义 9.14 建立曲面 Σ 在点 $M_0(x_0,y_0,z_0)$ 处的切平面与法线的方程.

设曲面 Σ 的方程为

$$F(x,y,z)=0,$$

函数 $F(x,y,z)$ 在点 $M_0(x_0,y_0,z_0)$ 处具有连续偏导数，且 $F_x^2(x_0,y_0,z_0)+F_y^2(x_0,y_0,z_0)+F_z^2(x_0,y_0,z_0)\neq 0$，曲线 Γ 为曲面 Σ 上过点 M_0 的任一曲线，其参数方程为

$$\begin{cases}x=\varphi(t),\\ y=\psi(t),\quad \alpha\leqslant t\leqslant \beta,\\ z=\omega(t),\end{cases}$$

$t=t_0$ 对应于曲线 Γ 上的点 $M_0(x_0,y_0,z_0)$，$\varphi'(t_0)$，$\psi'(t_0)$，$\omega'(t_0)$ 均存在且不全为零. 因为曲线 Γ 在曲面 Σ 上，所以曲线 Γ 上的点的坐标均满足曲面 Σ 的方程，即

$$F[\varphi(t),\psi(t),\omega(t)]\equiv 0.$$

在点 $M_0(x_0,y_0,z_0)$ 处应用多元复合函数的求导法则,得

$$F_x(x_0,y_0,z_0) \cdot \varphi'(t_0) + F_y(x_0,y_0,z_0) \cdot \psi'(t_0) + F_z(x_0,y_0,z_0) \cdot \omega'(t_0) = 0.$$
(9-22)

引入向量

$$\boldsymbol{n} = (F_x(x_0,y_0,z_0), F_y(x_0,y_0,z_0), F_z(x_0,y_0,z_0)),$$

则由式(9-22)知,曲线 Γ 在点 M_0 处的切向量 $\boldsymbol{T} = (\varphi'(t_0), \psi'(t_0), \omega'(t_0))$ 与向量 $\boldsymbol{n}$ 垂直. 由曲线 Γ 的任意性知,曲面 Σ 上过点 M_0 的任一曲线在点 M_0 处的切线都在与向量 $\boldsymbol{n}$ 垂直的同一平面上,由定义 9.13 知,该平面即为曲面 Σ 在点 M_0 处的切平面,且该平面的法向量为

$$\boldsymbol{n} = (F_x(x_0,y_0,z_0), F_y(x_0,y_0,z_0), F_z(x_0,y_0,z_0)).$$

由定义 9.14 知,向量 $\boldsymbol{n}$ 即为曲面 Σ 在点 M_0 处的一个法向量.故曲面 Σ 在点 $M_0(x_0,y_0,z_0)$ 处的切平面的方程为

$$F_x(x_0,y_0,z_0)(x-x_0) + F_y(x_0,y_0,z_0)(y-y_0) + F_z(x_0,y_0,z_0)(z-z_0) = 0,$$
(9-23)

法线的方程为

$$\frac{x-x_0}{F_x(x_0,y_0,z_0)} = \frac{y-y_0}{F_y(x_0,y_0,z_0)} = \frac{z-z_0}{F_z(x_0,y_0,z_0)}.$$
(9-24)

注 要求曲面在某点处的切平面与法线,关键是求出曲面在该点处的法向量,该向量可作为曲面在该点处的切平面的法向量和法线的方向向量.

例3 求椭球面 $\dfrac{x^2}{6} + \dfrac{y^2}{12} + \dfrac{z^2}{18} = 1$ 在点 $(1,2,3)$ 处的切平面及法线的方程.

解 令函数 $F(x,y,z) = \dfrac{x^2}{6} + \dfrac{y^2}{12} + \dfrac{z^2}{18} - 1$,则有

$$\boldsymbol{n} = (F_x, F_y, F_z) = \left(\frac{1}{3}x, \frac{1}{6}y, \frac{1}{9}z\right), \quad \boldsymbol{n}\bigg|_{(1,2,3)} = \left(\frac{1}{3}, \frac{1}{3}, \frac{1}{3}\right).$$

故所求切平面的方程为

$$\frac{1}{3}(x-1) + \frac{1}{3}(y-2) + \frac{1}{3}(z-3) = 0, \quad 即 \quad x+y+z-6 = 0,$$

法线的方程为

$$\frac{x-1}{\frac{1}{3}} = \frac{y-2}{\frac{1}{3}} = \frac{z-3}{\frac{1}{3}}, \quad 即 \quad x-1 = y-2 = z-3.$$

特别地,若曲面 Σ 的方程为

$$z = f(x,y),$$
(9-25)

则可设函数

$$F(x,y,z) = f(x,y) - z,$$

当函数 $f(x,y)$ 在点 (x_0,y_0) 处的偏导数连续时,曲面 Σ 在点 $M_0(x_0,y_0,z_0)$ 处的法向量为

$$\boldsymbol{n} = (f_x(x_0,y_0), f_y(x_0,y_0), -1).$$

故曲面 Σ 在点 $M_0(x_0,y_0,z_0)$ 处的切平面的方程为

$$f_x(x_0,y_0)(x-x_0)+f_y(x_0,y_0)(y-y_0)-(z-z_0)=0,$$

法线的方程为

$$\frac{x-x_0}{f_x(x_0,y_0)}=\frac{y-y_0}{f_y(x_0,y_0)}=\frac{z-z_0}{-1}.$$

例 4 求旋转抛物面 $z=x^2+y^2-1$ 在点 $(2,1,4)$ 处的切平面及法线的方程.

解 令函数 $f(x,y)=x^2+y^2-1$,则有

$$\boldsymbol{n}=(f_x,f_y,-1)=(2x,2y,-1),\quad \boldsymbol{n}\big|_{(2,1,4)}=(4,2,-1).$$

故所求切平面的方程为

$$4(x-2)+2(y-1)-(z-4)=0,\quad 即 \quad 4x+2y-z-6=0,$$

法线的方程为

$$\frac{x-2}{4}=\frac{y-1}{2}=\frac{z-4}{-1}.$$

习 题 9.6

1. 求下列曲线在指定点处的切线与法平面的方程:

(1) $x=t-\sin t, y=1-\cos t, z=4\sin\frac{t}{2}$,在点 $\left(\frac{\pi}{2}-1,1,2\sqrt{2}\right)$ 处;

(2) $y^2=2x, z^2=1-x$,在点 $\left(\frac{1}{2},1,-\frac{\sqrt{2}}{2}\right)$ 处.

2. 求下列曲面在指定点处的切平面与法线的方程:

(1) $3x^2+y^2-z^2=27$,在点 $(3,1,1)$ 处;

(2) $x^2+y^2+z^2=6$,在点 $(2,1,1)$ 处.

3. 求曲面 $x^2+2y^2+3z^2=21$ 上平行于平面 $x+4y+6z=0$ 的切平面的方程.

4. 在曲面 $z=xy$ 上求一点,使曲面在这点处的法线垂直于平面 $x+3y+z+9=0$,并写出该法线的方程.

§9.7 多元函数的极值与最值

本节我们讨论多元函数的极值与最值问题,问题的讨论仍以二元函数的极值与最值展开.

一、多元函数的极值及其求法

定义 9.15 设函数 $z=f(x,y)$ 在点 $P_0(x_0,y_0)$ 的某个邻域内有定义.如果对于该邻域内异于点 $P_0(x_0,y_0)$ 的任一点 $P(x,y)$,都有

$$f(x,y)<f(x_0,y_0)\quad [f(x,y)>f(x_0,y_0)],$$

则称函数 $z=f(x,y)$ 在点 (x_0,y_0) 处取得**极大值**（**极小值**）$f(x_0,y_0)$，并称点 (x_0,y_0) 为 $z=f(x,y)$ 的**极大值点**（**极小值点**）．极大值与极小值统称为**极值**，使函数取得极值的点称为函数的**极值点**．

例 1 函数 $z=f(x,y)=3x^2+4y^2$ 在点 $(0,0)$ 处取得极小值，点 $(0,0)$ 为极小值点．

如图 9.13 所示，函数 $z=3x^2+4y^2$ 的图形是一个开口朝上的椭圆抛物面，其定义域是整个 xOy 面，点 $(0,0,0)$ 是该椭圆抛物面的最低点，即在 xOy 面内，点 $(0,0)$ 对应的函数值为 0，且点 $(0,0)$ 对应的函数值比其周围的点对应的函数值都小．也就是说，存在点 $(0,0)$ 的某个邻域，使在该邻域内异于点 $(0,0)$ 的任一点 (x,y)，都有 $f(x,y)=3x^2+4y^2>0=f(0,0)$．故函数 $z=f(x,y)=3x^2+4y^2$ 在点 $(0,0)$ 处取得极小值，点 $(0,0)$ 是极小值点．

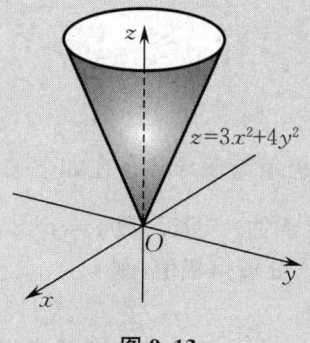

图 9.13

例 2 函数 $z=f(x,y)=-\sqrt{x^2+y^2}$ 在点 $(0,0)$ 处取得极大值，点 $(0,0)$ 为极大值点．

如图 9.14 所示，函数 $z=-\sqrt{x^2+y^2}$ 的图形是一个下半圆锥面，其定义域是整个 xOy 面，点 $(0,0,0)$ 是该圆锥面的最高点，即在 xOy 面内，点 $(0,0)$ 对应的函数值为 0，且点 $(0,0)$ 对应的函数值比其周围的点对应的函数值都大．也就是说，存在点 $(0,0)$ 的某个邻域，使在该邻域内异于点 $(0,0)$ 的任一点 (x,y)，都有 $f(x,y)=-\sqrt{x^2+y^2}<0=f(0,0)$．故函数 $z=f(x,y)=-\sqrt{x^2+y^2}$ 在点 $(0,0)$ 处取得极大值，点 $(0,0)$ 是极大值点．

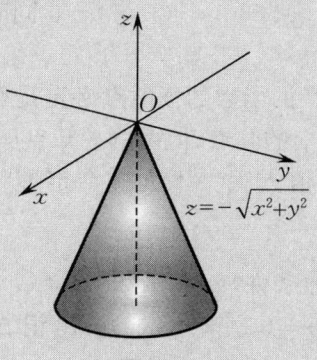

图 9.14

例 3　点 $(0,0)$ 不是函数 $z=f(x,y)=xy$ 的极值点.

如图 9.15 所示，函数 $z=xy$ 的图形是一个双曲抛物面，其定义域是整个 xOy 面，在点 $(0,0)$ 处的函数值为 0，而在点 $(0,0)$ 的任一邻域内，总有使函数值为正的点，也总有使函数值为负的点，故函数 $z=xy$ 在点 $(0,0)$ 处不取得极值.

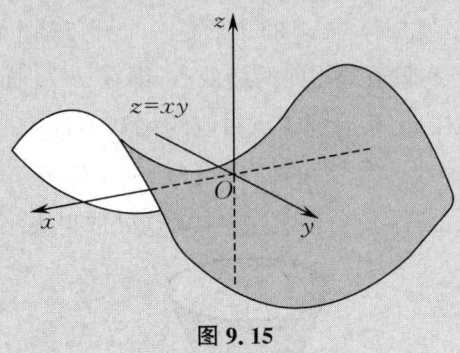

图 9.15

与一元函数类似，二元函数的极值与偏导数存在如下关系.

定理 9.15（极值存在的必要条件）　若函数 $z=f(x,y)$ 在点 (x_0,y_0) 处的两个偏导数存在，且 $z=f(x,y)$ 在点 (x_0,y_0) 处取得极值，则
$$f_x(x_0,y_0)=0, \quad f_y(x_0,y_0)=0.$$

证　不妨设函数 $z=f(x,y)$ 在点 (x_0,y_0) 处取得极大值. 根据极大值的定义，对点 (x_0,y_0) 的某个邻域内异于 (x_0,y_0) 的任一点 (x,y)，都有
$$f(x,y)<f(x_0,y_0).$$

特别地，对该邻域内 $y=y_0$ 而 $x\neq x_0$ 的点，上式依然成立，即一元函数 $f(x,y_0)$ 在点 $x=x_0$ 处取得极大值，由一元函数极值存在的必要条件得
$$f'(x,y_0)\Big|_{x=x_0}=0, \quad 即 \quad f_x(x_0,y_0)=0.$$

类似可证 $f_y(x_0,y_0)=0$.

定理 9.15 的几何意义为：如果曲面 $z=f(x,y)$ 在点 (x_0,y_0,z_0) 处有切平面，则切平面为 $z=z_0$，它平行于 xOy 面.

与一元函数类似，使得 $f_x(x,y)=0,f_y(x,y)=0$ 同时成立的点 (x_0,y_0) 称为函数 $z=f(x,y)$ 的**驻点**.

由定理 9.15 可知，具有偏导数的函数的极值点必定是驻点，但函数的驻点却不一定是极值点. 例如，点 $(0,0)$ 是函数 $z=xy$ 的驻点，但由例 3 知点 $(0,0)$ 不是极值点.

那么什么情况下驻点会是极值点呢？下面这个定理将给出判定驻点是否为极值点的方法.

定理 9.16（极值存在的充分条件）　若函数 $z=f(x,y)$ 在点 (x_0,y_0) 的某个邻域内具有二阶连续偏导数，且 $f_x(x_0,y_0)=0,f_y(x_0,y_0)=0$，记 $\Delta=AC-B^2$，其中
$$A=f_{xx}(x_0,y_0), \quad B=f_{xy}(x_0,y_0), \quad C=f_{yy}(x_0,y_0),$$
则

(1) 当 $\Delta > 0$ 时,点 (x_0, y_0) 是 $f(x,y)$ 的极值点,且当 $A < 0$ 时,点 (x_0, y_0) 是极大值点,当 $A > 0$ 时,点 (x_0, y_0) 是极小值点;

(2) 当 $\Delta < 0$ 时,点 (x_0, y_0) 不是极值点;

(3) 当 $\Delta = 0$ 时,点 (x_0, y_0) 可能是极值点,也可能不是极值点.

证明从略.

根据定理 9.16,若函数 $z = f(x,y)$ 具有二阶连续偏导数,我们可以按照下列步骤求出其极值:

(1) 解方程组 $\begin{cases} f_x(x,y) = 0, \\ f_y(x,y) = 0, \end{cases}$ 求出函数 $z = f(x,y)$ 在定义域内的所有驻点;

(2) 对于每一个驻点 (x_0, y_0),求出 A, B, C 及 Δ 的值;

(3) 根据 Δ 的符号,按照定理 9.16 判定点 (x_0, y_0) 是否为极值点;

(4) 求出步骤(3)中所确定的极值点处的极值.

注 若在点 (x_0, y_0) 处 $\Delta = 0$,须利用极值的定义来判断其是否为极值点.

例 4 求函数 $f(x,y) = x^3 - y^3 + 3x^2 + 3y^2 - 9x$ 的极值.

解 令 $\begin{cases} f_x(x,y) = 3x^2 + 6x - 9 = 0, \\ f_y(x,y) = -3y^2 + 6y = 0, \end{cases}$ 解得全部驻点为 $(1,0), (1,2), (-3,0), (-3,2)$. 又

$$f_{xx} = 6x + 6, \quad f_{xy} = 0, \quad f_{yy} = -6y + 6,$$

对于上述求出的全部驻点,分别求出 A, B, C 及 Δ 的值,并根据定理 9.16 得出结论,结果如表 9.1 所示.

表 9.1

(x_0, y_0)	A	B	C	Δ	结论
$(1,0)$	12	0	6	72	极小值点
$(1,2)$	12	0	-6	-72	非极值点
$(-3,0)$	-12	0	6	-72	非极值点
$(-3,2)$	-12	0	-6	72	极大值点

由表 9.1 可知,所求函数的极大值为 $f(-3,2) = 31$,极小值为 $f(1,0) = -5$.

最后需要指出的是,与一元函数类似,二元函数偏导数不存在的点也可能是其极值点. 例如,在例 2 中,函数 $z = -\sqrt{x^2 + y^2}$ 在点 $(0,0)$ 处的偏导数不存在,但该函数在点 $(0,0)$ 处却取得极大值. 因此,在讨论二元函数的极值问题时,除了要考虑函数的驻点外,还要考虑那些偏导数不存在的点是否为极值点.

二、多元函数的最值及其求法

如果函数 $z = f(x,y)$ 在有界闭区域 D 上连续,则在 D 上一定能取得最大值和最小值. 而使函数取得最大值或最小值的点既可能在有界闭区域 D 的内部,也可能在 D 的边界上. 求二元函数 $z = f(x,y)$ 在有界闭区域 D 上的最值的方法与一元函数类似,可按照以下步骤求得:

(1) 计算 $f_x(x,y)$ 与 $f_y(x,y)$；

(2) 令 $\begin{cases} f_x(x,y)=0, \\ f_y(x,y)=0, \end{cases}$ 求出 D 内的所有驻点，并计算这些驻点处的函数值；

(3) 求出 D 内所有使 $f_x(x,y)$ 与 $f_y(x,y)$ 没有定义的点[即函数 $f(x,y)$ 的偏导数不存在的点]，并计算这些点处的函数值；

(4) 求出 D 的边界上的最值；

(5) 比较步骤(2)~(4)中得到的函数值的大小，最大者即为最大值，最小者即为最小值.

例 5 求函数 $f(x,y)=x^2+2y^2-x^2y^2$ 在有界闭区域 $D=\{(x,y)\,|\,x^2+y^2\leqslant 4, y\geqslant 0\}$ 上的最大值与最小值.

解 先求出函数 $f(x,y)$ 在 D 内的驻点及相应的函数值. 由
$$\begin{cases} f_x=2x-2xy^2=0, \\ f_y=4y-2x^2y=0, \end{cases}$$
解得 $x=\pm\sqrt{2}, y=1$，故函数 $f(x,y)$ 在 D 内有两个驻点 $(\sqrt{2},1)$, $(-\sqrt{2},1)$，相应的函数值为 $f(\sqrt{2},1)=f(-\sqrt{2},1)=2$.

再求出函数 $f(x,y)$ 在 D 的边界上的最值，D 的边界如图 9.16 所示. 在线段 $y=0(-2\leqslant x\leqslant 2)$ 上，有 $f(x,y)=x^2$，显然它在 $[-2,2]$ 上的最小值为 0，最大值为 4.

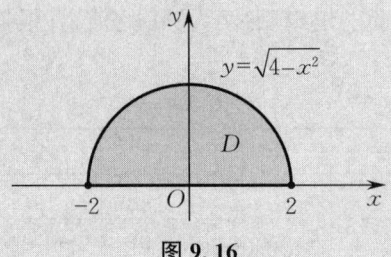

图 9.16

在上半圆周 $y=\sqrt{4-x^2}\,(-2\leqslant x\leqslant 2)$ 上，有
$$f(x,y)=x^2+2(4-x^2)-x^2(4-x^2)=x^4-5x^2+8.$$

令函数 $g(x)=x^4-5x^2+8$，则 $g'(x)=4x^3-10x$，由 $g'(x)=0$ 解得 $x=0, x=\pm\sqrt{\dfrac{5}{2}}$.

由 $g(0)=8, g\left(\pm\sqrt{\dfrac{5}{2}}\right)=\dfrac{7}{4}, g(\pm 2)=4$，可知函数 $f(x,y)$ 在 D 的边界上的最大值为 8，最小值为 0.

最后与驻点处的函数值比较，可知函数 $f(x,y)$ 在 D 上的最大值为 8，最小值为 0.

在实际问题中，求函数在区域 D 上的最大值或最小值一般都比较复杂. 但是，如果根据问题的实际意义知道函数在区域 D 内存在最大值或最小值，又函数在 D 内可微，且只有唯一的驻点，那么可以肯定该驻点处的函数值就是函数在 D 上的最大值或最小值.

例 6   要制造一个无盖的长方形水槽,已知它的底面造价为 18 元 $/m^2$,侧面造价为 6 元 $/m^2$,设计的总造价为 216 元. 问应如何选取水槽的尺寸,才能使它的容积最大?

解   设水槽的长、宽、高分别为 x,y,h(单位:m),则容积 $V=xyh$,且满足 $x>0,y>0,h>0$. 由题意得 $18xy+6(2xh+2yh)=216$,即 $3xy+2h(x+y)=36$,解出 h 得

$$h=\frac{36-3xy}{2(x+y)}=\frac{3}{2}\cdot\frac{12-xy}{x+y}.$$

所以

$$V=V(x,y)=\frac{3}{2}\cdot\frac{12xy-x^2y^2}{x+y}.$$

要求水槽容积的最大值,即求目标函数 $V(x,y)$ 的最大值. 令

$$\begin{cases}V_x=\dfrac{3}{2}\cdot\dfrac{(12y-2xy^2)(x+y)-(12xy-x^2y^2)}{(x+y)^2}=0,\\V_y=\dfrac{3}{2}\cdot\dfrac{(12x-2x^2y)(x+y)-(12xy-x^2y^2)}{(x+y)^2}=0,\end{cases}$$

解方程组得唯一驻点 $(2,2)$.

由问题的实际意义可知,函数 $V(x,y)$ 在 $x>0,y>0$ 时必有最大值,而它只有一个驻点,因此当 $x=2,y=2$ 时,$V(x,y)$ 取得最大值,此时 $h=3$. 故当长为 2 m,宽为 2 m,高为 3 m 时,水槽的容积最大且为 12 m^3.

三、条件极值

在许多实际问题中,求多元函数的极值时,函数的自变量除了限制在定义域内以外,往往还受其他附加条件的限制. 例如在例 6 中,求函数 $V=xyh$ 的最大值,自变量 x,y,h 要受附加条件 $3xy+2h(x+y)=36$ 的约束. 我们把这种对自变量有其他附加条件约束的极值称为**条件极值**,相应地把无其他附加条件约束的极值称为**无条件极值**.

当附加的约束条件比较简单时,条件极值问题可化为无条件极值问题来处理. 例如在例 6 中,可以从约束条件 $3xy+2h(x+y)=36$ 中解出 $h=\dfrac{3(12-xy)}{2(x+y)}$ 并代入函数 $V(x,y,h)$ 中,将其化为二元函数 $V=V(x,y)$ 的无条件极值问题来处理. 但在很多情形下,将条件极值问题化为无条件极值问题存在困难,下面我们介绍一种直接求解条件极值问题的方法 —— **拉格朗日乘数法**.

若要求函数 $z=f(x,y)$ 受条件 $\varphi(x,y)=0$ 约束的极值,首先引入拉格朗日函数 $L(x,y,\lambda)=f(x,y)+\lambda\varphi(x,y)$,其中参数 λ 称为拉格朗日乘子. 令

拉格朗日乘数法

$$\begin{cases}L_x=f_x(x,y)+\lambda\varphi_x(x,y)=0,\\L_y=f_y(x,y)+\lambda\varphi_y(x,y)=0,\\L_\lambda=\varphi(x,y)=0,\end{cases}$$

解得拉格朗日函数 $L(x,y,\lambda)$ 的驻点 (x_0,y_0,λ_0),其中点 (x_0,y_0) 即为函数 $z=f(x,y)$ 在

条件 $\varphi(x,y)=0$ 下的可能极值点,然后根据实际问题判断点 (x_0,y_0) 是否为极值点.

注 一般地,有几个约束条件就须引入几个拉格朗日乘子,然后构造拉格朗日函数,并用类似的方法求出条件极值.

例7 用拉格朗日乘数法求解例6.

解 求水槽最大容积即为求函数 $V=xyh$ 在条件 $3xy+2h(x+y)=36$ 下的最大值.构造拉格朗日函数

$$L(x,y,h,\lambda)=xyh+\lambda[3xy+2h(x+y)-36],$$

令

$$\begin{cases} L_x=yh+3\lambda y+2\lambda h=0,\\ L_y=xh+3\lambda x+2\lambda h=0,\\ L_h=xy+2\lambda(x+y)=0,\\ 3xy+2h(x+y)-36=0, \end{cases}$$

解得 $x=y=2,h=3$.根据问题的实际意义,函数 $V=V(x,y,h)$ 确实存在最大值,且可能的极值点只有一个,因此当长为 2 m,宽为 2 m,高为 3 m 时,水槽容积最大.

习 题 9.7

1. 求下列函数的极值:

(1) $z=\mathrm{e}^{2x}(x+2y+y^2)$;

(2) $z=\sin x+\cos y+\cos(x-y)\left(0\leqslant x\leqslant\dfrac{\pi}{2},0\leqslant y\leqslant\dfrac{\pi}{2}\right)$.

2. 求函数 $z=(x^2+y^2-2x)^2$ 在圆盘 $x^2+y^2\leqslant 2x$ 上的最大值和最小值.

3. 已知一直角三角形的斜边长为 l,求其最大周长.

4. 在 xOy 面上求一点,使它到 $x=0,y=0$ 及 $x+2y-16=0$ 三直线的距离的平方和最小.

5. 将长为 l 的线段分成三段,分别围成圆、正方形和正三角形,问:怎样的分法才能使它们的面积之和最小?

6. 抛物面 $z=x^2+y^2$ 被平面 $x+y+z=1$ 截成一椭圆,求原点到该椭圆的最长与最短距离.

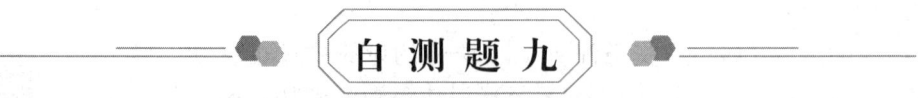

1. 填空题:

(1) 函数 $z=\dfrac{1}{\sqrt{2-x^2-y^2}}$ 的定义域为_____;

(2) 设函数 $f(x,y)=3y-x\arctan(x^2+y^3)$,则 $f(1,0)=$_____;

(3) 设函数 $f(x,y)=\ln\left(x+\dfrac{y}{2x}\right)$,则 $f_x(1,0)=$_____;

(4) 设函数 $z = \dfrac{x^2 y^2}{x+y}$,则 $\left.\dfrac{\partial z}{\partial y}\right|_{(1,1)} = $ _____;

(5) 设函数 $z = \ln \dfrac{x}{y}$,则 $\mathrm{d}z = $ _____.

2. 选择题：

(1) 函数 $z = \sqrt{x^2 + y^2}$ 在点 $(0,0)$ 处( );

A. 有定义但不连续　　B. 无定义　　C. 连续但不可微　　D. 可微

(2) $\lim\limits_{(x,y)\to(0,0)} (x^2 + y^2) \sin \dfrac{1}{x^2 + y^2} = ($);

A. 0　　B. 1　　C. ∞　　D. 2

(3) 函数 $z = f(x,y)$ 在点 (x,y) 处的两个偏导数存在是函数在该点处可微的( )条件；

A. 充分　　B. 必要　　C. 充要　　D. 无关

(4) 下列说法中正确的是( );

A. 若函数 $z = f(x,y)$ 的二阶偏导数存在,则 $\dfrac{\partial^2 f}{\partial x \partial y} = \dfrac{\partial^2 f}{\partial y \partial x}$

B. 若函数 $z = f(x,y)$ 可微,则其偏导数存在,反之不真

C. 若函数 $z = f(x,y)$ 的偏导数存在,则它一定连续

D. 若函数 $z = f(x,y)$ 可微,则其偏导数存在且偏导数连续

(5) 设函数 $z = f\left(\ln x + \dfrac{1}{y}\right)$,其中函数 $f(u)$ 可微,则 $x \dfrac{\partial z}{\partial x} + y^2 \dfrac{\partial z}{\partial y} = ($);

A. 0　　B. $x + y$　　C. $x - y$　　D. 1

(6) 设函数 $z = \mathrm{e}^{xy}$,则 $\mathrm{d}z = ($);

A. $\mathrm{e}^{xy}\,\mathrm{d}x$　　B. $\mathrm{e}^{xy}(x\,\mathrm{d}y + y\,\mathrm{d}x)$　　C. $x\,\mathrm{d}y + y\,\mathrm{d}x$　　D. $(x+y)\mathrm{e}^{xy}\,\mathrm{d}x$

(7) 函数 $z = 8xy - 2x^2 - 4y^2 - 4x - 4y$ 的驻点是( );

A. $(0,0)$　　B. $\left(2, \dfrac{3}{2}\right)$　　C. $\left(0, \dfrac{3}{2}\right)$　　D. $(2,0)$

(8) 函数 $z = 1 - x^2 - y^2$ 的最大值点是( );

A. $(0,0)$　　B. $(1,0)$　　C. $(0,1)$　　D. $(1,1)$

(9) 函数 $z = \dfrac{1}{1 - x^2 - y^2}$ 的间断点是( );

A. $\{(x,y) \mid x^2 + y^2 = 1\}$　　B. $\{(x,y) \mid x^2 + y^2 \leqslant 1\}$

C. $\{(x,y) \mid x^2 + y^2 \geqslant 1\}$　　D. $\{(x,y) \mid x^2 + y^2 < 1\}$

(10) 可使 $\dfrac{\partial^2 u}{\partial x \partial y} = 2x + y$ 成立的函数为( ).

A. $u = x^2 y + \dfrac{1}{2} xy^2$　　B. $u = x^2 y - \dfrac{1}{2} xy^2 + \mathrm{e}^x + \mathrm{e}^y$

C. $u = x^2 y - \dfrac{1}{2} xy^2$　　D. $u = 4xy + x^3 y - xy^2$

3. 求下列极限：

(1) $\lim\limits_{(x,y)\to(0,0)} \dfrac{\mathrm{e}^{xy}}{x^2 + y^2 + 2}$;

(2) $\lim\limits_{(x,y)\to(0,0)} \dfrac{xy}{3 - \sqrt{xy + 9}}$;

(3) $\lim\limits_{(x,y)\to(3,0)} \dfrac{\sin xy^2}{y^2}$;

(4) $\lim\limits_{(x,y)\to(1,0)} \dfrac{\ln(1+xy)}{xy(x^2+y^2)}$.

4. 求下列函数的偏导数：

(1) $z = \dfrac{x^2 + y^2}{xy}$；

(2) $z = \sin(xy^2)$；

(3) $z = e^{x+2y} + xy^2$；

(4) $z = \arctan \dfrac{x}{y}$.

5. 求下列函数的导数（偏导数）：

(1) 设函数 $z = e^{uv}$，其中 $u = \sin t, v = \cos t$. 求 $\dfrac{dz}{dt}$.

(2) 设函数 $z = \ln(x+y) + \arctan t$，其中 $x = 2t, y = t^2$. 求 $\dfrac{dz}{dt}$.

(3) 设函数 $z = u^2 \ln v$，其中 $u = \dfrac{y}{x}, v = x + 2y$. 求 $\dfrac{\partial z}{\partial x}, \dfrac{\partial z}{\partial y}$.

(4) 设函数 $z = f(u, x, y)$，其中 $u = xe^y$，f 具有二阶连续偏导数. 求 $\dfrac{\partial z}{\partial x}, \dfrac{\partial z}{\partial y}$.

(5) 设 $y = y(x)$ 是由方程 $x - y\arctan y = 0$ 所确定的隐函数. 求 $\dfrac{dy}{dx}$.

6. 求曲线 $\begin{cases} x = e^{t-1}, \\ y = \dfrac{1+t}{t}, \\ z = t^3 \end{cases}$ 在对应于 $t = 1$ 的点处的切线及法平面的方程.

7. 求曲面 $z = \arctan \dfrac{y}{x}$ 在点 $\left(1, 1, \dfrac{\pi}{4}\right)$ 处的切平面和法线的方程.

8. 求函数 $f(x, y) = x^3 + 2y^3 - 3x^2 - 3y^2 - 12y + 8$ 的极值.

9. 求函数 $z = x^2 + y^2$ 在条件 $\dfrac{x}{a} + \dfrac{y}{b} = 1$（$a, b$ 为非零常数）下的极值.

第十章

二重积分

通过第六章的学习我们知道,一元函数的定积分是某种特殊和式的极限,本章我们将其推广到定义在平面区域上的二元函数的情形,得到二重积分的相关概念. 本章首先从几何问题出发引入二重积分的概念,然后讨论其性质和计算方法,最后介绍它在几何和经济方面的一些简单应用.

§10.1 二重积分的概念与性质

一、引例

1. 曲顶柱体

所谓曲顶柱体,是指在空间直角坐标系中以曲面 $z=f(x,y)[f(x,y)\geqslant 0]$ 为顶、以 xOy 面上的有界闭区域 D 为底、以 D 的边界曲线为准线而母线平行于 z 轴的柱面为侧面的立体,如图 10.1 所示.

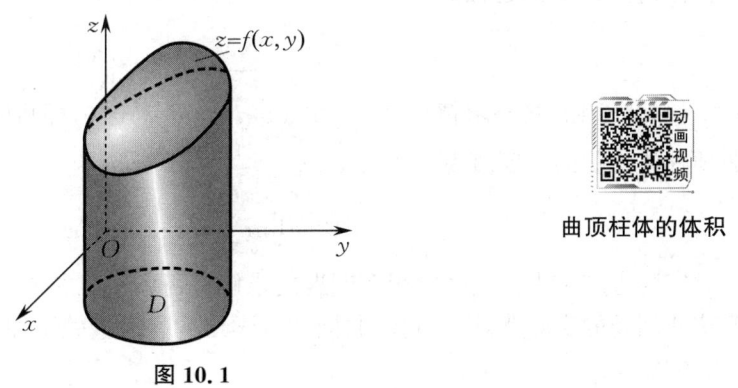

曲顶柱体的体积

图 10.1

2. 曲顶柱体的体积

我们知道,对于一个平顶柱体(如圆柱体和长方体),其体积等于底面积与定高的乘积. 而曲顶柱体的顶 $f(x,y)$ 是 x,y 的函数,即其高是一个变量,所以不能用平顶柱体的体积公式来计算曲顶柱体的体积.

不妨设 $z=f(x,y)$ 是闭区域 D 上的连续函数,则在 D 中的一个小闭区域内,$f(x,y)$ 的变化很小. 于是,可采用定积分中求曲边梯形面积的方法(分割、近似、求和、取极限),先求出曲顶柱体体积的近似值,再用求极限的方法得到曲顶柱体体积的精确值,具体求解过程描述如下.

(1) 分割(化整为零). 用任意一组曲线把闭区域 D 分割为 n 个小闭区域 $\Delta\sigma_i(i=1,2,\cdots,n)$,同时用 $\Delta\sigma_i$ 表示该小闭区域的面积. 小闭区域 $\Delta\sigma_i(i=1,2,\cdots,n)$ 上任意两点间距离的最大值,称为该小闭区域的直径,记为 d_i. 以小闭区域 $\Delta\sigma_i(i=1,2,\cdots,n)$ 的边界曲线为准线,作母线平行于 z 轴的柱面,将曲顶柱体分割成 n 个小曲顶柱体,记小曲顶柱体的体积为 ΔV_i,则曲顶柱体的体积为 $V=\sum\limits_{i=1}^{n}\Delta V_i$.

(2) 近似(以平代曲). 在每个小闭区域 $\Delta\sigma_i(i=1,2,\cdots,n)$ 内任取一点 (ξ_i,η_i)(见图 10.2),用以 $\Delta\sigma_i$ 为底、$f(\xi_i,\eta_i)$ 为高的平顶柱体的体积 $f(\xi_i,\eta_i)\Delta\sigma_i$ 近似代替同底的小曲顶柱体的体积,即

$$\Delta V_i \approx f(\xi_i,\eta_i)\Delta\sigma_i \quad (i=1,2,\cdots,n).$$

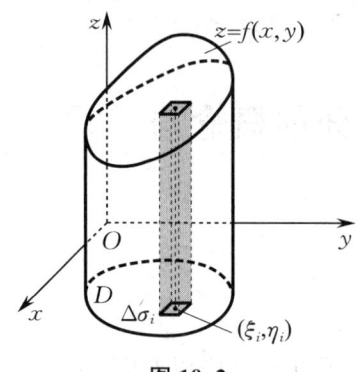

图 10.2

(3) 求和(积零为整). 将步骤(2)中求得的 n 个小曲顶柱体的体积的近似值相加,得到曲顶柱体的体积 V 的近似值,即

$$V \approx \sum_{i=1}^{n} f(\xi_i,\eta_i)\Delta\sigma_i.$$

(4) 取极限(精益求精). 令 $\lambda=\max\limits_{1\leqslant i\leqslant n}\{d_i\}$,当 $\lambda\to 0$,即将闭区域 D 无限细分时,得到所求曲顶柱体体积的精确值为

$$V = \lim_{\lambda\to 0}\sum_{i=1}^{n} f(\xi_i,\eta_i)\Delta\sigma_i.$$

实际生产和生活实践中很多问题的求解都可归结为具有上述形式的特殊和式的极限. 抛开这些问题的实际背景,将它们共同的数学结构和数量关系加以抽象概括后,可得到如下二重积分的定义.

二、二重积分的定义

定义 10.1 设函数 $f(x,y)$ 在有界闭区域 D 上有界. 将闭区域 D 任意分成 n 个小闭区域 $\Delta\sigma_i(i=1,2,\cdots,n)$,其中 $\Delta\sigma_i$ 表示第 i 个小闭区域,同时也表示该小闭区域的面积. 在每个

小闭区域 $\Delta\sigma_i(i=1,2,\cdots,n)$ 上任取一点 (ξ_i,η_i)，做和式

$$\sum_{i=1}^{n}f(\xi_i,\eta_i)\Delta\sigma_i. \qquad (10-1)$$

记 $\lambda=\max\limits_{1\leqslant i\leqslant n}\{d_i\,|\,d_i\text{ 为 }\Delta\sigma_i\text{ 的直径}\}$，若当 $\lambda\to 0$ 时，无论闭区域 D 如何划分，也无论点 (ξ_i,η_i) 如何选取，和式 (10-1) 总有确定的极限，则称此极限值为函数 $f(x,y)$ 在 D 上的**二重积分**，记为 $\iint\limits_{D}f(x,y)\mathrm{d}\sigma$，即

$$\iint\limits_{D}f(x,y)\mathrm{d}\sigma=\lim_{\lambda\to 0}\sum_{i=1}^{n}f(\xi_i,\eta_i)\Delta\sigma_i, \qquad (10-2)$$

其中 $f(x,y)$ 称为**被积函数**，$f(x,y)\mathrm{d}\sigma$ 称为**被积表达式**，$\mathrm{d}\sigma$ 称为**面积元素**，x,y 称为**积分变量**，D 称为**积分区域**.

如果函数 $f(x,y)$ 在有界闭区域 D 上的二重积分 $\iint\limits_{D}f(x,y)\mathrm{d}\sigma$ 存在，则称 $f(x,y)$ 在 D 上可积.

注 若函数 $f(x,y)$ 在有界闭区域 D 上连续，则它在 D 上一定可积. 当函数 $f(x,y)$ 在有界闭区域 D 上可积时，可采用特殊的分割方式来计算二重积分. 在直角坐标系中，常采用分别平行于坐标轴的两组直线来分割闭区域 D，如图 10.3 所示，这样得到的小闭区域（除包含边界的小闭区域外）的面积可表示为 $\Delta\sigma_i=\Delta x_i\Delta y_i$. 因此，在直角坐标系下的面积元素为 $\mathrm{d}\sigma=\mathrm{d}x\mathrm{d}y$，从而在直角坐标系下二重积分可表示为如下形式：

$$\iint\limits_{D}f(x,y)\mathrm{d}\sigma=\iint\limits_{D}f(x,y)\mathrm{d}x\mathrm{d}y.$$

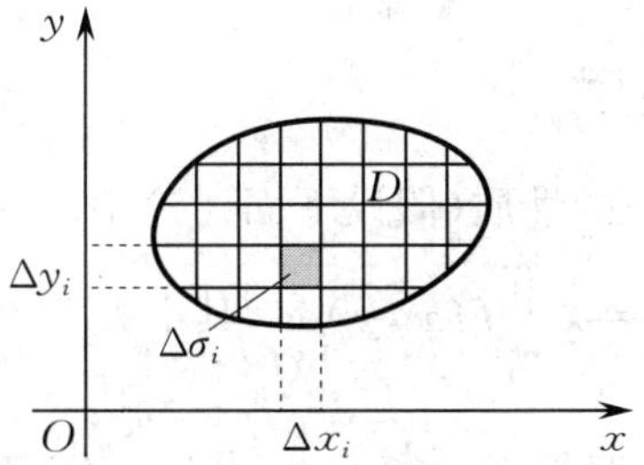

图 10.3

三、二重积分的几何意义

(1) 由引例及二重积分的定义易知，在有界闭区域 D 上，当函数 $f(x,y)\geqslant 0$ 时，二重积分 $\iint\limits_{D}f(x,y)\mathrm{d}\sigma$ 的值等于以 D 为底、以曲面 $z=f(x,y)$ 为顶的曲顶柱体的体积.

> **例 1** 利用二重积分的几何意义计算二重积分 $\iint\limits_{D}\sqrt{a^2-x^2-y^2}\,\mathrm{d}\sigma$（$a>0$ 为常数），其中闭区域 $D=\{(x,y)\,|\,x^2+y^2\leqslant a^2\}$.

解 在闭区域 D 上,有 $\sqrt{a^2-x^2-y^2} \geqslant 0$,故由二重积分的几何意义知,二重积分 $\iint\limits_{D}\sqrt{a^2-x^2-y^2}\,d\sigma$ 的值等于球心在原点、半径为 a 的上半球体的体积(见图 10.4),则

$$\iint\limits_{D}\sqrt{a^2-x^2-y^2}\,d\sigma = \frac{1}{2} \cdot \frac{4}{3}\pi a^3 = \frac{2\pi a^3}{3}.$$

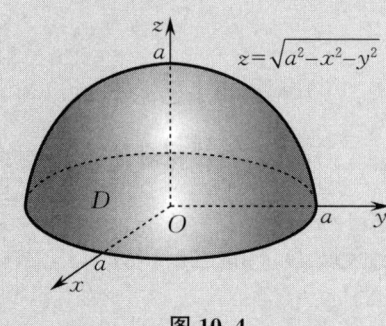

图 10.4

(2) 在有界闭区域 D 上,若函数 $f(x,y) \leqslant 0$,则二重积分 $\iint\limits_{D}f(x,y)\,d\sigma$ 的值等于以 D 为底、以曲面 $z=f(x,y)$ 为顶的曲顶柱体体积的相反数.

(3) 若函数 $f(x,y)$ 在有界闭区域 D 的若干部分区域上是正的,而在其他部分区域上是负的,则二重积分 $\iint\limits_{D}f(x,y)\,d\sigma$ 的值等于 xOy 面上方的曲顶柱体体积之和减去 xOy 面下方的曲顶柱体体积之和.

四、二重积分的基本性质

二重积分与定积分有着类似的性质(假设下面讨论中出现的二重积分都是存在的).

性质 1 $\iint\limits_{D}kf(x,y)\,d\sigma = k\iint\limits_{D}f(x,y)\,d\sigma$,其中 k 为常数.

性质 2 $\iint\limits_{D}[f(x,y) \pm g(x,y)]\,d\sigma = \iint\limits_{D}f(x,y)\,d\sigma \pm \iint\limits_{D}g(x,y)\,d\sigma$.

注 (1) 性质 1 和性质 2 称为二重积分的线性性质.

(2) 性质 2 对有限多个函数的代数和也成立.

性质 3 (**区域可加性**) 如果有界闭区域 $D = D_1 \cup D_2$,且 $D_1 \cap D_2 = \varnothing$,则

$$\iint\limits_{D}f(x,y)\,d\sigma = \iint\limits_{D_1}f(x,y)\,d\sigma + \iint\limits_{D_2}f(x,y)\,d\sigma.$$

性质 4 若在有界闭区域 D 上 $f(x,y)=1$,σ 为 D 的面积,则

$$\sigma = \iint\limits_{D}1\,d\sigma = \iint\limits_{D}d\sigma.$$

性质 5 若在有界闭区域 D 上恒有 $f(x,y) \leqslant g(x,y)$,则

$$\iint\limits_D f(x,y)\mathrm{d}\sigma \leqslant \iint\limits_D g(x,y)\mathrm{d}\sigma.$$

性质 6　设函数 $f(x,y)$ 在有界闭区域 D 上的最大值为 M，最小值为 m，σ 是 D 的面积，则

$$m\sigma \leqslant \iint\limits_D f(x,y)\mathrm{d}\sigma \leqslant M\sigma.$$

性质 7　（**二重积分的中值定理**）　设函数 $f(x,y)$ 在有界闭区域 D 上连续，σ 是 D 的面积，则在 D 上至少存在一点 (ξ,η)，使得

$$\iint\limits_D f(x,y)\mathrm{d}\sigma = f(\xi,\eta)\sigma. \qquad (10-3)$$

二重积分的中值定理的几何意义是：对于任何一个曲顶柱体，总可以找到一个与其同底的平顶柱体，使得两者的体积正好相等. 由式 (10-3) 得 $f(\xi,\eta) = \dfrac{1}{\sigma}\iint\limits_D f(x,y)\mathrm{d}\sigma$，称为函数 $f(x,y)$ 在有界闭区域 D 上的平均值.

例 2　利用二重积分的性质，比较 $\iint\limits_D (x+y)^2 \mathrm{d}\sigma$ 与 $\iint\limits_D (x+y)^3 \mathrm{d}\sigma$ 的大小，其中 D 是由 x 轴、y 轴及直线 $x+y=1$ 所围成的闭区域.

解　作出闭区域 D 的图形，如图 10.5 所示. 对于任意的 $(x,y) \in D$，有 $0 \leqslant x+y \leqslant 1$，故

$$(x+y)^2 \geqslant (x+y)^3.$$

由性质 5 得

$$\iint\limits_D (x+y)^2 \mathrm{d}\sigma \geqslant \iint\limits_D (x+y)^3 \mathrm{d}\sigma.$$

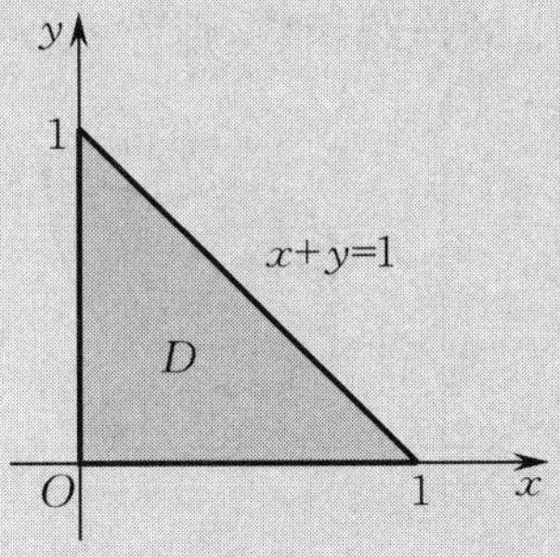

图 10.5

习　题　10.1

1. 设一平面薄片（不计其厚度）占有 xOy 面上的有界闭区域 D，它在点 (x,y) 处的面密度为 $\rho(x,y)$，$\rho(x,y) > 0$ 且在 D 上连续. 试用二重积分表示该平面薄片的质量 M.

2. 利用二重积分的几何意义计算二重积分 $\iint\limits_{D}(1-x-y)\mathrm{d}\sigma$,其中闭区域 $D=\{(x,y)|x+y\leqslant 1,x\geqslant 0,y\geqslant 0\}$.

3. 利用二重积分的性质比较下列二重积分的大小:

(1) $\iint\limits_{D}(x-y)\mathrm{d}\sigma$ 与 $\iint\limits_{D}(x-y)^2\mathrm{d}\sigma$,其中 D 是由 x 轴、y 轴及直线 $x-y=1$ 所围成的闭区域;

(2) $\iint\limits_{D}\ln(x+y)\mathrm{d}\sigma$ 与 $\iint\limits_{D}\ln^2(x+y)\mathrm{d}\sigma$,其中 D 是三角形区域,三角形的三个顶点分别为 $(1,0),(1,1),(2,0)$.

§10.2　利用直角坐标计算二重积分

利用二重积分的定义来计算二重积分是非常烦琐的,当被积函数较为复杂时,甚至是不可行的. 因此,需要寻求更一般的方法来计算二重积分. 累次积分法是计算二重积分的基本方法,其本质是将二重积分的计算转化为两次定积分的计算. 本节将介绍计算直角坐标系下二重积分的累次积分法.

在推导累次积分公式之前,我们首先认识一下积分区域的类型.

一、积分区域的类型

1. X-型区域

定义 10.2　若积分区域 D 可表示为
$$D=\{(x,y)|a\leqslant x\leqslant b,\varphi_1(x)\leqslant y\leqslant \varphi_2(x)\}, \tag{10-4}$$
其中 $\varphi_1(x),\varphi_2(x)$ 为区间 $[a,b]$ 上的连续函数,则称 D 为 X-**型区域**,如图 10.6 所示.

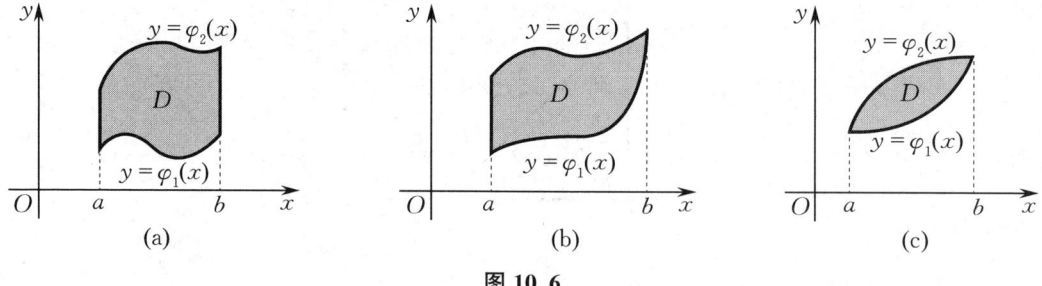

图 10.6

X-型区域的特点是:穿过 D 内部且垂直于 x 轴的直线与 D 的边界相交不多于两点.

2. Y-型区域

定义 10.3　若积分区域 D 可表示为
$$D=\{(x,y)|c\leqslant y\leqslant d,\varphi_1(y)\leqslant x\leqslant \varphi_2(y)\}, \tag{10-5}$$
其中 $\varphi_1(y),\varphi_2(y)$ 为区间 $[c,d]$ 上的连续函数,则称 D 为 Y-**型区域**,如图 10.7 所示.

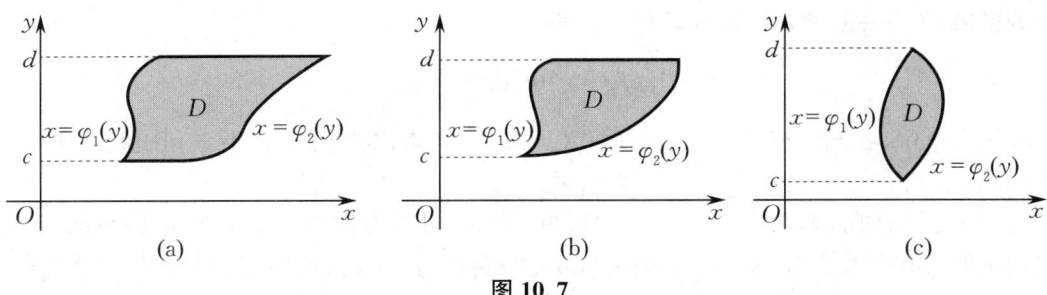

图 10.7

Y-型区域的特点是:穿过 D 内部且垂直于 y 轴的直线与 D 的边界相交不多于两点.

例 1 判断图 10.8 中的积分区域 D 是 X-型区域还是 Y-型区域,并在直角坐标系中将 D 表示出来.

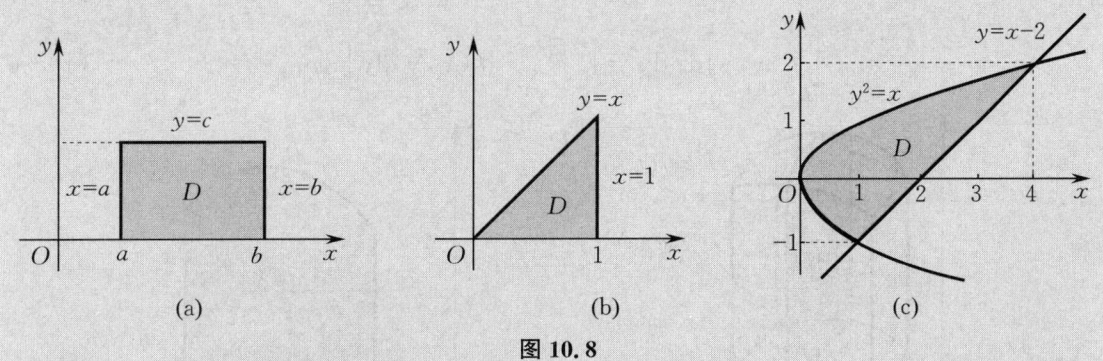

图 10.8

解 (1) 积分区域 D 是一个矩形闭区域,它既是 X-型区域又是 Y-型区域,可表示为
$$D = \{(x,y) \mid a \leqslant x \leqslant b, 0 \leqslant y \leqslant c\}.$$

(2) 积分区域 D 是一个直角三角形闭区域,它既是 X-型区域又是 Y-型区域,可表示为
$$D = \{(x,y) \mid 0 \leqslant x \leqslant 1, 0 \leqslant y \leqslant x\} = \{(x,y) \mid 0 \leqslant y \leqslant 1, y \leqslant x \leqslant 1\}.$$

(3) 积分区域 D 是一个 Y-型区域,可表示为
$$D = \{(x,y) \mid -1 \leqslant y \leqslant 2, y^2 \leqslant x \leqslant y+2\}.$$

二、二重积分的累次积分公式

在 §10.1 中,我们给出了直角坐标系下二重积分的形式为
$$\iint_D f(x,y) \mathrm{d}x\,\mathrm{d}y.$$

下面我们来讨论利用直角坐标计算二重积分的累次积分法.

1. 先 y 后 x 的累次积分公式

设在积分区域 D 上,函数 $f(x,y) \geqslant 0$,D 为 X-型区域,且可表示为
$$D = \{(x,y) \mid a \leqslant x \leqslant b, \varphi_1(x) \leqslant y \leqslant \varphi_2(x)\}.$$

根据二重积分的几何意义,二重积分 $\iint_D f(x,y)\mathrm{d}x\,\mathrm{d}y$ 的值等于以曲面 $z = f(x,y)$ 为顶、

以积分区域 D 为底的曲顶柱体的体积 $V_曲$，即
$$\iint_D f(x,y)\mathrm{d}x\mathrm{d}y = V_曲.$$

在第六章中，我们介绍了平行截面面积已知的立体体积的求法，接下来利用此方法求曲顶柱体的体积.

如图 10.9(a) 所示，在区间 $[a,b]$ 上任取一点 x，过该点作平行于 yOz 面的平面，截面是一曲边梯形，如图 10.9(b) 所示. 设该曲边梯形的面积为 $A(x)$，则由定积分的几何意义得
$$A(x) = \int_{\varphi_1(x)}^{\varphi_2(x)} f(x,y)\mathrm{d}y.$$

于是
$$V_曲 = \int_a^b A(x)\mathrm{d}x = \int_a^b \left[\int_{\varphi_1(x)}^{\varphi_2(x)} f(x,y)\mathrm{d}y\right]\mathrm{d}x,$$

即
$$\iint_D f(x,y)\mathrm{d}x\mathrm{d}y = \int_a^b \left[\int_{\varphi_1(x)}^{\varphi_2(x)} f(x,y)\mathrm{d}y\right]\mathrm{d}x. \tag{10-6}$$

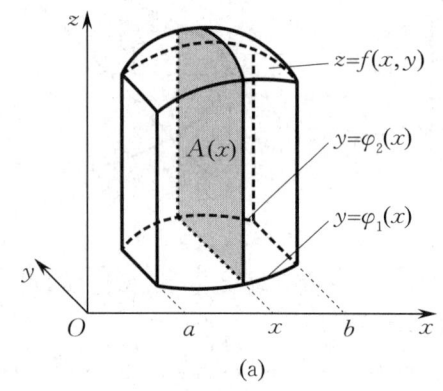
(a)

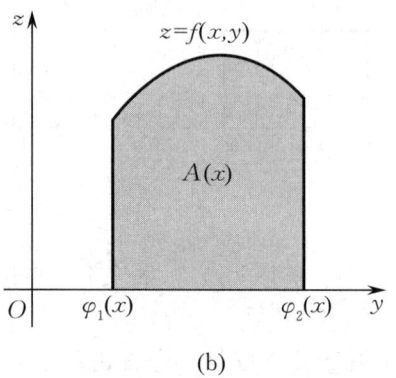
(b)

图 10.9

式(10-6) 就是二重积分在直角坐标系下对应于 X-型积分区域 D 的**先 y 后 x** 的累次积分公式. 该公式也可写为
$$\iint_D f(x,y)\mathrm{d}\sigma = \int_a^b \mathrm{d}x \int_{\varphi_1(x)}^{\varphi_2(x)} f(x,y)\mathrm{d}y. \tag{10-7}$$

注 在上述讨论中，我们假定了函数 $f(x,y) \geqslant 0$，事实上，式(10-6) 对 $f(x,y) < 0$ 也成立.

2. 先 x 后 y 的累次积分公式

若积分区域 D 为 Y-型区域，且可表示为
$$D = \{(x,y) \mid c \leqslant y \leqslant d, \psi_1(y) \leqslant x \leqslant \psi_2(y)\},$$
类似地，可得公式
$$\iint_D f(x,y)\mathrm{d}\sigma = \int_c^d \left[\int_{\psi_1(y)}^{\psi_2(y)} f(x,y)\mathrm{d}x\right]\mathrm{d}y = \int_c^d \mathrm{d}y \int_{\psi_1(y)}^{\psi_2(y)} f(x,y)\mathrm{d}x. \tag{10-8}$$

式(10-8) 就是二重积分在直角坐标系下对应于 Y-型积分区域 D 的**先 x 后 y** 的累次积分公式.

注 (1) 若积分区域 D 既是 X-型区域又是 Y-型区域，则有

$$\iint\limits_D f(x,y)\mathrm{d}\sigma = \int_a^b \mathrm{d}x \int_{\varphi_1(x)}^{\varphi_2(x)} f(x,y)\mathrm{d}y = \int_c^d \mathrm{d}y \int_{\psi_1(y)}^{\psi_2(y)} f(x,y)\mathrm{d}x.$$

(2) 若积分区域 D 既非 X-型区域又非 Y-型区域,而是如图 10.10 所示的复杂区域,则须用平行于 x 轴或 y 轴的直线将 D 分割成若干个 X-型区域或 Y-型区域. 在图 10.10 中,积分区域 D 分割成了 D_1, D_2, D_3 三个 X-型区域,由二重积分的性质,得

$$\iint\limits_D f(x,y)\mathrm{d}\sigma = \iint\limits_{D_1} f(x,y)\mathrm{d}\sigma + \iint\limits_{D_2} f(x,y)\mathrm{d}\sigma + \iint\limits_{D_3} f(x,y)\mathrm{d}\sigma.$$

而 $\iint\limits_{D_1} f(x,y)\mathrm{d}\sigma, \iint\limits_{D_2} f(x,y)\mathrm{d}\sigma$ 和 $\iint\limits_{D_3} f(x,y)\mathrm{d}\sigma$ 均可采用式(10-7)计算,由此可得函数 $f(x,y)$ 在复杂区域 D 上的二重积分.

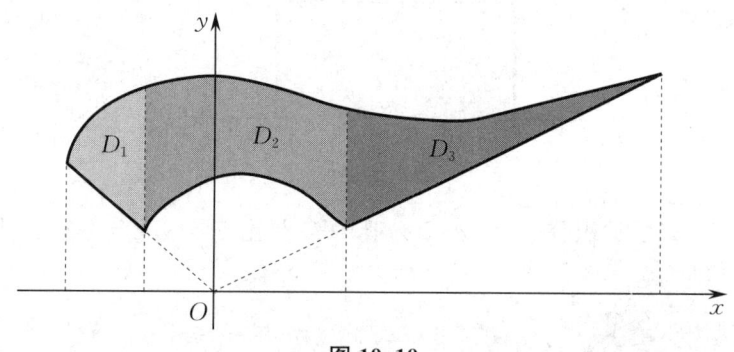

图 10.10

例 2 交换下列累次积分的积分次序:
$$\int_0^1 \mathrm{d}x \int_{x^2}^{\sqrt{x}} f(x,y)\mathrm{d}y.$$

解 设 $\int_0^1 \mathrm{d}x \int_{x^2}^{\sqrt{x}} f(x,y)\mathrm{d}y = \iint\limits_D f(x,y)\mathrm{d}x\mathrm{d}y$,则 D 是由 $x=0, x=1, y=x^2, y=\sqrt{x}$ 所围成的闭区域,如图 10.11 所示. 该积分区域既是 X-型区域又是 Y-型区域,根据题意,需要将二重积分化为先 x 后 y 的累次积分,即将积分区域表示为 Y-型区域.

积分区域 D 可表示为
$$D = \{(x,y) \mid 0 \leqslant y \leqslant 1, y^2 \leqslant x \leqslant \sqrt{y}\},$$
则
$$\int_0^1 \mathrm{d}x \int_{x^2}^{\sqrt{x}} f(x,y)\mathrm{d}y = \int_0^1 \mathrm{d}y \int_{y^2}^{\sqrt{y}} f(x,y)\mathrm{d}x.$$

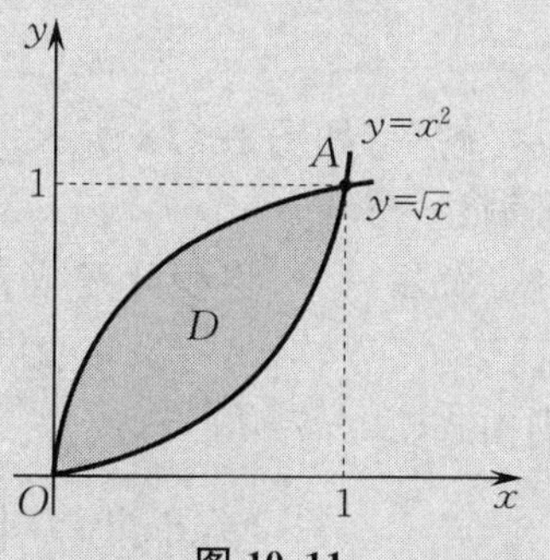

图 10.11

例 3 计算二重积分 $\iint\limits_D (x+y+3)\mathrm{d}x\mathrm{d}y$,其中 D 是由 $x=-1, x=1, y=1$ 及 x 轴所围成的闭区域(见图 10.12).

解 如图 10.12 所示,积分区域 D 是矩形闭区域,它既是 X-型区域又是 Y-型区域,可表示为

$$D = \{(x,y) \mid -1 \leqslant x \leqslant 1, 0 \leqslant y \leqslant 1\}.$$

解法一 利用式(10-7)，将二重积分化为先 y 后 x 的累次积分，有

$$\iint_D (x+y+3) \mathrm{d}x \mathrm{d}y = \int_{-1}^1 \mathrm{d}x \int_0^1 (x+y+3) \mathrm{d}y = \int_{-1}^1 \left(x + \frac{7}{2}\right) \mathrm{d}x = 7.$$

解法二 利用式(10-8)，将二重积分化为先 x 后 y 的累次积分，有

$$\iint_D (x+y+3) \mathrm{d}x \mathrm{d}y = \int_0^1 \mathrm{d}y \int_{-1}^1 (x+y+3) \mathrm{d}x = 2\int_0^1 (y+3) \mathrm{d}x = 7.$$

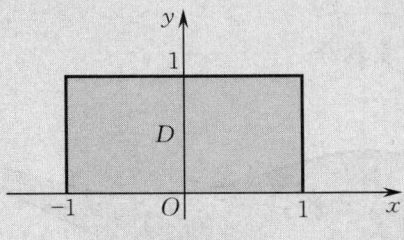

图 10.12

例 4 计算二重积分 $\iint_D 2xy \mathrm{d}x \mathrm{d}y$，其中 D 是由 $y = x$，$x = 1$ 及 x 轴所围成的闭区域(见图 10.13).

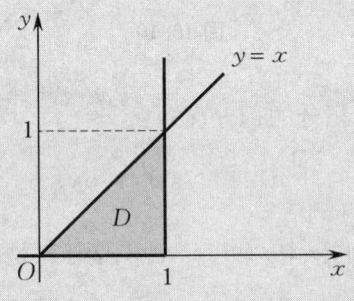

图 10.13

解 如图 10.13 所示，积分区域 D 是直角三角形闭区域，它既是 X-型区域又是 Y-型区域.

解法一 将积分区域 D 表示为 X-型区域：

$$D = \{(x,y) \mid 0 \leqslant x \leqslant 1, 0 \leqslant y \leqslant x\},$$

则由式(10-7)得

$$\iint_D 2xy \mathrm{d}x \mathrm{d}y = \int_0^1 \mathrm{d}x \int_0^x 2xy \mathrm{d}y = 2\int_0^1 x \mathrm{d}x \int_0^x y \mathrm{d}y = \int_0^1 x^3 \mathrm{d}x = \frac{1}{4}.$$

解法二 将积分区域 D 表示为 Y-型区域：

$$D = \{(x,y) \mid 0 \leqslant y \leqslant 1, y \leqslant x \leqslant 1\},$$

则由式(10-8)得

$$\iint_D 2xy \mathrm{d}x \mathrm{d}y = \int_0^1 \mathrm{d}y \int_y^1 2xy \mathrm{d}x = 2\int_0^1 y \mathrm{d}y \int_y^1 x \mathrm{d}x = \int_0^1 (y - y^3) \mathrm{d}y = \frac{1}{4}.$$

例 5 计算二重积分 $\iint\limits_D 2xy\,dx\,dy$，其中 D 是由 $y=x$，$y=\dfrac{x}{2}$，$y=2$ 所围成的闭区域（见图 10.14）.

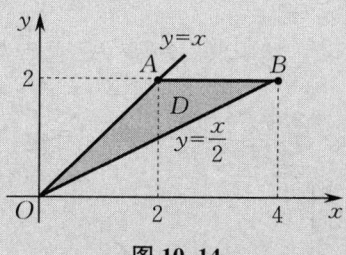

图 10.14

解 **解法一** 如图 10.14 所示，积分区域 D 是 Y-型区域，可表示为
$$D=\{(x,y)\,|\,0\leqslant y\leqslant 2,y\leqslant x\leqslant 2y\},$$
则由式(10-8)得
$$\iint\limits_D 2xy\,dx\,dy=\int_0^2 dy\int_y^{2y}2xy\,dx=2\int_0^2 y\,dy\int_y^{2y}x\,dx=\int_0^2 3y^3\,dy=12.$$

解法二 如果要利用式(10-7)将二重积分化为先 y 后 x 的累次积分进行计算，则须将积分区域 D 分割成两个 X-型区域 D_1 和 D_2，如图 10.15 所示，其中
$$D_1=\left\{(x,y)\,\Big|\,0\leqslant x\leqslant 2,\dfrac{x}{2}\leqslant y\leqslant x\right\},\quad D_2=\left\{(x,y)\,\Big|\,2\leqslant x\leqslant 4,\dfrac{x}{2}\leqslant y\leqslant 2\right\}.$$
于是，利用二重积分对区域的可加性，有
$$\iint\limits_D 2xy\,dx\,dy=\iint\limits_{D_1}2xy\,dx\,dy+\iint\limits_{D_2}2xy\,dx\,dy=\int_0^2 dx\int_{\frac{x}{2}}^{x}2xy\,dy+\int_2^4 dx\int_{\frac{x}{2}}^{2}2xy\,dy$$
$$=2\int_0^2 x\,dx\int_{\frac{x}{2}}^{x}y\,dy+2\int_2^4 x\,dx\int_{\frac{x}{2}}^{2}y\,dy=\int_0^2 \dfrac{3}{4}x^3\,dx+\int_2^4\left(4x-\dfrac{x^3}{4}\right)dx$$
$$=3+9=12.$$

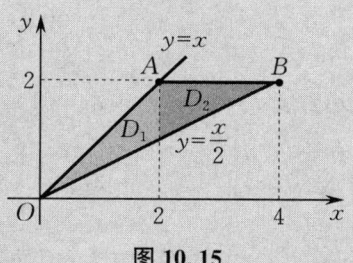

图 10.15

例 6 计算二重积分 $\iint\limits_D \sin y^2\,dx\,dy$，其中 D 是由直线 $y=\sqrt{\pi}$，$y=x$ 及 y 轴所围成的闭区域（见图 10.16）.

解 如图 10.16 所示，积分区域 D 既是 X-型区域又是 Y-型区域，而被积函数 $f(x,y)=\sin y^2$ 的原函数不能用初等函数表示，即先对 y 积分是积不出来的. 因此，需要利用式(10-8)将二重积分化为先 x 后 y 的累次积分进行计算.

将积分区域 D 表示成 Y-型区域：
$$D=\{(x,y)\mid 0\leqslant y\leqslant\sqrt{\pi},0\leqslant x\leqslant y\},$$
由式(10-8)得
$$\iint\limits_{D}\sin y^2\mathrm{d}x\mathrm{d}y=\int_0^{\sqrt{\pi}}\mathrm{d}y\int_0^y\sin y^2\mathrm{d}x=\int_0^{\sqrt{\pi}}y\sin y^2\mathrm{d}y$$
$$=\frac{1}{2}\int_0^{\sqrt{\pi}}\sin y^2\mathrm{d}(y^2)=1.$$

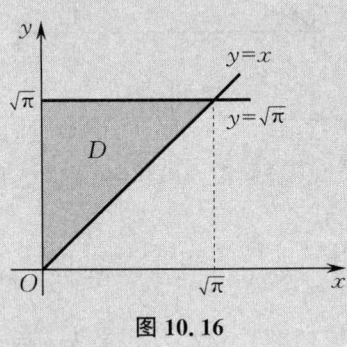

图 10.16

通过以上例题的求解过程我们注意到，将二重积分化为累次积分进行计算时，选用哪种积分次序，不但要考虑积分区域的类型，还要考虑被积函数的特点．

习 题 10.2

1. 交换下列累次积分的积分次序：

(1) $\int_0^1\mathrm{d}y\int_y^{\sqrt{y}}f(x,y)\mathrm{d}x$；

(2) $\int_1^e\mathrm{d}x\int_0^{\ln x}f(x,y)\mathrm{d}y$；

(3) $\int_{-1}^1\mathrm{d}x\int_0^{\sqrt{1-x^2}}f(x,y)\mathrm{d}y$；

(4) $\int_2^4\mathrm{d}x\int_{\frac{x}{2}}^x f(x,y)\mathrm{d}y$．

2. 计算下列二重积分：

(1) $\iint\limits_{D}(x+6y)\mathrm{d}x\mathrm{d}y$，其中 D 是由直线 $y=x,y=5x,x=1$ 所围成的闭区域；

(2) $\iint\limits_{D}\frac{y}{x}\mathrm{d}x\mathrm{d}y$，其中 D 是由直线 $y=2x,y=x,x=2,x=4$ 所围成的闭区域；

(3) $\iint\limits_{D}xy\mathrm{d}x\mathrm{d}y$，其中 D 是由抛物线 $y^2=x$ 与直线 $y=x-2$ 所围成的闭区域；

(4) $\iint\limits_{D}y\mathrm{e}^{xy}\mathrm{d}x\mathrm{d}y$，其中 D 是由直线 $x=0,x=1,y=-1,y=0$ 所围成的闭区域；

(5) $\iint\limits_{D}\mathrm{e}^{-y^2}\mathrm{d}x\mathrm{d}y$，其中 D 是由直线 $y=x,y=1,x=0$ 所围成的闭区域；

(6) $\int_0^\pi\mathrm{d}x\int_x^\pi\frac{\sin y}{y}\mathrm{d}y$．

§10.3 利用极坐标计算二重积分

通过 §10.2 的学习我们知道,如果积分区域 D 在直角坐标系下不是 X-型区域或 Y-型区域,则需要对积分区域进行分割,如图 10.17 所示. 但如果将其放到极坐标系下,则积分区域 D 是一个 θ-型区域(见图 10.18),可表示为

$$D = \{(\rho,\theta) \mid \alpha \leqslant \theta \leqslant \beta, \rho_1(\theta) \leqslant \rho \leqslant \rho_2(\theta)\}.$$

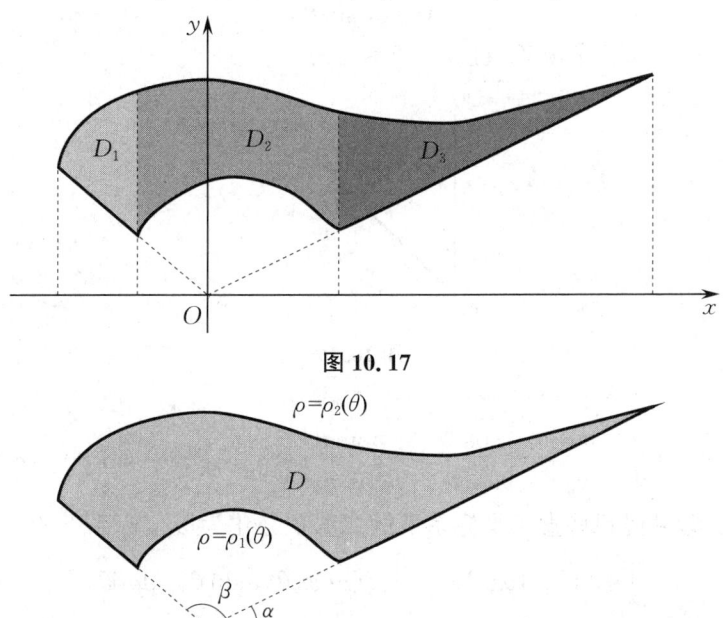

图 10.17

图 10.18

此时,在极坐标系下不用分割积分区域 D,就能很方便地计算出二重积分. 因此,解决这类问题的有效方法是首先将直角坐标系下的二重积分化为极坐标系下的二重积分,然后再计算极坐标系下的二重积分. 本节重点介绍利用极坐标计算二重积分的相关知识.

将直角坐标系下的二重积分化为极坐标系下的二重积分,本质上是对直角坐标系下的二重积分进行变量代换,将其化为极坐标形式下的二重积分. 关于二重积分的变量代换,有如下定理.

定理 10.1 设函数 $f(x,y)$ 在 xOy 面上的有界闭区域 D 上连续,函数 $x = x(u,v)$,$y = y(u,v)$ 在对应 uOv 面上的有界闭区域 D^* 上具有一阶连续偏导数,且雅可比行列式

$$J = \begin{vmatrix} x_u & x_v \\ y_u & y_v \end{vmatrix} \neq 0,$$

则有

$$\iint\limits_{D} f(x,y) \mathrm{d}x\mathrm{d}y = \iint\limits_{D^*} f[x(u,v),y(u,v)] |J| \mathrm{d}u\mathrm{d}v. \tag{10-9}$$

式(10-9)称为**二重积分的换元公式**,它将 Oxy 坐标系下的二重积分 $\iint\limits_{D} f(x,y)\mathrm{d}x\mathrm{d}y$ 化为 Ouv 坐标系下的二重积分 $\iint\limits_{D^*} f[x(u,v),y(u,v)]|J|\mathrm{d}u\mathrm{d}v$.

证明从略.

接下来,我们基于定理 10.1 推导极坐标系下的二重积分的形式.

如图 10.19 所示,对于平面上一点 $P(x,y)$,其极坐标与直角坐标的关系为

$$\begin{cases} x = \rho\cos\theta, \\ y = \rho\sin\theta, \end{cases} \quad (10-10)$$

其中 ρ 是极径,且 $\rho \geqslant 0$,θ 是极角,且 $0 \leqslant \theta \leqslant 2\pi$.

利用极坐标
计算二重积分

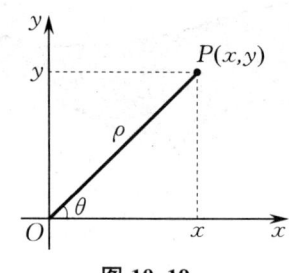

图 10.19

直接计算得

$$J = \begin{vmatrix} x_\rho & x_\theta \\ y_\rho & y_\theta \end{vmatrix} = \begin{vmatrix} \cos\theta & -\rho\sin\theta \\ \sin\theta & \rho\cos\theta \end{vmatrix} = \rho(\cos^2\theta + \sin^2\theta) = \rho,$$

再利用式(10-9)即可得到将直角坐标系下的二重积分化为极坐标系下的二重积分的形式为

$$\iint\limits_{D} f(x,y)\mathrm{d}x\mathrm{d}y = \iint\limits_{D_{\rho\theta}} f(\rho\cos\theta,\rho\sin\theta)\rho\,\mathrm{d}\rho\,\mathrm{d}\theta, \quad (10-11)$$

其中 $D_{\rho\theta}$ 是极坐标系下对应于直角坐标系下 xOy 面上的 D 的积分区域.

一般地,我们将 $D_{\rho\theta}$ 表示为 θ-型区域,然后将式(10-11)化为先 ρ 后 θ 的累次积分进行计算. 根据极点和积分区域的位置关系,极坐标系下的 θ-型区域通常有以下三种情形 (见图 10.20):

(1) $D_{\rho\theta} = \{(\rho,\theta) \mid \alpha \leqslant \theta \leqslant \beta, \rho_1(\theta) \leqslant \rho \leqslant \rho_2(\theta)\}$;

(2) $D_{\rho\theta} = \{(\rho,\theta) \mid \alpha \leqslant \theta \leqslant \beta, 0 \leqslant \rho \leqslant \rho(\theta)\}$;

(3) $D_{\rho\theta} = \{(\rho,\theta) \mid 0 \leqslant \theta \leqslant 2\pi, 0 \leqslant \rho \leqslant \rho(\theta)\}$.

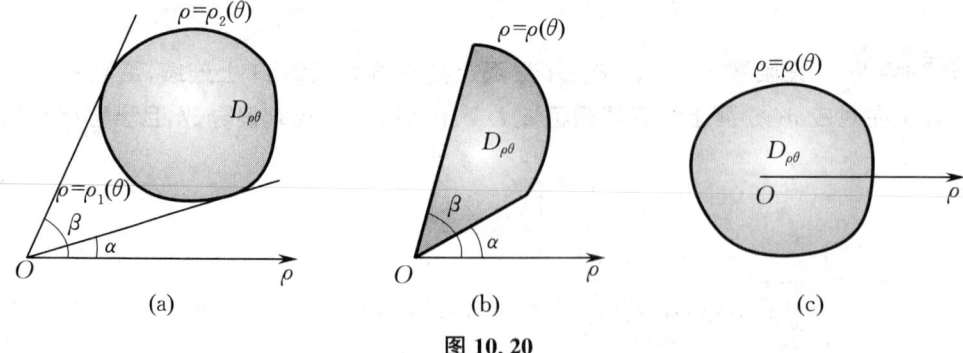

图 10.20

由极坐标和直角坐标的关系可知,如果二重积分的积分区域是圆、圆环、扇形等区域,而被积函数是 x^2+y^2 或 $\dfrac{y}{x}$ 的函数,则可采用极坐标计算该二重积分.

例 1 将二重积分 $I=\iint\limits_{D}f(x,y)\mathrm{d}x\mathrm{d}y$ 化为极坐标系下的累次积分,其中积分区域 D 分别为

(1) $a^2 \leqslant x^2+y^2 \leqslant b^2 (0<a<b)$;

(2) $x^2+y^2 \leqslant 2x$.

解 (1) 如图 10.21 所示,积分区域 D 的边界曲线在极坐标系下的方程分别为 $\rho=a$ 和 $\rho=b$,D 在极坐标系下可表示为
$$D_{\rho\theta}=\{(\rho,\theta)\mid 0\leqslant\theta\leqslant 2\pi,a\leqslant\rho\leqslant b\},$$
则
$$I=\iint\limits_{D_{\rho\theta}}f(\rho\cos\theta,\rho\sin\theta)\rho\mathrm{d}\rho\mathrm{d}\theta=\int_0^{2\pi}\mathrm{d}\theta\int_a^b f(\rho\cos\theta,\rho\sin\theta)\rho\mathrm{d}\rho.$$

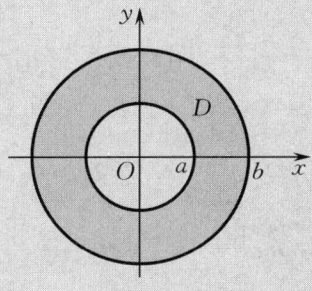

图 10.21

(2) 如图 10.22 所示,积分区域 D 的边界曲线在极坐标系下的方程为 $\rho=2\cos\theta$,D 在极坐标系下可表示为
$$D_{\rho\theta}=\{(\rho,\theta)\mid -\dfrac{\pi}{2}\leqslant\theta\leqslant\dfrac{\pi}{2},0\leqslant\rho\leqslant 2\cos\theta\},$$
则
$$I=\iint\limits_{D_{\rho\theta}}f(\rho\cos\theta,\rho\sin\theta)\rho\mathrm{d}\rho\mathrm{d}\theta=\int_{-\frac{\pi}{2}}^{\frac{\pi}{2}}\mathrm{d}\theta\int_0^{2\cos\theta}f(\rho\cos\theta,\rho\sin\theta)\rho\mathrm{d}\rho.$$

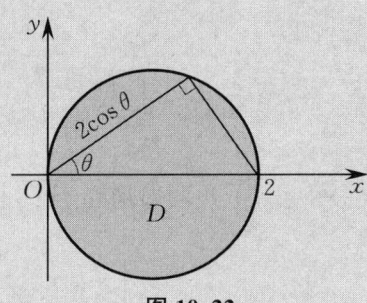

图 10.22

例 2 计算二重积分 $\iint\limits_{D} e^{-x^2-y^2} d\sigma$，其中 D 为圆盘 $x^2+y^2 \leqslant a^2 (a>0)$，并利用这个二重积分计算反常积分 $\int_0^{+\infty} e^{-x^2} dx$.

解 易知积分区域 D 在极坐标系下可表示为
$$D_{\rho\theta} = \{(\rho,\theta) \mid 0 \leqslant \theta \leqslant 2\pi, 0 \leqslant \rho \leqslant a\},$$
则
$$\iint\limits_{D} e^{-x^2-y^2} d\sigma = \iint\limits_{D_{\rho\theta}} e^{-\rho^2} \rho\, d\rho\, d\theta = \int_0^{2\pi} d\theta \int_0^a e^{-\rho^2} \rho\, d\rho$$
$$= 2\pi \left(-\frac{1}{2} e^{-\rho^2}\right)\Big|_0^a = \pi(1-e^{-a^2}).$$

根据反常积分的定义知 $\int_0^{+\infty} e^{-x^2} dx = \lim\limits_{R\to+\infty} \int_0^R e^{-x^2} dx$，故先求定积分 $I = \int_0^R e^{-x^2} dx$. 易知
$$I^2 = \left(\int_0^R e^{-x^2} dx\right)^2 = \int_0^R e^{-x^2} dx \cdot \int_0^R e^{-y^2} dy = \iint\limits_{D'} e^{-x^2-y^2} dx\, dy,$$
其中 $D' = \{(x,y) \mid 0 \leqslant x \leqslant R, 0 \leqslant y \leqslant R\}$.

如图 10.23 所示，显然有
$$\iint\limits_{D_1} e^{-x^2-y^2} dx\, dy \leqslant \iint\limits_{D'} e^{-x^2-y^2} dx\, dy \leqslant \iint\limits_{D_2} e^{-x^2-y^2} dx\, dy,$$
其中 $D_1 = \{(x,y) \mid x^2+y^2 \leqslant R^2, x \geqslant 0, y \geqslant 0\}$，$D_2 = \{(x,y) \mid x^2+y^2 \leqslant 2R^2, x \geqslant 0, y \geqslant 0\}$. 又
$$\iint\limits_{D_1} e^{-x^2-y^2} dx\, dy = \frac{\pi}{4}(1-e^{-R^2}), \quad \iint\limits_{D_2} e^{-x^2-y^2} dx\, dy = \frac{\pi}{4}(1-e^{-2R^2}),$$
故
$$\frac{\pi}{4}(1-e^{-R^2}) \leqslant \iint\limits_{D'} e^{-x^2-y^2} dx\, dy \leqslant \frac{\pi}{4}(1-e^{-2R^2}),$$
即
$$\frac{\pi}{4}(1-e^{-R^2}) \leqslant I^2 \leqslant \frac{\pi}{4}(1-e^{-2R^2}).$$

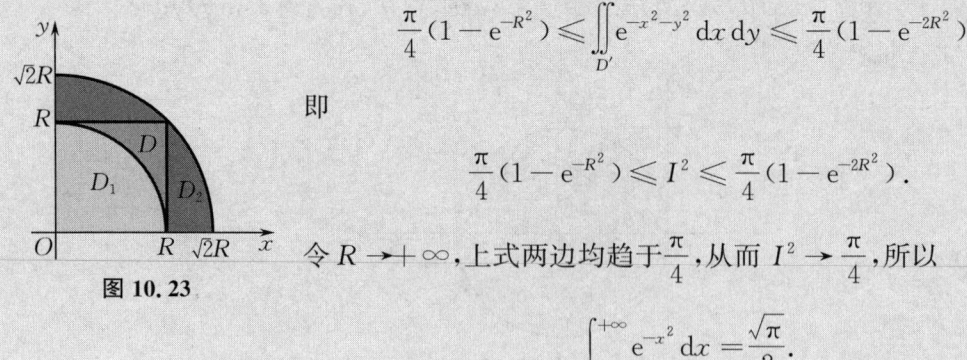

图 10.23

令 $R \to +\infty$，上式两边均趋于 $\frac{\pi}{4}$，从而 $I^2 \to \frac{\pi}{4}$，所以
$$\int_0^{+\infty} e^{-x^2} dx = \frac{\sqrt{\pi}}{2}.$$

例 3 计算二重积分 $\iint\limits_D \arctan \dfrac{y}{x} dx dy$，其中 D 为由圆 $x^2+y^2=4, x^2+y^2=1$ 及直线 $y=x, y=0$ 所围成的闭区域在第一象限中的部分（见图 10.24）．

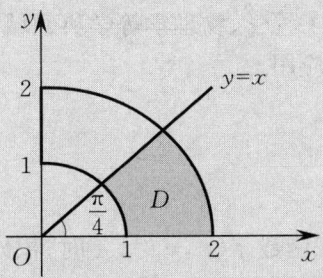

图 10.24

解 积分区域 D 在极坐标系下可表示为
$$D_{\rho\theta}=\left\{(\rho,\theta)\Big|0\leqslant\theta\leqslant\dfrac{\pi}{4},1\leqslant\rho\leqslant 2\right\},$$
所以
$$\iint\limits_D \arctan\dfrac{y}{x}dxdy=\iint\limits_{D_{\rho\theta}}\theta\rho d\rho d\theta=\int_0^{\frac{\pi}{4}}\theta d\theta\int_1^2\rho d\rho$$
$$=\dfrac{\pi^2}{32}\cdot\dfrac{3}{2}=\dfrac{3\pi^2}{64}.$$

习 题 10.3

1．将下列直角坐标系下的累次积分化为极坐标系下的累次积分：

(1) $\int_0^2 dy\int_0^{\sqrt{2y-y^2}} f(x,y)dx$；

(2) $\int_{-a}^a dx\int_0^{\sqrt{a^2-x^2}} f(x^2+y^2)dy (a>0$ 为常数$)$；

(3) $\int_0^1 dx\int_{x^2}^x f\left(\dfrac{y}{x}\right)dy$．

2．计算下列二重积分：

(1) $\iint\limits_D \ln(1+x^2+y^2)dxdy$，其中 D 为由圆 $x^2+y^2=1$ 所围成的闭区域在第一象限中的部分；

(2) $\iint\limits_D \sqrt{R^2-x^2-y^2}dxdy$，其中 D 为由圆 $x^2+y^2=Rx(R>0)$ 所围成的闭区域；

(3) $\iint\limits_D xy dxdy$，其中 D 为由圆 $x^2+y^2=4, x^2+y^2=1$ 及直线 $y=x, y=0$ 所围成的闭区域在第一象限中的部分；

(4) $\iint\limits_D \dfrac{\sin\sqrt{x^2+y^2}}{\sqrt{x^2+y^2}}dxdy$，其中 $D=\{(x,y)|\pi^2\leqslant x^2+y^2\leqslant 4\pi^2\}$．

§10.4 二重积分的应用

二重积分在几何学、经济学、工程学、物理学等学科领域中有着广泛的应用,本节我们重点介绍它在几何和经济方面的简单应用.

一、面积

1. 平面图形的面积

根据二重积分的性质,当被积函数 $f(x,y) \equiv 1$ 时,积分区域 D 的面积为

$$\sigma = \iint\limits_{D} d\sigma, \tag{10-12}$$

即可以通过计算二重积分 $\iint\limits_{D} d\sigma$ 求得积分区域 D 表示的平面图形的面积.

例1 求椭圆 $\dfrac{x^2}{a^2} + \dfrac{y^2}{b^2} = 1 (a, b > 0)$ 的面积 σ.

解 如图 10.25 所示,设椭圆在第一象限的图形为 D_1,其面积为 σ_1,则

$$D_1 = \left\{ (x,y) \,\middle|\, 0 \leqslant x \leqslant a, 0 \leqslant y \leqslant b\sqrt{1 - \dfrac{x^2}{a^2}} \right\}.$$

根据二重积分的性质可得

$$\sigma_1 = \iint\limits_{D_1} d\sigma = \int_0^a dx \int_0^{b\sqrt{1-\frac{x^2}{a^2}}} dy = \frac{b}{a} \int_0^a \sqrt{a^2 - x^2}\, dx = \frac{b}{a} \cdot \frac{\pi a^2}{4} = \frac{\pi ab}{4}.$$

再由对称性得所求椭圆的面积为

$$\sigma = 4\sigma_1 = \pi ab.$$

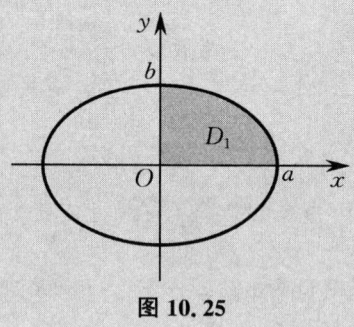

图 10.25

2. 曲面的面积

设曲面 S 的方程为 $z = f(x,y)$,它在 xOy 面上的投影区域为 D_{xy}. 若函数 $z = f(x,y)$ 在区域 D_{xy} 上具有一阶连续偏导数,则曲面 S 的面积为

$$A = \iint_{D_{xy}} \sqrt{1 + \left(\frac{\partial z}{\partial x}\right)^2 + \left(\frac{\partial z}{\partial y}\right)^2} \, dx \, dy. \tag{10-13}$$

例 2 求旋转抛物面 $z = x^2 + y^2$ 介于平面 $z=0$ 与 $z=1$ 之间的曲面的面积 A.

解 如图 10.26 所示,介于平面 $z=0$ 与 $z=1$ 之间的旋转抛物面在 xOy 面上的投影区域为

$$D_{xy} = \left\{(x,y) \,\big|\, x^2 + y^2 \leqslant 1\right\} \quad \text{或} \quad D_{\rho\theta} = \left\{(\rho,\theta) \,\big|\, 0 \leqslant \theta \leqslant 2\pi, 0 \leqslant \rho \leqslant 1\right\}.$$

由 $z = x^2 + y^2$ 得

$$\frac{\partial z}{\partial x} = 2x, \quad \frac{\partial z}{\partial y} = 2y,$$

从而

$$\sqrt{1 + \left(\frac{\partial z}{\partial x}\right)^2 + \left(\frac{\partial z}{\partial y}\right)^2} = \sqrt{1 + 4x^2 + 4y^2},$$

于是由式(10-13)得所求面积

$$A = \iint_{D_{xy}} \sqrt{1 + 4x^2 + 4y^2} \, dx \, dy = \iint_{D_{\rho\theta}} \sqrt{1 + 4\rho^2} \, \rho \, d\rho \, d\theta$$

$$= \frac{1}{8} \int_0^{2\pi} d\theta \int_0^1 (1 + 4\rho^2)^{\frac{1}{2}} d(1 + 4\rho^2) = \frac{\pi}{6}(5\sqrt{5} - 1).$$

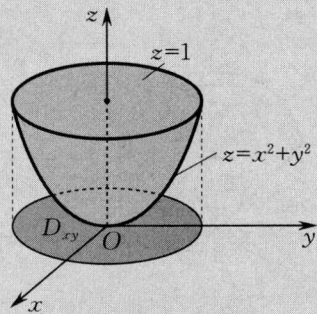

图 10.26

如果曲面方程为 $x = g(y,z)$ 或 $y = h(x,z)$,则可以把曲面相应地投影到 yOz 或 zOx 面上,其投影区域分别记为 D_{yz} 或 D_{xz},类似可得到曲面面积为

$$A = \iint_{D_{yz}} \sqrt{1 + \left(\frac{\partial g}{\partial y}\right)^2 + \left(\frac{\partial g}{\partial z}\right)^2} \, dy \, dz \tag{10-14}$$

或

$$A = \iint_{D_{xz}} \sqrt{1 + \left(\frac{\partial h}{\partial x}\right)^2 + \left(\frac{\partial h}{\partial z}\right)^2} \, dx \, dz. \tag{10-15}$$

二、体积

利用二重积分的几何意义可以计算空间曲面所围成的空间立体的体积.

例 3 求锥面 $z=\sqrt{x^2+y^2}$ 与球面 $x^2+y^2+z^2=4$ 所围成的空间立体 Ω 的体积.

解 如图 10.27 所示,由二重积分的几何意义,所求空间立体 Ω 的体积为

$$V=\iint_{D_{xy}}\sqrt{4-x^2-y^2}\,\mathrm{d}x\,\mathrm{d}y-\iint_{D_{xy}}\sqrt{x^2+y^2}\,\mathrm{d}x\,\mathrm{d}y,$$

其中积分区域为

$$D_{xy}=\{(x,y)\mid x^2+y^2\leqslant 2\}\quad\text{或}\quad D_{\rho\theta}=\{(\rho,\theta)\mid 0\leqslant\theta\leqslant 2\pi,0\leqslant\rho\leqslant\sqrt{2}\}.$$

于是

$$\begin{aligned}V&=\iint_{D_{xy}}\sqrt{4-x^2-y^2}\,\mathrm{d}x\,\mathrm{d}y-\iint_{D_{xy}}\sqrt{x^2+y^2}\,\mathrm{d}x\,\mathrm{d}y\\&=\iint_{D_{\rho\theta}}\sqrt{4-\rho^2}\,\rho\,\mathrm{d}\rho\,\mathrm{d}\theta-\iint_{D_{\rho\theta}}\rho^2\,\mathrm{d}\rho\,\mathrm{d}\theta\\&=\int_0^{2\pi}\mathrm{d}\theta\int_0^{\sqrt{2}}\sqrt{4-\rho^2}\,\rho\,\mathrm{d}\rho-\int_0^{2\pi}\mathrm{d}\theta\int_0^{\sqrt{2}}\rho^2\,\mathrm{d}\rho\\&=-\frac{1}{2}\int_0^{2\pi}\mathrm{d}\theta\int_0^{\sqrt{2}}(4-\rho^2)^{\frac{1}{2}}\mathrm{d}(4-\rho^2)-\frac{4\sqrt{2}}{3}\pi\\&=\frac{4\pi}{3}(4-\sqrt{2})-\frac{4\sqrt{2}}{3}\pi=\frac{4\pi}{3}(4-2\sqrt{2}).\end{aligned}$$

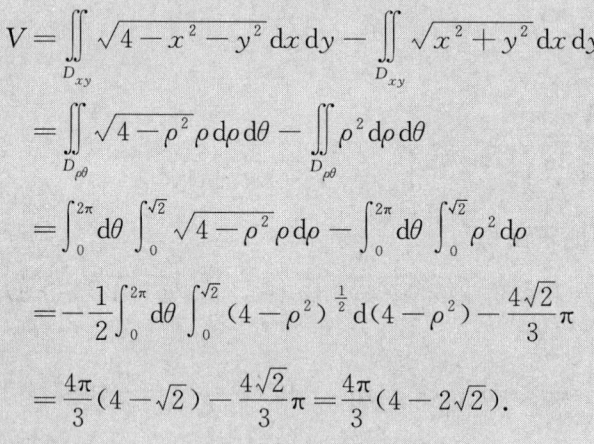

图 10.27

三、经济方面的应用

利用二重积分的中值定理可以求解某个时间段内销售或生产两种商品的平均利润或平均产量等.

例 4 某公司销售 A 商品 x 个单位,B 商品 y 个单位的利润为

$$P(x,y)=-(x-200)^2-(y-100)^2+5\,000.$$

现已知一周内 A 商品的销售数量在 $150\sim200$ 个单位之间变化,B 商品的销售数量在 $80\sim100$ 个单位之间变化,求销售这两种商品一周的平均利润.

解 由于 x,y 的变化范围为 $D=\{(x,y)\mid 150\leqslant x\leqslant 200, 80\leqslant y\leqslant 100\}$，因此 D 的面积为 $\sigma=50\times 20=1\,000$. 由二重积分的中值定理知，该公司销售这两种商品一周的平均利润为

$$\frac{1}{\sigma}\iint_D P(x,y)\mathrm{d}\sigma = \frac{1}{1\,000}\iint_D [-(x-200)^2-(y-100)^2+5\,000]\mathrm{d}\sigma$$

$$= \frac{1}{1\,000}\int_{150}^{200}\mathrm{d}x\int_{80}^{100}[-(x-200)^2-(y-100)^2+5\,000]\mathrm{d}y$$

$$= \frac{1}{1\,000}\int_{150}^{200}\left[-20(x-200)^2+\frac{292\,000}{3}\right]\mathrm{d}x$$

$$= \frac{12\,100\,000}{3\,000}\approx 4\,033.$$

习 题 10.4

1. 求曲线 $y^2=2x$ 与直线 $y=x-4$ 所围成的平面图形的面积.
2. 求锥面 $z=\sqrt{x^2+y^2}$ 被柱面 $z^2=2x$ 所截曲面的面积.
3. 求曲面 $z=x^2+y^2$ 与 $z=4-x^2-y^2$ 所围成的空间立体的体积.
4. 某企业的生产函数为 $p(x,y)=35x^{0.75}y^{0.25}$，其中 x 表示劳动力投入量，y 表示资本投入量，p 表示产量. 设 $16\leqslant x\leqslant 18, 0.5\leqslant y\leqslant 1$，试求平均产量(结果保留两位小数).

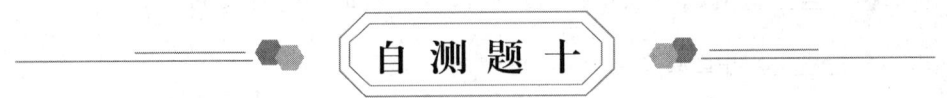

1. 判断题：

(1) 若函数 $z=f(x,y)$ 在有界闭区域 D 上的二重积分存在，则和式 $\sum_{i=1}^{n}f(\xi_i,\eta_i)\Delta\sigma_i$ 的极限与 D 的分割方法无关； （　）

(2) 二重积分 $\iint_D f(x,y)\mathrm{d}\sigma$ 的值在几何上表示以曲面 $z=f(x,y)$ 为顶、以区域 D 为底、以 D 的边界曲线为准线而母线平行于 z 轴的柱面为侧面的曲顶柱体的体积； （　）

(3) 已知积分区域 D 是由 x 轴、y 轴及直线 $x+y=1$ 所围成的闭区域，则

$$\iint_D \ln(x+y)\mathrm{d}\sigma \leqslant \iint_D \ln^2(x+y)\mathrm{d}\sigma；\qquad (\quad)$$

(4) 若函数 $f(x,y)=f_1(x)\cdot f_2(y)$，且它在矩形闭区域 $D=\{(x,y)\mid a\leqslant x\leqslant b, c\leqslant y\leqslant d\}$ 上的二重积分存在，则有

$$\iint_D f(x,y)\mathrm{d}x\mathrm{d}y = \int_a^b f_1(x)\mathrm{d}x \cdot \int_c^d f_2(y)\mathrm{d}y；\qquad (\quad)$$

(5) 设函数 $f(x,y)$ 满足 $f(x,-y)=-f(x,y)$，且积分区域 D 关于 x 轴对称，则

$$\iint_D f(x,y)\mathrm{d}x\mathrm{d}y=0.\qquad (\quad)$$

2.选择题:

(1) 设区域 $D = \{(x,y) \mid x^2 + y^2 \leqslant a^2, a > 0\}$, 则当 $a = ($ $)$ 时, 有 $\iint\limits_D \sqrt{a^2 - x^2 - y^2}\, dx\, dy = \dfrac{2\pi}{3}$;

A. -1 B. 1 C. $\sqrt[3]{2}$ D. $\sqrt[3]{\dfrac{1}{2}}$

(2) 设区域 $D = \{(x,y) \mid x^2 + y^2 \leqslant 4, x > 0, y > 0\}$, 则 $\iint\limits_D (4x^2 + 4y^2 + 1)\, dx\, dy$ 的值介于( ) 之间;

A. 1 和 17 B. 0 和 16 C. 0 和 16π D. π 和 17π

(3) 设 $I = \iint\limits_D \ln(x+y)\, dx\, dy$, $J = \iint\limits_D (x+y)\, dx\, dy$, $K = \iint\limits_D (x+y)^2\, dx\, dy$, 其中积分区域 D 是由直线 $x = 0, y = 0, x + y = \dfrac{1}{2}, x + y = 1$ 所围成的平面闭区域, 则 I, J, K 的大小关系为( );

A. $J \leqslant K \leqslant I$ B. $I \leqslant K \leqslant J$ C. $I \leqslant J \leqslant K$ D. $J \leqslant I \leqslant K$

(4) 设区域 $D = \{(x,y) \mid x^2 + y^2 \leqslant 4\}$, f 是 D 上的连续函数, 则 $\iint\limits_D f(2\sqrt{x^2+y^2})\, dx\, dy = ($ $)$;

A. $2\pi \int_0^2 f(2\rho^2)\, d\rho$ B. $4\pi \int_0^\rho \rho f(2\rho)\, d\rho$
C. $2\pi \int_0^2 \rho f(2\rho)\, d\rho$ D. $4\pi \int_0^2 \rho f(2\rho)\, d\rho$

(5) 设区域 $D = \{(x,y) \mid 1 \leqslant x^2 + y^2 \leqslant 4\}$, 则二重积分 $\iint\limits_D (x^2 + y^2)\, dx\, dy = ($ $)$.

A. $\dfrac{15\pi}{2}$ B. $\dfrac{25\pi}{2}$ C. $\dfrac{25\pi}{4}$ D. $\dfrac{15\pi}{4}$

3.填空题:

(1) $\iint\limits_D \sqrt{9 - x^2 - y^2}\, dx\, dy = $ _____, 其中闭区域 $D = \{(x,y) \mid x^2 + y^2 \leqslant 9\}$;

(2) $\iint\limits_D e^{x+y}\, d\sigma = $ _____, 其中区域 $D = \{(x,y) \mid 0 \leqslant x \leqslant \ln 2, 0 \leqslant y \leqslant \ln 3\}$;

(3) $\iint\limits_D d\sigma = $ _____, 其中区域 $D = \{(x,y) \mid x^2 + y^2 \leqslant 1\}$;

(4) 若 D 是以 $(0,0), (1,0), (0,1)$ 为顶点的三角形闭区域, 则 $\iint\limits_D (1 - x - y)\, d\sigma = $ _____;

(5) 设函数 $f(x,y)$ 在矩形闭区域 $D = \{(x,y) \mid 0 \leqslant x \leqslant 1, 0 \leqslant y \leqslant 1\}$ 上连续, 且 $f(x,y) \geqslant 0$. 若 $\iint\limits_D f(x,y)\, dx\, dy = \sqrt{f(x,y) + 2}$, 则 $\iint\limits_D f(x,y)\, dx\, dy = $ _____;

(6) 若 D 是由曲线 $x^2 + y^2 \leqslant 2ax\,(a > 0)$ 所围成的平面闭区域, 则它在极坐标系下可表示为 _____;

(7) 累次积分 $\int_0^1 dy \int_0^{1-y} f(x,y)\, dx$ 交换积分次序后变为 _____.

4.计算积分 $I = \int_0^1 x^3 f(x)\, dx$, 其中函数 $f(x) = \int_{x^2}^1 \dfrac{\sin y}{y^2}\, dy$.

5.计算二重积分 $\iint\limits_D \dfrac{1}{\sqrt{R^2 - x^2 - y^2}}\, d\sigma$, 其中区域 $D = \{(x,y) \mid x^2 + y^2 \leqslant Ry, R > 0\}$.

6.计算二重积分 $\iint\limits_D |y - x^2|\, dx\, dy$, 其中区域 $D = \{(x,y) \mid |x| \leqslant 1, 0 \leqslant y \leqslant 1\}$.

7.求锥面 $z = \sqrt{x^2 + y^2}$ 和平面 $z = 2$ 所围成的封闭曲面的面积.

8.求由曲面 $x^2 + y^2 = z$ 和 $z = 2 - \sqrt{x^2 + y^2}$ 所围成的空间立体的体积.

第十一章

无穷级数

从 18 世纪至今,无穷级数一直被认为是微积分的一个不可缺少的部分.本章将在极限理论的基础上,首先介绍常数项级数的基本知识,然后讨论函数项级数,并考虑如何将函数展开成幂级数的问题.

§11.1 常数项级数的概念与性质

一、常数项级数的概念

前面我们讨论过有限个数或函数的和及其性质,如有限个连续(或可微、可积)函数的和仍然连续(或可微、可积)等.然而在许多情形下,还需要讨论无限个数或函数的和及其性质.

例如,分数 $\frac{1}{3}$ 写成循环小数形式时为 $0.333\cdots$. 在近似计算中,可以根据不同的精确度要求,取小数点后的几位作为 $\frac{1}{3}$ 的近似值.因为

$$0.3 = \frac{3}{10}, \quad 0.03 = \frac{3}{10^2}, \quad \underbrace{0.00\cdots 0}_{n\text{个}}3 = \frac{3}{10^n},$$

所以有

$$\frac{1}{3} \approx \frac{3}{10} + \frac{3}{10^2} + \cdots + \frac{3}{10^n}.$$

显然,n 越大,这个近似值就越接近 $\frac{1}{3}$. 根据极限的概念可知

$$\frac{1}{3} = \lim_{n\to\infty}\left(\frac{3}{10} + \frac{3}{10^2} + \cdots + \frac{3}{10^n}\right),$$

也可写为 $\frac{1}{3} = \frac{3}{10} + \frac{3}{10^2} + \cdots + \frac{3}{10^n} + \cdots$. 这时和式中的项数无限增加,于是出现了无限个数依次相加的式子.

一般地,如果给定一个数列

$$u_1, \quad u_2, \quad \cdots, \quad u_n, \quad \cdots,$$

则由这个数列构成的表达式

$$u_1 + u_2 + \cdots + u_n + \cdots \tag{11-1}$$

称为(常数项)**无穷级数**,简称(常数项)**级数**,记为 $\sum_{n=1}^{\infty} u_n$,即

$$\sum_{n=1}^{\infty} u_n = u_1 + u_2 + \cdots + u_n + \cdots,$$

其中第 n 项 u_n 称为级数的**一般项**.

对于级数(11-1),首要的问题是:它是否和前面的例子一样,等于一个有限的数值? 因为它是由无穷多项相加得到的,所以显然不能通过一项一项相加的方法去验证,但我们可以用下述方法去考察. 令

$$s_1 = u_1, \quad s_2 = u_1 + u_2, \quad \cdots, \quad s_n = u_1 + u_2 + \cdots + u_n, \quad \cdots,$$

由此得到一个数列,称该数列为级数(11-1)的**部分和数列**,记为 $\{s_n\}$. 根据部分和数列有没有极限,我们可以判断级数(11-1)是否等于一个有限的数值,由此引进级数收敛与发散的概念.

定义 11.1 如果级数 $\sum_{n=1}^{\infty} u_n$ 的部分和数列 $\{s_n\}$ 有极限 s,即

$$\lim_{n \to \infty} s_n = s,$$

则称级数 $\sum_{n=1}^{\infty} u_n$ **收敛**,极限 s 叫作这个收敛级数的**和**,并写成

$$s = u_1 + u_2 + \cdots + u_n + \cdots;$$

如果 $\{s_n\}$ 没有极限,则称级数 $\sum_{n=1}^{\infty} u_n$ **发散**.

显然,当级数 $\sum_{n=1}^{\infty} u_n$ 收敛时,其部分和 s_n 是级数的和 s 的近似值,它们之间的差值

$$r_n = s - s_n = u_{n+1} + u_{n+2} + \cdots$$

叫作级数的**余项**. 用近似值 s_n 代替 s 所产生的误差是级数的余项的绝对值,即误差是 $|r_n|$.

通过上述定义可知,给定级数 $\sum_{n=1}^{\infty} u_n$,就一定有部分和数列 $\{s_n\}$;反之,给定数列 $\{s_n\}$,就有以 $\{s_n\}$ 为部分和数列的级数 $\sum_{n=1}^{\infty} u_n$,其中

$$u_1 = s_1, \quad u_n = s_n - s_{n-1} \quad (n \geqslant 2).$$

根据定义 11.1,级数 $\sum_{n=1}^{\infty} u_n$ 与数列 $\{s_n\}$ 同时收敛或同时发散,且在收敛时,有

$$\sum_{n=1}^{\infty} u_n = \lim_{n \to \infty} s_n, \quad 即 \quad \sum_{n=1}^{\infty} u_n = \lim_{n \to \infty} \sum_{i=1}^{n} u_i.$$

例 1 讨论等比级数(又称为几何级数)

$$\sum_{n=0}^{\infty} aq^n = a + aq + aq^2 + \cdots + aq^n + \cdots \tag{11-2}$$

的敛散性,其中 $a \neq 0$,q 叫作等比级数的公比.

解 根据等比数列的求和公式可知,当 $q \neq 1$ 时,所给级数的部分和为

$$s_n = a \cdot \frac{1-q^n}{1-q} = \frac{a}{1-q} - \frac{aq^n}{1-q}.$$

当 $|q|<1$ 时,由于 $\lim\limits_{n\to\infty}q^n=0$,因此 $\lim\limits_{n\to\infty}s_n=\frac{a}{1-q}$,此时级数(11-2)收敛,且其和为 $\frac{a}{1-q}$. 当 $|q|>1$ 时,由于 $\lim\limits_{n\to\infty}q^n=\infty$,因此 $\lim\limits_{n\to\infty}s_n=\infty$,此时级数(11-2)发散.

如果 $|q|=1$,那么当 $q=1$ 时,$s_n=na\to\infty(n\to\infty)$,此时级数(11-2)发散;当 $q=-1$ 时,级数(11-2)成为

$$a-a+a-a+\cdots,$$

显然 s_n 随着 n 为奇数或偶数而等于 a 或等于零,从而 s_n 的极限不存在,此时级数(11-2)也发散.

综上可知,等比级数 $\sum\limits_{n=0}^{\infty}aq^n$ 当公比 $|q|<1$ 时收敛,当 $|q|\geqslant 1$ 时发散.

例 2 判定级数 $\sum\limits_{n=1}^{\infty}\frac{1}{n(n+1)}$ 的敛散性.

解 由于

$$u_n=\frac{1}{n(n+1)}=\frac{1}{n}-\frac{1}{n+1},$$

因此

$$s_n=\frac{1}{1\cdot 2}+\frac{1}{2\cdot 3}+\cdots+\frac{1}{n(n+1)}=\left(1-\frac{1}{2}\right)+\left(\frac{1}{2}-\frac{1}{3}\right)+\cdots+\left(\frac{1}{n}-\frac{1}{n+1}\right)$$
$$=1-\frac{1}{n+1},$$

从而

$$\lim_{n\to\infty}s_n=\lim_{n\to\infty}\left(1-\frac{1}{n+1}\right)=1.$$

所以原级数收敛,且其和为 1.

二、收敛级数的基本性质

根据级数收敛的概念,可以得出收敛级数的几个基本性质.

性质 1 如果级数 $\sum\limits_{n=1}^{\infty}u_n$ 收敛,且其和为 s,则级数 $\sum\limits_{n=1}^{\infty}ku_n$($k$ 为常数)也收敛,且其和为 ks.

显然,如果级数的部分和数列 $\{s_n\}$ 没有极限且 $k\neq 0$,那么数列 $\{ks_n\}$ 也不可能有极限. 因此我们有进一步的结论:级数的每一项同乘以一个非零常数后,它的敛散性不会改变.

性质 2 如果级数 $\sum\limits_{n=1}^{\infty}u_n$,$\sum\limits_{n=1}^{\infty}v_n$ 均收敛,且其和分别为 s,δ,则级数 $\sum\limits_{n=1}^{\infty}(u_n\pm v_n)$ 也收敛,且其和为 $s\pm\delta$.

性质 1 和性质 2 利用级数收敛的定义易证.

性质 2 也可说成:两个收敛级数可以逐项相加与逐项相减.

性质 3　在级数中去掉、增加或改变有限多项,不会改变级数的敛散性.

证　我们只证明在级数的前面去掉有限多项,不会改变级数的敛散性,其他情形可以类似得到.

设将级数 $u_1+u_2+\cdots+u_k+u_{k+1}+u_{k+2}+\cdots+u_{k+n}+\cdots$ 的前面 k 项去掉,则得到级数 $u_{k+1}+u_{k+2}+\cdots+u_{k+n}+\cdots$,此级数的部分和为 $s'_n=s_{k+n}-s_k$,其中 s_{k+n} 是原级数的前 $k+n$ 项的和,s_k 是原级数的前 k 项的和.因为 s_k 是常数,所以当 $n\to\infty$ 时,s'_n 与 s_{k+n} 或者同时有极限,或者同时没有极限,即相应级数的敛散性相同.

性质 4　如果级数 $\sum\limits_{n=1}^{\infty}u_n$ 收敛,则对该级数的项任意加括号后所成的级数

$$(u_1+\cdots+u_{n_1})+(u_{n_1+1}+\cdots+u_{n_2})+\cdots+(u_{n_{k-1}+1}+\cdots+u_{n_k})+\cdots$$

仍收敛,且其和不变.

由性质 4 可得推论:如果加括号后所成的级数发散,则原级数也发散.

注　如果加括号后所成的级数收敛,则不能断定原级数也收敛.例如,级数

$$(1-1)+(1-1)+\cdots$$

收敛,且其和为 0,但级数

$$1-1+1-1+\cdots$$

却是发散的.

性质 5　(级数收敛的必要条件)　如果级数 $\sum\limits_{n=1}^{\infty}u_n$ 收敛,则它的一般项 u_n 趋于零,即

$$\lim_{n\to\infty}u_n=0.$$

证　设级数 $\sum\limits_{n=1}^{\infty}u_n$ 的和为 s,部分和数列为 $\{s_n\}$,则

$$u_n=s_n-s_{n-1}\quad(n\geqslant 2).$$

于是

$$\begin{aligned}\lim_{n\to\infty}u_n&=\lim_{n\to\infty}(s_n-s_{n-1})=\lim_{n\to\infty}s_n-\lim_{n\to\infty}s_{n-1}\\&=s-s=0.\end{aligned}$$

由性质 5 可知,若 $\lim\limits_{n\to 0}u_n\neq 0$,则级数 $\sum\limits_{n=1}^{\infty}u_n$ 发散.

例 3　证明:级数 $\sum\limits_{n=1}^{\infty}(-1)^n\dfrac{n}{n+1}$ 发散.

证　该级数的一般项为 $u_n=(-1)^n\dfrac{n}{n+1}$,显然

$$\lim_{n\to\infty}|u_n|=\lim_{n\to\infty}\left|(-1)^n\dfrac{n}{n+1}\right|=1\neq 0,$$

从而 $\lim\limits_{n\to\infty}u_n\neq 0$.由于一般项的极限不为零,因此该级数发散.

注 在判定级数 $\sum_{n=1}^{\infty} u_n$ 是否收敛时,我们往往先考察当 $n \to \infty$ 时,一般项 u_n 的极限是否为零. 仅当 $\lim_{n\to\infty} u_n = 0$ 时,再用其他方法来确定该级数收敛或发散. 需要特别指出的是, $\lim_{n\to\infty} u_n = 0$ 仅是级数 $\sum_{n=1}^{\infty} u_n$ 收敛的必要条件,绝不能由 $\lim_{n\to\infty} u_n = 0$ 就得出级数 $\sum_{n=1}^{\infty} u_n$ 收敛的结论.

例 4 证明:调和级数 $\sum_{n=1}^{\infty} \frac{1}{n} = 1 + \frac{1}{2} + \cdots + \frac{1}{n} + \cdots$ 发散.

证 用反证法. 假设该级数收敛, 设它的部分和数列为 $\{s_n\}$, 且 $\lim_{n\to\infty} s_n = s$. 显然,对级数的部分和 s_{2n}, 也有 $\lim_{n\to\infty} s_{2n} = s$. 于是

$$\lim_{n\to\infty}(s_{2n} - s_n) = s - s = 0.$$

但另一方面,因

$$s_{2n} - s_n = \frac{1}{n+1} + \frac{1}{n+2} + \cdots + \frac{1}{2n} > \frac{1}{2n} + \frac{1}{2n} + \cdots + \frac{1}{2n} = \frac{1}{2},$$

故 $\lim_{n\to\infty}(s_{2n} - s_n) \neq 0$. 由此产生矛盾,说明原级数发散.

显然, 调和级数 $\sum_{n=1}^{\infty} \frac{1}{n}$ 的一般项的极限为零, 但它却是发散的.

习 题 11.1

1. 写出下列级数的一般项:

(1) $-1 + \frac{1}{2} - \frac{1}{4} + \frac{1}{8} - \cdots$;

(2) $\frac{1}{2} + \frac{3}{5} + \frac{5}{10} + \frac{7}{17} + \cdots$.

2. 根据定义判定下列级数的敛散性:

(1) $\sum_{n=1}^{\infty} \frac{1}{(n+1)(n+2)}$;

(2) $\sum_{n=1}^{\infty}(\sqrt{n+2} - \sqrt{n+1})$;

(3) $\sum_{n=1}^{\infty} \left(\frac{3}{2}\right)^n$;

(4) $\sum_{n=1}^{\infty} \ln\left(1 + \frac{1}{n}\right)$.

3. 判定下列级数的敛散性:

(1) $-\frac{3}{4} + \frac{3^2}{4^2} - \cdots + (-1)^n \frac{3^n}{4^n} + \cdots$;

(2) $1 + \frac{2}{3} + \cdots + \frac{n}{2n-1} + \cdots$;

(3) $\frac{1}{2} + \frac{1}{\sqrt{2}} + \cdots + \frac{1}{\sqrt[n]{2}} + \cdots$;

(4) $\frac{1}{4} + \frac{1}{8} + \cdots + \frac{1}{4n} + \cdots$;

(5) $\left(\frac{1}{3} + \frac{1}{4}\right) + \left(\frac{1}{3^2} + \frac{1}{4^2}\right) + \cdots + \left(\frac{1}{3^n} + \frac{1}{4^n}\right) + \cdots$.

§11.2 常数项级数的审敛法

一、正项级数及其审敛法

正项级数敛散性的判断

如果级数 $\sum\limits_{n=1}^{\infty} u_n$ 的每一项 $u_n \geqslant 0 (n=1,2,\cdots)$，则称此级数为**正项级数**.

正项级数是常数项级数中比较特殊的一类，以后将看到，级数的敛散性问题往往归结为正项级数的敛散性问题，因此正项级数在常数项级数中有着非常重要的地位.

因为正项级数的部分和数列是单调增加数列，所以由单调有界收敛准则，我们可以得到如下重要结论.

定理 11.1 正项级数 $\sum\limits_{n=1}^{\infty} u_n$ 收敛的充要条件是它的部分和数列 $\{s_n\}$ 有界.

由定理 11.1 可知，如果正项级数 $\sum\limits_{n=1}^{\infty} u_n$ 发散，则其部分和 $s_n \to +\infty (n \to \infty)$，即

$$\sum_{n=1}^{\infty} u_n = +\infty.$$

例 1 试判断正项级数 $\sum\limits_{n=1}^{\infty} \dfrac{1}{n!}$ 的敛散性.

解 设原级数的部分和数列为 $\{s_n\}$. 因

$$n! = 1 \times 2 \times 3 \times \cdots \times n \geqslant 1 \times 2 \times 2 \times \cdots \times 2 = 2^{n-1},$$

则 $\dfrac{1}{n!} \leqslant \dfrac{1}{2^{n-1}}$，故

$$s_n = \frac{1}{1!} + \frac{1}{2!} + \cdots + \frac{1}{n!} \leqslant 1 + \frac{1}{2} + \cdots + \frac{1}{2^{n-1}}.$$

上式右边是一个首项为 1，公比为 $\dfrac{1}{2}$ 的等比数列的前 n 项的和，由等比数列的求和公式，可得

$$s_n \leqslant \frac{1-\left(\frac{1}{2}\right)^n}{1-\frac{1}{2}} = 2\left[1-\left(\frac{1}{2}\right)^n\right] < 2.$$

由此可知，部分和数列 $\{s_n\}$ 有界，因此正项级数 $\sum\limits_{n=1}^{\infty} \dfrac{1}{n!}$ 收敛.

一般地，定理 11.1 很少用来判定级数的敛散性，因为应用起来不太方便，但是它的理论价值很高. 事实上，正项级数的所有实用的审敛法都是建立在定理 11.1 的基础上的，下面给出几

个在使用上比较方便的正项级数的审敛法.

定理 11.2 （比较审敛法） 设 $\sum\limits_{n=1}^{\infty}u_n$ 和 $\sum\limits_{n=1}^{\infty}v_n$ 都是正项级数，且 $u_n \leqslant v_n (n=1,2,\cdots)$.

(1) 若级数 $\sum\limits_{n=1}^{\infty}v_n$ 收敛，则级数 $\sum\limits_{n=1}^{\infty}u_n$ 也收敛；

(2) 若级数 $\sum\limits_{n=1}^{\infty}u_n$ 发散，则级数 $\sum\limits_{n=1}^{\infty}v_n$ 也发散.

证 (1) 设级数 $\sum\limits_{n=1}^{\infty}v_n$ 的和为 σ，则级数 $\sum\limits_{n=1}^{\infty}u_n$ 的部分和
$$s_n=u_1+u_2+\cdots+u_n \leqslant v_1+v_2+\cdots+v_n \leqslant \sigma,$$
即部分和数列 $\{s_n\}$ 有界，由定理 11.1 知级数 $\sum\limits_{n=1}^{\infty}u_n$ 收敛.

(2) 设级数 $\sum\limits_{n=1}^{\infty}u_n$ 发散，则级数 $\sum\limits_{n=1}^{\infty}v_n$ 必发散；否则，若级数 $\sum\limits_{n=1}^{\infty}v_n$ 收敛，则由结论(1)，必有级数 $\sum\limits_{n=1}^{\infty}u_n$ 也收敛，与假设矛盾.

例 2 讨论 p 级数
$$\sum_{n=1}^{\infty}\frac{1}{n^p}=1+\frac{1}{2^p}+\cdots+\frac{1}{n^p}+\cdots$$
的敛散性，其中常数 $p>0$.

解 设 $p\leqslant 1$. 此时 p 级数的各项不小于调和级数 $\sum\limits_{n=1}^{\infty}\frac{1}{n}$ 的对应项，即有 $\frac{1}{n^p}\geqslant\frac{1}{n} (n=1,2,\cdots)$，但调和级数发散，因此根据比较审敛法可知，当 $p\leqslant 1$ 时 p 级数发散.

设 $p>1$. 因为当 $k-1\leqslant x\leqslant k$ 时，有 $\frac{1}{k^p}\leqslant\frac{1}{x^p}$，所以
$$\frac{1}{k^p}=\int_{k-1}^{k}\frac{1}{k^p}\mathrm{d}x \leqslant \int_{k-1}^{k}\frac{1}{x^p}\mathrm{d}x \quad (k=2,3,\cdots),$$
从而 p 级数的部分和
$$s_n=1+\sum_{k=2}^{n}\frac{1}{k^p} \leqslant 1+\sum_{k=2}^{n}\int_{k-1}^{k}\frac{1}{x^p}\mathrm{d}x = 1+\int_{1}^{n}\frac{1}{x^p}\mathrm{d}x$$
$$=1+\frac{1}{p-1}\left(1-\frac{1}{n^{p-1}}\right) < 1+\frac{1}{p-1} \quad (n=2,3,\cdots).$$
这表明部分和数列 $\{s_n\}$ 有界，因此 p 级数收敛.

综上可得，p 级数当 $p\leqslant 1$ 时发散，当 $p>1$ 时收敛.

例如，由上述结论知，级数 $\sum\limits_{n=1}^{\infty}\frac{1}{n^2}$ 收敛.

在利用比较审敛法判定正项级数是否收敛时，首先要选定一个已知其敛散性的级数与之比较. 我们常选用 p 级数作为这样的级数，其中发散的调和级数 $\sum\limits_{n=1}^{\infty}\frac{1}{n}$ 及收敛的级数 $\sum\limits_{n=1}^{\infty}\frac{1}{n^2}$ 是

常用的两个级数.

例3 判定正项级数 $\sum_{n=1}^{\infty} \dfrac{n}{5n^2-4}$ 的敛散性.

解 因为

$$\frac{n}{5n^2-4} > \frac{n}{5n^2} = \frac{1}{5} \cdot \frac{1}{n} \quad (n=1,2,\cdots),$$

而调和级数 $\sum_{n=1}^{\infty} \dfrac{1}{n}$ 是发散的,根据级数的性质,调和级数的各项乘以 $\dfrac{1}{5}$ 后仍发散,所以由比较审敛法知,原正项级数发散.

例4 判定正项级数 $\sum_{n=1}^{\infty} \dfrac{1}{n\sqrt{n+1}}$ 的敛散性.

解 因为

$$\frac{1}{n\sqrt{n+1}} < \frac{1}{n^{\frac{3}{2}}} \quad (n=1,2,\cdots),$$

而正项级数 $\sum_{n=1}^{\infty} \dfrac{1}{n^{\frac{3}{2}}}$ 是 $p=\dfrac{3}{2}>1$ 的 p 级数,它是收敛的,所以由比较审敛法可知,原正项级数收敛.

定理 11.3 （比较审敛法的极限形式） 设 $\sum_{n=1}^{\infty} u_n$ 和 $\sum_{n=1}^{\infty} v_n$ 都是正项级数.

（1）如果 $\lim\limits_{n\to\infty} \dfrac{u_n}{v_n} = l\,(0 \leqslant l < +\infty)$，且级数 $\sum_{n=1}^{\infty} v_n$ 收敛,则级数 $\sum_{n=1}^{\infty} u_n$ 也收敛;

（2）如果 $\lim\limits_{n\to\infty} \dfrac{u_n}{v_n} = l\,(0 < l \leqslant +\infty)$，且级数 $\sum_{n=1}^{\infty} v_n$ 发散,则级数 $\sum_{n=1}^{\infty} u_n$ 也发散.

证 （1）由极限的定义知,对 $\varepsilon=1$,存在正整数 N,当 $n>N$ 时,有

$$\frac{u_n}{v_n} < l+1,$$

即

$$u_n < (l+1)v_n.$$

而级数 $\sum_{n=1}^{\infty} v_n$ 收敛,故级数 $\sum_{n=1}^{\infty} (l+1)v_n$ 也收敛,根据比较审敛法,级数 $\sum_{n=1}^{\infty} u_n$ 收敛.

（2）当 $\lim\limits_{n\to\infty} \dfrac{u_n}{v_n} = l\,(0<l<+\infty)$ 时，$\lim\limits_{n\to\infty} \dfrac{v_n}{u_n} = \dfrac{1}{l} > 0$，若级数 $\sum_{n=1}^{\infty} u_n$ 收敛,则由结论(1)必有级数 $\sum_{n=1}^{\infty} v_n$ 收敛,但已知级数 $\sum_{n=1}^{\infty} v_n$ 发散,因此级数 $\sum_{n=1}^{\infty} u_n$ 不可能收敛,即级数 $\sum_{n=1}^{\infty} u_n$ 发散. 对于 $\lim\limits_{n\to\infty} \dfrac{u_n}{v_n} = +\infty$ 的情形,读者可自行证明.

根据比较审敛法的极限形式,在两个正项级数的一般项均趋于零的情况下,其实是比较它

们的一般项作为无穷小的阶. 定理 11.3 表明,当 $n\to\infty$ 时,如果 u_n 是与 v_n 同阶或比 v_n 高阶的无穷小,而级数 $\sum_{n=1}^{\infty} v_n$ 收敛,那么级数 $\sum_{n=1}^{\infty} u_n$ 也收敛;如果 u_n 是与 v_n 同阶或比 v_n 低阶的无穷小,而级数 $\sum_{n=1}^{\infty} v_n$ 发散,那么级数 $\sum_{n=1}^{\infty} u_n$ 也发散.

例 5 判定下列级数的敛散性:

(1) $\sum_{n=1}^{\infty} \dfrac{1}{\sqrt{n^2+n-1}}$;   (2) $\sum_{n=1}^{\infty} \dfrac{1}{3^n-2^n}$.

解 (1) 因为

$$\lim_{n\to\infty} \frac{\dfrac{1}{\sqrt{n^2+n-1}}}{\dfrac{1}{n}} = \lim_{n\to\infty} \frac{\dfrac{1}{n\sqrt{1+\dfrac{1}{n}-\dfrac{1}{n^2}}}}{\dfrac{1}{n}} = 1,$$

而级数 $\sum_{n=1}^{\infty} \dfrac{1}{n}$ 发散,所以由比较审敛法的极限形式知,级数 $\sum_{n=1}^{\infty} \dfrac{1}{\sqrt{n^2+n-1}}$ 发散.

(2) 因为

$$\lim_{n\to\infty} \frac{\dfrac{1}{3^n-2^n}}{\dfrac{1}{3^n}} = \lim_{n\to\infty} \frac{1}{1-\left(\dfrac{2}{3}\right)^n} = 1,$$

而级数 $\sum_{n=1}^{\infty} \dfrac{1}{3^n}$ 收敛,所以由比较审敛法的极限形式知,级数 $\sum_{n=1}^{\infty} \dfrac{1}{3^n-2^n}$ 收敛.

定理 11.4 (比值审敛法,达朗贝尔判别法) 设 $\sum_{n=1}^{\infty} u_n$ 为正项级数. 如果

$$\lim_{n\to\infty} \frac{u_{n+1}}{u_n} = \rho, \tag{11-3}$$

则当 $\rho<1$ 时级数收敛,当 $1<\rho\leqslant+\infty$ 时级数发散,当 $\rho=1$ 时级数可能收敛也可能发散.

证 (1) 当 $\rho<1$ 时,取一个适当小的正数 ε,使得 $\rho+\varepsilon=r<1$. 根据极限的定义,存在正整数 m,当 $n\geqslant m$ 时,有

$$\frac{u_{n+1}}{u_n} < \rho+\varepsilon = r.$$

因此

$$u_{m+1} < r u_m, \quad u_{m+2} < r u_{m+1} < r^2 u_m, \quad \cdots, \quad u_{m+k} < r^k u_m, \quad \cdots.$$

而级数 $\sum_{n=1}^{\infty} r^k u_m$ 收敛(公比 $r<1$),故由比较审敛法和级数的性质知,级数 $\sum_{n=1}^{\infty} u_n$ 收敛.

(2) 当 $\rho>1$ 时,取一个适当小的正数 ε,使得 $\rho-\varepsilon>1$. 根据极限的定义,存在正整数 N,

当 $n \geqslant N$ 时,有
$$\frac{u_{n+1}}{u_n} > \rho - \varepsilon > 1, \quad 即 \quad u_{n+1} > u_n.$$

所以当 $n \geqslant N$ 时,级数的一般项 u_n 是逐渐增大的,从而 $\lim\limits_{n\to\infty} u_n \neq 0$,根据级数收敛的必要条件可知,级数 $\sum\limits_{n=1}^{\infty} u_n$ 发散.

(3)当 $\rho=1$ 时,级数可能收敛也可能发散,这个结论由 p 级数的特点就可以得出.事实上,若 $\sum\limits_{n=1}^{\infty} u_n$ 为 p 级数,则对于任意正实数 p,都有

$$\lim_{n\to\infty} \frac{u_{n+1}}{u_n} = \lim_{n\to\infty} \frac{\dfrac{1}{(n+1)^p}}{\dfrac{1}{n^p}} = 1.$$

但当 $p \leqslant 1$ 时,p 级数发散;当 $p > 1$ 时,p 级数收敛.因此,当 $\rho=1$ 时不能判定级数的敛散性.

例 6 证明:正项级数 $\sum\limits_{n=1}^{\infty} \dfrac{2^n}{n!}$ 收敛.

证 因为
$$\lim_{n\to\infty} \frac{u_{n+1}}{u_n} = \lim_{n\to\infty} \frac{2^{n+1}}{(n+1)!} \cdot \frac{n!}{2^n} = \lim_{n\to\infty} \frac{2}{n+1} = 0,$$
所以由比值审敛法可知原正项级数收敛.

例 7 利用级数收敛的必要条件证明:$\lim\limits_{n\to\infty} \dfrac{n!}{n^n} = 0$.

证 记 $u_n = \dfrac{n!}{n^n}$,构造级数 $\sum\limits_{n=1}^{\infty} u_n$.因

$$\frac{u_{n+1}}{u_n} = \frac{(n+1)!}{(n+1)^{n+1}} \cdot \frac{n^n}{n!} = \frac{n^n}{(n+1)^n} = \frac{1}{\left(1+\dfrac{1}{n}\right)^n},$$

故
$$\lim_{n\to\infty} \frac{u_{n+1}}{u_n} = \frac{1}{\lim\limits_{n\to\infty}\left(1+\dfrac{1}{n}\right)^n} = \frac{1}{\mathrm{e}} < 1.$$

根据比值审敛法知,级数 $\sum\limits_{n=1}^{\infty} u_n$ 收敛.又由级数收敛的必要条件知,收敛级数的一般项必趋于零,即

$$\lim_{n\to\infty} u_n = \lim_{n\to\infty} \frac{n!}{n^n} = 0.$$

定理 11.5(根值审敛法,柯西判别法) 设 $\sum\limits_{n=1}^{\infty} u_n$ 为正项级数.如果 $\lim\limits_{n\to\infty} \sqrt[n]{u_n} = \rho$,则当 $\rho < 1$ 时级数收敛,当 $1 < \rho \leqslant +\infty$ 时级数发散,当 $\rho = 1$ 时级数可能收敛也可能发散.

根值审敛法的证明思路与比值审敛法的证明思路相仿，读者可自己完成．

例 8 判定级数 $\sum_{n=1}^{\infty}\left(\dfrac{n}{2n+1}\right)^n$ 的敛散性．

解 因为

$$\lim_{n\to\infty}\sqrt[n]{u_n}=\lim_{n\to\infty}\sqrt[n]{\left(\dfrac{n}{2n+1}\right)^n}=\dfrac{1}{2}<1,$$

所以由根值审敛法可知原级数收敛．

将所给正项级数与 p 级数做比较，可以进一步得到使用上更方便的极限审敛法．

定理 11.6（极限审敛法） 设 $\sum_{n=1}^{\infty}u_n$ 为正项级数．

(1) 如果 $\lim\limits_{n\to\infty}nu_n=l\,(0<l\leqslant+\infty)$，那么级数 $\sum_{n=1}^{\infty}u_n$ 发散；

(2) 如果 $p>1$，而 $\lim\limits_{n\to\infty}n^p u_n=l\,(0\leqslant l<+\infty)$，那么级数 $\sum_{n=1}^{\infty}u_n$ 收敛．

证明从略．

例如，对于级数 $\sum_{n=1}^{\infty}\ln\left(1+\dfrac{1}{n^2}\right)$，因 $\ln\left(1+\dfrac{1}{n^2}\right)\sim\dfrac{1}{n^2}(n\to\infty)$，故

$$\lim_{n\to\infty}n^2\ln\left(1+\dfrac{1}{n^2}\right)=1.$$

根据极限审敛法，所给级数收敛．

二、交错级数及其审敛法

各项正负交错的常数项级数称为**交错级数**，其形式为

$$u_1-u_2+u_3-u_4+\cdots+(-1)^{n-1}u_n+\cdots \qquad (11-4)$$

或

$$-u_1+u_2-u_3+u_4-\cdots+(-1)^n u_n+\cdots, \qquad (11-5)$$

其中 $u_n>0(n=1,2,\cdots)$．对于交错级数(11-4)，有下面的审敛法．

定理 11.7（莱布尼茨定理） 如果交错级数 $\sum_{n=1}^{\infty}(-1)^{n-1}u_n\,(u_n>0,n=1,2,\cdots)$ 满足条件：

(1) $u_n\geqslant u_{n+1}(n=1,2,\cdots)$；

(2) $\lim\limits_{n\to\infty}u_n=0$，

则该级数收敛，且其和 $s\leqslant u_1$，其余项 r_n 的绝对值 $|r_n|\leqslant u_{n+1}$．

证 我们根据项数 n 是奇数或偶数分别考察部分和 s_n．

当 $n=2m$ 为偶数时，有

$$s_n=s_{2m}=u_1-u_2+u_3-u_4+\cdots+u_{2m-1}-u_{2m},$$

将其每两项括在一起，可改写为

$$s_{2m}=(u_1-u_2)+(u_3-u_4)+\cdots+(u_{2m-1}-u_{2m}).$$

由条件(1)知,上式中每个括号内的值都大于或等于零,说明 s_{2m} 是单调增加的.

此外,如果把部分和 s_{2m} 改写为

$$s_{2m} = u_1 - (u_2 - u_3) - \cdots - (u_{2m-2} - u_{2m-1}) - u_{2m},$$

则由条件(1)可知 $s_{2m} \leqslant u_1$,于是由单调有界收敛准则可知,当 $m \to \infty$ 时,s_{2m} 趋于一个极限,且它不大于 u_1.

当 $n = 2m+1$ 为奇数时,我们可以把部分和写成

$$s_n = s_{2m+1} = s_{2m} + u_{2m+1}.$$

再由条件(2) $\lim\limits_{n \to \infty} u_n = 0$ 知,当 $n \to \infty$,即 $m \to \infty$ 时,s_{2m+1} 与 s_{2m} 有相同的极限,故交错级数 $\sum\limits_{n=1}^{\infty} (-1)^{n-1} u_n$ 收敛,且其和 $s \leqslant u_1$.

不难看出 $r_n = \pm (u_{n+1} - u_{n+2} + \cdots)$,其绝对值

$$|r_n| = u_{n+1} - u_{n+2} + u_{n+3} - \cdots = u_{n+1} - (u_{n+2} - u_{n+3}) - \cdots \leqslant u_{n+1}.$$

例 9 证明:交错级数 $1 - \dfrac{1}{2} + \dfrac{1}{3} - \dfrac{1}{4} + \cdots + (-1)^{n-1} \dfrac{1}{n} + \cdots$ 收敛.

证 设 $u_n = \dfrac{1}{n}$,显然有

$$u_n = \frac{1}{n} > \frac{1}{n+1} = u_{n+1} \quad (n = 1, 2, \cdots),$$

$$\lim_{n \to \infty} u_n = \lim_{n \to \infty} \frac{1}{n} = 0,$$

故由莱布尼茨定理,原交错级数收敛.

例 10 判定交错级数 $\sum\limits_{n=1}^{\infty} (-1)^{n-1} \dfrac{2n-1}{n^2}$ 的敛散性.

解 在利用莱布尼茨定理判定交错级数的敛散性时,条件(2)往往比较容易判断,所以我们先求 $\lim\limits_{n \to \infty} u_n$,有

$$\lim_{n \to \infty} u_n = \lim_{n \to \infty} \frac{2n-1}{n^2} = 0.$$

对于条件(1),有时可利用导数来判断.设函数 $f(x) = \dfrac{2x-1}{x^2}$.因为

$$f'(x) = \frac{2(1-x)}{x^3},$$

所以当 $x \geqslant 1$ 时,$f'(x) \leqslant 0$,即函数 $f(x) = \dfrac{2x-1}{x^2}$ 在 $[1, +\infty)$ 内单调减少.由此推得

$$\frac{2n-1}{n^2} \geqslant \frac{2(n+1)-1}{(n+1)^2}, \quad \text{即} \quad u_n \geqslant u_{n+1} \quad (n = 1, 2, \cdots).$$

因此,交错级数 $\sum\limits_{n=1}^{\infty} (-1)^{n-1} \dfrac{2n-1}{n^2}$ 收敛.

三、绝对收敛与条件收敛

对于任意的常数项级数 $\sum\limits_{n=1}^{\infty} u_n$，如果级数的每一项取绝对值后构成的正项级数 $\sum\limits_{n=1}^{\infty} |u_n|$ 收敛，则称级数 $\sum\limits_{n=1}^{\infty} u_n$ **绝对收敛**；如果级数 $\sum\limits_{n=1}^{\infty} u_n$ 收敛，而级数 $\sum\limits_{n=1}^{\infty} |u_n|$ 发散，则称级数 $\sum\limits_{n=1}^{\infty} u_n$ **条件收敛**.

显然，一个收敛的级数未必绝对收敛. 一般来说，绝对收敛与收敛之间有如下关系.

定理 11.8 如果级数 $\sum\limits_{n=1}^{\infty} u_n$ 绝对收敛，则级数 $\sum\limits_{n=1}^{\infty} u_n$ 必定收敛.

证明从略.

定理 11.8 说明，对于一般的级数 $\sum\limits_{n=1}^{\infty} u_n$，如果我们用正项级数的审敛法判定级数 $\sum\limits_{n=1}^{\infty} |u_n|$ 收敛，那么级数 $\sum\limits_{n=1}^{\infty} u_n$ 也收敛. 这就使得一大类级数的敛散性判定问题，转化为正项级数的敛散性判定问题.

需要注意的是，如果级数 $\sum\limits_{n=1}^{\infty} |u_n|$ 发散，我们一般不能断定级数 $\sum\limits_{n=1}^{\infty} u_n$ 也发散. 但是，如果我们采用的是比值审敛法或根值审敛法，根据 $\lim\limits_{n\to\infty} \left|\dfrac{u_{n+1}}{u_n}\right| = \rho > 1$ 或 $\lim\limits_{n\to\infty} \sqrt[n]{|u_n|} = \rho > 1$ 判定了级数 $\sum\limits_{n=1}^{\infty} |u_n|$ 发散，那么可以判定级数 $\sum\limits_{n=1}^{\infty} u_n$ 也必定发散. 这是因为从 $\rho > 1$ 可以推知 $|u_n| \not\to 0 (n \to \infty)$，从而 $u_n \not\to 0 (n \to \infty)$，于是由级数收敛的必要条件知，级数 $\sum\limits_{n=1}^{\infty} u_n$ 发散.

例 11 判定级数 $\sum\limits_{n=1}^{\infty} \dfrac{\cos n!}{n^2}$ 的敛散性.

解 因为
$$\left|\dfrac{\cos n!}{n^2}\right| \leqslant \dfrac{1}{n^2},$$

任意项级数
敛散性的判断

而正项级数 $\sum\limits_{n=1}^{\infty} \dfrac{1}{n^2}$ 收敛，所以正项级数 $\sum\limits_{n=1}^{\infty} \left|\dfrac{\cos n!}{n^2}\right|$ 也收敛，从而原级数绝对收敛.

例 12 证明：交错级数 $\sum\limits_{n=1}^{\infty} (-1)^{n-1} \dfrac{2n-1}{n^2}$ 条件收敛.

证 在例 10 中已经证明了交错级数 $\sum\limits_{n=1}^{\infty} (-1)^{n-1} \dfrac{2n-1}{n^2}$ 收敛，这里只需证明级数 $\sum\limits_{n=1}^{\infty} \left|(-1)^{n-1} \dfrac{2n-1}{n^2}\right|$ 发散就可以了.

因为

$$\sum_{n=1}^{\infty}\left|(-1)^{n-1}\frac{2n-1}{n^2}\right|=\sum_{n=1}^{\infty}\frac{2n-1}{n^2},$$

所以

$$\lim_{n\to\infty}\frac{\frac{2n-1}{n^2}}{\frac{1}{n}}=\lim_{n\to\infty}\frac{2n^2-n}{n^2}=2,$$

从而由比较审敛法的极限形式知级数 $\sum_{n=1}^{\infty}\left|(-1)^{n-1}\frac{2n-1}{n^2}\right|$ 发散.

综上所述，交错级数 $\sum_{n=1}^{\infty}(-1)^{n-1}\frac{2n-1}{n^2}$ 条件收敛.

习 题 11.2

1. 用比较审敛法或比较审敛法的极限形式判定下列级数的敛散性：

(1) $\sum_{n=1}^{\infty}\frac{1}{(2n-1)^2}$；

(2) $\sum_{n=1}^{\infty}\frac{1}{1\,000n+1}$；

(3) $\sum_{n=1}^{\infty}\sin\frac{\pi}{4^n}$；

(4) $\sum_{n=1}^{\infty}\frac{1}{1+q^n}$ （$q>0$ 为常数）.

2. 用比值审敛法判定下列级数的敛散性：

(1) $\sum_{n=1}^{\infty}\frac{1\,000^n}{n!}$；

(2) $\sum_{n=1}^{\infty}\frac{n^2}{2^n}$；

(3) $\sum_{n=1}^{\infty}\frac{n!}{n^n}$；

(4) $\sum_{n=1}^{\infty}n^2\tan\frac{\pi}{3^n}$.

3. 判定下列级数的敛散性：

(1) $\sum_{n=1}^{\infty}\frac{n^2}{n!}$；

(2) $\sum_{n=1}^{\infty}n\left(\frac{2}{3}\right)^n$；

(3) $\sum_{n=1}^{\infty}\frac{n}{(2n-1)^2}$；

(4) $\sum_{n=1}^{\infty}2^n\sin\frac{\pi}{3^n}$.

4. 判定下列级数是否收敛，如果收敛，是绝对收敛还是条件收敛：

(1) $\sum_{n=1}^{\infty}(-1)^{n-1}\frac{1}{\sqrt{2n}}$；

(2) $\sum_{n=1}^{\infty}(-1)^{n-1}\frac{n}{2^{n-1}}$；

(3) $\sum_{n=1}^{\infty}\frac{\sin n\alpha}{(n+1)^2}$ （α 为常数）；

(4) $\sum_{n=1}^{\infty}(-1)^{n-1}\frac{1}{3\cdot 4^n}$.

§11.3 幂级数

一、函数项级数的概念

设 $u_n(x)(n=1,2,\cdots)$ 均为定义在区间 I 上的函数,我们把

$$\sum_{n=1}^{\infty} u_n(x) = u_1(x) + u_2(x) + \cdots + u_n(x) + \cdots \qquad (11-6)$$

称为(**函数项**)**无穷级数**,简称(**函数项**)**级数**. 对每一个确定的数 $x_0 \in I$,函数项级数(11-6)成为常数项级数

$$u_1(x_0) + u_2(x_0) + \cdots + u_n(x_0) + \cdots, \qquad (11-7)$$

级数(11-7)可能收敛也可能发散. 如果级数(11-7)收敛,则称点 x_0 为函数项级数(11-6)的**收敛点**;如果级数(11-7)发散,则称点 x_0 为函数项级数(11-6)的**发散点**. 函数项级数(11-6)的收敛点的全体称为它的**收敛域**,发散点的全体称为它的**发散域**.

对应于收敛域内的任意一个数 x,函数项级数成为一收敛的常数项级数,故有一确定的和 s. 这样,在收敛域内,函数项级数 $\sum_{n=1}^{\infty} u_n(x)$ 的和是 x 的函数 $s(x)$,称 $s(x)$ 为函数项级数 $\sum_{n=1}^{\infty} u_n(x)$ 的**和函数**,和函数 $s(x)$ 的定义域就是级数 $\sum_{n=1}^{\infty} u_n(x)$ 的收敛域. 把函数项级数 $\sum_{n=1}^{\infty} u_n(x)$ 的前 n 项部分和记为 $s_n(x)$(称为**部分和函数**),则在收敛域内,有

$$\lim_{n \to \infty} s_n(x) = s(x).$$

称 $r_n(x) = s(x) - s_n(x)$ 为函数项级数 $\sum_{n=1}^{\infty} u_n(x)$ 的**余项**.

例如,对于函数项级数 $1 + x + x^2 + \cdots + x^{n-1} + \cdots$,因为其部分和函数为

$$s_n(x) = 1 + x + x^2 + \cdots + x^{n-1} = \frac{1-x^n}{1-x} \quad (x \neq 1),$$

且当 $|x| < 1$ 时,有 $\lim_{n \to \infty} s_n(x) = \lim_{n \to \infty} \frac{1-x^n}{1-x} = \frac{1}{1-x}$,所以原函数项级数在区间 $(-1,1)$ 内收敛,即收敛域为 $(-1,1)$,且其和函数为 $s(x) = \frac{1}{1-x}$.

在函数项级数中,比较常用的是幂级数与三角级数. 本书中只研究幂级数.

二、幂级数及其敛散性

一般形式为

$$\sum_{n=0}^{\infty} a_n x^n = a_0 + a_1 x + a_2 x^2 + \cdots + a_n x^n + \cdots \qquad (11-8)$$

的函数项级数称为**幂级数**,其中常数 $a_0, a_1, a_2, \cdots, a_n, \cdots$ 称为幂级数对应项的**系数**.

幂级数更一般的形式为

$$\sum_{n=0}^{\infty} a_n (x-x_0)^n = a_0 + a_1(x-x_0) + a_2(x-x_0)^2 + \cdots + a_n(x-x_0)^n + \cdots,$$
(11-9)

它显然可以通过变量代换 $y=x-x_0$ 化为幂级数(11-8)的形式,而幂级数(11-8)形式更简单,因此我们以幂级数(11-8)为例研究幂级数的性质.

幂级数是一类比较简单的函数项级数,在近似计算中有着广泛的应用.下面给出关于幂级数敛散性的重要定理.

定理 11.9 (阿贝尔定理) 如果幂级数 $\sum_{n=0}^{\infty} a_n x^n$ 当 $x=x_0(x_0 \neq 0)$ 时收敛,则满足不等式 $|x|<|x_0|$ 的一切 x 使该幂级数绝对收敛.反之,如果幂级数 $\sum_{n=0}^{\infty} a_n x^n$ 当 $x=x_0$ 时发散,则满足不等式 $|x|>|x_0|$ 的一切 x 使该幂级数发散.

证 先证 x_0 是幂级数 $\sum_{n=0}^{\infty} a_n x^n$ 的收敛点的情形,即级数
$$a_0 + a_1 x_0 + a_2 x_0^2 + \cdots + a_n x_0^n + \cdots$$
收敛.根据级数收敛的必要条件,有
$$\lim_{n \to \infty} a_n x_0^n = 0,$$

于是存在一个正常数 M,使得
$$|a_n x_0^n| \leqslant M \quad (n=0,1,2,\cdots).$$

阿贝尔   这样幂级数 $\sum_{n=0}^{\infty} a_n x^n$ 一般项的绝对值
$$|a_n x^n| = \left| a_n x_0^n \cdot \frac{x^n}{x_0^n} \right| = |a_n x_0^n| \cdot \left| \frac{x^n}{x_0^n} \right| \leqslant M \left| \frac{x}{x_0} \right|^n.$$

因为当 $|x|<|x_0|$ 时,等比级数 $\sum_{n=0}^{\infty} M \left| \frac{x}{x_0} \right|^n$ 收敛 $\left(\text{公比} \left| \frac{x}{x_0} \right| < 1\right)$,所以级数 $\sum_{n=0}^{\infty} |a_n x^n|$ 收敛,也就是级数 $\sum_{n=0}^{\infty} a_n x^n$ 绝对收敛.

定理 11.9 的第二部分用反证法.已知幂级数当 $x=x_0$ 时发散,若有一点 x_1 满足不等式 $|x_1|>|x_0|$ 且使幂级数收敛,则由定理第一部分的结论可知,幂级数当 $x=x_0$ 时应收敛,这与已知矛盾,故定理得证.

由定理 11.9 易得下面的推论.

推论 1 如果幂级数 $\sum_{n=0}^{\infty} a_n x^n$ 不是仅在 $x=0$ 一点处收敛,也不是在整个数轴上都收敛,则必有一个确定的正数 R 存在,使得

幂级数的收敛
半径和收敛
区间及其求法

(1) 当 $|x|<R$ 时,幂级数绝对收敛;

(2) 当 $|x|>R$ 时,幂级数发散;

(3) 当 $x=R$ 或 $-R$ 时,幂级数可能收敛也可能发散.

推论 1 中的正数 R 称为幂级数 $\sum_{n=0}^{\infty} a_n x^n$ 的**收敛半径**,开区间 $(-R, R)$ 称为幂级数的**收敛区间**.再由幂级数在 $x=\pm R$ 处的敛散性可以决定它的收敛域是 $(-R, R)$,$[-R, R)$,$(-R, R]$,$[-R, R]$ 这四个区间之一.

定理 11.10 如果
$$\lim_{n\to\infty}\left|\frac{a_{n+1}}{a_n}\right|=\rho,$$

其中 a_n, a_{n+1} 是幂级数 $\sum_{n=0}^{\infty} a_n x^n$ 的相邻两项的系数，则幂级数的收敛半径为

$$R=\begin{cases}\dfrac{1}{\rho}, & \rho\neq 0,\\ +\infty, & \rho=0,\\ 0, & \rho=+\infty.\end{cases}$$

定理 11.10 由比值审敛法很容易证得，这里从略．

例 1 求幂级数 $\sum_{n=1}^{\infty}\dfrac{(-1)^{n-1}x^n}{n}$ 的收敛半径与收敛域．

解 因为
$$\rho=\lim_{n\to\infty}\left|\frac{\frac{(-1)^{n+1-1}}{n+1}}{\frac{(-1)^{n-1}}{n}}\right|=1,$$

所以收敛半径为 $R=\dfrac{1}{\rho}=1$．

对于端点 $x=-1$，幂级数成为 $-\sum_{n=1}^{\infty}\dfrac{1}{n}$，此为调和级数乘以 -1，因此它是发散的．

对于端点 $x=1$，幂级数成为交错级数 $\sum_{n=1}^{\infty}\dfrac{(-1)^{n-1}}{n}$，由莱布尼茨定理易知，此级数收敛．

因此，幂级数 $\sum_{n=1}^{\infty}\dfrac{(-1)^{n-1}x^n}{n}$ 的收敛域是 $(-1,1]$．

例 2 求幂级数 $\sum_{n=0}^{\infty}\dfrac{x^n}{n!}$ 的收敛半径与收敛域．

解 因为
$$\rho=\lim_{n\to\infty}\frac{\frac{1}{(n+1)!}}{\frac{1}{n!}}=\lim_{n\to\infty}\frac{1}{n+1}=0,$$

所以收敛半径为 $R=+\infty$，从而收敛域是 $(-\infty,+\infty)$．

例 3 求幂级数 $\sum_{n=0}^{\infty}(-1)^n\dfrac{x^{2n}}{2n+1}$ 的收敛域．

解 所给幂级数缺少 x 的奇次幂项，是一个缺项幂级数，因此不能直接利用定理 11.10 求收敛半径 R．我们考虑正项级数

$$\sum_{n=0}^{\infty}\left|(-1)^n\frac{x^{2n}}{2n+1}\right|=\sum_{n=0}^{\infty}\frac{x^{2n}}{2n+1}.$$

因为
$$\rho = \lim_{n\to\infty} \frac{\dfrac{x^{2(n+1)}}{2(n+1)+1}}{\dfrac{x^{2n}}{2n+1}} = x^2,$$

所以由比值审敛法知，当 $\rho = x^2 < 1$，即 $|x| < 1$ 时，所求幂级数绝对收敛；当 $\rho = x^2 > 1$，即 $|x| > 1$ 时，所求幂级数发散. 因此，所求幂级数的收敛半径为 $R = 1$，收敛区间为 $(-1,1)$.

对于端点 $x = \pm 1$，幂级数成为交错级数 $\sum\limits_{n=0}^{\infty} \dfrac{(-1)^n}{2n+1}$，由莱布尼茨定理易知此级数收敛，所以幂级数 $\sum\limits_{n=0}^{\infty} (-1)^n \dfrac{x^{2n}}{2n+1}$ 的收敛域为 $[-1,1]$.

例 4 求幂级数 $\sum\limits_{n=1}^{\infty} \dfrac{(x-1)^n}{2^n \cdot n}$ 的收敛域.

解 令 $t = x - 1$，原幂级数变为 $\sum\limits_{n=1}^{\infty} \dfrac{t^n}{2^n \cdot n}$. 因为
$$\rho = \lim_{n\to\infty} \frac{2^n \cdot n}{2^{n+1} \cdot (n+1)} = \frac{1}{2},$$

所以收敛半径为 $R = 2$，收敛区间为 $|t| < 2$，即 $-1 < x < 3$.

对于端点 $x = 3$，幂级数成为 $\sum\limits_{n=1}^{\infty} \dfrac{1}{n}$，此级数发散；对于端点 $x = -1$，幂级数成为 $\sum\limits_{n=1}^{\infty} \dfrac{(-1)^n}{n}$，此级数收敛. 因此，原幂级数的收敛域为 $[-1,3)$.

三、幂级数的运算

设幂级数 $\sum\limits_{n=0}^{\infty} a_n x^n$ 与 $\sum\limits_{n=0}^{\infty} b_n x^n$ 的收敛半径分别为 R 与 R'（R 与 R' 均不为零），它们的和函数分别为 $s_1(x)$ 与 $s_2(x)$，那么对于这两个幂级数，可以进行如下运算.

加法和减法：
$$\sum_{n=0}^{\infty} a_n x^n \pm \sum_{n=0}^{\infty} b_n x^n = \sum_{n=0}^{\infty} (a_n \pm b_n) x^n = s_1(x) \pm s_2(x),$$

此时所得幂级数 $\sum\limits_{n=0}^{\infty} (a_n \pm b_n) x^n$ 的收敛半径是 R 与 R' 中较小的一个.

乘法：
$$\sum_{n=0}^{\infty} a_n x^n \cdot \sum_{n=0}^{\infty} b_n x^n = a_0 b_0 + (a_0 b_1 + a_1 b_0) x + (a_0 b_2 + a_1 b_1 + a_2 b_0) x^2 + \cdots$$
$$+ (a_0 b_n + a_1 b_{n-1} + \cdots + a_n b_0) x^n + \cdots$$
$$= \sum_{n=0}^{\infty} (a_0 b_n + a_1 b_{n-1} + \cdots + a_n b_0) x^n = s_1(x) \cdot s_2(x),$$

此时所得幂级数 $\sum_{n=0}^{\infty}(a_0b_n+a_1b_{n-1}+\cdots+a_nb_0)x^n$ 的收敛半径是 R 与 R' 中较小的一个.

关于幂级数的和函数,有下列重要性质.

性质 1 幂级数 $\sum_{n=0}^{\infty}a_nx^n$ 的和函数 $s(x)$ 在其收敛域 I 上连续.

性质 2 幂级数 $\sum_{n=0}^{\infty}a_nx^n$ 的和函数 $s(x)$ 在其收敛域 I 上可积,并有逐项积分公式

$$\int_0^x s(x)\,\mathrm{d}x = \int_0^x \left(\sum_{n=0}^{\infty}a_nx^n\right)\mathrm{d}x = \sum_{n=0}^{\infty}\int_0^x a_nx^n\,\mathrm{d}x = \sum_{n=0}^{\infty}\frac{a_n}{n+1}x^{n+1} \quad (x\in I),$$

逐项积分后所得幂级数和原幂级数有相同的收敛半径.

性质 3 幂级数 $\sum_{n=0}^{\infty}a_nx^n$ 的和函数 $s(x)$ 在其收敛区间 $(-R,R)$ 内可导,且有逐项求导公式

$$s'(x) = \left(\sum_{n=0}^{\infty}a_nx^n\right)' = \sum_{n=0}^{\infty}(a_nx^n)' = \sum_{n=1}^{\infty}na_nx^{n-1} \quad (|x|<R),$$

逐项求导后所得幂级数和原幂级数有相同的收敛半径.

以上性质证明从略.

需要指出的是,性质 2、性质 3 中所得幂级数与原幂级数相比,虽然收敛半径不变,但收敛区间端点处的敛散性可能改变.

例 5 求幂级数 $\sum_{n=1}^{\infty}\frac{x^n}{n}$ 的和函数.

解 先求收敛域. 由

$$\rho = \lim_{n\to\infty}\frac{|a_{n+1}|}{|a_n|} = \lim_{n\to\infty}\frac{n}{n+1} = 1,$$

得收敛半径为 $R=\frac{1}{\rho}=1$. 又当 $x=-1$ 时,级数 $\sum_{n=1}^{\infty}\frac{(-1)^n}{n}$ 收敛;当 $x=1$ 时,级数 $\sum_{n=1}^{\infty}\frac{1}{n}$ 发散,故所给幂级数的收敛域为 $[-1,1)$.

设所给幂级数的和函数为 $s(x)$,即

$$s(x) = \sum_{n=1}^{\infty}\frac{x^n}{n} = x + \frac{x^2}{2} + \frac{x^3}{3} + \cdots,$$

则 $s(0)=0$. 在收敛区间 $(-1,1)$ 内,利用性质 3 逐项求导得

$$s'(x) = \sum_{n=1}^{\infty}\left(\frac{x^n}{n}\right)' = \sum_{n=1}^{\infty}x^{n-1} = \frac{1}{1-x}, \quad x\in(-1,1).$$

对上式从 0 到 x $(-1<x<1)$ 积分,得

$$s(x) = s(x) - s(0) = \int_0^x s'(x)\,\mathrm{d}x = \int_0^x \frac{1}{1-x}\,\mathrm{d}x = -\ln(1-x).$$

又因为当 $x=-1$ 时,幂级数 $\sum_{n=1}^{\infty}\frac{x^n}{n}$ 收敛,利用性质 1 可知

$$s(-1) = \lim_{x \to -1^+} s(x) = \lim_{x \to -1^+} -\ln(1-x) = -\ln 2,$$

所以
$$s(x) = -\ln(1-x), \quad x \in [-1, 1).$$

例 6 求幂级数 $\sum_{n=0}^{\infty}(n+1)x^n$ 的和函数.

解 先求收敛域. 由
$$\rho = \lim_{n \to \infty} \frac{|a_{n+1}|}{|a_n|} = \lim_{n \to \infty} \frac{n+2}{n+1} = 1,$$

得收敛半径为 $R = \frac{1}{\rho} = 1$,收敛区间为 $(-1,1)$. 又当 $x = \pm 1$ 时,级数 $\sum_{n=0}^{\infty}(-1)^n(n+1)$ 和级数 $\sum_{n=0}^{\infty}(n+1)$ 均发散,故所给幂级数的收敛域为 $(-1,1)$.

设所给幂级数的和函数为 $s(x)$,即
$$s(x) = \sum_{n=0}^{\infty}(n+1)x^n.$$

利用性质 2 逐项积分得
$$\int_0^x s(x)\mathrm{d}x = \int_0^x \left[\sum_{n=0}^{\infty}(n+1)x^n\right]\mathrm{d}x = \sum_{n=0}^{\infty}\int_0^x (n+1)x^n \mathrm{d}x$$
$$= \sum_{n=0}^{\infty} x^{n+1} = \frac{x}{1-x}, \quad x \in (-1,1),$$

两边求导,得
$$s(x) = \left(\frac{x}{1-x}\right)' = \frac{1}{(1-x)^2}, \quad x \in (-1,1).$$

习 题 11.3

1. 求下列幂级数的收敛区间:

(1) $\sum_{n=1}^{\infty} \frac{x^n}{2n}$;

(2) $\sum_{n=1}^{\infty} \frac{x^n}{n^3}$;

(3) $\sum_{n=1}^{\infty} \frac{x^n}{n \cdot 2^n}$;

(4) $\sum_{n=1}^{\infty} \frac{2^n}{n^2} x^n$.

2. 求下列幂级数的和函数:

(1) $\sum_{n=1}^{\infty} nx^n$;

(2) $\sum_{n=0}^{\infty} \frac{x^n}{n+1}$;

(3) $\sum_{n=1}^{\infty} \frac{x^{2n-1}}{2n-1}$.

§11.4　函数展开成幂级数

一、泰勒级数

前面讨论了这样一个问题，对于给定的幂级数，求出其收敛域，确定其和函数的性质，并在可能时求出和函数的表达式. 本节我们讨论该问题的反问题：给定一个函数 $f(x)$，考虑它是否能在某个区间内"展开成幂级数"，即是否能找到这样一个幂级数，它在某个区间内收敛，且其和函数恰好就是给定的函数 $f(x)$. 如果能够找到这样的幂级数，就说函数 $f(x)$ 在该区间内能展开成幂级数. 解决这个问题有很重要的应用价值，因为它给出了函数 $f(x)$ 的一种新的表达方式，并使我们可以用简单函数 —— 多项式函数来逼近一般函数 $f(x)$.

假设函数 $f(x)$ 在点 x_0 的某个邻域 $U(x_0)$ 内能展开成幂级数，即有

$$f(x) = a_0 + a_1(x-x_0) + a_2(x-x_0)^2 + \cdots + a_n(x-x_0)^n + \cdots, \quad x \in U(x_0), \tag{11-10}$$

则根据和函数的性质，可知 $f(x)$ 在 $U(x_0)$ 内具有任意阶导数，且

$$f^{(n)}(x) = n!a_n + (n+1)!a_{n+1}(x-x_0) + \frac{(n+2)!}{2!}a_{n+2}(x-x_0)^2 + \cdots.$$

由此可知

$$f^{(n)}(x_0) = n!a_n,$$

于是

$$a_n = \frac{f^{(n)}(x_0)}{n!} \quad (n=0,1,2,\cdots). \tag{11-11}$$

这就表明，如果函数 $f(x)$ 有幂级数展开式(11-10)，那么该幂级数的系数 a_n 由式(11-11)确定，即该幂级数必为

$$f(x_0) + f'(x_0)(x-x_0) + \frac{f''(x_0)}{2!}(x-x_0)^2 + \cdots + \frac{f^{(n)}(x_0)}{n!}(x-x_0)^n + \cdots$$

$$= \sum_{n=0}^{\infty} \frac{f^{(n)}(x_0)}{n!}(x-x_0)^n, \tag{11-12}$$

而幂级数展开式必为

$$f(x) = \sum_{n=0}^{\infty} \frac{f^{(n)}(x_0)}{n!}(x-x_0)^n, \quad x \in U(x_0). \tag{11-13}$$

幂级数(11-12)称为函数 $f(x)$ 在点 x_0 处的**泰勒级数**，而幂级数展开式(11-13)称为函数 $f(x)$ 在点 x_0 处的**泰勒展开式**.

下面讨论泰勒展开式(11-13)成立的条件.

定理 11.11　设函数 $f(x)$ 在点 x_0 的某个邻域 $U(x_0)$ 内具有各阶导数，则 $f(x)$ 在该邻域内能展开成泰勒级数的充要条件是在该邻域内 $f(x)$ 的泰勒公式中的余项 $R_n(x)$ 当 $n \to \infty$ 时的极限为零，即

$$\lim_{n \to \infty} R_n(x) = 0, \quad x \in U(x_0). \tag{11-14}$$

特别地,如果在幂级数(11-12)中令 $x_0=0$,则有

$$\sum_{n=0}^{\infty}\frac{f^{(n)}(0)}{n!}x^n=f(0)+f'(0)x+\frac{f''(0)}{2!}x^2+\cdots+\frac{f^{(n)}(0)}{n!}x^n+\cdots, \quad (11-15)$$

上述幂级数称为函数 $f(x)$ 的**麦克劳林级数**.

若函数 $f(x)$ 在区间 $(-R,R)$ 内能展开成 x 的幂级数,则有

$$f(x)=f(0)+f'(0)x+\frac{f''(0)}{2!}x^2+\cdots+\frac{f^{(n)}(0)}{n!}x^n+\cdots \quad (|x|<R), \quad (11-16)$$

上式称为函数 $f(x)$ 的**麦克劳林展开式**.

二、函数展开成幂级数

1. 直接展开法

如果函数 $f(x)$ 的各阶导数都存在,我们可按如下步骤把 $f(x)$ 展开成 x 的幂级数:

(1) 求出 $f(x)$ 在点 $x=0$ 处的各阶导数 $f'(0),f''(0),\cdots,f^{(n)}(0),\cdots$,写出 $f(x)$ 的麦克劳林级数

$$\sum_{n=0}^{\infty}\frac{f^{(n)}(0)}{n!}x^n=f(0)+f'(0)x+\frac{f''(0)}{2!}x^2+\cdots+\frac{f^{(n)}(0)}{n!}x^n+\cdots,$$

并求出其收敛半径 R.

(2) 在收敛区间 $(-R,R)$ 内考察拉格朗日型余项的极限

$$\lim_{n\to\infty}R_n(x)=\lim_{n\to\infty}\frac{f^{(n+1)}(\xi)}{(n+1)!}x^{n+1} \quad (|\xi|<x)$$

是否为零,如果极限为零,那么函数 $f(x)$ 在收敛区间 $(-R,R)$ 内的幂级数展开式为

$$f(x)=\sum_{n=0}^{\infty}\frac{f^{(n)}(0)}{n!}x^n, \quad x\in(-R,R).$$

(3) 当 $0<R<+\infty$ 时,考察所求得的幂级数在收敛区间 $(-R,R)$ 的端点 $x=\pm R$ 处的敛散性,如果幂级数在区间端点 $x=-R$(或 $x=R$)处收敛,而且函数 $f(x)$ 在点 $x=-R$ 处右连续(或在点 $x=R$ 处左连续),那么根据幂级数的和函数的连续性,展开式对区间端点也成立.

按上述步骤求得函数 $f(x)$ 的幂级数展开式的方法,叫作直接展开法.

例1 将函数 $f(x)=e^x$ 展开成 x 的幂级数.

解 所给函数的各阶导数为 $f^{(n)}(x)=e^x(n=1,2,\cdots)$,因此

$$f^{(n)}(0)=1 \quad (n=1,2,\cdots).$$

于是,得幂级数

$$1+x+\frac{x^2}{2!}+\cdots+\frac{x^n}{n!}+\cdots,$$

它的收敛半径为 $R=+\infty$.

对于任何有限的数 x,ξ(ξ 在 0 和 x 之间),余项的绝对值为

$$|R_n(x)| = \left|\frac{e^\xi}{(n+1)!}x^{n+1}\right| < e^{|x|} \cdot \frac{|x|^{n+1}}{(n+1)!}.$$

因为 $e^{|x|}$ 有限，而 $\frac{|x|^{n+1}}{(n+1)!}$ 是收敛级数 $\sum_{n=0}^{\infty} \frac{|x|^{n+1}}{(n+1)!}$ 的一般项，所以当 $n \to \infty$ 时，$e^{|x|} \cdot \frac{|x|^{n+1}}{(n+1)!} \to 0$，即当 $n \to \infty$ 时，有 $R_n(x) \to 0$. 于是，得展开式

$$e^x = 1 + x + \frac{x^2}{2!} + \cdots + \frac{x^n}{n!} + \cdots \quad (-\infty < x < +\infty). \tag{11-17}$$

例 2 将函数 $f(x) = \sin x$ 展开成 x 的幂级数.

解 所给函数的各阶导数为

$$f^{(n)}(x) = \sin\left(x + n \cdot \frac{\pi}{2}\right) \quad (n = 1, 2, \cdots),$$

$f^{(n)}(0)$ 按顺序循环地取 $0, 1, 0, -1, \cdots (n = 0, 1, 2, \cdots)$. 于是，得幂级数

$$x - \frac{x^3}{3!} + \frac{x^5}{5!} - \cdots + (-1)^{n-1}\frac{x^{2n-1}}{(2n-1)!} + \cdots,$$

它的收敛半径为 $R = +\infty$.

对于任何有限的数 x, ξ（ξ 在 0 和 x 之间），余项的绝对值当 $n \to \infty$ 时的极限为零：

$$|R_n(x)| = \left|\frac{\sin\left[\xi + \frac{(n+1)\pi}{2}\right]}{(n+1)!} x^{n+1}\right| \leqslant \frac{|x|^{n+1}}{(n+1)!} \to 0 \quad (n \to \infty).$$

于是，得展开式

$$\sin x = x - \frac{x^3}{3!} + \frac{x^5}{5!} - \cdots + (-1)^{n-1}\frac{x^{2n-1}}{(2n-1)!} + \cdots \quad (-\infty < x < +\infty). \tag{11-18}$$

直接展开法的运算常常过于烦琐，因此实际中普遍采用间接展开法.

2. 间接展开法

在此之前我们已经得到了函数 $\frac{1}{1-x}$，e^x 及 $\sin x$ 的幂级数展开式，运用这几个已知的展开式，通过幂级数的运算，可以求得许多函数的幂级数展开式. 这种求函数的幂级数展开式的方法称为间接展开法. 间接展开法不但计算简单，而且可以避免讨论余项.

例 3 将函数 $\cos x$ 展开成 x 的幂级数.

解 本题可仿照例 2 按直接展开法展开，但如果应用间接展开法，则比较简便. 事实上，对展开式 (11-18) 逐项求导，得

$$\cos x = 1 - \frac{x^2}{2!} + \frac{x^4}{4!} - \cdots + (-1)^n \frac{x^{2n}}{(2n)!} + \cdots \quad (-\infty < x < +\infty).$$

利用间接展开法
求函数的幂级数
展开式

例 4 将函数 $f(x)=\ln(1+x)$ 展开成 x 的幂级数.

解 注意到 $\ln(1+x)=\int_0^x \dfrac{1}{1+x}\mathrm{d}x$,而函数 $\dfrac{1}{1+x}$ 的幂级数展开式可通过将函数 $\dfrac{1}{1-x}$ 的幂级数展开式中的 x 改写成 $-x$ 得到,即有

$$\frac{1}{1+x}=1-x+x^2-\cdots+(-1)^n x^n+\cdots \quad (-1<x<1).$$

上式两边从 0 到 x 同时积分,得

$$\ln(1+x)=x-\frac{x^2}{2}+\frac{x^3}{3}-\cdots+(-1)^n\frac{x^{n+1}}{n+1}+\cdots \quad (-1<x\leqslant 1).$$

因为当 $x=-1$ 时上式右边的级数发散,当 $x=1$ 时上式右边的级数收敛,所以上式在 $-1<x\leqslant 1$ 时成立.

我们还可以得到二项展开式(当 m 为正整数时,即为二项式定理):

$$(1+x)^m=1+mx+\frac{m(m-1)}{2!}x^2+\cdots+\frac{m(m-1)\cdots(m-n+1)}{n!}x^n+\cdots \quad (-1<x<1).$$

证明从略.

函数 $\dfrac{1}{1-x}$,e^x,$\sin x$,$\cos x$,$\ln(1+x)$ 和 $(1+x)^m$ 的幂级数展开式,以后可以直接引用.

例 5 将函数 $\sin x$ 在点 $x=\dfrac{\pi}{4}$ 处展开成幂级数.

解 在点 $x=\dfrac{\pi}{4}$ 处展开即是展开成 $\left(x-\dfrac{\pi}{4}\right)$ 的幂级数.因为

$$\sin x=\sin\left[\frac{\pi}{4}+\left(x-\frac{\pi}{4}\right)\right]=\sin\frac{\pi}{4}\cos\left(x-\frac{\pi}{4}\right)+\cos\frac{\pi}{4}\sin\left(x-\frac{\pi}{4}\right)$$

$$=\frac{\sqrt{2}}{2}\left[\cos\left(x-\frac{\pi}{4}\right)+\sin\left(x-\frac{\pi}{4}\right)\right],$$

并且有

$$\cos\left(x-\frac{\pi}{4}\right)=1-\frac{\left(x-\frac{\pi}{4}\right)^2}{2!}+\frac{\left(x-\frac{\pi}{4}\right)^4}{4!}-\cdots \quad (-\infty<x<+\infty),$$

$$\sin\left(x-\frac{\pi}{4}\right)=\left(x-\frac{\pi}{4}\right)-\frac{\left(x-\frac{\pi}{4}\right)^3}{3!}+\frac{\left(x-\frac{\pi}{4}\right)^5}{5!}-\cdots \quad (-\infty<x<+\infty),$$

所以

$$\sin x=\frac{\sqrt{2}}{2}\left[1+\left(x-\frac{\pi}{4}\right)-\frac{\left(x-\frac{\pi}{4}\right)^2}{2!}-\frac{\left(x-\frac{\pi}{4}\right)^3}{3!}+\cdots\right] \quad (-\infty<x<+\infty).$$

例6 将函数 $f(x)=\dfrac{1}{x^2-4x+3}$ 展开成 $(x+1)$ 的幂级数.

解 因为
$$f(x)=\dfrac{1}{x^2-4x+3}=\dfrac{1}{(x-1)(x-3)}=\dfrac{1}{2}\left(\dfrac{1}{x-3}-\dfrac{1}{x-1}\right)$$
$$=\dfrac{1}{2}\left(-\dfrac{1}{4}\cdot\dfrac{1}{1-\dfrac{x+1}{4}}+\dfrac{1}{2}\cdot\dfrac{1}{1-\dfrac{x+1}{2}}\right)$$
$$=\dfrac{1}{4}\cdot\dfrac{1}{1-\dfrac{x+1}{2}}-\dfrac{1}{8}\cdot\dfrac{1}{1-\dfrac{x+1}{4}},$$

而
$$\dfrac{1}{1-\dfrac{x+1}{2}}=\sum_{n=0}^{\infty}\left(\dfrac{x+1}{2}\right)^n \quad (-3<x<1),$$
$$\dfrac{1}{1-\dfrac{x+1}{4}}=\sum_{n=0}^{\infty}\left(\dfrac{x+1}{4}\right)^n \quad (-5<x<3),$$

所以
$$f(x)=\dfrac{1}{x^2-4x+3}=\sum_{n=0}^{\infty}\left(\dfrac{1}{2^{n+2}}-\dfrac{1}{2^{2n+3}}\right)(x+1)^n \quad (-3<x<1).$$

习 题 11.4

1. 利用间接展开法,将下列函数展开成 x 的幂级数,并求展开式成立的区间:
(1) $a^x (a>0, a\neq 1)$;
(2) $\ln(2+x)$;
(3) $\sin^2 x$;
(4) $\dfrac{1}{(1+x)^2}$;
(5) $(1+x)\ln(1+x)$.

2. 将函数 $f(x)=\cos x$ 展开成 $\left(x+\dfrac{\pi}{4}\right)$ 的幂级数.

3. 将函数 $f(x)=\dfrac{1}{x}$ 展开成 $(x-2)$ 的幂级数.

4. 将函数 $f(x)=\dfrac{1}{x^2+3x+2}$ 展开成 $(x+4)$ 的幂级数.

自测题十一

1. 选择题:
(1) 若级数 $\sum\limits_{n=1}^{\infty}\dfrac{a}{q^n}$ 收敛(a,q 为常数),则 q 应满足( );

A. $q=1$　　　　B. $q=-1$　　　　C. $|q|<1$　　　　D. $|q|>1$

(2) 下列说法中正确的是(　　);

A. 若 $\lim\limits_{n\to\infty}u_n=0$,则级数 $\sum\limits_{n=1}^{\infty}u_n$ 收敛　　B. 若 $\lim\limits_{n\to\infty}(u_{n+1}-u_n)=0$,则级数 $\sum\limits_{n=1}^{\infty}u_n$ 收敛

C. 若级数 $\sum\limits_{n=1}^{\infty}u_n$ 收敛,则 $\lim\limits_{n\to\infty}u_n=0$　　D. 若级数 $\sum\limits_{n=1}^{\infty}u_n$ 发散,则 $\lim\limits_{n\to\infty}u_n\ne 0$

(3) 已知级数 $\sum\limits_{n=1}^{\infty}u_n$ 与 $\sum\limits_{n=1}^{\infty}v_n$ 满足 $0<u_n\leqslant v_n$,下列说法中正确的是(　　);

A. 若级数 $\sum\limits_{n=1}^{\infty}v_n$ 发散,则级数 $\sum\limits_{n=1}^{\infty}u_n$ 发散　　B. 若级数 $\sum\limits_{n=1}^{\infty}u_n$ 收敛,则级数 $\sum\limits_{n=1}^{\infty}v_n$ 收敛

C. 若级数 $\sum\limits_{n=1}^{\infty}u_n$ 收敛,则级数 $\sum\limits_{n=1}^{\infty}v_n$ 发散　　D. 若级数 $\sum\limits_{n=1}^{\infty}u_n$ 发散,则级数 $\sum\limits_{n=1}^{\infty}v_n$ 发散

(4) 若 $0\leqslant a_n<\dfrac{1}{n}(n=1,2,\cdots)$,则下列级数中必定收敛的是(　　);

A. $\sum\limits_{n=1}^{\infty}a_n$　　B. $\sum\limits_{n=1}^{\infty}a_{n+1}+a_n$　　C. $\sum\limits_{n=1}^{\infty}a_n^2$　　D. $\sum\limits_{n=1}^{\infty}\sqrt{a_n}$

(5) 设 $\sum\limits_{n=1}^{\infty}u_n$ 与 $\sum\limits_{n=1}^{\infty}v_n$ 均为正项级数.若 $\lim\dfrac{u_n}{v_n}=1$,则下列结论中成立的是(　　);

A. 级数 $\sum\limits_{n=1}^{\infty}u_n$ 收敛,但级数 $\sum\limits_{n=1}^{\infty}v_n$ 发散　　B. 级数 $\sum\limits_{n=1}^{\infty}u_n$ 发散,但级数 $\sum\limits_{n=1}^{\infty}v_n$ 收敛

C. 级数 $\sum\limits_{n=1}^{\infty}u_n$ 与 $\sum\limits_{n=1}^{\infty}v_n$ 都收敛或都发散　　D. 级数 $\sum\limits_{n=1}^{\infty}u_n$ 的敛散性与级数 $\sum\limits_{n=1}^{\infty}v_n$ 的敛散性无关

(6) 已知级数 ① $\sum\limits_{n=1}^{\infty}\dfrac{1}{n\sqrt{n}}$ 与 ② $\sum\limits_{n=1}^{\infty}\dfrac{10^n}{n!}$,则(　　).

A. 级数 ① 与 ② 都收敛　　　　　　　　B. 级数 ① 与 ② 都发散

C. 级数 ① 收敛,级数 ② 发散　　　　　　D. 级数 ① 发散,级数 ② 收敛

2.填空题:

(1) 设 $|a|<1$,则级数 $\sum\limits_{n=0}^{\infty}(-a)^n=$ _____;

(2) 级数 $\sum\limits_{n=0}^{\infty}\dfrac{(-1)^n}{2^n}=$ _____;

(3) 正项级数 $\sum\limits_{n=1}^{\infty}u_n$ 收敛的充要条件是其部分和 s_n _____;

(4) 设级数 $\sum\limits_{n=1}^{\infty}\dfrac{\sqrt{n}}{n^\alpha}$ 收敛,则常数 α 的范围是 _____;

(5) 幂级数 $\sum\limits_{n=1}^{\infty}\dfrac{x^n}{n^2}$ 的收敛域是 _____.

3.讨论下列级数的绝对收敛性与条件收敛性:

(1) $\sum\limits_{n=1}^{\infty}(-1)^{n-1}\dfrac{1}{\ln(n+1)}$;　　　　(2) $\sum\limits_{n=1}^{\infty}(-1)^n\dfrac{1}{n^p}(p>0)$.

4.求下列幂级数的和函数:

(1) $\sum\limits_{n=1}^{\infty}(2n+1)x^n$;　　　　(2) $\sum\limits_{n=1}^{\infty}\dfrac{x^{4n+1}}{4n+1}$.

第十二章

数 学 实 验

§12.1 MATLAB 操作入门

一、MATLAB 软件简介

MATLAB 是在科学研究及工程应用中被广泛使用的科学与工程计算软件,它具有数值计算、符号演算、图形制作和编程等各项功能.高等数学课程中的数值计算、符号演算及图形的可视化都可以使用 MATLAB 软件实现.

二、MATLAB 软件的操作方法

1. 启动

启动 MATLAB 软件的常见方法有两种(以启动 MATLAB R2022a 为例):

(1) 单击"开始"菜单中的"MATLAB R2022a"命令;

(2) 在桌面上直接双击 MATLAB R2022a 的快捷方式.

启动 MATLAB 软件后,桌面上将出现如图 12.1 所示的操作界面.

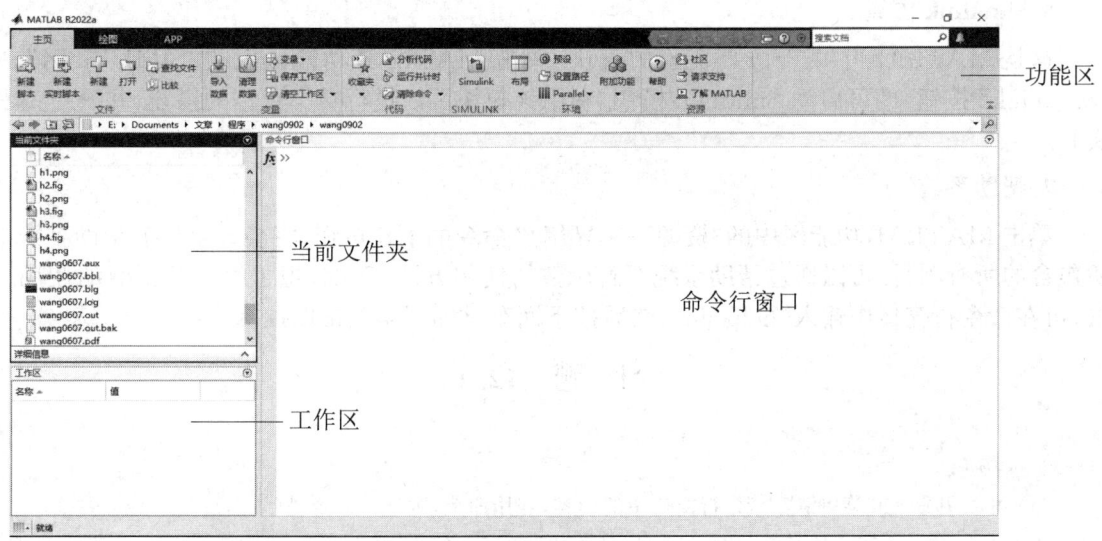

图 12.1

2. 退出

退出 MATLAB 软件的常用方法是单击 MATLAB 主窗口的"关闭"按钮.

3. 操作界面

启动 MATLAB R2022a 后显示的操作界面如图 12.1 所示. MATLAB 的操作界面是一个高度集成的工作环境,主要有四个不同划分区,它们分别是功能区、命令行窗口、当前文件夹和工作区.

功能区有各种按钮,可实现新建、打开、查找文件、导入数据等功能.

命令行窗口是 MATLAB 的主要交互窗口,用于输入命令并显示除图形以外的所有执行结果. MATLAB 命令行窗口中的">>"为命令提示符,表示 MATLAB 正处于准备状态. 在命令提示符后输入命令并按下回车键后,MATLAB 就会解释执行所输入的命令并在命令后面给出计算结果. 当命令行窗口中执行过许多命令后,窗口会被占满. 为方便阅读,清除命令行窗口显示是经常采用的操作. 清除命令行窗口显示通常有两种方法:一是在命令行窗口中输入清除命令"clc";二是在命令行窗口右击,单机"清空命令行窗口"命令.

当前文件夹是指 MATLAB 运行文件时的工作目录. 只有在当前文件夹中的文件或函数才可以被运行或调用.

工作区是 MATLAB 用于存储各种变量和结果的内存空间. 工作区中会显示工作空间中所有变量的名称、大小、字节数和变量类型说明,在工作区中可对变量进行观察、编辑、保存和删除. 若要删除工作空间中的所有变量,可在命令行窗口中输入命令"clear".

4. 导入数据

单击 MATLAB 功能区中的"变量"→"导入数据"按钮,然后选择要导入的数据文件,单击"打开"按钮,即可导入数据.

5. 新建函数

单击 MATLAB 功能区中的"文件"→"新建"下拉按钮,在下拉菜单中选择相应命令即可新建脚本、函数等文件.

6. Simulink 仿真

这是 MATLAB 中用于仿真实验的模块. 单击 MATLAB 功能区中的"SIMULINK"→"Simulink"按钮,即可启动 Simulink 模块. 利用该模块可以进行数据模型的搭建,并进行仿真实验.

7. 帮助系统

单击 MATLAB 功能区中的"资源"→"帮助"命令的下拉按钮,将会显示当前帮助系统中所包含的所有项目. 可以通过帮助系统了解函数的使用方法. 例如,想了解正弦函数的使用方法,可在命令行窗口中输入"help sin",然后按下回车键即可得到帮助提示.

习 题 12.1

1. 选择题:

(1) 可以用命令或菜单清除命令行窗口中的内容,若用命令,则这个命令是(   );

A. clear   B. clc   C. cl   D. cls

(2) MATLAB 的文件、函数只有在(　　)中时,才可以被运行或调用.
A. 命令行窗口　　　　　　　　　　B. 历史命令窗口
C. 当前文件夹　　　　　　　　　　D. 工作区
2. 填空题:
(1) MATLAB 是目前科学研究及工程应用中使用广泛的_____软件;
(2) 启动 MATLAB 软件后,在默认设置下,MATLAB 会同时打开三个窗口,它们分别是_____、工作区和当前文件夹.

§12.2　利用 MATLAB 进行函数运算

一、实验目标

会使用 MATLAB 命令计算函数值.

二、实验内容

1. 预定义变量

MATLAB 中有一些预定义变量,它们具有特定的含义,如表 12.1 所示.

表 12.1

变量名	含义
ans	用于结果的默认变量名
pi	圆周率 π
inf	无穷大

2. 变量命名规则

MATLAB 中变量的命名应遵循以下规则:变量名区分字母的大小写;变量名的第一个字符必须是英文字母,其后可以是字母、数字或下画线,但不能使用空格和标点.

3. 运算符

运算符及其含义如表 12.2 所示.

表 12.2

运算符	含义	运算符	含义
+	加	<	小于
-	减	<=	小于或等于
*	乘	>	大于
/	除	>=	大于或等于
^	乘方	==	等于
.*	向量乘法	~=	不等于

续表

运算符	含义	运算符	含义
./	向量除法		
.^	向量乘方		

4. 常用函数

MATLAB中常用函数的名称及其功能如表12.3所示.

表 12.3

函数名称	功能	函数名称	功能
sin(x)	正弦函数 $\sin x$	asin(x)	反正弦函数 $\arcsin x$
cos(x)	余弦函数 $\cos x$	acos(x)	反余弦函数 $\arccos x$
tan(x)	正切函数 $\tan x$	atan(x)	反正切函数 $\arctan x$
cot(x)	余切函数 $\cot x$	sign(x)	符号函数
sec(x)	正割函数 $\sec x$	exp(x)	以 e 为底的指数 e^x
abc(x)	求变量 x 的绝对值	log(x)	自然对数 $\ln x$
pow2(x)	以 2 为底的指数 2^x	log2(x)	以 2 为底的对数 $\log_2 x$
sqrt(x)	求变量 x 的算数平方根 $\sqrt{x}$	log10(x)	以 10 为底的对数 $\lg x$
round(x)	四舍五入至最近的数		

5. 用户自定义函数

MATLAB允许用户自定义函数,即允许用户将自定义的新函数添加到已存在的MATLAB函数库中. MATLAB自定义函数是一个指令集合,第一行必须以单词"function"作为引导词,保存为与函数名相同且具有扩展名". m"的文件,故称之为函数 M 文件.

函数 M 文件的定义格式如下:

```
function 输出参数 = 函数名(输入参数)
函数体
```

6. 程序控制语句

MATLAB 提供了八种控制程序流程的语句,包括 for,while,if,switch,try,continue,break,return,这些语句使得 MATLAB 的编程十分灵活. 下面介绍几种常用的条件语句和循环语句的使用.

(1) 条件语句.

条件语句包含 if-else-end 语句、if-elseif-end 语句等.

① if-else-end 语句.

其格式如下:

```
if 表达式
语句1
else
语句2
end
```

执行过程为:计算表达式的值,当表达式的值为真(非零值)时,执行语句 1,然后跳出 if 结构;当表达式的值为假(零值)时,执行语句 2.

② if-elseif-end 语句.

其格式如下:

if 表达式 1

语句 1

elseif 表达式 2

语句 2

else

语句 3

end

执行过程为:首先计算表达式 1 的值,若表达式 1 的值为真,则执行语句 1,然后跳出 if 结构;若表达式 1 的值为假,则再计算表达式 2 的值.若表达式 2 的值为真,则执行语句 2,然后跳出 if 结构;若表达式 2 的值为假,则执行语句 3.

(2) 循环语句.

① for-end 循环.

用于循环执行某些任务,每执行完一次就根据循环终止条件判断是否继续执行.

其格式如下:

for x = m:s:n

循环体

end

其中 x 是变量,m 是循环初值,n 是循环终值,用于判断循环是否终止,s 是步长(默认值为 1).在执行 for 循环时,向量 m:s:n 的元素被逐一赋给变量 x,然后执行循环体,当变量的值不属于向量中元素时退出循环. for 和 end 必须配对使用.

② while-end 循环.

其格式如下:

while 表达式

循环体

end

执行过程为:只要表达式的值为真,循环体就重复执行. while 和 end 必须配对使用.

三、实验举例

例 1 用 MATLAB 计算 $y = \dfrac{2\sqrt{3} + \sin\dfrac{2\pi}{5} - 1}{\arctan 3 - 1}$.

解 在命令行窗口直接输入变量表达式,如图 12.2 所示.

```
1    y=(2*sqrt(3)+sin(2*pi/5)-1)/(atan(3)-1)
```

图 12.2

按下回车键,计算结果如图 12.3 所示.

```
y =

    13.7130
```

图 12.3

注 (1) 在变量表达式中常数和变量的乘号不能省略;

(2) 要熟记常用函数表(表 12.3).

例 2 自定义函数 $f(x)=2^{\arcsin\frac{1}{x}}$，并求 $f(3)$.

解 (1) 单击功能区中的"文件"→"新建"→"函数"命令.

(2) 自定义函数，将函数文件保存为"f1.m"，如图 12.4 所示.

```
f1.m  +
1  function y=f1(x)
2  y=2^(asin(1/x))
```

图 12.4

(3) 调用函数，并在命令行窗口中输入命令，如图 12.5 所示.

```
>> syms x;
>> y=f1(x)

y =

2^asin(1/x)

>> x=3;
>> y=f1(x)
```

图 12.5

其中，syms 是一个用于创建符号对象的函数. 例如，syms x 表示声明符号变量 x.

(4) 按下回车键，计算结果如图 12.6 所示.

```
y =

    1.2656
```

图 12.6

故 $f(3)=1.2656$.

例 3 设函数 $\varphi(x)=\begin{cases} |\sin x|, & |x|<\dfrac{\pi}{3}, \\ 2, & |x|\geqslant\dfrac{\pi}{3}. \end{cases}$ 求 $\varphi(-2), \varphi\left(-\dfrac{\pi}{4}\right), \varphi\left(\dfrac{\pi}{6}\right), \varphi\left(\dfrac{\pi}{4}\right)$.

解 单击功能区中的"文件"→"新建"→"脚本"命令，在 M 文件编辑器窗口中输入相应内容，并保存文件为"e1.m"，如图 12.7 所示.

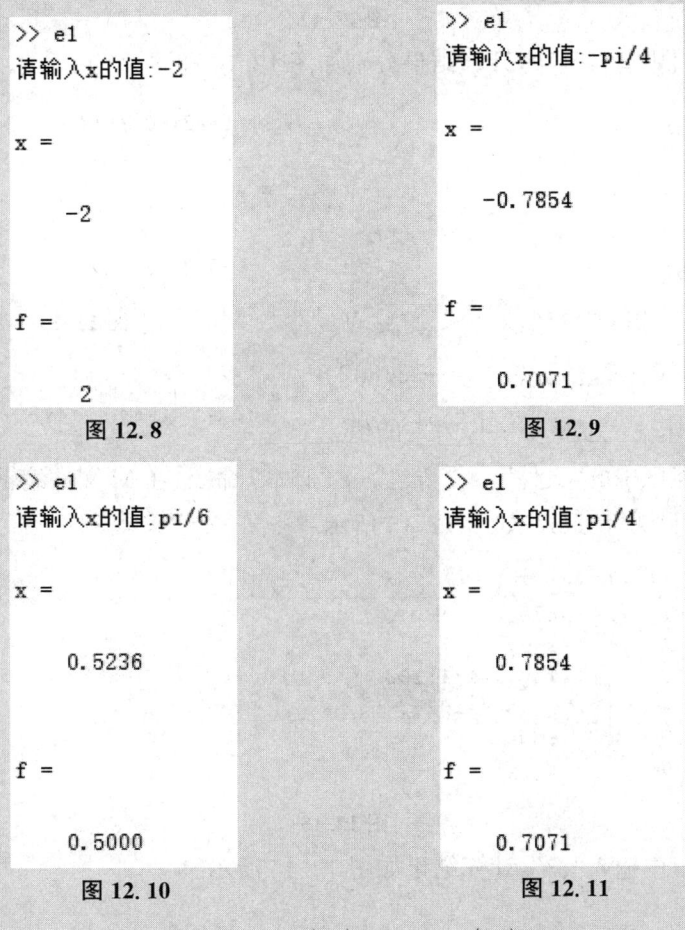

图 12.7

在命令行窗口输入"e1",运行上述脚本,依次输入 x 的值,计算结果分别如图 12.8～图 12.11 所示.

图 12.8

图 12.9

图 12.10

图 12.11

故 $\varphi(-2)=2, \varphi\left(-\dfrac{\pi}{4}\right)=0.7071, \varphi\left(\dfrac{\pi}{6}\right)=0.5, \varphi\left(\dfrac{\pi}{4}\right)=0.7071.$

例 4 设函数 $f(x)=\begin{cases}\dfrac{\ln(1+x^3)}{x-\arcsin x}, & -1<x<0,\\ 6, & x=0,\\ \dfrac{\mathrm{e}^{2x}+x^2}{x}\sin\dfrac{x}{4}, & x>0.\end{cases}$ 求 $f(2), f(-0.3).$

解 单击功能区中的"文件"→"新建"→"脚本"命令,在 M 文件编辑器窗口中输入相应内容,并保存文件为"e2.m",如图 12.12 所示.

```
function f=e2(x)
if (x<0)&&(x>-1)
    f=log(1+x^3)/(x-asin(x));
elseif x>0
    f=(exp(2*x)+x^2)/x*sin(x/4);
else
    f=6;
end
```

图 12.12

在命令行窗口中运行函数,计算结果分别如图 12.13 和图 12.14 所示.

```
>> f=e2(2)

f =

   14.0467
```

图 12.13

```
>> f=e2(-0.3)

f =

   -5.8328
```

图 12.14

故 $f(2)=14.0467, f(-0.3)=-5.8328$.

例 5 求 $1^2+2^2+\cdots+100^2$ 的值.

解 单击功能区中的"文件"→"新建"→"脚本"命令,在 M 文件编辑器窗口中输入相应内容,并保存文件为"e3.m",如图 12.15 所示.

```
clear
s=0;
for i=1:1:100
    s=s+i^2
end
s
```

图 12.15

在命令行窗口中输入"e3",计算结果如图 12.16 所示.

```
s =

   338350
```

图 12.16

故 $1^2+2^2+\cdots+100^2=338\,350$.

习 题 12.2

1. 用 MATLAB 计算 $y = \dfrac{2\sqrt{5} - \cos\dfrac{3\pi}{5} + 1}{\arcsin 2 - 1}$.

2. 自定义函数 $f(x) = 3^{\arctan(x^2+1)}$，并求 $f(2)$.

3. 设函数 $f(x) = \begin{cases} \dfrac{2^{\sin\frac{1}{x}}}{x + \arccos x}, & -1 < x < 0, \\ 6, & x = 0, \\ e^{\frac{x}{\ln x}}, & x > 0, \end{cases}$ 试求 $f\left(-\dfrac{1}{5}\right)$, $f(3)$.

4. 求 $1^2 + 3^2 + \cdots + 99^2$ 的值.

§12.3 利用 MATLAB 绘制平面曲线的图形

一、实验目标

会利用 MATLAB 绘制平面曲线的图形.

二、实验内容

1. 基本二维绘图函数

MATLAB 基本二维绘图函数有 plot 和 plotyy 两种，其中 plot 是最基本的二维绘图函数，其调用格式如下.

（1）plot(x,y)：若 x, y 为长度相等的向量，则绘制以 x 和 y 为横、纵坐标的二维曲线；若 x 为向量，y 为矩阵，其中 x 的列数与 y 的行数相同，则以 x 为横坐标绘制出多条不同颜色的曲线，曲线的条数与 y 的列数相同；若 x, y 为同维矩阵，则绘制以 x 和 y 对应的列元素为横、纵坐标的多条二维曲线，曲线的条数与矩阵的列数相同.

（2）plot(x1,y1,x2,y2,…,xn,yn)：其中每一对参数 x_i 和 $y_i (i=1,2,\cdots,n)$ 的取值和所绘图形与（1）中相同.

plotyy 函数的调用格式与 plot 函数相同，它可用来绘制不同纵坐标标度的图形.

注 在使用 plot 函数之前，须先定义 x 及 y 的取值.

此外，还可以使用 fplot 函数绘制二维图形，其调用格式为 fplot(f,lim)，含义是在指定的范围 lim 内画出函数 f 的图形.

2. 图形的颜色和线型

在 MATLAB 中，可以在同一窗口内绘制多条曲线，曲线的颜色和线型等图形属性也可以改变. plot 函数可以接受字符串输入变量，这些字符串输入变量用来指定不同的颜色、线型和标记符号(各数据点上的显示符号). 表 12.4 所示为常用的颜色、线型和标记符号.

表 12.4

颜色参数	颜色	线型参数	线型	标记符号	标记
y	黄	-	实线	.	圆点
b	蓝	:	点线	o	圆圈
g	绿	-.	点划线	+	加号
m	洋红	—	虚线	*	星号
w	白			x	叉号
c	青			square 或 s	方块
k	黑			diamond 或 d	菱形
r	红				

三、实验举例

例 1 用 plot 函数画出函数 $y=\sin\dfrac{1}{x}$ 在 $[-\pi,\pi]$ 之间的图形.

解 输入如图 12.17 所示的命令.

```
1    x=-pi:0.01:pi;
2    y=sin(1./x)
3    plot(x,y);
4    title('函数图形');
5    xlabel('x');
6    ylabel('y');
7    grid on
```

图 12.17

执行命令,结果如图 12.18 所示.

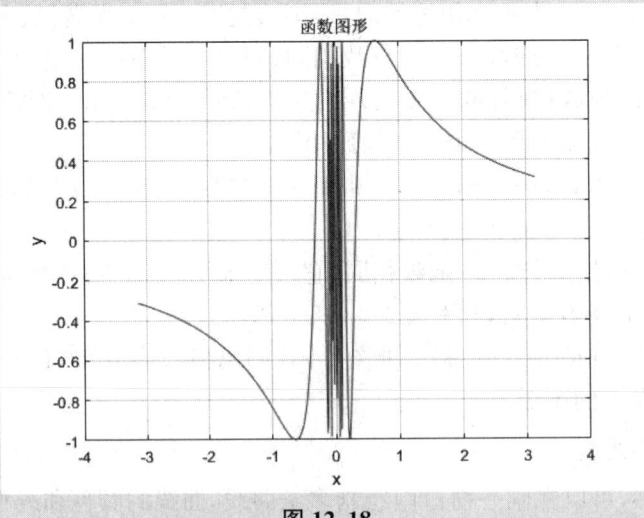

图 12.18

注 title 函数用于添加图形标题，xlabel 函数用于添加 x 轴标签，ylabel 函数用于添加 y 轴标签，grid on 函数用于添加网格线．

例 2 用 plot 函数在同一平面内绘制曲线 $y_1 = \tan x, x \in \left[-\dfrac{5\pi}{12}, \dfrac{5\pi}{12}\right]$ 与直线 $x_2 = \dfrac{\pi}{2}$ 和 $x_3 = -\dfrac{\pi}{2}$ 的图形．

解 输入如图 12.19 所示的命令．

```
1   x=-5*pi/12:0.01:5*pi/12;
2   m=length(x);
3   y1=tan(x);
4   x2=zeros(1,m);
5   x3=zeros(1,m);
6   for i=1:m
7       x2(i)=pi/2;
8       x3(i)=-pi/2;
9   end
10  plot(x,y1,x2,y1,x3,y1);
11  title('函数图形');
12  xlabel('x');
13  ylabel('y');
14  grid on
```

图 12.19

执行命令，结果如图 12.20 所示．

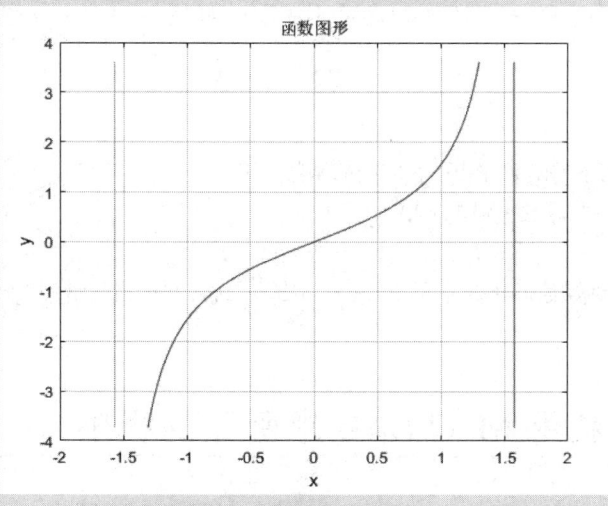

图 12.20

例 3 用不同标度在同一平面内绘制曲线 $y_1 = e^{-0.3x} \cos 2x$ 及 $y_2 = 10e^{-1.5x}$ 在区间 $[0, 2\pi]$ 上的图形．

解 输入如图 12.21 所示的命令．

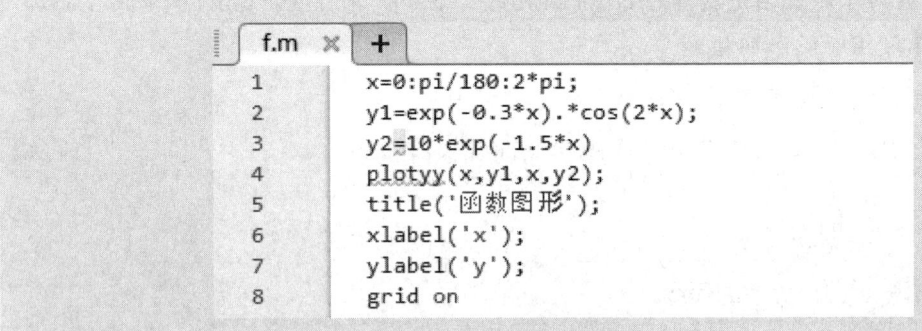

图 12.21

执行命令,结果如图 12.22 所示.

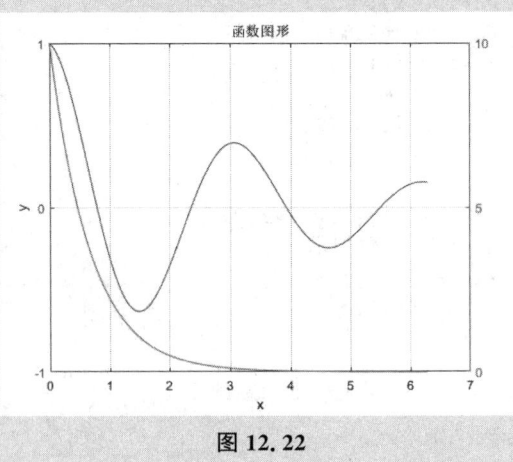

图 12.22

习 题 12.3

1. 用 MATLAB 画出下列函数在相应区间上的函数图形:

(1) $y = \arcsin(x^2 - 1), x \in [-1, 1]$;

(2) $y = \ln(1 + x^2), x \in [-3, 3]$.

2. 用不同颜色、不同线型绘制函数 $y = x^\alpha, \alpha = -2, -1, 1, 2, 3$ 在区间 $[-2.5, 2.5]$ 上的图形.

§12.4 利用 MATLAB 求函数的极限

一、实验目标

会利用 MATLAB 求一元函数的极限.

二、实验内容

MATLAB 中求函数极限的命令如表 12.5 所示.

表 12.5

极限运算	MATLAB命令
$\lim\limits_{x \to 0} f(x)$	limit(f)
$\lim\limits_{x \to a} f(x)$	limit(f,x,a) 或 limit(f,a)
$\lim\limits_{x \to a^-} f(x)$	limit(f,x,a,'left')
$\lim\limits_{x \to a^+} f(x)$	limit(f,x,a,'right')
$\lim\limits_{x \to \infty} f(x)$	limit(f,x,inf)
$\lim\limits_{x \to +\infty} f(x)$	limit(f,x,+inf)
$\lim\limits_{x \to -\infty} f(x)$	limit(f,x,-inf)

三、实验举例

例 1 求极限 $\lim\limits_{x \to 0} \dfrac{1 - \cos x \sqrt{\cos 2x} \sqrt[3]{\cos 3x}}{x^2}$.

解 输入如图 12.23 所示的命令.

```
1  syms x
2  f=(1-cos(x)*power(cos(2*x),1/2)*power(cos(3*x),1/3))/(x^2);
3  limit(f)
```

图 12.23

执行命令,结果如图 12.24 所示.

```
ans =

3
```

图 12.24

故 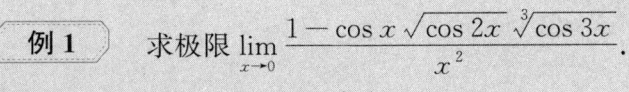$=3$.

注 power 函数用于求元素的幂,如 power(x,2) 表示求 x^2.

例 2 求极限 $\lim\limits_{n \to \infty} \tan^n \left(\dfrac{\pi}{4} + \dfrac{2}{n} \right)$.

解 输入如图 12.25 所示的命令.

```
1  syms n
2  f=(tan(pi/4+2/n))^n;
3  limit(f,n,inf)
```

图 12.25

执行命令,结果如图 12.26 所示.

```
ans =
exp(4)
```

图 12.26

故 $\lim\limits_{n\to\infty}\tan^n\left(\dfrac{\pi}{4}+\dfrac{2}{n}\right)=e^4$.

例 3 求极限 $\lim\limits_{x\to 0^+}\dfrac{(1-\cos x)[x-\ln(1+\tan x)]}{\sin^4 x}$.

解 输入如图 12.27 所示的命令.

```
1  syms x
2  f=(1-cos(x))*(x-log(1+tan(x)))/((sin(x))^4);
3  limit(f,x,0,'right')
```

图 12.27

执行命令,结果如图 12.28 所示.

```
ans =
1/4
```

图 12.28

故 $\lim\limits_{x\to 0^+}\dfrac{(1-\cos x)[x-\ln(1+\tan x)]}{\sin^4 x}=\dfrac{1}{4}$.

例 4 求极限 $\lim\limits_{x\to 0}\dfrac{1}{x^3}\left[\left(\dfrac{2+\cos x}{3}\right)^x-1\right]$.

解 输入如图 12.29 所示的命令.

```
1  syms x
2  f=(((2+cos(x))/3)^x-1)/(x^3);
3  limit(f,x,0)
```

图 12.29

执行命令,结果如图 12.30 所示.

```
ans =
-1/6
```

图 12.30

故 $\lim\limits_{x\to 0}\dfrac{1}{x^3}\left[\left(\dfrac{2+\cos x}{3}\right)^x-1\right]=-\dfrac{1}{6}$.

习　题　12.4

试用 MATLAB 求下列极限：

(1) $\lim\limits_{x \to 0^+} \left(\dfrac{1-x}{1+x} \right)^{\frac{1}{x}}$;

(2) $\lim\limits_{x \to \infty} \dfrac{\sqrt{4x^2+x-1}+x+1}{\sqrt{x^2+\sin x}}$;

(3) $\lim\limits_{n \to \infty} n \left(\dfrac{1}{1+n^2} + \dfrac{1}{2^2+n^2} + \cdots + \dfrac{1}{n^2+n^2} \right)$;

(4) $\lim\limits_{x \to 0} \dfrac{\sqrt{1+\tan x} - \sqrt{1+\sin x}}{x \ln(1+x) - x^2}$.

§12.5　利用 MATLAB 求函数的导数

一、实验目标

会利用 MATLAB 求函数的导数.

二、实验内容

MATLAB 中求函数导数的函数是 diff, 其具体使用格式如下.

(1) 求显函数 $y=f(x)$ 的导数的调用格式为

$$\text{diff}(y,x,n),$$

其含义是求函数 y 对自变量 x 的 n 阶导数. 当 n 省略时, 默认 $n=1$.

(2) 求由方程 $F(x,y)=0$ 所确定的隐函数的导数 $\dfrac{\mathrm{d}y}{\mathrm{d}x}$ 的调用格式为

$$-\text{diff}(F,x)/\text{diff}(F,y).$$

(3) 求由参数方程 $\begin{cases} x=x(t) \\ y=y(t) \end{cases}$ (t 为参数) 所确定的函数的导数 $\dfrac{\mathrm{d}y}{\mathrm{d}x}$ 的调用格式为

$$\text{diff}(y,t)/\text{diff}(x,t).$$

三、实验举例

例1　已知函数 $f(x)=3x^6-4x^5+8x^4-5x^3+2x^2+4x+6$, 求 $f(x)$ 的六阶导数.

解　输入如图 12.31 所示的命令.

```
1  syms x
2  f=3*x^6-4*x^5+8*x^4-5*x^3+2*x^2+4*x+6;
3  dy=diff(f,x,6);
4  simplify(dy)
```

图 12.31

执行命令,结果如图 12.32 所示.

```
ans =

2160
```

图 12.32

故 $f^{(6)}(x)=2\,160$.

注 simplify 函数用于化简计算结果.

例 2 已知函数 $f(x)=\ln(x+\sqrt{x^2+1})$,求 $f(x)$ 的导数 $\dfrac{\mathrm{d}f(x)}{\mathrm{d}x}$.

解 输入如图 12.33 所示的命令.

```
1  syms x
2  f=log(x+power(x^2+1,1/2));
3  dy=diff(f,x,1);
4  simplify(dy)
```

图 12.33

执行命令,结果如图 12.34 所示.

```
ans =

1/(x^2 + 1)^(1/2)
```

图 12.34

故 $\dfrac{\mathrm{d}f(x)}{\mathrm{d}x}=\dfrac{1}{(x^2+1)^{\frac{1}{2}}}$.

例 3 求由方程 $\arctan\dfrac{y}{x}=\ln\sqrt{x^2+y^2}$ 所确定的隐函数的导数 $\dfrac{\mathrm{d}y}{\mathrm{d}x}$.

解 输入如图 12.35 所示的命令.

```
1  syms x y
2  F=atan(y/x)-log(power(x^2+y^2,1/2));
3  dy=-diff(F,x)/diff(F,y);
4  simplify(dy)
```

图 12.35

执行命令,结果如图 12.36 所示.

```
ans =

(x + y)/(x - y)
```

图 12.36

故 $\dfrac{dy}{dx} = \dfrac{x+y}{x-y}$.

例 4 求由参数方程 $\begin{cases} x = \ln(1+t^2), \\ y = t - \arctan t \end{cases}$ (t 为参数) 所确定的函数的导数 $\dfrac{dy}{dx}$ 与 $\dfrac{d^2 y}{dx^2}$.

解 输入如图 12.37 所示的命令.

```
1   syms t
2   x=log(1+t^2);
3   y=t-atan(t);
4   dy1=diff(y,t)/diff(x,t);
5   dy1_dx=simplify(dy1)
6   dy2=diff(dy1,t)/diff(x,t);
7   dy2_dx=simplify(dy2)
```

图 12.37

执行命令,结果如图 12.38 所示.

```
dy1_dx =

t/2


dy2_dx =

(t^2 + 1)/(4*t)
```

图 12.38

故 $\dfrac{dy}{dx} = \dfrac{t}{2}, \dfrac{d^2 y}{dx^2} = \dfrac{1+t^2}{4t}$.

习 题 12.5

1. 求函数 $y = (1+x^2)^{\sin x}$ 的导数 $\dfrac{dy}{dx}$.

2. 求由方程 $xy^2 + e^y = \cos(x+y^2)$ 所确定的隐函数的导数 $\dfrac{dy}{dx}$.

3. 求由参数方程 $\begin{cases} x = a(t-\sin t), \\ y = a(1-\cos t) \end{cases}$ (t 为参数, $a \neq 0$ 为常数) 所确定的函数的导数 $\dfrac{dy}{dx}$ 与 $\dfrac{d^2 y}{dx^2}$.

§12.6 利用 MATLAB 求可导函数的极值

一、实验目标

会利用 MATLAB 求可导函数的极值.

二、实验内容

MATLAB 中解方程的函数为 solve,其调用格式为

$$\text{solve}(f,x),$$

表示解方程 $f=0$ 中的变量 x. 有时 x 也可省略.

MATLAB 中求函数值可用函数 subs,其调用格式为

$$\text{subs}(f,x,a),$$

表示求函数 f 在点 $x=a$ 处的函数值. 对于一元函数 f,x 也可省略.

利用 MATLAB 求可导函数 $y=f(x)$ 的极值的步骤如下:

(1) 用 diff 函数求函数 $y=f(x)$ 的导数;
(2) 用 solve 函数求函数 $y=f(x)$ 的驻点;
(3) 用 fplot 函数绘制函数 $y=f(x)$ 的图形,判断驻点是否为极值点;
(4) 用 subs 函数求函数 $y=f(x)$ 的极值.

三、实验举例

例 1 求函数 $f(x)=\dfrac{4(x+1)}{x^2}-2$ 的极值.

解 (1) 用 diff 函数求函数 $f(x)$ 的导数 $\dfrac{\mathrm{d}f(x)}{\mathrm{d}x}$.

输入如图 12.39 所示的命令.

```
1  syms x;
2  f=4*(x+1)/(x^2)-2;
3  dy=diff(f);
4  dy_dx=simplify(dy)
```

图 12.39

执行命令,结果如图 12.40 所示.

```
dy_dx =

-(4*(x + 2))/x^3
```

图 12.40

故 $\dfrac{\mathrm{d}f(x)}{\mathrm{d}x} = -\dfrac{4(x+2)}{x^3}$.

(2) 用 solve 函数求函数 $f(x)$ 的驻点.

输入如图 12.41 所示的命令.

```
xi=solve(dy)
```

图 12.41

执行命令,结果如图 12.42 所示.

```
xi =

-2
```

图 12.42

故函数 $f(x) = \dfrac{4(x+1)}{x^2} - 2$ 的驻点为 $x = -2$.

(3) 用 fplot 函数绘制函数 $f(x)$ 的图形,判断驻点是否为极值点.

输入如图 12.43 所示的命令.

```
fplot(4.*(x+1)./(x.^2)-2,[-3,-1])
```

图 12.43

执行命令,结果如图 12.44 所示.

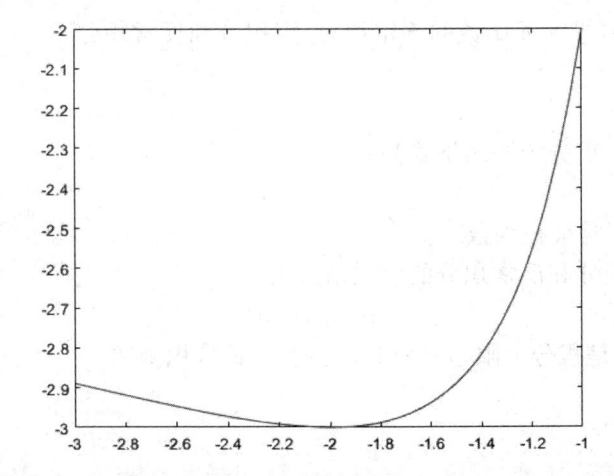

图 12.44

由图 12.44 可知,点 $x = -2$ 为函数 $f(x)$ 的极小值点.

(4) 用 subs 函数求函数 $f(x)$ 的极值.

输入如图 12.45 所示的命令.

```
subs (4*(x+1)/(x^2)-2,x,-2)
```

图 12.45

执行命令,结果如图 12.46 所示.

```
            ans =

            -3
```
图 12.46

故函数 $f(x) = \dfrac{4(x+1)}{x^2} - 2$ 在点 $x = -2$ 处取得极小值 -3.

习　题　12.6

利用 MATLAB 求下列函数的极值：
(1) $f(x) = x^2 \mathrm{e}^{-x}$；
(2) $f(x) = x^4 - \dfrac{10}{3}x^3 + 2x^2 + 1$.

§12.7　利用 MATLAB 求一元函数的积分

一、实验目标

会利用 MATLAB 求一元函数的不定积分、定积分和反常积分.

二、实验内容

(1) 求函数的不定积分的调用格式为
$$\mathrm{int}(f, x),$$
其中 x 是积分变量，f 是被积函数.

(2) 求函数的定积分和反常积分的调用格式为
$$\mathrm{int}(f, x, a, b),$$
其中 a 是积分下限，b 是积分上限，x 是积分变量，f 是被积函数.

三、实验举例

例 1　计算不定积分 $\displaystyle\int \dfrac{x^2 + 1}{(x+1)^2(x-1)} \mathrm{d}x$.

解　输入如图 12.47 所示的命令.

```
1    syms x
2    f=(x^2+1)/((x-1)*(x+1)^2);
3    int(f,x)
```
图 12.47

执行命令,结果如图 12.48 所示.

```
ans =
log(x^2 - 1)/2 + 1/(x + 1)
```

图 12.48

故 $\int \dfrac{x^2+1}{(x+1)^2(x-1)}\mathrm{d}x = \dfrac{\ln(x^2-1)}{2} + \dfrac{1}{x+1} + C.$

例 2 计算定积分 $\int_0^1 \dfrac{x\mathrm{e}^x}{(x+1)^2}\mathrm{d}x.$

解 输入如图 12.49 所示的命令.

```
1   syms x
2   f=(exp(x)*x)/(x+1)^2;
3   int(f,x,0,1)
```

图 12.49

执行命令,结果如图 12.50 所示.

```
ans =
exp(1)/2 - 1
```

图 12.50

故 $\int_0^1 \dfrac{x\mathrm{e}^x}{(x+1)^2}\mathrm{d}x = \dfrac{\mathrm{e}}{2} - 1.$

例 3 计算反常积分 $\int_{-\infty}^{+\infty} \dfrac{\mathrm{d}x}{x^2+2x+3}.$

解 输入如图 12.51 所示的命令.

```
1   syms x
2   f=1/(x^2+2*x+3);
3   int(f,x,-inf,inf)
```

图 12.51

执行命令,结果如图 12.52 所示.

```
ans =
(pi*2^(1/2))/2
```

图 12.52

故 $\int_{-\infty}^{+\infty} \dfrac{\mathrm{d}x}{x^2+2x+3} = \dfrac{\sqrt{2}}{2}\pi.$

例 4 计算反常积分 $\int_0^1 \dfrac{\mathrm{d}x}{(2-x)\sqrt{1-x}}.$

解 输入如图 12.53 所示的命令.

```
1   syms x
2   f=1/((2-x)*sqrt(1-x));
3   int(f,x,0,1)
```

图 12.53

执行命令,结果如图 12.54 所示.

```
ans =

pi/2
```

图 12.54

故 $\int_0^1 \dfrac{\mathrm{d}x}{(2-x)\sqrt{1-x}} = \dfrac{\pi}{2}$.

习 题 12.7

利用 MATLAB 计算下列积分:

(1) $\int \mathrm{e}^x \cos x \, \mathrm{d}x$;

(2) $\int_0^1 \dfrac{\mathrm{e}^x - 1}{\mathrm{e}^x + 1} \mathrm{d}x$;

(3) $\int_0^{+\infty} \dfrac{\ln x}{1+x^2} \mathrm{d}x$;

(4) $\int_0^1 \dfrac{x^3 - x}{\ln x} \mathrm{d}x$.

§12.8 利用 MATLAB 解常微分方程

一、实验目标

会利用 MATLAB 解常微分方程.

二、实验内容

用 MATLAB 求常微分方程的解析解可由 dsolve 函数来实现,其调用格式为

$$\text{dsolve}('\text{eq1}','\text{eq2}',\cdots,'\text{cond1}','\text{cond2}',\cdots,'v'),$$

其中 eq1,eq2,… 为常微分方程的表达式,cond1,cond2,… 为初值条件,v 为自变量(可以省略,省略时默认自变量为 t). 若省略初值条件,则 dsolve 函数求的是常微分方程的通解.

注 在 MATLAB 中,用大写字母 D 表示常微分方程中未知函数的导数. 例如,Dy 表示 y',D2y 表示 y'',Dy(0)=1 表示 $y'(0)=1$.

三、实验举例

例1 求微分方程 $y'+2xy=e^{x-x^2}$ 的通解.

解 输入如图 12.55 所示的命令.

```
1    y=dsolve('Dy+2*x*y=exp(x-x^2)','x')
```

图 12.55

执行命令,结果如图 12.56 所示.

```
y =

C1*exp(-x^2) + exp(-x^2)*exp(x)
```

图 12.56

故所求微分方程的通解为 $y=Ce^{-x^2}+e^{x-x^2}$.

例2 求微分方程 $y''-5y'+6y=0$ 的通解及满足条件 $y'(0)=2, y(0)=1$ 的特解.

解 输入如图 12.57 所示的命令.

```
1    y=dsolve('D2y-5*Dy+6*y=0','x')
2    y=dsolve('D2y-5*Dy+6*y=0','Dy(0)=2','y(0)=1','x')
```

图 12.57

执行命令,结果如图 12.58 所示.

```
y =

C1*exp(2*x) + C2*exp(3*x)

y =

exp(2*x)
```

图 12.58

故所求微分方程的通解为 $y=C_1e^{2x}+C_2e^{3x}$,满足初值条件的特解为 $y=e^{2x}$.

例3 求微分方程 $y''-6y'+5y=e^{2x}$ 的通解.

解 输入如图 12.59 所示的命令.

```
1    y=dsolve('D2y-6*Dy+5*y=exp(2*x)','x')
```

图 12.59

执行命令,结果如图 12.60 所示.

```
y =

C1*exp(x) - exp(2*x)/3 + C2*exp(5*x)
```

图 12.60

故所求微分方程的通解为 $y = C_1 e^x + C_2 e^{5x} - \frac{1}{3} e^{2x}$.

习 题 12.8

利用 MATLAB 求下列微分方程的解：
(1) $\dfrac{dy}{dx} = \dfrac{x-y}{x+y}$;
(2) $y'' - 5y' + 6y = x e^{2x}$;
(3) $y'' - 4y' + 3y = 0, y(0) = 6, y'(0) = 10$.

§12.9 利用 MATLAB 计算二重积分

一、实验目标

会利用 MATLAB 计算二重积分.

二、实验内容

在 MATLAB 中,可利用计算一元函数定积分的函数 int 的嵌套方式编程计算二重积分,具体调用格式如下：

$$\text{int}(\text{int}(f,y,g(x),h(x)),x,a,b),$$

$$\text{int}(\text{int}(f,x,g(y),h(y)),y,a,b),$$

它们分别表示求二次积分 $\displaystyle\int_a^b dx \int_{g(x)}^{h(x)} f \, dy$ 和 $\displaystyle\int_a^b dy \int_{g(y)}^{h(y)} f \, dx$.

三、实验举例

例 1 计算二重积分 $\displaystyle\iint_D xy \, dx \, dy$,其中 D 是由直线 $x=1, y=1$ 与 $x+y=1$ 所围成的闭区域.

解 输入如图 12.61 所示的命令.

```
1    syms x y;
2    z=x*y;
3    int(int(z,y,1-x,1),x,0,1)
```

图 12.61

执行命令,结果如图 12.62 所示.

```
ans =
5/24
```
图 12.62

故 $\iint\limits_D xy\,dx\,dy = \dfrac{5}{24}$.

例 2 计算二重积分 $\iint\limits_D 2xy\,dx\,dy$,其中 D 是由直线 $y=x$,$y=\dfrac{1}{2}x$,$y=2$ 所围成的闭区域.

解 输入如图 12.63 所示的命令.

```
1    syms x y;
2    z=2*x*y;
3    int(int(z,x,y,2*y),y,0,2)
```
图 12.63

执行命令,结果如图 12.64 所示.

```
ans =
12
```
图 12.64

故 $\iint\limits_D 2xy\,dx\,dy = 12$.

例 3 计算二重积分 $\iint\limits_D e^{-y^2}\,dx\,dy$,其中 D 是由直线 $y=x$,$y=1$,$x=0$ 所围成的闭区域.

解 输入如图 12.65 所示的命令.

```
1    syms x y;
2    z=exp(-y^2);
3    int(int(z,y,x,1),x,0,1)
```
图 12.65

执行命令,结果如图 12.66 所示.

```
ans =
1/2 - exp(-1)/2
```
图 12.66

故 $\iint\limits_D e^{-y^2}\,dx\,dy = \dfrac{1}{2} - \dfrac{1}{2e}$.

例 4　计算二重积分 $\iint\limits_{D} e^{x^2+y^2} dx dy$，其中 D 是圆心在原点、半径为 2 的圆盘在第一象限的部分区域．

解　输入如图 12.67 所示的命令．

```
1    syms x y ;
2    z=exp(x^2)*x;
3    int(int(z,y,0,pi/2),x,0,2)
```

图 12.67

执行命令，结果如图 12.68 所示．

```
ans =

(pi*(exp(4) - 1))/4
```

图 12.68

故 $\iint\limits_{D} e^{x^2+y^2} dx dy = \dfrac{\pi}{4}(e^4 - 1)$．

习　题　12.9

利用 MATLAB 计算下列二重积分：

(1) $\iint\limits_{D} xy \, dx dy$，其中 D 是由抛物线 $y^2 = x$ 与直线 $y = x - 2$ 所围成的闭区域；

(2) $\iint\limits_{D} \sin y^2 \, dx dy$，其中 D 是由直线 $y = \sqrt{\pi}, y = x$ 及 y 轴所围成的闭区域；

(3) $\iint\limits_{D} \sin \sqrt{x^2 + y^2} \, dx dy$，其中 $D = \{(x, y) \mid \pi^2 \leqslant x^2 + y^2 \leqslant 4\pi^2\}$．

§12.10　利用 MATLAB 绘制曲面图形

一、实验目标

会利用 MATLAB 绘制曲面的图形．

二、实验内容

在 MATLAB 中，用 ezmesh 函数可绘制三维网格图，其调用格式如下：

$$\text{ezmesh}(X, Y, Z, [\text{smin}, \text{smax}, \text{tmin}, \text{tmax}]),$$

其中 X, Y, Z 均为参数 s, t 的函数，$[\text{smin}, \text{smax}]$ 为参数 s 的取值范围，$[\text{tmin}, \text{tmax}]$ 为参数 t 的取值范围．

由于网格线是不透明的,绘制的三维网格图有时只能显示前面的图形部分,而后面的图形部分可能被网格线挡住,无法显示. 可使用 hidden off 函数使图形后面隐藏的网格可见.

三、实验举例

例 1 绘制椭球面 $\dfrac{x^2}{4}+\dfrac{y^2}{4}+\dfrac{z^2}{9}=1$ 的图形.

解 输入如图 12.69 所示的命令.

```
1    syms t1 t2
2    x=2*sin(t1)*cos(t2);
3    y=2*sin(t1)*sin(t2);
4    z=3*cos(t1);
5    ezmesh(x,y,z,[0,pi,0,2*pi])
6    hidden off
```

图 12.69

执行命令,结果如图 12.70 所示.

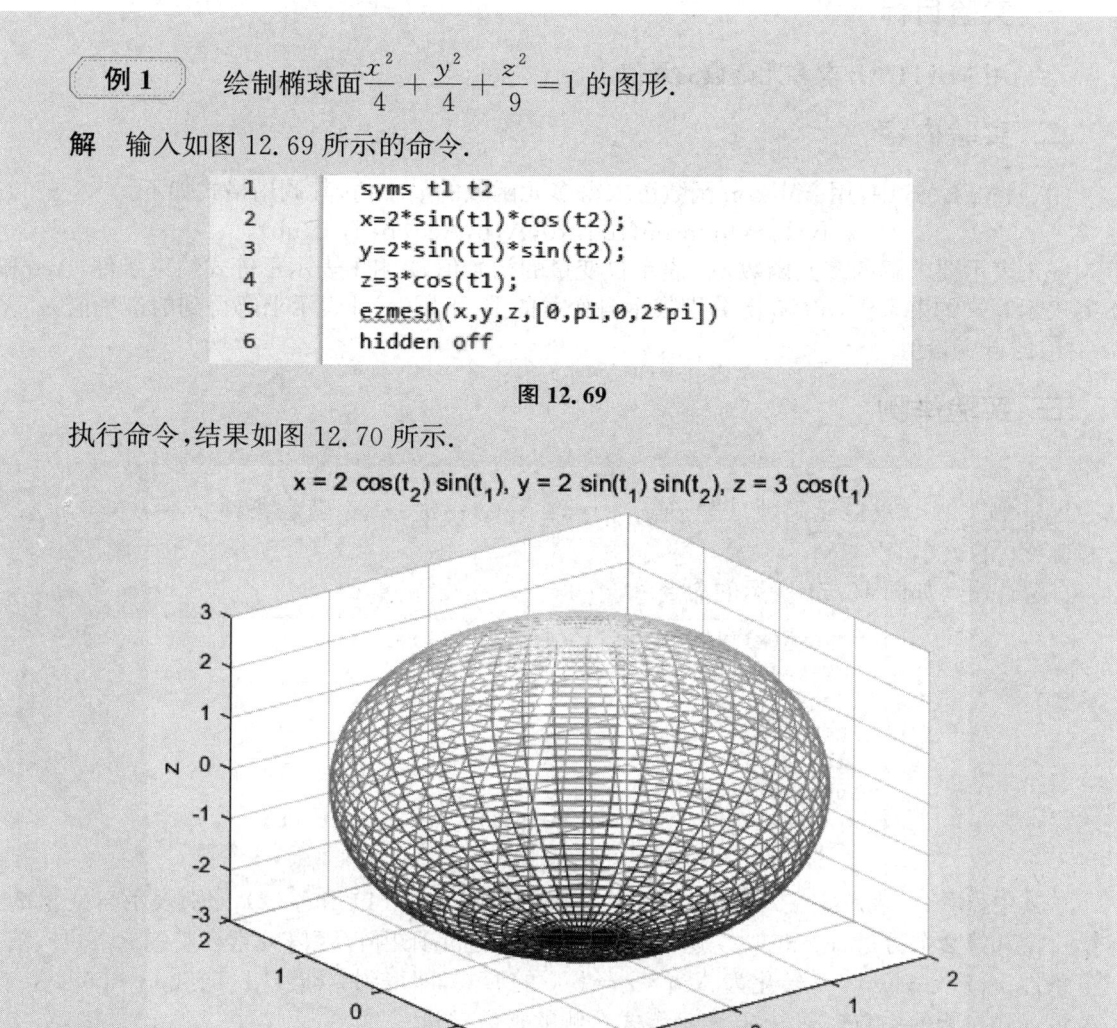

图 12.70

习 题 12.10

利用 MATLAB 绘制马鞍面 $\dfrac{x^2}{9}-\dfrac{y^2}{4}=z$ 的图形.

§12.11 利用 MATLAB 求多元函数的最值

一、实验目标

会利用 MATLAB 求多元函数的最值.

二、实验内容

在 MATLAB 中,用 fmincon 函数可求得多元函数的最小值,其调用格式如下:
$$[x, fval] = fmincon(fun, x0, A, b, Aeq, beq, lb, ub),$$
其中 fun 表示要求解的多元函数,x_0 表示自变量的初始值,A 和 b 表示不等式约束条件,Aeq 和 beq 表示等式约束条件,ub 和 lb 分别表示自变量的上、下限,fval 表示求解得到的最小值,x 表示对应的自变量值.

三、实验举例

例 1 求二元函数 $z = f(x, y) = x^2 y(4 - x - y)$ 满足条件 $x + y = 6, x \geqslant 0, y \geqslant 0$ 的最小值.

解 输入如图 12.71 所示的命令.

```
1    fun=@(x) x(1)^2*x(2)*(4-x(1)-x(2));
2    x0=rand(1,2);
3    Aeq=[1,1];
4    beq=[6];
5    lb=[0,0];
6    ub=[inf,inf];
7    [x,fval]=fmincon(fun,x0,[],[],Aeq,beq,lb,ub)
```

图 12.71

其中,@(x) 表示定义一个匿名函数,x 表示自变量,$x(1)$ 和 $x(2)$ 分别表示自变量的第 1 个和第 2 个分量;rand(1,2) 返回一个 1×2 的随机项矩阵(矩阵元素在 0 到 1 之间);约束条件 $x(1) + x(2) = 6$ 转化为 $Aeq * x = beq$ 的形式,即得到 $Aeq = [1, 1]$,$beq = [6]$,Aeq 表示等式左侧的系数矩阵,beq 表示等式右侧的常数向量.

执行命令,结果如图 12.72 所示.

```
x =

    4.0000    2.0000


fval =

   -64.0000
```

图 12.72

故函数 $z=f(x,y)$ 满足所给条件的最小值为 $f(4,2)=-64$.

习 题 12.11

某厂要用铁板做成一个体积为 $2\,\mathrm{m}^3$ 的有盖长方体水箱. 问:长、宽、高各取怎样的尺寸,才能使用料最省?(结果保留四位小数)

§12.12 利用 MATLAB 求收敛级数的和

一、实验目标

会利用 MATLAB 求收敛级数的和.

二、实验内容

MATLAB 中求收敛级数和的函数为 symsum,其调用格式如下:
$$\mathrm{symsum}(s,k,m,n),$$
表示对表达式 s 的符号变量 k 从 m 到 n 求和.

三、实验举例

例 1 求级数 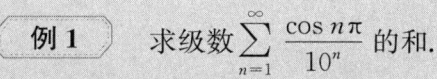 $\sum\limits_{n=1}^{\infty}\dfrac{\cos n\pi}{10^n}$ 的和.

解 输入如图 12.73 所示的命令.

```
1    clear
2    syms n;
3    symsum(cos(n*pi)/10^n,n,1,inf)
```

图 12.73

执行命令,结果如图 12.74 所示.

```
ans =

-1/11
```

图 12.74

故 $\sum\limits_{n=1}^{\infty}\dfrac{\cos n\pi}{10^n}=-\dfrac{1}{11}$.

习 题 12.12

1. 利用 MATLAB 求级数 $1-\dfrac{1}{2}+\cdots+(-1)^{n-1}\dfrac{1}{n}+\cdots$ 的和.

2. 利用 MATLAB 求级数 $\sum\limits_{n=1}^{\infty}\left(\dfrac{2^n}{n!}+\dfrac{1}{2^n}\right)$ 的和.

附录一　部分基本初等函数的图形及其主要性质

函数	图形	定义域	值域	主要性质
幂函数 $y=x^\mu$ （μ 是常数）		随着 μ 不同而不同，但不论 μ 取何值，x^μ 在 $(0,+\infty)$ 内总有定义	随着 μ 不同而不同	若 $\mu>0$，则 x^μ 在 $[0,+\infty)$ 内单调增加；若 $\mu<0$，则 x^μ 在 $(0,+\infty)$ 内单调减少
指数函数 $y=a^x$ （a 是常数，$a>0$，$a\neq 1$）		$(-\infty,+\infty)$	$(0,+\infty)$	$a^0=1$；若 $a>1$，则 a^x 单调增加；若 $0<a<1$，则 a^x 单调减少；直线 $y=0$ 为函数图形的水平渐近线
对数函数 $y=\log_a x$ （a 是常数，$a>0$，$a\neq 1$）		$(0,+\infty)$	$(-\infty,+\infty)$	$\log_a 1=0$；若 $a>1$，则 $\log_a x$ 单调增加；若 $0<a<1$，则 $\log_a x$ 单调减少；直线 $x=0$ 为函数图形的铅直渐近线
正弦函数 $y=\sin x$		$(-\infty,+\infty)$	$[-1,1]$	以 2π 为周期的周期函数；在 $\left[-\dfrac{\pi}{2},\dfrac{\pi}{2}\right]$ 上单调减加；奇函数

续表

函数	图形	定义域	值域	主要性质
余弦函数 $y = \cos x$		$(-\infty, +\infty)$	$[-1, 1]$	以 2π 为周期的周期函数；在 $[0, \pi]$ 上单调减少；偶函数
正切函数 $y = \tan x$		$\left((2n-1)\dfrac{\pi}{2}, (2n+1)\dfrac{\pi}{2}\right)$ $(n = 0, \pm 1, \pm 2, \cdots)$	$(-\infty, +\infty)$	以 π 为周期的周期函数；在 $\left(-\dfrac{\pi}{2}, \dfrac{\pi}{2}\right)$ 内单调增加；奇函数；直线 $x = (2n+1)\dfrac{\pi}{2}$ $(n = 0, \pm 1, \pm 2, \cdots)$ 为函数图形的铅直渐近线
余切函数 $y = \cot x$		$(n\pi, (n+1)\pi)$ $(n = 0, \pm 1, \pm 2, \cdots)$	$(-\infty, +\infty)$	以 π 为周期的周期函数；在 $(0, \pi)$ 内单调减少；奇函数；直线 $x = n\pi$ $(n = 0, \pm 1, \pm 2, \cdots)$ 为函数图形的铅直渐近线
正割函数 $y = \sec x$		$\left((2n-1)\dfrac{\pi}{2}, (2n+1)\dfrac{\pi}{2}\right)$ $(n = 0, \pm 1, \pm 2, \cdots)$	$(-\infty, -1]$ $\cup [1, +\infty)$	以 2π 为周期的周期函数；在 $\left[0, \dfrac{\pi}{2}\right)$ 和 $\left(\dfrac{\pi}{2}, \pi\right]$ 内单调增加；偶函数；直线 $x = (2n+1)\dfrac{\pi}{2}$ $(n = 0, \pm 1, \pm 2, \cdots)$ 为函数图形的铅直渐近线
余割函数 $y = \csc x$		$(n\pi, (n+1)\pi)$ $(n = 0, \pm 1, \pm 2, \cdots)$	$(-\infty, -1]$ $\cup [1, +\infty)$	以 2π 为周期的周期函数；在 $\left(0, \dfrac{\pi}{2}\right]$ 内单调减少，在 $\left[\dfrac{\pi}{2}, \pi\right)$ 内单调增加；奇函数；直线 $x = n\pi$ $(n = 0, \pm 1, \pm 2, \cdots)$ 为函数图形的铅直渐近线

附录二 行列式

由 4 个数 $a_{11}, a_{12}, a_{21}, a_{22}$ 排成的两行、两列的数表

$$\begin{vmatrix} a_{11} & a_{12} \\ a_{21} & a_{22} \end{vmatrix}$$

称为一个**二阶行列式**,它的值是一个数 $a_{11}a_{22} - a_{12}a_{21}$,即

$$\begin{vmatrix} a_{11} & a_{12} \\ a_{21} & a_{22} \end{vmatrix} = a_{11}a_{22} - a_{12}a_{21},$$

其中 $a_{ij}(i,j=1,2)$ 称为行列式的元素,下标 i 称为**行标**,表示该元素位于行列式的第 i 行,下标 j 称为**列标**,表示该元素位于行列式的第 j 列,如元素 a_{21} 在行列式中位于第 2 行第 1 列.

由 9 个数排成的三行、三列的数表

$$\begin{vmatrix} a_{11} & a_{12} & a_{13} \\ a_{21} & a_{22} & a_{23} \\ a_{31} & a_{32} & a_{33} \end{vmatrix}$$

称为一个**三阶行列式**,它的值是一个数 $a_{11}a_{22}a_{33} + a_{12}a_{23}a_{31} + a_{13}a_{21}a_{32} - a_{13}a_{22}a_{31} - a_{12}a_{21}a_{33} - a_{11}a_{23}a_{32}$,即

$$\begin{vmatrix} a_{11} & a_{12} & a_{13} \\ a_{21} & a_{22} & a_{23} \\ a_{31} & a_{32} & a_{33} \end{vmatrix} = a_{11}a_{22}a_{33} + a_{12}a_{23}a_{31} + a_{13}a_{21}a_{32} - a_{13}a_{22}a_{31} - a_{12}a_{21}a_{33} - a_{11}a_{23}a_{32}.$$

三阶行列式的展开式中有 6 项,其中 3 项前面是正号,另外 3 项前面是负号,且每一项都是 3 个位于不同行、不同列元素的乘积. 现在按第一行元素将三阶行列式的展开式整理为

$$\begin{vmatrix} a_{11} & a_{12} & a_{13} \\ a_{21} & a_{22} & a_{23} \\ a_{31} & a_{32} & a_{33} \end{vmatrix} = a_{11}(a_{22}a_{33} - a_{23}a_{32}) - a_{12}(a_{21}a_{33} - a_{23}a_{31}) + a_{13}(a_{21}a_{32} - a_{22}a_{31})$$

$$= a_{11}\begin{vmatrix} a_{22} & a_{23} \\ a_{32} & a_{33} \end{vmatrix} - a_{12}\begin{vmatrix} a_{21} & a_{23} \\ a_{31} & a_{33} \end{vmatrix} + a_{13}\begin{vmatrix} a_{21} & a_{22} \\ a_{31} & a_{32} \end{vmatrix}$$

$$= (-1)^{1+1}a_{11}\begin{vmatrix} a_{22} & a_{23} \\ a_{32} & a_{33} \end{vmatrix} + (-1)^{1+2}a_{12}\begin{vmatrix} a_{21} & a_{23} \\ a_{31} & a_{33} \end{vmatrix} + (-1)^{1+3}a_{13}\begin{vmatrix} a_{21} & a_{22} \\ a_{31} & a_{32} \end{vmatrix}$$

$$= (-1)^{1+1}a_{11}M_{11} + (-1)^{1+2}a_{12}M_{12} + (-1)^{1+3}a_{13}M_{13},$$

其中 $M_{ij}(i,j=1,2,3)$ 称为元素 a_{ij} 的**余子式**,是将行列式中元素 a_{ij} 所在行和列的元素划掉,剩下的元素按原来的顺序排成的低一阶的行列式. $A_{ij} = (-1)^{i+j}M_{ij}$ 称为元素 a_{ij} 的**代数余子式**,从而

$$\begin{vmatrix} a_{11} & a_{12} & a_{13} \\ a_{21} & a_{22} & a_{23} \\ a_{31} & a_{32} & a_{33} \end{vmatrix} = a_{11}A_{11} + a_{12}A_{12} + a_{13}A_{13},$$

即三阶行列式等于第一行元素与其代数余子式的乘积之和.

例 1 在行列式 $\begin{vmatrix} 1 & 2 & 3 \\ 4 & 5 & 6 \\ 7 & 8 & 9 \end{vmatrix}$ 中,元素 6 的代数余子式为

$$A_{23}=(-1)^{2+3}\begin{vmatrix} 1 & 2 \\ 7 & 8 \end{vmatrix}=-(1\times 8-2\times 7)=6.$$

例 2 计算行列式 $\begin{vmatrix} 1 & 1 & 1 \\ 2 & -1 & 1 \\ 4 & 5 & -1 \end{vmatrix}$.

解 $\begin{vmatrix} 1 & 1 & 1 \\ 2 & -1 & 1 \\ 4 & 5 & -1 \end{vmatrix} = 1A_{11}+1A_{12}+1A_{13}$

$$=1\cdot(-1)^{1+1}\begin{vmatrix} -1 & 1 \\ 5 & -1 \end{vmatrix}+1\cdot(-1)^{1+2}\begin{vmatrix} 2 & 1 \\ 4 & -1 \end{vmatrix}$$

$$+1\cdot(-1)^{1+3}\begin{vmatrix} 2 & -1 \\ 4 & 5 \end{vmatrix}$$

$$=-4+6+14=16.$$

行列式有个重要性质,即交换行列式中任意两行,行列式反号,此性质在此不做证明,仅举例演示. 例如,

$$\begin{vmatrix} 2 & 3 \\ 5 & 1 \end{vmatrix}=2\times 1-3\times 5=-13, \quad \begin{vmatrix} 5 & 1 \\ 2 & 4 \end{vmatrix}=5\times 3-1\times 2=13.$$

习题参考答案

第 一 章

习题 1.1

1. (1) $[-1,0) \cup (0,1]$;　(2) $(-\infty,1) \cup (1,2) \cup (2,+\infty)$;　(3) $[4,6]$;
   (4) $(-\infty,0) \cup (0,1]$;　(5) $(-4,+\infty)$;　(6) $(-\infty,0) \cup (0,+\infty)$.
2. (1) 不同;　(2) 不同;　(3) 相同;　(4) 不同.
3. 略.

习题 1.2

1. (1) 偶函数;　(2) 既非奇函数,又非偶函数;　(3) 奇函数;
   (4) 奇函数;　(5) 偶函数;　(6) 既非奇函数,又非偶函数.
2. ~ 3. 略.
4. (1) 是周期函数,周期为 2π;　(2) 是周期函数,周期为 2;
   (3) 不是周期函数;　(4) 是周期函数,周期为 π.

习题 1.3

1. ~ 2. 略.
3. $f(0) = \dfrac{\pi}{2}, f\left(-\dfrac{\sqrt{2}}{2}\right) = \dfrac{3\pi}{4}, f\left(\dfrac{\sqrt{3}}{2}\right) = \dfrac{\pi}{6}, f(-1) = \pi, f(1) = 0.$

习题 1.4

1. (1) $y = \dfrac{1-x}{1+x}$;　(2) $y = \mathrm{e}^{x-1} - 2$;
   (3) $y = \log_2 \dfrac{x}{1-x}$;　(4) $y = \dfrac{1}{2}\arcsin\dfrac{x}{3}$.
2. (1) $y = \sin^2 x, y_1 = \dfrac{1}{4}, y_2 = \dfrac{3}{4}$;　(2) $y = \sqrt{1+x^2}, y_1 = \sqrt{2}, y_2 = \sqrt{5}$;
   (3) $y = \mathrm{e}^{\tan^2 t}, y_1 = 1, y_2 = \mathrm{e}$;　(4) $y = \mathrm{e}^{2\tan t}, y_1 = 1, y_2 = \mathrm{e}^2$.
3. (1) $y = \sqrt{u}, u = 4x-3$;　(2) $y = u^5, u = 1 + \cos x$;
   (3) $y = 2^u, u = \arcsin v, v = 1 + \mathrm{e}^x$;　(4) $y = \sqrt{u}, v = \ln v, v = \sqrt{w}, w = x+2$.
4. (1) $\varphi(x) = -x^2 + x + 6$;　(2) $g(x) = x^2 + 3x + 3$.

习题 1.5

1. B.
2. $\varphi(-2) = 0, \varphi\left(-\dfrac{\pi}{6}\right) = \dfrac{1}{2}, \varphi\left(\dfrac{\pi}{6}\right) = \dfrac{1}{2}, \varphi\left(\dfrac{\pi}{4}\right) = \dfrac{\sqrt{2}}{2}.$

习题 1.6

1. (1) 1 150 元;　(2) 1 157.6 元;　(3) 15 年.
2. $y = -\dfrac{1}{50}x + 160$,其中 x 表示批发量(单位:件),y 表示批发价格(单位:元/件);142 元/件.

3. $\overline{C} = \overline{C}(x) = \dfrac{200}{x} + \dfrac{x}{25}$.

4. (1) $\overline{C} = \overline{C}(x) = \dfrac{1}{4}x + 6 + \dfrac{100}{x}$;　　　　(2) $L = L(x) = -\dfrac{3}{4}x^2 + 30x - 100$.

自测题一

1. (1) C;　(2) A;　(3) B;　(4) D;　(5) C;
   (6) B;　(7) A;　(8) D;　(9) C;　(10) B;
   (11) C;　(12) A;　(13) D.

2. $f(x) = x^2 - 2$, $f\left(x - \dfrac{1}{x}\right) = x^2 + \dfrac{1}{x^2} - 4$.

3. (1) $[-3, -1]$;　(2) $(-\infty, 0) \cup (0, 1]$;　(3) $(-\infty, -1) \cup (1, 5)$;　(4) $(2, 3)$.

4. 略.

5. $f[\varphi(x)] = 2\ln^2(1+x) + 3\ln(1+x)$,定义域为$(-1, +\infty)$;$\varphi[f(x)] = \ln(2x^2 + 3x + 1)$,定义域为$(-\infty, -1) \cup \left(-\dfrac{1}{2}, +\infty\right)$.

6. (1) $y = \tan u, u = \sqrt{x}$;　　　　　　　(2) $y = e^u, u = \arccos x$;
   (3) $y = \ln u, u = \sin v, v = \dfrac{x}{3}$;　　　(4) $y = \sqrt{u}, v = \ln v, v = x^2$;
   (5) $y = u^4, u = \arcsin v, v = 3x$;　　　(6) $y = 2^u, v = \csc v, v = x^2$.

第 二 章

习题 2.1

1. (1) $-\dfrac{1}{2}, \dfrac{1}{2}, -\dfrac{3}{8}, \dfrac{1}{4}$;　　　　　　　(2) $1, 0, -1, 0$;
   (3) $\alpha, \dfrac{1}{2}\alpha(\alpha-1), \dfrac{1}{6}\alpha(\alpha-1)(\alpha-2), \dfrac{1}{24}\alpha(\alpha-1)(\alpha-2)(\alpha-3)$.

2. (1) $x_n = \dfrac{n}{2^n}$;　　(2) $x_n = \dfrac{1+(-1)^n}{n}$;　　(3) $x_n = \begin{cases} \dfrac{1}{n+1}, & n\text{ 为奇数}, \\ \dfrac{n}{n+1}, & n\text{ 为偶数}. \end{cases}$

3. (1) 收敛于 0;　　(2) 收敛于 0;　　(3) 收敛于 2;　　(4) 收敛于 1;
   (5) 发散;　　　(6) 收敛于 0;　　(7) 发散;　　　(8) 发散.

4. (1) 必要条件;　(2) 是;　　(3) 否.

习题 2.2

1. (1) 0;　(2) -1;　(3) 不存在,因为 $f(0^+) \neq f(0^-)$.
2. (1) 错;　(2) 对;　(3) 错;　(4) 错;　(5) 对;　(6) 对.
3. (1) 对;　(2) 对;　(3) 错;　(4) 对;　(5) 对;　(6) 对.
4. $\lim\limits_{x\to 0^-} f(x) = \lim\limits_{x\to 0^+} f(x) = 1, \lim\limits_{x\to 0} f(x) = 1; \lim\limits_{x\to 0^-} g(x) = -1, \lim\limits_{x\to 0^+} g(x) = 1, \lim\limits_{x\to 0} g(x)$ 不存在.
5. $a = 0$.

习题 2.3

1. (1) -5;　(2) 0;　(3) 2;　(4) $\dfrac{1}{2}$;　(5) $2x$;　(6) 1;　(7) $\dfrac{1}{3}$;
   (8) 0;　(9) $\dfrac{2}{3}$;　(10) 2;　(11) $\dfrac{1}{4}$;　(12) $\dfrac{1}{2}$;　(13) 2;　(14) $\dfrac{1}{2}$.

2. $f(x) = x^2 + 3x - 8$.

3. (1) 对. 若 $\lim\limits_{x \to x_0}[f(x) + g(x)]$ 存在, 则 $\lim\limits_{x \to x_0} g(x) = \lim\limits_{x \to x_0}[f(x) + g(x)] - \lim\limits_{x \to x_0} f(x)$ 也存在, 与已知条件矛盾.

(2) 错. 例如, 函数 $f(x) = \dfrac{1}{x}$ 与 $g(x) = -\dfrac{1}{x}$ 当 $x \to 0$ 时的极限都不存在, 但 $f(x) + g(x)$ 当 $x \to 0$ 时的极限存在且等于零.

(3) 错. 例如, 设函数 $f(x) = 0, g(x) = \sin\dfrac{1}{x}$, 则 $\lim\limits_{x \to 0} f(x) = 0, \lim\limits_{x \to 0} g(x)$ 不存在, 但 $\lim\limits_{x \to 0}[f(x) \cdot g(x)] = 0$.

习题 2.4

1. (1) ω; (2) 2; (3) $\dfrac{5}{7}$; (4) 1; (5) 2; (6) 1; (7) x.

2. (1) e^{-1}; (2) e^3; (3) e^{-3}; (4) e^{-4}.

习题 2.5

1. (1) $f(x)$ 为当 $x \to 2$ 时的无穷大;
(2) $f(x)$ 为当 $x \to 0^+$ 时的无穷大, 为当 $x \to 1$ 时的无穷小, 为当 $x \to +\infty$ 时的无穷大;
(3) $f(x)$ 为当 $x \to 0^+$ 时的无穷大, 为当 $x \to 0^-$ 时的无穷小;
(4) $f(x)$ 为当 $x \to +\infty$ 时的无穷小;
(5) $f(x)$ 为当 $x \to \infty$ 时的无穷小;
(6) $f(x)$ 为当 $x \to \infty$ 时的无穷小.

2. (1) ∞; (2) ∞; (3) ∞.

3. (1) 0; (2) 0.

4. 函数 $y = x\sin x$ 在 $(-\infty, +\infty)$ 内无界, 当 $x \to +\infty$ 时, 这个函数不是无穷大.

5. 当 $x \to 0$ 时, $x^2 - x^3$ 是比 $x - x^2$ 高阶的无穷小.

6. 当 $x \to 0$ 时, $(1 - \cos x)^2$ 是比 $\sin^2 x$ 高阶的无穷小.

7. (1) 是同阶无穷小, 但不是等价无穷小; (2) 是同阶无穷小, 且是等价无穷小.

8. (1) $\dfrac{2}{3}$; (2) $\begin{cases} 0, & n > m, \\ 1, & n = m, \\ \infty, & n < m; \end{cases}$ (3) $\dfrac{1}{2}$; (4) 6; (5) $-\dfrac{1}{3}$; (6) 1.

9. 略.

习题 2.6

1. (1) 连续; (2) 连续; (3) 间断, 但右连续; (4) 连续.

2. (1) $x = 1$ 为可去间断点, 补充定义当 $x = 1$ 时, $y = -1, x = 3$ 为无穷间断点;
(2) $x = 0$ 和 $x = \dfrac{\pi}{2}$ 为可去间断点, 补充定义当 $x = 0$ 时, $y = 1$, 当 $x = \dfrac{\pi}{2}$ 时, $y = 0, x = \pi$ 为无穷间断点;
(3) $x = 0$ 为振荡间断点;
(4) $x = 1$ 为跳跃间断点.

3. 连续区间: $(-\infty, -3), (-3, -2), (-2, +\infty)$; $\lim\limits_{x \to 0} f(x) = -\dfrac{1}{2}, \lim\limits_{x \to -3} f(x) = -8, \lim\limits_{x \to -2} f(x) = \infty$.

4. (1) $\sqrt{7}$; (2) 1; (3) $-\dfrac{1 + e^{-2}}{2}$; (4) 0.

5. $a = \ln 3$.

习题 2.7

1. ~ 4. 略.

自测题二

1. (1) D; (2) D; (3) D; (4) A;
   (5) D; (6) B; (7) A; (8) C.

2. (1) 必要,充分; (2) 必要,充分; (3) 必要,充分; (4) 充要; (5) 2;
   (6) -3; (7) $x=0$.

3. (1) 5; (2) 12; (3) $\frac{1}{2}$; (4) $\frac{1}{5}$; (5) -1;
   (6) $\frac{1}{2}$; (7) $\frac{1}{2}$; (8) $\frac{1}{2}$; (9) $\frac{1}{2}$; (10) 1;
   (11) e^3; (12) e.

4. $a=1, b=\frac{1}{2}$.

5. $a=2$,极限值为 2.

6. $a=e^2-2, b=e^2$.

7. 略.

第 三 章

习题 3.1

1. 6.

2. (1) $-f'(x_0)$; (2) $3f'(x_0)$; (3) $\frac{3}{2}f'(x_0)$.

3. 2.

4. 切线方程: $y=x+1$; 法线方程: $y=-x+1$.

5. 切线方程: $\frac{\sqrt{3}}{2}x+y-\frac{1}{2}\left(1+\frac{\sqrt{3}}{3}\pi\right)=0$; 法线方程: $\frac{2\sqrt{3}}{3}x-y+\frac{1}{2}-\frac{2\sqrt{3}}{9}\pi=0$.

6. (1) $5x^4$; (2) $\frac{2}{3}x^{-\frac{1}{3}}$; (3) $2.8x^{1.8}$; (4) $-\frac{2}{x^3}$; (5) $\frac{16}{5}x^{\frac{11}{5}}$; (6) $\frac{1}{6}x^{-\frac{5}{6}}$.

7. 不可导,理由略.

8. 1.

9. $f'(x)=\begin{cases}\cos x, & x<0,\\ 1, & x\geqslant 0.\end{cases}$

10. 连续且可导.

11. $3a^2\varphi(a)$.

12. $a=2, b=-1$.

习题 3.2

1. (1) $5+\frac{3}{\sqrt{x}}$; (2) $12x^2-2^x\ln 2+5e^x$; (3) $\sec x(3\sec x-\tan x)$; (4) $5\cos 2x$;
   (5) $x^2(3\ln x+1)$; (6) $e^x(\sin x+\cos x)$; (7) $\frac{1-\ln x}{x^2}$;
   (8) $(x-5)(x-7)+(x-3)(x-7)+(x-3)(x-5)$;
   (9) $\frac{1-\cos t-\sin t}{(1-\cos t)^2}$; (10) $2x\log_3 x+\frac{x}{\ln 3}$.

2. (1) $\frac{1}{3}$; (2) 2.

3. 在点$(1,0)$处的切线方程:$y=2(x-1)$;在点$(-1,0)$处的切线方程:$y=2(x+1)$.

习题 3.3

1. (1) $-\dfrac{2x}{\sqrt{1-2x^2}}$;   (2) $-e^{-x}\tan 3x+3e^{-x}\sec^2 3x$;   (3) $\ln(1-x^2)-\dfrac{2x^2}{1-x^2}$;

   (4) $e^{x^2}(2x^4-4x^3+3x^2+6x)$;   (5) $\dfrac{2}{1+t^2}$;

   (6) $\dfrac{1+2\sqrt{x}}{4\sqrt{x}\sqrt{x+\sqrt{x}}}$;   (7) $\dfrac{1}{\ln\ln x}\cdot\dfrac{1}{\ln x}\cdot\dfrac{1}{x}$.

2. (1) $\dfrac{2f'(2x)}{f(2x)}$;   (2) $e^{f(x)}[e^x f'(e^x)+f(e^x)f'(x)]$.

习题 3.4

1. (1) $30x(x^3-1)$;   (2) $16e^{4x+3}$;   (3) $-2\sin x-x\cos x$;   (4) $-2e^{-t}\cos t$;

   (5) $\dfrac{1}{\sqrt{(1+x^2)^3}}$;   (6) $-\dfrac{2(1+x^2)}{(1-x^2)^2}$;   (7) $18\sec^2 3x \tan 3x$;   (8) $2x(2x^2+3)e^{x^2}$.

2. 480.

3. (1) $12x^2 f'(x^4)+16x^6 f''(x^4)$;   (2) $\dfrac{f''(x)f(x)-[f'(x)]^2}{[f(x)]^2}$.

4. $-4e^x\cos x$.

习题 3.5

1. (1) $y'=-\dfrac{y}{1+x+e^y}$;   (2) $y'=\dfrac{ay-x^2}{y^2-ax}$;

   (3) $y'=\dfrac{x+y}{x-y}$;   (4) $y'=\dfrac{2^x\ln 2(1-2^y)}{2^{x+y}\ln 2-2}$;

   (5) $y'=\dfrac{-\sin(x+y^2)-y^2}{2xy+e^y+2y\sin(x+y^2)}$;   (6) $y'=\dfrac{e^y}{1-xe^y}$.

2. (1) $y'=\dfrac{\sqrt{x+2}(3-x)^4}{(x+1)^5}\left[\dfrac{1}{2(x+2)}-\dfrac{4}{3-x}-\dfrac{5}{x+1}\right]$;

   (2) $y'=(\sin x)^{\cos x}\left(-\sin x\ln\sin x+\dfrac{\cos^2 x}{\sin x}\right)$;

   (3) $y'=\dfrac{e^{2x}(x+3)}{\sqrt{(x+5)(x-4)}}\left[2+\dfrac{1}{x+3}-\dfrac{1}{2(x+5)}-\dfrac{1}{2(x-4)}\right]$.

3. $y=-x+2$.

习题 3.6

1. (1) $\dfrac{dy}{dx}=\dfrac{-2\cos t}{\sin t+2t\cos t}$;   (2) $\dfrac{dy}{dx}=\dfrac{\cos\theta-\theta\sin\theta}{1-\sin\theta-\theta\cos\theta}$.

2. (1) $\dfrac{d^2 y}{dx^2}=\dfrac{1}{t^3}$;   (2) $\dfrac{d^2 y}{dx^2}=3\left(\dfrac{3\sin 3\theta}{\sin^2\theta}+\dfrac{\cos 3\theta\cos\theta}{\sin^3\theta}\right)$.

习题 3.7

(1) $\left(-x^{-2}+\dfrac{1}{3}x^{-\frac{2}{3}}\right)dx$;   (2) $\dfrac{-1}{\sqrt{1-x^2}}dx$;

(3) $(\cos x^2-2x^2\sin x^2)dx$;   (4) $\dfrac{-6}{1-2x}\ln^2(1-2x)dx$;

(5) $e^{-x}(2x-x^2)dx$.

习题 3.8

1. (1) 1.000 02;　　(2) 0.874 75.
2. 0.033 55 g.

自测题三

1. (1) $\dfrac{k}{2}$;　(2) $y \pm \dfrac{1}{24} = \dfrac{1}{4}\left(x \pm \dfrac{1}{2}\right)$;　(3) $-(n-1)!$;　(4) 72;　(5) n;

   (6) 2;　(7) 2;　(8) $\dfrac{-2x}{1-x^2}dx$;　(9) $\dfrac{e}{2}dx$;　(10) $\dfrac{1}{2}$.

2. (1) B;　(2) A;　(3) B;　(4) C;　(5) B.

3. $5f'(x)$.

4. $2C$.

5. 可导.

6. $a = b = -1$.

7. (1) $\arcsin \dfrac{x}{2}$;　(2) $\dfrac{1}{x} + 3^x \ln 3 + (1+x^2)^x \left[\ln(1+x^2) + \dfrac{2x^2}{1+x^2}\right]$;

   (3) $e^x \sin x + e^x \cos x - \dfrac{1}{x\sqrt{x^2-1}}$;　(4) $x^{\sin x}\left(\cos x \ln x + \dfrac{\sin x}{x}\right)$.

8. (1) $2\arctan x + \dfrac{2x}{1+x^2}$;　(2) $-\dfrac{x}{(1+x^2)^{\frac{3}{2}}}$.

9. (1) $e^{-x}[\sin(3-x) - \cos(3-x)]dx$;　(2) $8x\tan(1+2x^2)\sec^2(1+2x^2)dx$.

10. $y' = \dfrac{\cos(x+y)}{1-\cos(x+y)}$.

11. (1) $(1+x^2)^{\sin x}\left[\cos x \ln(1+x^2) + \dfrac{2x\sin x}{1+x^2}\right]$;

    (2) $\dfrac{\sqrt{x+2}(5-x)^3}{(x+2)^5}\left[\dfrac{1}{2(x+2)} - \dfrac{3}{5-x} - \dfrac{5}{x+2}\right]$.

12. $dy = \left[x^2 2^x \ln 2 + x 2^{x+1} + x^{\sin x}\left(\cos x \ln x + \dfrac{\sin x}{x}\right)\right]dx$.

13. $\dfrac{dy}{dx} = \dfrac{t}{2}, \dfrac{d^2 y}{dx^2} = \dfrac{1+t^2}{4t}$.

14. 切线方程为 $y = 2x$,法线方程为 $y = -\dfrac{1}{2}x$.

第 四 章

习题 4.1

1. ~ 2. 略.

3. $\sqrt[3]{\dfrac{15}{4}}$.

4. 满足,$\dfrac{14}{9}$.

5. ~ 8. 略.

习题 4.2

1. (1) $\cos b$; (2) $-\dfrac{1}{8}$; (3) 2; (4) 1; (5) 1;

   (6) $\dfrac{1}{2}$; (7) 2; (8) $\dfrac{1}{2}$; (9) $+\infty$; (10) 1;

   (11) $-\dfrac{1}{2}$; (12) 1; (13) 1.

2. 略.

习题 4.3

1. 略.

2. 单调增加.

3. (1) 单调增区间为 $(-\infty,-1]$ 和 $[3,+\infty)$,单调减区间为 $[-1,3]$;

   (2) 单调增区间为 $(-\infty,0]$ 和 $[1,+\infty)$,单调减区间为 $[0,1]$;

   (3) 单调增区间为 $\left[\dfrac{1}{2},+\infty\right)$,单调减区间为 $\left(0,\dfrac{1}{2}\right]$;

   (4) 单调增区间为 $(-\infty,-2]$ 和 $[0,+\infty)$,单调减区间为 $[-2,-1)$ 和 $(-1,0]$.

4. 略.

5. (1) 拐点 $\left(\dfrac{5}{3},\dfrac{20}{27}\right)$,在 $\left(-\infty,\dfrac{5}{3}\right]$ 内是凸的,在 $\left[\dfrac{5}{3},+\infty\right)$ 内是凹的;

   (2) 拐点 $\left(2,\dfrac{2}{e^2}\right)$,在 $(-\infty,2]$ 内是凸的,在 $[2,+\infty)$ 内是凹的;

   (3) 没有拐点,在 $(-\infty,+\infty)$ 内是凹的;

   (4) 拐点 $(-1,\ln 2), (1,\ln 2)$,在 $(-\infty,-1],[1,+\infty)$ 内是凸的,在 $[-1,1]$ 上是凹的.

6. 略.

习题 4.4

1. (1) 极大值为 $y(-1)=3$,极小值为 $y(3)=-61$;

   (2) 极小值为 $y(2)=8$;

   (3) 无极值;

   (4) 极大值为 $y(0)=-1$.

2. (1) 最大值为 $y(0)=0$,最小值为 $y(-2)=y(4)=-4$;

   (2) 最大值为 $y\left(\dfrac{\pi}{4}\right)=1$,最小值为 $y(0)=0$.

3. $10\text{ km/h}, 480$ 元.

4. $a=\dfrac{1}{2}, b=\sqrt{3}$,极大值点是 $x=\dfrac{\sqrt{3}}{3}$.

习题 4.5

1. (1) 铅直渐近线:$x=0$,水平渐近线:$y=1$;

   (2) 铅直渐近线:$x=-1$,水平渐近线:$y=0$.

2. 图形略.函数 y 在 $(-\infty,-2]$ 内单调减少,在 $[-2,+\infty)$ 内单调增加,在 $(-\infty,-1],[1,+\infty)$ 内是凹的,在 $[-1,1]$ 上是凸的,拐点为 $\left(-1,-\dfrac{6}{5}\right), (1,2)$.

习题 4.6

1. $f(x)=-56+21(x-4)+37(x-4)^2+11(x-4)^3+(x-4)^4$.

2. $\ln x = \ln 2 + \dfrac{1}{2}(x-2) - \dfrac{1}{2^3}(x-2)^2 + \cdots + (-1)^{n-1}\dfrac{1}{n \cdot 2^n}(x-2)^n + o[(x-2)^n].$

3. $\dfrac{1}{x} = -1 - (x+1) - (x+1)^2 - \cdots - (x+1)^n + (-1)^{n+1}\xi^{-(n+2)}(x+1)^{n+1}$,其中 ξ 介于 x 和 -1 之间.

4. $x\mathrm{e}^x = x + x^2 + \dfrac{x^3}{2!} + \cdots + \dfrac{x^n}{(n-1)!} + o(x^n).$

5. (1) $\dfrac{1}{6}$; (2) $\dfrac{1}{120}$.

自测题四

1. (1) $y = 1$; (2) 6; (3) $\left[-\dfrac{1}{3}, 1\right]$, 拐点 $\left(\dfrac{1}{3}, \dfrac{16}{27}\right)$; (4) 1;

   (5) 3; (6) $-5 + \sqrt{6}$; (7) $2\mathrm{e}^2$.

2. (1) C; (2) C; (3) A; (4) B; (5) D; (6) D; (7) D; (8) B.

3. ~ 6. 略.

7. (1) $-\dfrac{1}{2}$; (2) e^2.

8. (1) 在 $(-\infty, 0]$ 内单调增加,在 $[0, +\infty)$ 内单调减少;

   (2) 在 $(-\infty, +\infty)$ 内单调增加.

9. (1) 在 $(0, 1]$ 内是凸的,在 $[1, +\infty)$ 内是凹的,拐点为 $(1, -7)$;

   (2) 在 $(-\infty, 2]$ 内是凹的,在 $[2, +\infty)$ 内是凸的,拐点为 $(2, 1)$.

10. 当 $h = 4r$ 时,体积 V 最小,最小值为 $\dfrac{8}{3}\pi r^3$.

第 五 章

习题 5.1

1. (1) $-\dfrac{1}{4x^4} + C$; (2) $-\dfrac{2}{3}x^{-\frac{3}{2}} + C$; (3) $x^5 + C$;

   (4) $\dfrac{m}{m+n}x^{\frac{m+n}{m}} + C$; (5) $\dfrac{1}{3}x^3 - \dfrac{3}{2}x^2 + 2x + C$; (6) $\dfrac{2}{5}x^{\frac{5}{2}} + 2x^{\frac{3}{2}} + C$;

   (7) $x + 2\ln|x| - \dfrac{1}{x} + C$; (8) $x - \arctan x + C$; (9) $\ln|x| + \arctan x + C$;

   (10) $3\arctan x + \arcsin x + C$; (11) $2\mathrm{e}^x + 3\ln|x| + C$; (12) $\dfrac{1}{\ln 3 + 1}3^x \mathrm{e}^x + C$;

   (13) $-\dfrac{1}{x} - \arctan x + C$; (14) $\mathrm{e}^x + x + C$; (15) $\tan x - \sec x + C$;

   (16) $\dfrac{1}{2}x + \dfrac{1}{2}\sin x + C$; (17) $\sin x - \cos x + C$; (18) $\dfrac{1}{2}\tan x + C$.

2. $y = \ln x + 1$.

3. $s = \dfrac{3}{2}t^2 + 2t + 5$.

习题 5.2

(1) $\dfrac{1}{5}\mathrm{e}^{5x} + C$; (2) $-\dfrac{1}{3}\ln|2 - 3x| + C$; (3) $-2\cos\sqrt{t} + C$;

(4) $-\dfrac{1}{2}\cos x^2+C$;　　(5) $-\dfrac{1}{2}\mathrm{e}^{-x^2}+C$;　　(6) $\dfrac{3}{4}\ln|1+x^4|+C$;

(7) $\dfrac{1}{2}\ln|x^2+2x+1|+C$;　　(8) $\ln|\tan x|+C$;　　(9) $\dfrac{1}{2\cos^2 x}+C$;

(10) $\sin x-\dfrac{1}{3}\sin^3 x+C$;　　(11) $\dfrac{1}{3}\sec^3 t-\sec t+C$;　　(12) $\dfrac{1}{4}\sin 2x-\dfrac{1}{24}\sin 12x+C$;

(13) $\dfrac{1}{2}\arcsin\dfrac{2x}{3}-\dfrac{1}{4}\sqrt{9-4x^2}+C$;　　(14) $\dfrac{1}{2}x^2-\dfrac{1}{2}\ln(x^2+1)+C$;

(15) $\dfrac{1}{3}\ln\left|\dfrac{x-2}{x+1}\right|+C$;　　(16) $-\dfrac{1}{\ln 10}10^{\arccos x}+C$;　　(17) $-\dfrac{1}{x\ln x}+C$;

(18) $2\arcsin\dfrac{x}{2}-\dfrac{x}{2}\sqrt{4-x^2}+C$;　　(19) $\arccos\dfrac{1}{|x|}+C$;

(20) $\sqrt{x^2-4}-2\arccos\dfrac{2}{|x|}+C$;　　(21) $\dfrac{x}{\sqrt{1+x^2}}+C$;

(22) $\sqrt{2x}-\ln(1+\sqrt{2x})+C$;

(23) $x-4\sqrt{x+1}+4\ln(\sqrt{1+x}+1)+C$.

习题 5.3

(1) $-x\cos x+\sin x+C$;　　(2) $x(\ln x-1)+C$;　　(3) $x\arccos x-\sqrt{1-x^2}+C$;

(4) $-\mathrm{e}^{-x}(x+1)+C$;　　(5) $-\dfrac{1}{2}x^2+x\tan x+\ln|\cos x|+C$;

(6) $\dfrac{1}{3}x^3\arctan x-\dfrac{1}{6}x^2+\dfrac{1}{6}\ln(1+x^2)+C$;

(7) $\dfrac{1}{4}x^2+\dfrac{1}{2}x\sin x+\dfrac{1}{2}\cos x+C$;

(8) $\dfrac{1}{2}(x^2-1)\ln(x-1)-\dfrac{1}{4}x^2-\dfrac{1}{2}x+C$;　　(9) $-\dfrac{1}{x}(\ln^2 x+2\ln x+2)+C$;

(10) $x(\arcsin x)^2+2\sqrt{1-x^2}\arcsin x-2x+C$;　　(11) $(3\sqrt[3]{x^2}-6\sqrt[3]{x}+6)\mathrm{e}^{\sqrt[3]{x}}+C$;

(12) $\dfrac{1}{2}\mathrm{e}^x(\cos x+\sin x)+C$.

习题 5.4

(1) $\dfrac{1}{3}x^3-x^2+4x-8\ln|x+2|+C$;　　(2) $\ln|x-2|+2\ln|x+5|+C$;

(3) $\ln|x|-\dfrac{1}{2}\ln(x^2+1)+C$;　　(4) $\dfrac{1}{x+1}+\dfrac{1}{2}\ln|x^2-1|+C$.

自测题五

1. (1) $-\dfrac{1}{2}$;　　(2) $-\dfrac{1}{5}$;　　(3) $-2\cos\sqrt{t}+C$;　　(4) $2\mathrm{e}^{2x}(x^2+x)$;

　　(5) $\arcsin\sqrt{x}+C$;　　(6) $f'(x)$.

2. (1) A;　　(2) A.

3. $\dfrac{x\cos x-2\sin x}{x}+C$.

4. (1) $\dfrac{1}{2}\ln\dfrac{|\mathrm{e}^x-1|}{\mathrm{e}^x+1}+C$;　　(2) $\ln|x+\sin x|+C$;　　(3) $\ln x(\ln\ln x-1)+C$;

(4) $\dfrac{1}{9}\ln\left|\dfrac{x^9}{1+x^9}\right|+C$;

(5) $\ln\left(x+\dfrac{1}{2}+\sqrt{x^2+x}\right)+C$;

(6) $\dfrac{x^2}{4}+\dfrac{x\sin 2x}{4}+\dfrac{\cos 2x}{8}+C$;

(7) $\ln\dfrac{\sqrt{1+e^x}-1}{\sqrt{1+e^x}+1}+C$;

(8) $\dfrac{\sqrt{x^2-1}}{x}+C$;

(9) $x\ln(1+x^2)-2x+2\arctan x+C$;

(10) $(x+1)\arctan\sqrt{x}-\sqrt{x}+C$;

(11) $x-\tan\dfrac{x}{2}+C$;

(12) $\dfrac{1}{3}\tan^3 x+2\tan x-\cot x+C$;

(13) $x-\ln(1+e^x)+\dfrac{1}{1+e^x}+C$;

(14) $-\dfrac{1}{3}(1-x^2)^{\frac{3}{2}}\arcsin x+\dfrac{1}{3}x-\dfrac{1}{9}x^3+C$;

(15) $-\sqrt{1-x^2}\arccos x-x+C$;

(16) $\dfrac{2}{3}(x+1)^{\frac{3}{2}}-\dfrac{2}{3}x^{\frac{3}{2}}+C$.

第 六 章

习题 6.1

1. (1) 1;   (2) $\dfrac{\pi}{4}a^2$.

2. (1) $\displaystyle\int_1^2 x^2\,\mathrm{d}x \leqslant \int_1^2 x^3\,\mathrm{d}x$;   (2) $\displaystyle\int_1^e \ln x\,\mathrm{d}x \geqslant \int_1^e \ln^2 x\,\mathrm{d}x$.

3. (1) $0\leqslant\displaystyle\int_1^2(x^2-1)\mathrm{d}x\leqslant 3$;   (2) $2e^{-\frac{1}{4}}\leqslant\displaystyle\int_0^2 e^{x^2-x}\mathrm{d}x\leqslant 2e^2$.

习题 6.2

1. (1) $\dfrac{\sin x}{x}$;   (2) $-\dfrac{\sin x}{2\sqrt{x}}$.

2. (1) $\ln 3$;   (2) $\dfrac{21}{8}$;   (3) $\dfrac{\pi}{2}$;   (4) $\dfrac{1}{\ln 2}$;   (5) $1-\dfrac{\pi}{4}$;   (6) 4.

3. (1) 1;   (2) $-e$;   (3) $\dfrac{\sqrt{2}}{2}$.

4. $-\dfrac{\cos x}{1-\sin x}$.

5. $\dfrac{-\cos x}{e^{y^2}}$.

6. $\dfrac{5}{6}$.

习题 6.3

(1) 10;   (2) $\dfrac{1}{2}$;   (3) $\dfrac{1}{2}$;   (4) $\dfrac{1}{5}$;   (5) $\dfrac{14}{75}$;   (6) $\ln 2$;

(7) $\dfrac{e-1}{2e}$;   (8) $\dfrac{2}{3}$;   (9) $2-\dfrac{\pi}{2}$;   (10) $\dfrac{\pi}{2}$;   (11) 0;   (12) 1.

习题 6.4

1. (1) $1-\dfrac{2}{e}$; (2) $\dfrac{2e^3+1}{3}$; (3) -2; (4) $\dfrac{\pi-2}{4}$;

   (5) $\dfrac{-1+e^{\frac{\pi}{2}}}{2}$; (6) $\dfrac{\pi-2}{2}$; (7) $\dfrac{e(\sin 1-\cos 1)+1}{2}$; (8) 1.

2. $\cos 1 - 1$.
3. 0.

习题 6.5

1. (1) $\dfrac{1}{6}$; (2) 1; (3) $\dfrac{32}{3}$.

2. $V_x=\dfrac{128\pi}{7}, V_y=\dfrac{64\pi}{5}$.

习题 6.6

(1) $\dfrac{1}{2}$; (2) $\dfrac{1}{2}$; (3) 发散;

(4) -1; (5) 发散; (6) 发散.

自测题六

1. (1) D; (2) A; (3) C; (4) A; (5) A;

   (6) D; (7) A; (8) B; (9) B.

2. (1) 0; (2) $\dfrac{9\pi}{4}$; (3) $1-4e$; (4) e.

3. (1) $\dfrac{26}{15}$; (2) $2(\sqrt{3}-1)$; (3) $\dfrac{4-\pi}{2}$; (4) $\dfrac{4-\pi}{4}$; (5) $\dfrac{e^2-3}{4e^2}$.

4. $\int_0^2 f(x)\,dx = e-1+\ln 2, \int_2^4 f(x-2)\,dx = e-1+\ln 2$.

5. (1) $\dfrac{1}{2}$; (2) 4.

6. $\dfrac{4bh}{3}$.

7. $V_x=\dfrac{128\pi}{5}, V_y=8\pi$.

第 七 章

习题 7.1

1. (1) 自变量为 y,未知函数为 x,阶数为 2;
   (2) 自变量为 t,未知函数为 y,阶数为 1;
   (3) 自变量为 x,未知函数为 y,阶数为 1;
   (4) 自变量为 x,未知函数为 y,阶数为 3.

2. (1) 是; (2) 是; (3) 是; (4) 是.

3. (1) 5; (2) $C_1=-1, C_2=1$.

4. (1) $y=2x^2+C$; (2) $y=2x^2+2$; (3) $y=2x^2+\dfrac{7}{2}$.

习题 7.2

1. (1) $y = Ce^{\frac{x^3}{3}}$; (2) $y = \arcsin x + C$;

   (3) $\frac{y^2}{2} - y = \frac{1}{2}x^2 + x + C$; (4) $\cos y + \ln|\cos x| = C$;

   (5) $y^2 + 2xy - x^2 = C$; (6) $\ln|x| - \frac{y^2}{2x^2} = C$.

2. (1) $y = x$; (2) $xy^2 = 4$.

3. (1) $\frac{1+x-y}{1-x+y} = Ce^{2x}$; (2) $\frac{2xy-1}{xy+1} = Cx^3$.

4. $xy = 2$.

习题 7.3

1. (1) 线性无关; (2) 线性相关; (3) 线性相关; (4) 线性无关;
   (5) 线性无关; (6) 线性相关; (7) 线性相关; (8) 线性无关.

2. 证明略,通解为 $y = C_1 \cos \omega x + C_2 \sin \omega x$.

3. (1) $y = C_1 e^x + C_2 e^{-2x}$; (2) $x = (C_1 + C_2 t)e^t$;

   (3) $y = (C_1 + C_2 x)e^{-\frac{x}{2}}$; (4) $y = C_1 e^{2x} + C_2 e^{-2x}$;

   (5) $y = C_1 \cos x + C_2 \sin x$; (6) $y = e^{-\frac{x}{2}}\left(C_1 \cos \frac{x}{2} + C_2 \sin \frac{x}{2}\right)$.

4. (1) $y = (6-2x)e^{2x}$; (2) $y = e^{-x} - e^{4x}$.

5. 195 kg.

习题 7.4

1. (1) $y = C_1 e^{\frac{x}{2}} + C_2 e^{-x} + e^x$; (2) $y = C_1 + C_2 e^{4x} - \frac{5}{4}x$;

   (3) $y = C_1 e^x + C_2 e^{5x} - \frac{1}{3}e^{2x}$; (4) $y = C_1 e^{-x} + C_2 e^{-4x} - \frac{1}{2}x + \frac{11}{8}$;

   (5) $y = C_1 e^{-\frac{5x}{2}} + C_2 + \frac{1}{3}x^3 - \frac{3}{5}x^2 + \frac{7}{25}x$; (6) $y = C_1 e^x + C_2 e^{9x} - e^x\left(\frac{1}{2}x^2 + \frac{1}{8}x\right)$.

2. (1) $y = \cos x + 3\sin x - 2x$; (2) $y = \frac{11}{16} + \frac{5}{16}e^{4x} - \frac{5}{4}x$.

3. $\begin{cases} x = v_0 t \cos \alpha, \\ y = v_0 t \sin \alpha - \frac{g}{2}t^2. \end{cases}$

自测题七

1. (1) 2,非线性; (2) 是; (3) $y = C(1-x^2)$;

   (4) $y' = f(x,y), y\big|_{x=x_0} = 0$; (5) $y = \frac{x^3}{6} + \frac{x}{2} + 1$.

2. (1) D; (2) B; (3) A; (4) A; (5) C; (6) C.

3. (1) $\frac{1}{3}e^{3y} - \frac{1}{2}e^{2x} = C$; (2) $\frac{y}{x^2-y^2} = C$;

   (3) $-y^2 - 2xy - 2x^2 = C$; (4) $y = Ce^{-\sin x}$;

   (5) $y = (C_1 + C_2 x)e^{3x}$; (6) $y = C_1 e^{-x} + C_2 e^{3x} - 2x + 3$.

4. (1) $\sqrt{2} \cos y = \cos x$; (2) $y^2 = 2x^2(\ln x + 2)$.

5. $y = -x\ln|x| + 2x$.

6. 略.

第 八 章

习题 8.1

1. $u+v = 4a+c, u-v = -2a+4b-3c, 3u-2v = -3a+10b-7c$.

2. $\frac{1}{2}\overrightarrow{AC} + \frac{1}{2}\overrightarrow{AB}$.

3. ~ 4. 略.

习题 8.2

1. $(1,-2,-5),(-3,6,15)$.

2. $(-1,-2,-4),(-2,0,1)$.

3. 三点是共线的.

4. $m=1, n=6$.

5. 略.

6. $\pm\frac{\sqrt{2}}{10}(-3,4,5)$.

7. $11, \cos\alpha = \frac{6}{11}, \cos\beta = \frac{7}{11}, \cos\gamma = -\frac{6}{11}$.

8. $-2, 6k$.

习题 8.3

1. (1) $21,(-11,2,8)$; (2) $-42,(-22,4,16)$; (3) $\frac{\sqrt{70}}{10}$.

2. $(6,-4-4)$.

3. $2\sqrt{3}$.

4. $\lambda = 2\mu$.

5. $\mu - \lambda = 0$.

6. $\frac{1}{2}\sqrt{133}$.

习题 8.4

1. $(x-2)^2 + (y-1)^2 + (z+1)^2 - 16 = 0$.

2. $2(x-1) + 3(y+1) - (z-3) = 0$ 或 $2x+3y-z+4 = 0$.

3. $5(x-1) + 3(y+2) - 14(z-5) = 0$ 或 $5x+3y-14z+71 = 0$.

4. $-3(x-1) + 9(y-1) + 6(z+1) = 0$ 或 $x-3y-2z = 0$.

5. $\frac{x}{2} + \frac{y}{-1} + \frac{z}{3} = 1$.

6. $(2,3,2)$.

7. $\arccos\frac{\sqrt{70}}{10}$.

8. $\frac{3\sqrt{14}}{7}$.

9. $-9y+z+2=0$.

习题 8.5

1. $\begin{cases} \dfrac{x+3}{5}=\dfrac{y}{-5}, \\ z=1. \end{cases}$

2. $\dfrac{x-1}{-4}=\dfrac{y+2}{-1}=\dfrac{z-3}{3}$.

3. $\dfrac{x-1}{1}=\dfrac{y}{1}=\dfrac{z+2}{2}$.

4. 0.

5. $\dfrac{\pi}{4}$.

6. 平行.

7. $-x-5y-z+1=0$.

8. $-22(x-2)-4(y+3)-2(z+1)=0$ 或 $-11x-2y-z+15=0$.

9. $(x-1)-8(y+2)-13(z-2)=0$ 或 $x-8y-13z+9=0$.

10. $-(x-1)+(y-2)-(z-1)=0$ 或 $-x+y-z=0$.

习题 8.6

1. $y^2+z^2=5x$.

2. $\dfrac{x^2}{9}-\dfrac{y^2+z^2}{4}=1$.

3. (1) 椭圆抛物面； (2) 单叶双曲面；
   (3) 椭圆柱面； (4) 椭球面；
   (5) 球面； (6) 圆锥面；
   (7) 双叶双曲面； (8) 椭圆锥面.

4. 以点 $\left(3,-\dfrac{3}{2},-2\right)$ 为球心、$\dfrac{\sqrt{61}}{2}$ 为半径的球面.

习题 8.7

1. $\begin{cases} x=1+\sqrt{3}\cos\alpha, \\ y=\sqrt{3}\sin\alpha, \\ z=0. \end{cases}$

2. 投影柱面的方程为 $\left(x-\dfrac{1}{2}\right)^2+y^2=\dfrac{5}{4}$，投影曲线的方程为 $\begin{cases} \left(x-\dfrac{1}{2}\right)^2+y^2=\dfrac{5}{4}, \\ z=0. \end{cases}$

自测题八

1. (1) C； (2) D； (3) B； (4) C； (5) A.

2. (1) $(-3,-1,-4), \left(-\dfrac{3}{\sqrt{26}},-\dfrac{1}{\sqrt{26}},-\dfrac{4}{\sqrt{26}}\right)$； (2) $5,5$；

   (3) ± 1； (4) 3；

   (5) $\begin{cases} \dfrac{y-2}{-3}=\dfrac{z}{2}, \\ x=1; \end{cases}$ (6) $-3x+4y-z=0$；

(7) $\dfrac{x}{2}+\dfrac{y}{3}+\dfrac{z}{4}=1$; (8) $(x-2)^2+(y-3)^2+(z+4)^2=16$;

(9) $\dfrac{x^2}{4}-\dfrac{y^2+z^2}{3}=1$; (10) $\begin{cases}2y+3z-5=0,\\ x=0.\end{cases}$

3. $(0,2,0)$.

4. $\arccos\dfrac{2}{\sqrt{7}}$.

5. $(14,10,2)$.

6. 30.

7. $\dfrac{x-1}{4}=\dfrac{y-2}{5}=\dfrac{z-4}{8}$.

8. $2x-z=5$.

9. $-x+2\sqrt{2}y-3z+3=0$ 或 $-x-2\sqrt{2}y-3z+3=0$.

10. (1) 母线方程为 $\begin{cases}z=2x^2,\\ y=0,\end{cases}$ 轴为 z 轴; (2) 母线方程为 $\begin{cases}\dfrac{x^2}{36}+\dfrac{y^2}{9}=1,\\ z=0,\end{cases}$ 轴为 y 轴.

11. $\begin{cases}x^2+y^2-x-y=0,\\ z=0.\end{cases}$

第 九 章

习题 9.1

1. (1) $\dfrac{4}{3}$; (2) x^2-xy+y^2; (3) $\dfrac{1}{2}(x^2+y^2)$.

2. (1) $\{(x,y)\mid y^2-2x+1>0\}$; (2) $\{(x,y)\mid x\geqslant 0, y\geqslant 0, x^2\geqslant y\}$;
(3) $\{(x,y)\mid y>x, x\geqslant 0, x^2+y^2<1\}$.

3. (1) 2; (2) $\ln 2$; (3) $-\dfrac{1}{4}$; (4) 1.

4. 不存在.

习题 9.2

1. (1) $\dfrac{\partial z}{\partial x}=\dfrac{-2y}{(x-y)^2},\dfrac{\partial z}{\partial y}=\dfrac{2x}{(x-y)^2}$; (2) $\dfrac{\partial z}{\partial x}=yx^{y-1},\dfrac{\partial z}{\partial y}=x^y\ln x$;

(3) $\dfrac{\partial z}{\partial x}=\ln(xy)+1,\dfrac{\partial z}{\partial y}=\dfrac{x}{y}$;

(4) $\dfrac{\partial u}{\partial x}=\dfrac{z(x-y)^{z-1}}{1+(x-y)^{2z}},\dfrac{\partial u}{\partial y}=-\dfrac{z(x-y)^{z-1}}{1+(x-y)^{2z}},\dfrac{\partial u}{\partial z}=\dfrac{(x-y)^z\ln(x-y)}{1+(x-y)^{2z}}$.

2. (1) 4; (2) $\dfrac{4}{5\sqrt{5}},-\dfrac{2}{5\sqrt{5}}$.

3. 略.

4. $\dfrac{\pi}{4}$.

5. 存在.

习题 9.3

1. $y\mathrm{e}^{xy}\mathrm{d}x+x\mathrm{e}^{xy}\mathrm{d}y$.

2. $\dfrac{1}{3}dx + \dfrac{1}{3}dy$.

3. $yz(xy)^{z-1}dx + xz(xy)^{z-1}dy + (xy)^z \ln(xy)dz$.

4. $\Delta z = -0.444, dz = -0.4$.

5. $\dfrac{1}{3}dx + \dfrac{2}{3}dy$.

6. 1.06.

习题 9.4

1. $\dfrac{\partial z}{\partial x} = 2(x+y) + 2xy^2, \dfrac{\partial z}{\partial y} = 2(x+y) + 2x^2 y$.

2. $\dfrac{\partial z}{\partial x} = \dfrac{\ln(x-y)}{y} + \dfrac{x}{y(x-y)}, \dfrac{\partial z}{\partial y} = -\dfrac{x\ln(x-y)}{y^2} - \dfrac{x}{y(x-y)}$.

3. $\dfrac{dz}{dx} = 2\sin x \cos^2 x - \sin^3 x$.

4. $\dfrac{dz}{dt} = \dfrac{3-4t}{\sqrt{1-(3t-2t^2)^2}}$.

5. $\dfrac{\partial z}{\partial x} = \dfrac{x-y}{\frac{1}{2}x^2 - xy}, \dfrac{\partial z}{\partial y} = \dfrac{-x}{\frac{1}{2}x - y}$.

6. $\dfrac{dz}{dx} = \dfrac{(2x+1)e^{2x}}{1+(xe^{2x})^2}$.

7. $\dfrac{du}{dx} = e^x \sin x$.

8. (1) $\dfrac{\partial u}{\partial x} = \dfrac{1}{y} f_1', \dfrac{\partial u}{\partial y} = -\dfrac{x}{y^2} f_1' + \dfrac{1}{z} f_2', \dfrac{\partial u}{\partial z} = -\dfrac{y}{z^2} f_2'$;

   (2) $\dfrac{\partial z}{\partial x} = 2xf', \dfrac{\partial z}{\partial y} = 2yf'$;

   (3) $\dfrac{\partial u}{\partial x} = f_1' + yf_2' + yzf_3', \dfrac{\partial u}{\partial y} = xf_2' + xzf_3', \dfrac{\partial u}{\partial z} = xyf_3'$.

习题 9.5

1. (1) $\dfrac{dy}{dx} = \dfrac{y^2 - e^x}{\cos y - 2xy}$; (2) $\dfrac{dy}{dx} = \dfrac{x+y}{x-y}$.

2. (1) $\dfrac{\partial z}{\partial x} = \dfrac{z}{x+z}, \dfrac{\partial z}{\partial y} = \dfrac{z^2}{xy+yz}$;

   (2) $\dfrac{\partial z}{\partial x} = \dfrac{(ye^{xy}+yz)(1+z^2)}{1-xy(1+z^2)}, \dfrac{\partial z}{\partial y} = \dfrac{(xe^{xy}+xz)(1+z^2)}{1-xy(1+z^2)}$.

3. $\dfrac{\partial^2 z}{\partial x^2} = -\dfrac{16xz}{(3z^2-2x)^3}, \dfrac{\partial^2 z}{\partial y^2} = -\dfrac{6z}{(3z^2-2x)^3}, \dfrac{\partial^2 z}{\partial x \partial y} = \dfrac{6z^2+4x}{(3z^2-2x)^3}$.

4. 略.

习题 9.6

1. (1) 切线方程为 $x - \dfrac{\pi}{2} + 1 = y - 1 = \dfrac{z - 2\sqrt{2}}{\sqrt{2}}$, 法平面方程为 $x + y + \sqrt{2}z = \dfrac{\pi}{2} + 4$;

   (2) 切线方程为 $\dfrac{x - \frac{1}{2}}{2} = \dfrac{y-1}{2} = \dfrac{z + \frac{\sqrt{2}}{2}}{\sqrt{2}}$, 法平面方程为 $x + y + \dfrac{\sqrt{2}}{2}z - 1 = 0$.

2. (1) 切平面方程为 $18(x-3)+2(y-1)-2(z-1)=0$, 法线方程为 $\dfrac{x-3}{9}=\dfrac{y-1}{1}=\dfrac{z-1}{-1}$;

(2) 切平面方程为 $2x+y+z-6=0$, 法线方程为 $\dfrac{x-2}{2}=\dfrac{y-1}{1}=\dfrac{z-1}{1}$.

3. $x+4y+6z-21=0$ 和 $x+4y+6z+21=0$.

4. $(-3,-1,3)$, $\dfrac{x+3}{1}=\dfrac{y+1}{3}=\dfrac{z-3}{1}$.

习题 9.7

1. (1) 极小值为 $z\Big|_{\left(\frac{1}{2},-1\right)}=-\dfrac{e}{2}$; (2) 极大值为 $z\Big|_{\left(\frac{\pi}{3},\frac{\pi}{6}\right)}=\dfrac{3\sqrt{3}}{2}$.

2. 最大值为 1, 最小值为 0.

3. $(\sqrt{2}+1)l$.

4. $\left(\dfrac{8}{5},\dfrac{16}{5}\right)$.

5. 圆、正方形、正三角形的三段长分别是 $\dfrac{\pi l}{\pi+4+3\sqrt{3}}, \dfrac{4l}{\pi+4+3\sqrt{3}}, \dfrac{3\sqrt{3}\,l}{\pi+4+3\sqrt{3}}$.

6. 最长距离为 $\sqrt{9+5\sqrt{3}}$, 最短距离为 $\sqrt{9-5\sqrt{3}}$.

自测题九

1. (1) $x^2+y^2<2$; (2) $-\dfrac{\pi}{4}$; (3) 1;

(4) $\dfrac{1}{4}$; (5) $\dfrac{1}{x}dx-\dfrac{1}{y}dy$.

2. (1) C; (2) A; (3) B; (4) B; (5) A;
(6) B; (7) B; (8) A; (9) A; (10) A.

3. (1) $\dfrac{1}{2}$; (2) -6; (3) 3; (4) 1.

4. (1) $\dfrac{\partial z}{\partial x}=\dfrac{x^2-y^2}{x^2 y}, \dfrac{\partial z}{\partial y}=\dfrac{y^2-x^2}{xy^2}$; (2) $\dfrac{\partial z}{\partial x}=y^2\cos(xy^2), \dfrac{\partial z}{\partial y}=2xy\cos(xy^2)$;

(3) $\dfrac{\partial z}{\partial x}=e^{x+2y}+y^2, \dfrac{\partial z}{\partial y}=2e^{x+2y}+2xy$; (4) $\dfrac{\partial z}{\partial x}=\dfrac{y}{x^2+y^2}, \dfrac{\partial z}{\partial y}=\dfrac{-x}{x^2+y^2}$.

5. (1) $\dfrac{dz}{dt}=e^{\sin t\cos t}(\cos^2 t-\sin^2 t)$; (2) $\dfrac{dz}{dt}=\dfrac{2+2t}{2t+t^2}+\dfrac{1}{1+t^2}$;

(3) $\dfrac{\partial z}{\partial x}=\dfrac{-2y^2}{x^3}\ln(x+2y)+\dfrac{y^2}{x^2(x+2y)}, \dfrac{\partial z}{\partial y}=\dfrac{2y}{x^2}\ln(x+2y)+\dfrac{2y^2}{x^2(x+2y)}$;

(4) $\dfrac{\partial z}{\partial x}=e^y f_1'+f_2', \dfrac{\partial z}{\partial y}=xe^y f_1'+f_3'$;

(5) $\dfrac{dy}{dx}=\dfrac{1}{\arctan y+\dfrac{y}{1+y^2}}$.

6. 切线方程为 $\dfrac{x-1}{1}=\dfrac{y-2}{-1}=\dfrac{z-1}{3}$, 法平面方程为 $x-y+3z-2=0$.

7. 切平面方程为 $\dfrac{1}{2}(x-1)-\dfrac{1}{2}(y-1)+\left(z-\dfrac{\pi}{4}\right)=0$, 法线方程为 $2(x-1)=-2(y-1)=z-\dfrac{\pi}{4}$.

8. 极大值为 $f(0,-1)=15$, 极小值为 $f(2,2)=-16$.

9. 极小值为 $\dfrac{a^2 b^2}{a^2+b^2}$, 无极大值.

第 十 章

习题 10.1

1. $\iint\limits_D \rho(x,y)\,\mathrm{d}\sigma$.

2. $\dfrac{1}{6}$.

3. (1) $\iint\limits_D (x-y)\,\mathrm{d}\sigma \geq \iint\limits_D (x-y)^2\,\mathrm{d}\sigma$;   (2) $\iint\limits_D \ln(x+y)\,\mathrm{d}\sigma \geq \iint\limits_D \ln^2(x+y)\,\mathrm{d}\sigma$.

习题 10.2

1. (1) $\int_0^1 \mathrm{d}y \int_y^{\sqrt{y}} f(x,y)\,\mathrm{d}x = \int_0^1 \mathrm{d}x \int_{x^2}^{x} f(x,y)\,\mathrm{d}y$;

   (2) $\int_1^{\mathrm{e}} \mathrm{d}x \int_0^{\ln x} f(x,y)\,\mathrm{d}y = \int_0^1 \mathrm{d}y \int_{\mathrm{e}^y}^{\mathrm{e}} f(x,y)\,\mathrm{d}x$;

   (3) $\int_{-1}^1 \mathrm{d}x \int_0^{\sqrt{1-x^2}} f(x,y)\,\mathrm{d}y = \int_0^1 \mathrm{d}y \int_{-\sqrt{1-y^2}}^{\sqrt{1-y^2}} f(x,y)\,\mathrm{d}x$;

   (4) $\int_2^4 \mathrm{d}x \int_{\frac{x}{2}}^{x} f(x,y)\,\mathrm{d}y = \int_1^2 \mathrm{d}y \int_2^{2y} f(x,y)\,\mathrm{d}x + \int_2^4 \mathrm{d}y \int_y^4 f(x,y)\,\mathrm{d}x$.

2. (1) $\dfrac{76}{3}$;   (2) 9;   (3) $\dfrac{45}{8}$;   (4) $-\dfrac{1}{\mathrm{e}}$;   (5) $\dfrac{\mathrm{e}-1}{2\mathrm{e}}$;   (6) 2.

习题 10.3

1. (1) $\int_0^2 \mathrm{d}y \int_0^{\sqrt{2y-y^2}} f(x,y)\,\mathrm{d}x = \int_0^{\frac{\pi}{2}} \mathrm{d}\theta \int_0^{2\sin\theta} \rho f(\rho\cos\theta, \rho\sin\theta)\,\mathrm{d}\rho$;

   (2) $\int_{-a}^{a} \mathrm{d}x \int_0^{\sqrt{a^2-x^2}} f(x^2+y^2)\,\mathrm{d}y = \int_0^{\pi} \mathrm{d}\theta \int_0^a \rho f(\rho^2)\,\mathrm{d}\rho$;

   (3) $\int_0^1 \mathrm{d}x \int_{x^2}^{x} f\!\left(\dfrac{y}{x}\right) \mathrm{d}y = \int_0^{\frac{\pi}{4}} \mathrm{d}\theta \int_0^{\tan\theta \sec\theta} \rho f(\tan\theta)\,\mathrm{d}\rho$.

2. (1) $\dfrac{\pi}{2}\!\left(\ln 2 - \dfrac{1}{2}\right)$;   (2) $\dfrac{\pi R^3}{3}$;   (3) $\dfrac{15}{16}$;   (4) -4π.

习题 10.4

1. 18.
2. $\sqrt{2}\,\pi$.
3. 4π.
4. 271.69.

自测题十

1. (1) √;   (2) ×;   (3) √;   (4) √;   (5) √.

2. (1) B;   (2) D;   (3) B;   (4) C;   (5) A.

3. (1) 18π;   (2) 2;   (3) π;   (4) $\dfrac{1}{6}$;

   (5) 2;   (6) $\left\{(\rho,\theta)\,\Big|\,-\dfrac{\pi}{2} \leq \theta \leq \dfrac{\pi}{2},\, 0 \leq \rho \leq 2a\cos\theta\right\}$;

   (8) $\int_0^1 \mathrm{d}x \int_0^{1-x} f(x,y)\,\mathrm{d}y$.

4. $\dfrac{1-\cos 1}{4}$.

5. πR.

6. $\dfrac{11}{15}$.

7. $4\pi(\sqrt{2}+1)$.

8. $\dfrac{5\pi}{6}$.

第 十 一 章

习题 11.1

1. (1) $(-1)^n \dfrac{1}{2^{n-1}} (n=1,2,\cdots)$;   (2) $\dfrac{2n-1}{1+n^2} (n=1,2,\cdots)$.
2. (1) 收敛;   (2) 发散;   (3) 发散;   (4) 发散.
3. (1) 收敛;   (2) 发散;   (3) 发散;   (4) 发散;
   (5) 收敛.

习题 11.2

1. (1) 收敛;   (2) 发散;   (3) 收敛;
   (4) $q>1$ 时收敛, $q \leqslant 1$ 时发散.
2. (1) 收敛;   (2) 收敛;   (3) 收敛;   (4) 收敛.
3. (1) 收敛;   (2) 收敛;   (3) 发散;   (4) 收敛.
4. (1) 条件收敛;   (2) 绝对收敛;   (3) 绝对收敛;   (4) 绝对收敛.

习题 11.3

1. (1) $(-1,1)$;   (2) $(-1,1)$;   (3) $(-2,2)$;   (4) $\left(-\dfrac{1}{2},\dfrac{1}{2}\right)$.

2. (1) $s(x)=\dfrac{x}{(1-x)^2}, x \in (-1,1)$;   (2) $s(x)=\begin{cases} -\dfrac{1}{x}\ln(1-x), & x \in [-1,0) \cup (0,1), \\ 1, & x=0; \end{cases}$

   (3) $s(x)=\dfrac{1}{2}\ln\dfrac{1+x}{1-x}, x \in (-1,1)$.

习题 11.4

1. (1) $\displaystyle\sum_{n=0}^{\infty} \dfrac{(x\ln a)^n}{n!}, (-\infty, +\infty)$;   (2) $\ln 2 + \displaystyle\sum_{n=1}^{\infty}(-1)^{n-1}\dfrac{1}{n}\left(\dfrac{x}{2}\right)^n, (-2,2]$;

   (3) $\displaystyle\sum_{n=1}^{\infty}(-1)^{n-1}\dfrac{(2x)^{2n}}{2(2n)!}, (-\infty, +\infty)$;   (4) $\displaystyle\sum_{n=1}^{\infty}(-1)^{n-1} n x^{n-1}, (-1,1)$;

   (5) $x + \displaystyle\sum_{n=2}^{\infty}(-1)^n \dfrac{x^n}{n(n-1)}, (-1,1]$.

2. $\dfrac{\sqrt{2}}{2}\displaystyle\sum_{n=0}^{\infty}(-1)^n \left[\dfrac{1}{(2n)!}\left(x+\dfrac{\pi}{4}\right)^{2n} + \dfrac{1}{(2n+1)!}\left(x+\dfrac{\pi}{4}\right)^{2n+1}\right], x \in (-\infty, +\infty)$.

3. $\displaystyle\sum_{n=0}^{\infty}\dfrac{(-1)^n}{2^{n+1}}(x-2)^n, x \in (0,4)$.

4. $\displaystyle\sum_{n=0}^{\infty}\left(\dfrac{1}{2^{n+1}} - \dfrac{1}{3^{n+1}}\right)(x+4)^n, x \in (-6,2)$.

自测题十一

1. (1) D；　　(2) C；　　(3) D；　　(4) C；　　(5) C；　　(6) A.

2. (1) $\dfrac{1}{1+a}$；　　(2) $\dfrac{2}{3}$；　　(3) 有界；　　(4) $\alpha > \dfrac{3}{2}$；
   (5) $[-1,1]$.

3. (1) 条件收敛；　　(2) $p > 1$ 时绝对收敛，$0 < p \leqslant 1$ 时条件收敛.

4. (1) $s(x) = \dfrac{1+x}{(1-x)^2}, x \in (-1,1)$；　　(2) $s(x) = \dfrac{1}{4}\ln\dfrac{1+x}{1-x} + \dfrac{1}{2}\arctan x - x, x \in (-1,1)$.

第 十 二 章

习题 12.1

1. (1) B；　　(2) C.
2. (1) 科学与工程计算；　　(2) 命令行窗口.

习题 12.2

1. 7.968 3.
2. 函数略，4.521 5.
3. $f\left(-\dfrac{1}{5}\right) = 1.236\,4, f(3) = 15.343\,9$.
4. 166 650.

习题 12.3

1. (1) 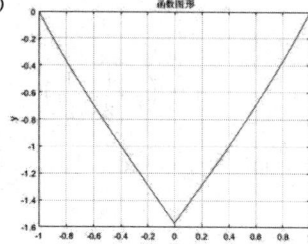 (2)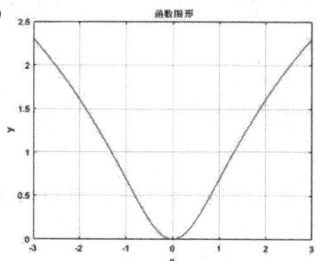

2.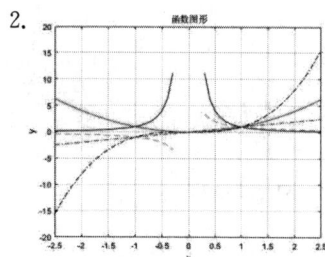

习题 12.4

(1) e^{-2}；　　(2) 1；　　(3) 0；　　(4) $-\dfrac{1}{2}$.

习题 12.5

1. $\dfrac{\mathrm{d}y}{\mathrm{d}x} = [(x^2+1)\cos x \ln(x^2+1) + 2x\sin x](x^2+1)^{(\sin x - 1)}$.

2. $\dfrac{dy}{dx} = -\dfrac{\sin(y^2+x)+y^2}{e^y+2xy+2y\sin(y^2+x)}$.

3. $\dfrac{dy}{dx} = -\dfrac{\sin t}{\cos t - 1}$, $\dfrac{d^2y}{dx^2} = -\dfrac{1}{a(\cos t - 1)^2}$.

习题 12.6

(1) 极小值为 $f(0)=0$, 极大值为 $f(2)=4e^{-2}$;

(2) 极小值为 $f(0)=1$ 和 $f(2)=-\dfrac{5}{3}$, 极大值为 $f\left(\dfrac{1}{2}\right)=\dfrac{55}{48}$.

习题 12.7

(1) $\dfrac{e^x(\cos x + \sin x)}{2} + C$; (2) $\ln\dfrac{(e+1)^2}{4} - 1$;

(3) 0; (4) $\ln 2$.

习题 12.8

(1) $y = \sqrt{2}\sqrt{x^2+C} - x$ 或 $y = -x - \sqrt{2}\sqrt{x^2+C}$;

(2) $y = C_1 e^{2x} + C_2 e^{3x} - \dfrac{x^2 e^{2x}}{2} - e^{2x}(x+1)$;

(3) $y = 2e^{3x} + 4e^x$.

习题 12.9

(1) $\dfrac{45}{8}$; (2) 1; (3) $-6\pi^2$.

习题 12.10

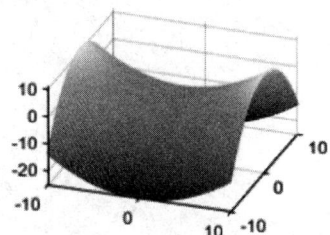

习题 12.11

长、宽、高均为 1.259 9 m.

习题 12.12

1. $-\ln 2$.

2. e^2.

参 考 文 献

[1] 同济大学数学科学学院.高等数学:上册[M].8版.北京:高等教育出版社,2023.
[2] 同济大学数学系.高等数学:上册[M].4版.北京:高等教育出版社,2015.
[3] 梁保松,陈涛.高等数学[M].3版.北京:中国农业出版社,2012.
[4] 林伟初,郭安学.高等数学:经管类:下[M].北京:北京大学出版社,2018.
[5] 郝志峰.高等数学:下[M].2版.北京:北京大学出版社,2022.
[6] 冯翠莲,赵益坤.应用经济数学[M].北京:高等教育出版社,2008.
[7] 沈跃云,马怀远.应用高等数学[M].3版.北京:高等教育出版社,2019.
[8] 吴素敏,许景彦,刘绛玉.高等数学与工程数学:下[M].北京:科学出版社,2007.
[9] 黄振,黄玉兰,陈珊.高等数学[M].北京:北京大学出版社,2022.
[10] 张顺燕.微积分的思想和方法[M].北京:中央广播电视大学出版社,2001.